BÄUME UND STRÄUCHER

DAUSIEN'S GROSSES BUCH DER

BÄUME UND STRÄUCHER

Verlag Werner Dausien · Hanau

DAUSIEN'S GROSSES BUCH DER BÄUME UND STRÄUCHER
Text von Václav Větvička
Deutsche Textbearbeitung von Klaus Groh
Illustrationen von Vlasta Matoušová
Federzeichnungen von Jan Mašek
Ins Deutsche übertragen von Jürgen Ostmeyer
Graphische Gestaltung von František Prokeš

VERLAG WERNER DAUSIEN · HANAU
3/13/08/52-02
ISBN 3-7684-2509-6

Inhalt

Bäume und Sträucher in der Natur

Gehölze, vor allem aber Bäume, fesseln die Aufmerksamkeit des Betrachters auf den ersten Blick durch ihre oberirdischen Organe, durch Stamm, Krone und Äste.

Der Kronenbau ist genetisch vorgegeben, auch wenn Standorteinflüsse oder Krankheiten weitgehende Veränderungen im Aussehen herbeiführen können. Der Sproß (als Sammelbegriff für alle oberirdischen Organe, die die Ernährungsorgane Wurzel und Blatt verbinden) ist also das gestaltungsfähigste und veränderlichste Organ des Pflanzenkörpers.

Gehölze sind Pflanzen mit verholzendem Sproß und Wurzeln; sie sind mehrjährig bis lang ausdauernd und tragen in vielen Fällen Früchte. Der Sproß verzweigt sich normalerweise in Äste. Man kann Gehölze in mehrere Wachstumstypen einteilen:

Ein Baum (Arbor) ist ein Gehölz mit einem völlig verholzten, in der Unterpartie nicht verzweigten Stamm (Truncus), der in eine ästige Krone (Corona) übergeht. Als kleiner Baum wird ein Gehölz bis 7 m Höhe angesprochen, ein niedriger Baum mißt 7–15 m, ein mittelhoher 15–25 m, ein hoher 25–50 m und ein sehr hoher Baum über 50 m.

Eine Holzliane (Liana) ist ein Gehölz mit ganz verholztem, jedoch elastischem und keinesfalls ausreichend festem Sproß, so daß so ein Höhenwachstum ohne Stütze möglich wäre. Sie klammert sich an der Unterlage mit Hilfe von Ranken (z. B. Weinrebe) und durch sproßbürtige Haftwurzeln (z. B. Efeu) fest oder stützt sich auf die Unterlage (Fels, Baum) mit Seitenzweigen oder hakigen Stacheln (einige Rosen). Schlinglianen klettern durch gewindeartiges Umschlingen der Unterlage in die Höhe (z. B. Waldgeißblatt).

Ein Strauch (Frutex) ist ein Gehölz mit völlig verholztem, sich schon an der Basis verzweigendem Sproß (z. B. Gemeine Schlehe). Verschiedene Verzweigungsarten lassen besondere Strauchtypen entstehen (rutenförmig, ein- oder mehrstämmig).

Ein Halbstrauch (Hemixyla) ist eine mehrjährige Pflanze, bei der nur der Sproßunterteil verholzt, während die oberen blütentragenden Partien krautig bleiben (z. B. Pfingstrose).

Natürliche Eigenschaft der Gehölzsprosse ist die Verzweigung. Nur so kann eine langlebige Pflanze den Raum am besten nutzen und ihren gesamten Blattapparat am vorteilhaftesten den Sonnenstrahlen aussetzen.

Neue Tochtersprosse (Äste) wachsen aus den Knospen der Muttersprosse. Knospen sind Wachstumsspitzen, in denen höckerartig weitere Sprosse und Blätter angelegt sind; gegen Witterungseinflüsse sind sie durch Schuppen geschützt. Nur ausnahmsweise gibt es nackte (z. B. Lederblatt-Schneeball) bzw. halbnackte (z. B. Holunder) Gehölzknospen. Knospen sitzen an den Triebspitzen (Endknospen) oder wachsen seitlich in den Blattachseln (Seiten- oder Achselknospen).

1. Häufigste Wuchsformen von Gehölzen: a – Strauch, b – Klettergehölz, c – Baum

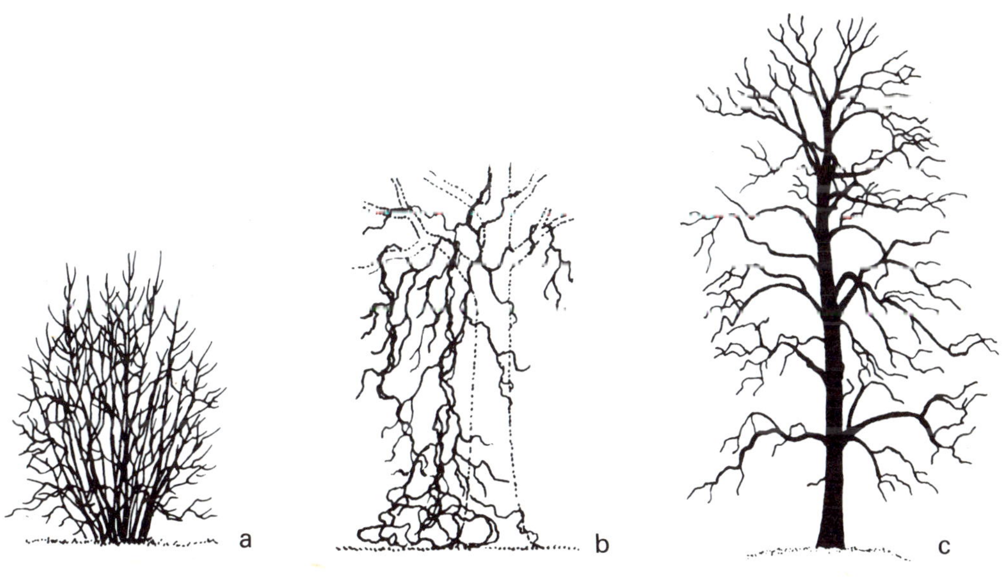

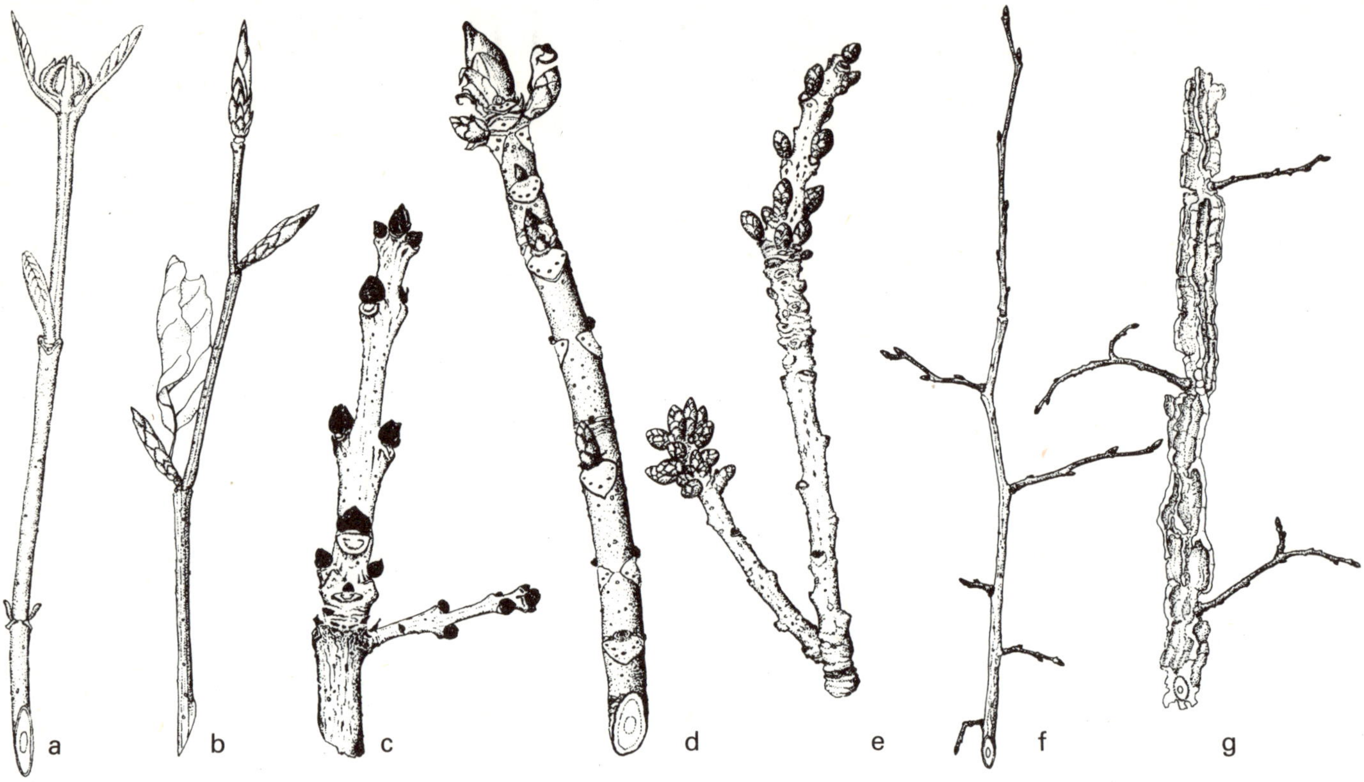

2. Auch im Winter kann man Gehölze an ihren charakteristischen Knospen erkennen: a – nackte Knospen des Leder-Schneeballs, b – lang pfriemenförmige, schuppenbedeckte, wechselständige Knospen der Buche, c – kompakte, schwarzsamtige, gegenständige Knospen der Esche, d – große, gegenständige Knospen der Roßkastanie mit auffälligen Blattnarben, e – wechselständige Knospen der Eiche an den Triebspitzen, f – wechselständige Knospen an einem jungen Feldulmenzweig, g – alter Feldulmenzweig mit Korkwülsten.

Bedecktsamer tragen fast hinter jedem Blatt eine Knospe, Nacktsamer (Nadelhölzer) dagegen nur hinter sehr wenigen Blättern.

Die Knospen sind wichtige Organe. Sie sind jedoch nicht nur die Grundlagen neuer Sprosse und Blätter, sondern lassen schon aus ihrer Anordnung am Sproß Schlüsse auf die Verzweigung zu. Auch sind sie wichtige Bestimmungshilfen im Winter, da sie für die meisten Gattungen und Arten charakteristisch geformt sind.

Im Grunde erscheinen sie in drei Anordnungen am Sproß: wechselständig, gegenständig und quirlständig (wirbelig).

Außer diesen Knospen können fast überall am Pflanzenkörper Ersatz- oder Adventivknospen entstehen; bei Gehölzen zeigen sich ganz markant sog. Ruheknospen, die z. B. bei der Verletzung eines Baumes aktiviert werden oder auch die charakteristischen Wassertriebe hervorbringen. Es wurde festgestellt, daß bei langlebigen Gehölzen (Eiche, Buche) Ruheknospen bis 100 Jahre alt werden können. Nicht alle angelegten Knospen wachsen zu neuen Trieben und Zweigen heran. Sind sie nicht aufgegangen, können sie sich zu Ruheknospen umwandeln.

Bei den meisten Gehölzen kommen zwei grundlegend verschiedene Zweigtypen vor, deren gegenseitiges Verhältnis und Stellung erstrangigen Einfluß auf den Kronenbau haben: Langtriebe (Makroblasten) sind lange Zweige mit ausdauerndem Wachstum und mit großen Abständen (Internodien) zwischen den Seitenknospen. Sie entstehen hauptsächlich aus End-, nur sporadisch aus Seitenknospen und sind Hauptträger des Kronenbaus. Fast alle jungen Gehölze, aber auch manche erwachsenen (z. B. Ginster und einige Weidenarten) bilden nur diesen Zweigtyp aus.

Kurztriebe mit begrenztem Wachstum (Brachyblasten) haben sehr kurze Internodien, die oft Millimeterbruchteile lang sind. Ihre Oberfläche ist daher auffällig höckerig (z. B. beim Gingkobaum); das rührt von den Blatt- und Hüllschuppennarben her. Meist haben sie nur Endknospen, aus denen wieder nur ein kurzes Internodium hervorgeht. Brachyblasten sind meist mehrjährige Zweige, aber trotzdem weniger dauerhaft als die Makroblasten (nur 10–15 Jahre). Oft sind sie auf eine ganz bestimmte Funktion spezialisiert: Bei Lärchen, Zedern und Kiefern tragen sie Nadelbüschel, Apfel, Birne und andere Rosengewächse bringen vorwiegend nur Blüten an ihnen hervor usw. Bei einigen Gehölzen sind die aus den Sprossen entstehenden Dornen ebenfalls nur umgewandelte Brachyblasten (z. B. Schlehe, Gleditschie).

Das ganze Sproßsystem verzweigt sich nach zwei unterschiedlichen Arten: Im ersten Fall entsteht aus der Spitzenknospe eine Fortsetzung des Muttersprosses zu einem aufrechten, starken Makroblast; dadurch wächst dieser zu einem eindeutigen Hauptsproß (Monopodium) heran. An ihm entstehen aus den Seitenknospen schwächere, zur Seite wegführende Nebensprosse, die also nicht in der direkt aufsteigenden Wuchsrichtung der ursprünglichen Sproßachse fortfahren und auch nicht über diese hinauswachsen. Dieser Typ ist z. B. allen Nadelhölzern mit pyramiden- oder kugelförmiger Krone eigen und wird auch traubige (racemose) Verzweigung genannt.

Im zweiten Fall sind die Tochtersprosse stärker und länger als der Muttersproß, z. B. bei den Kastanien. Dieser Verzweigungstyp, auch als doldenförmig (zymös) bezeichnet, hat in der Natur viele Varianten. Manchmal wird der Tochtersproß so mächtig, daß er den Muttersproß zur Seite drängt und selbst in dessen Richtung weiterwächst. Das Resultat dieser Verzweigung sieht wie ein Monopodium aus, doch besteht der Hauptsproß in Wirklichkeit aus nach und nach aufeinanderfolgende Sprosse höherer Ordnung. Dieser Typ heißt Sympodium. Auf den ersten Blick unterscheiden sich die beiden Verzweigungsarten in der Stellung von Blättern und Nebensprossen: Während beim Monopodium die Nebensprosse aus Blattachseln wachsen, stehen die „Nebensprosse" (in Wirklichkeit verdrängte Hauptsprosse) eines Sympodiums gegenständig zu den Blättern. Astbildung vom sympodialen Typ haben z. B. Linde, Ulme oder Hainbuche.

Die Bezweigung der Sprosse, das Verhältnis der verschiedenen Zweigtypen zueinander, ihr Winkel und Stärkeverhältnis bestimmen schließlich Aussehen und Textur des Gehölzes bzw. seiner Krone. Immer liegt dabei das Bestreben des Organismus zugrunde, auch in einer mehrstockigen Krone möglichst viel Licht einzufangen.

Außer von anatomischen und morphologischen Eigenschaften wird die Kronenform in gewissem Maße auch von äußeren Faktoren beeinflußt, in erster Linie von Licht und Wind. Landpflanzen und insbesondere Gehölze sind vorwiegend lichtbedürftig. Unterschiedliche Lichtverhältnisse führen zur Deformierung „idealer" Kronen: z. B. zu einseitig ausladenden Laubholzkronen an Waldrändern oder über Wasserflächen, wo die Pflanze u. a. auch auf die vom Wasser reflektierte Lichtmenge reagiert. Bei vielen Gehölzen bildet die Krone eine rundlich gewölbte Fläche (die solar- bzw. heliodynamisch genannt wird), entstanden aus der Reaktion der wachsenden Pflanze auf Sonnenlichteinfall, um so ideale Bedingungen für die Lichtnutzung zu schaffen. Wachsen Gehölze in einer kleinen Gruppe, reagieren sie auf die Sonneneinstrahlung gemeinsam und bilden auch eine gemeinsame Solarfläche, als ob es sich um eine einzige Pflanze handeln würde. Der Effekt der einfallenden Sonnenstrahlung ändert sich mit der geographischen Breite (je nach Einfallswinkel der Strahlen). Mit zunehmender Entfernung vom Äquator ist die Wölbung der Solarfläche (Krone) stärker; sie ist der Sonnenseite zugewandt, d. h. auf der Nordhalbkugel nach Süden und auf der Südhalbkugel nach Norden gerichtet.

Zur Verformung einer ideal gebauten Krone trägt

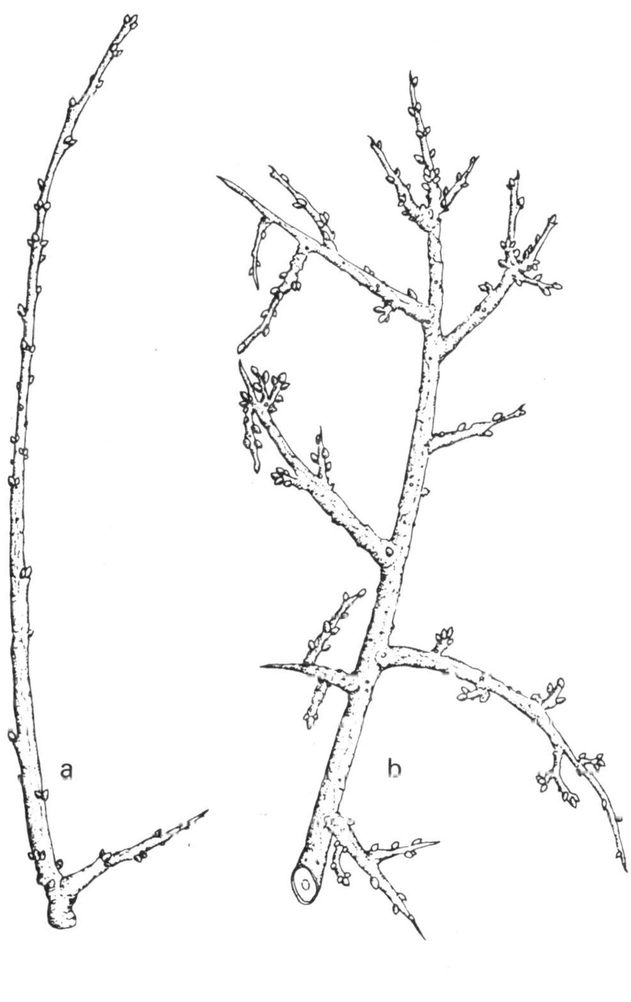

3. a – Langtrieb (Makroblast), b – Kurztriebe (Brachyblast)

neben dem Licht auch der Wind bei, (vor allem, wenn er ständig in eine Richtung weht, z. B. an der Küste oder im Hochgebirge, wo sogenannte fahnenförmige Kronen entstehen), die Beschattung durch Gebäude oder andere Bäume, doch kann auch der Neigungswinkel eines Hangs, auf dem der Baum wächst, die Bodenoberfläche mit der dadurch bedingten Reflexion der Sonnenstrahlen einen Einfluß haben.

Die meisten erwähnten Deformationen kann man nur für einzeln stehende Gehölze in Betracht ziehen. Sobald sie in einem Bestand von gewisser Dichte stehen, reagieren sie vor allem auf die sie umgebenden Pflanzenkonkurrenten durch bestimmte Kronenformung.

Von einer Krone ist nur bei Bäumen die Rede, Sträucher haben keine Krone, sie verzweigen sich von der Basis aus. Die Krone eines Baumes wird von einem dem Stamm entspringenden Astsystem gebildet, und zwar von

– Struktur- und Skelettästen, die für die Gestalt (Skelett) der Krone verantwortlich sind. Das sind größere, starke Äste, normalerweise Langtriebe mit vegetativer Funktion und

– Fülllästen, entweder schwächeren Langtrieben oder Kurztrieben, welche die Krone ausfüllen und eine wichtige Stellung an der Kronenperipherie (Mantel) einnehmen; es sind Triebe mit vegetativer und generativer Funktion.

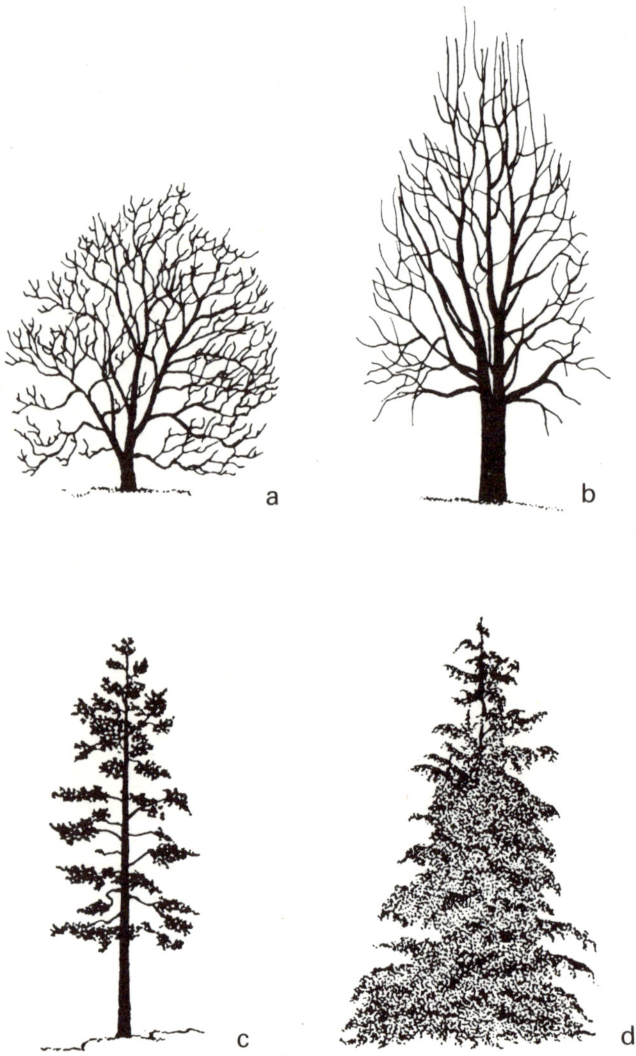

4. Charakter und Dichte von Baumkronen:
a – niedrig angesetzt,
b – hoch angesetzt,
c – schütter,
d – dicht

Auch die Kronendichte ist für die einzelnen Gehölzarten charakteristisch: sie kann auch bei voller Belaubung schütter sein (z. B. Gleditschien) oder im Gegenteil sehr dicht, so daß im Sommer bei voller Belaubung fast keine Sonnenstrahlen hindurchdringen (Buche, Linde).

Ist die Stammlänge größer als die Kronenhöhe, spricht man von einer hoch angesetzten Krone, bei umgekehrtem Verhältnis von niedrig angesetzter. Diese Eigenschaft ist aber nicht an die Gehölzart gebunden; eher kommt sie durch äußere Einflüsse zustande, z. B. durch Standort und Bestandsdichte.

Die Kronenform läßt sich am einfachsten mit geometrischen Körpern vergleichen, dann spricht man von kegel- oder pyramidenförmiger, zylindrischer, spindel-, eiförmiger, ellipsoider oder kugeliger Krone, in einigen Fällen wird die Kronenform auch durch spezifische Termini ausgedrückt, z. B. Schirmform (Pinie), Trauerform (Trauerweide), Fahne (Windbildung), Stockwerkform (wie aus mehreren übereinander angeordneten kleinen Kronen bestehend, z. B. Espe) oder unregelmäßig (manche alten Eichen).

Auf ähnliche Weise läßt sich auch der Strauchhabitus beschreiben: Er kann eiförmig, kugelig, überhängend, spalierwüchsig, niederliegend, büschel- oder garbenförmig usw., natürlich auch unregelmäßig sein.

Die Gehölze der gemäßigten Zone (von denen ein Großteil in diesem Buch behandelt wird) haben keinen besonders komplizierten Kronenbau, auch wenn die einzelnen Arten auf den ersten Blick ganz unterschiedlich wirken. Die höchste Entwicklung hat der Kronenbau bei den Gehölzen der Tropen erreicht. Von dort haben auch F. HALLÉ und R. A. A. OLDEMAN, später auch noch R. TOMLINSON die Inspirationen für ihre Klassifizierungsgesetze der Baumkronen geholt. Ausgangspunkt waren einfache Kriterien, z. B. ob sich die Triebe verzweigen (polyaxiale Gehölze) oder nicht (monoaxiale), ob es sich um Monopodien oder Sympodien handelt, ob das Gehölz periodisch, rhythmisch wächst (unterbrochen durch Ruhezeiten) oder ununterbrochen, kontinuierlich, ob die Äste sich wei-

5. Die Form der Krone kann man mit geometrischen Körpern vergleichen: a – pyramiden- oder kegelförmig, b – schmal spindelförmig, c – elliptisch, d – eiförmig, e – kugelförmig, f – schirmförmig, g – unregelmäßig

terverzweigen, wie die Stellung von Blüten und Blütenständen (terminal oder lateral) ist usw. Dabei muß man sich vor Augen halten, daß jede der genannten Eigenschaften in Kombinationen mit weiteren auftritt. So entsteht eine Skala von Gehölzarchitekturmodellen, die nach Personen benannt sind (z. B. COOKsches Modell, PRÉVOSTs Modell usw.)

Auch wenn diese bisher modernste Bearbeitung (erschienen 1978) vorwiegend Tropengehölze angeht, entsprechen einige Modelle auch Gehölzen aus der gemäßigten Zone, z. B. einer Reihe von Nadelhölzern (Araukarien, Tannen, Eiben), entspricht das MASSARTsche Modell, die Chilenische Araukarie und die meisten Kiefernarten einschließlich der Gemeinen Waldkiefer dem RAUHschen Modell, ebenso einige Laubhölzer (Ahorne, Eichen, Eschen). Auch für andere Laubbäume, z. B. Buchen, Linden und Ulmen kann man in diesem System ein Architekturmodell finden (TROLLsches Modell), von den Sträuchern wächst z. B. der Holunder im Sinne des CHAMPAGNATschen Modells.

Ein nicht minder wichtiges, dem menschlichen Auge nahezu verborgenes Organ sind die Wurzeln. Auch sie richten sich nach bestimmten Gesetzmäßigkeiten, auch sie werden von der Umwelt beeinflußt; ihre Umgebung deformiert sie aber weitaus stärker als die Luft die oberirdischen Organe. Die Gesamtheit aller Wurzeln einer Pflanze ist ihr Wurzelsystem. Das Wurzelsystem verankert die Pflanze im Boden und entnimmt dem Boden Nährlösung. An den Gehölzen und ihren Wurzelsystemen kann man zwei Grundtypen unterscheiden: Tiefenwurzelung, bei der die Wurzeln (vor allem die Pfahlwurzel) senkrecht tief in den Boden gehen, manchmal so tief, wie es der Höhe der oberirdischen Organe entspricht (z. B. Sommereiche) oder Flachwurzelung, die durch waagerechtes Vordringen der Seiten-

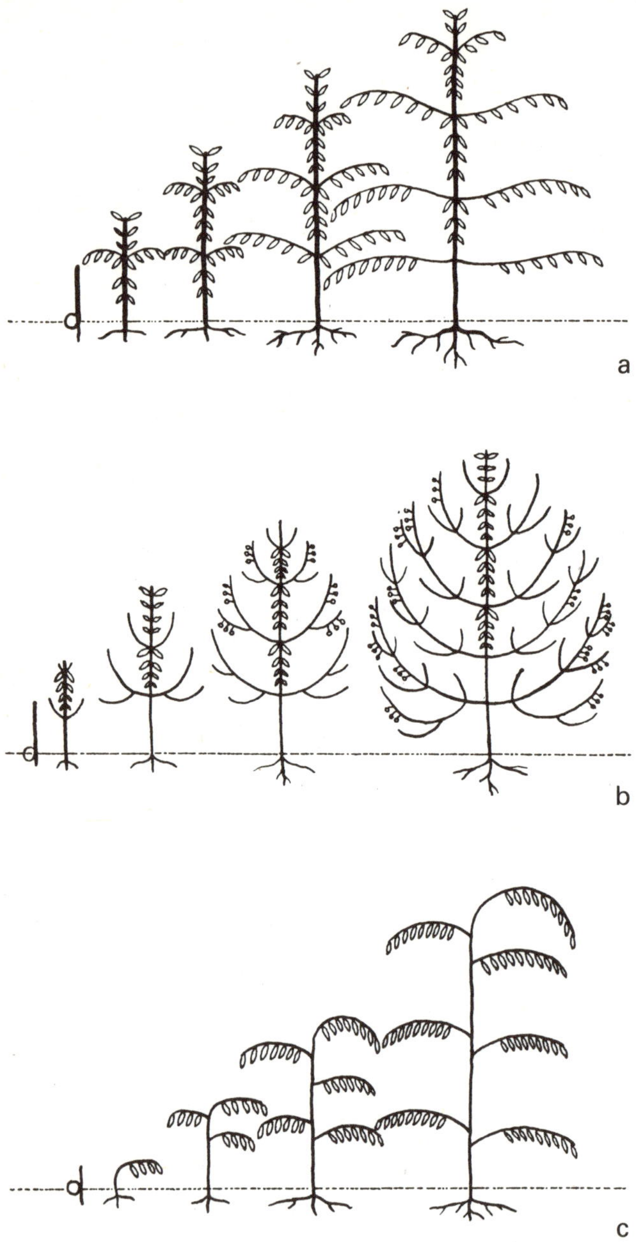

6. Die Wuchsform von Gehölzen der gemäßigten Zone entspricht nach dem System von HALLÉ, OLDEMANN und TOMLINSON mehreren Modellen: z. B. a – MASSARTsches Modell, b – RAUHsches Modell, c – TROLLsches Modell

wurzeln dicht unter der Erdoberfläche zustandekommt (z. B. Gemeine Fichte, Rhododendron). Tiefwurzelnde Bäume werden vom Wind nicht entwurzelt, ihre Stämme brechen eher bei einem starken Sturm (Windbruch); flachwurzelnde Bäume werden hingegen eher umgeworfen. Morphologisch werden die Baumwurzelsysteme in drei Typen unterteilt. Der erste Typ hat in erster Linie eine pfahlförmige Hauptwurzel, die normalerweise ziemlich stark ist und nach Möglichkeit vertikal in die Tiefe des Substrats führt. Der zweite Typ zeichnet sich durch eine größere Anzahl stärkerer Wurzeln gleicher Ordnung aus, von denen keine als die eigentliche Hauptwurzel bezeichnet werden kann und die alle abwärts bzw. schräg abwärts streben (sog. herzförmiges Wurzelsystem). Der dritte Typ hat mehrere gleichstarke Wurzeln, die in ganz geringer Tiefe parallel zur Bodenoberfläche verlaufen (sog. Hauptseitenwurzeln), in größere Tiefe dringen nur einzelne Wurzeln bzw. Fadenwurzeln vor. Die ersten beiden tiefwurzelnden Typen stehen fest, der dritte ist weniger stabil.

Gehölzwurzeln können auf ganz verschiedene Weise gegenüber dem klassischen Bau abgewandelt sein, z. B. verschiedene Adventivwurzeln, die seitlich aus der Stammbasis bogenförmig in weiche Böden (z. B. Sumpfgelände) wachsen wie z. B. bei der Schwarzerle oder die Stelzwurzeln der Mangrovenformation. Auch die Haftwurzeln des Efeus sind Adventivwurzeln und halten solche Lianen an der Unterlage fest.

Eine besondere Gruppe von Veränderungen stellen die Atemwurzeln (Pneumatophoren) dar, die aus dem Boden ins Freie vordringen, von wo sie den Transport der Luft (Sauerstoff) in die unterirdischen Organe besorgen. Von den in diesem Buch behandelten Arten ist das bei der Sumpfzypresse der Fall.

Ein wichtiger biologischer Faktor ist für viele Gehölze das Zusammenleben ihrer Wurzelsysteme mit Pilzmyzelen oder Mikroorganismen. Diese Symbiose wird allgemein als Mykorrhiza bezeichnet und ist z. B. bei Birken, Eichen, Erlen und Kiefern, Erikagewächsen und einer Reihe von Sträuchern (Ölweide, Sanddorn) bekannt. Pilze und Wurzeln höherer Pflanzen wachsen in enger Symbiose, aus der beide Organismen Vorteile ziehen. Aufgrund von morphologischen Merkmalen unterscheidet man Ektomykorrhizen, bei denen die Hyphen der Pilze vorwiegend auf der Wurzeloberfläche sitzen und einen dichten Hyphenmantel um die Fadenwurzeln bilden und Endomykorrhizen, bei denen Pilzhyphen direkt im Wirtskörper sitzen und keinen Hyphenmantel bilden. Der erste Typ ist für Gehölze charakteristisch. Diese Bindung erkennt man im Wald auf den ersten Blick daran, daß z. B. bestimmte Ständerpilze nur unter bestimmten Bäumen wachsen. Das Zusammenleben von Pilzen und Gehölzen ist aber nicht nur für diese Symbiosepartner bedeutsam, sondern auch für den Menschen: Es hat sich nämlich herausgestellt, daß da, wo es unter Zivilisationseinflüssen zu einem Rückgang von Pilzen kommt, auch die Holzmasseproduktion sinkt.

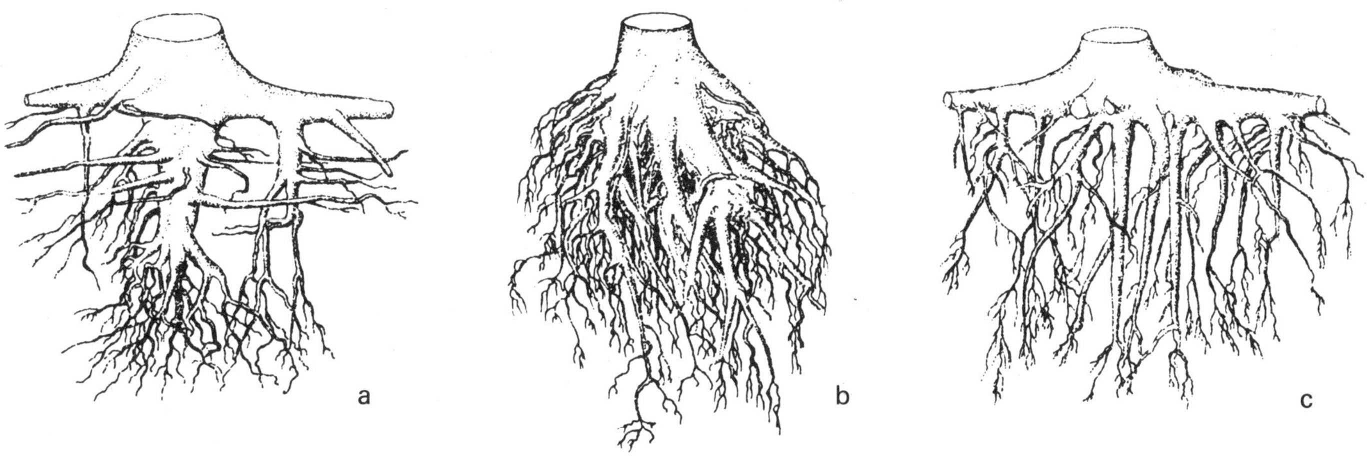

7. Auch der Bau des Wurzelsystems folgt Gesetzmäßigkeiten: a – System mit einer senkrechten Hauptpfahlwurzel, b – System mit mehreren schrägen Hauptwurzeln (herzförmiges Wurzelsystem), c – System mit waagrecht verlaufenden Hauptwurzeln

Die Wurzelsysteme der Gehölze sind weniger gründlich erforscht als die oberirdischen Teile. Trotzdem kann man aber auch im Bau der Wurzelsysteme viele Merkmale feststellen, die nicht nur für ganze Gattungen, sondern auch für einzelne Arten bezeichnend sind.

Manche Gehölze (vor allem Sträucher) bringen eigene habituelle Bildungen hervor, die durch Wuchern eines einzigen Individuums mit klassisch gebauten unter- oder oberirdischen Organen entstanden sind. Die unterirdischen Organe solcher Sträucher verbreiten sich dynamisch und bringen aus Adventivknospen neue rutenförmige oberirdische Sprosse hervor, deren Aussehen sich nicht von der ursprünglichen, aus Samen hervorgegangenen Pflanze unterscheidet. Die so entstandenen Gebilde, die normalerweise eine größere Fläche einnehmen und äußerlich wie ein ganzer Bestand aussehen, sind nur ein einziges Individuum und werden mit dem Fachausdruck Polykormon belegt, sie entstehen z. B. bei Kartoffelrosen u. a.

Unterschiede von Gehölzen zu anderen Pflanzen

Mit den Worten einer alten Enzyklopädie sind Gehölze (Lignosae, Lignidae, Holoxylae) „solche Pflanzen, deren Sprosse gänzlich verholzen und mehrjährig sind, also vor allem Bäume und Sträucher, aber auch Halbsträucher und Holzlianen." Sie werden nach vielen Kriterien eingestuft – z. B. Laub- und Nadelhölzer, Obst-, Forst- oder sonstige Nutzhölzer, Gehölze verschiedener geographischer Zonen oder Höhenstufen usw. Die wissenschaftliche Disziplin, die sich mit diesen verholzenden Pflanzen befaßt, ist die Dendrologie.

Im engeren Sinne wird als Gehölz eine Pflanze angesprochen, die einen verholzenden, langlebigen Sproß mit Vegetationsknospen an oberirdischen holzigen Trieben hat, wobei diese Knospen gewöhnlich höher als 25 cm über dem Boden sitzen und während der Vegetationsruhe völlig den Witterungsunbilden ausgesetzt sind (unter bestimmten Bedingungen wie z. B. Hochgebirge oder Arktis gelten Ausnahmen, wie etwa bei der kaum 10 cm hohen Netzweide). In diesen engeren Aspekt werden die Halbsträucher nicht einbezogen, d. h. mehrjährige Pflanzen, deren Sproßunterteile verholzen, während die blütentragenden Oberpartien krautig bleiben. Eine Sonderstellung nehmen auch die Zwergsträucher ein, mehrjährige, niedrige, häufig polsterwüchsige Pflanzen mit dicht verzweigten, verholzenden Sprossen wie Heidekraut, Erika, Heidelbeeren usw. Auch wenn sie anatomisch den Gehölzen entsprechen, werden sie wegen anderer Unterschiede in diesem Buch nicht berücksichtigt.

Um die Begriffe Gehölz, Holz, Verholzung näher zu

erläutern, muß in Betracht gezogen werden, was der Entwicklung von Gehölzen vorausgegangen ist. Der Anfang muß in einem etwa 420 Millionen Jahre zurückliegenden Zeitalter gesucht werden, zu Beginn des Silurs, als es zu einer einschneidenden Klimaveränderung kam. In dieser Zeit haben die ersten Landpflanzen (heute *Psilophyta* genannt) den Schritt aus dem Wasser auf's Trockene gemacht. Anfänglich haben sie sich rasch fortentwickelt und so entstanden neue Formen und Entwicklungsrichtungen. Der progressivste Entwicklungszweig dieser Landpflanzen differenzierte seine Körper in Wurzeln, Sproß und Blätter und brachte ein Leitbündelsystem hervor. So entstanden die Gefäßpflanzen, *Tracheophyta.* Gemeinsames Merkmal aller Gefäßpflanzen ist das Vorhandensein von Chlorophyll und Carotinoiden in Zellkompartimenten, die Photosynthese betreiben, die Fortpflanzungsweise, der Leitbündelbau, eine die Körperoberfläche bedeckende Cuticula und das Vorhandensein von Atemöffnungen als Einrichtung zum Gasaustausch.

Gefäßpflanzen sind vielzellige Organismen mit in Funktion und Form stark unterschiedenen Zellverbänden. In der Regel werden solche Zellverbände der Funktion entsprechend Gewebe genannt (Komplexe von miteinander verwachsenen und gegenseitig aufeinander wirkenden Zellen). Der Ausdruck Gewebe stammt aus den Anfängen der Pflanzenanatomie, als die Zellwände noch als wichtigster Zellbestandteil angesehen wurden und im Schnitt unter dem Mikroskop wie ein Netz oder Gewebe aussahen. Bei höheren Pflanzen verbinden sich die einzelnen Gewebearten zu höheren Einheiten, den Gewebesystemen, die sich grob in zwei Gruppen einteilen lassen: in Teilungsgewebe (Meristeme) und definitive Dauergewebe.

Teilungsgewebe haben im Leben der Pflanzen eine unersetzliche Funktion. Ihr Vorhandensein bewirkt, daß die meisten pflanzlichen Vielzeller das ganze Leben über wachsen können; ihr Wachstum ist potentiell uneingeschränkt. Ein Meristem enthält Zellen, deren Teilungsfähigkeit auf Dauer erhalten bleibt. Jede solche Zelle wird Initialzelle genannt; sitzt an der Spitze einer Pflanze eine einzige Initialzelle, spricht man von einer Terminalzelle. Aus ihr teilen sich Zellen oder Segmente ab, die Endmeristeme bilden. Diese sind sowohl an den Organspitzen als auch an ihren Rändern angebracht. Durch Segmentierung von Initial- oder Terminalzellen entsteht ein Primärmeristem; aus diesem differenzieren sich dann allmählich Dauergewebe. Unter dem Sproßende teilt sich das Primärmeristem in drei weitere:

– in das einschichtige Dermatogen, aus dem die Oberhaut entsteht,

– in das dicht darunter liegende mehrschichtige Periblem, aus dem die Primärrinde entsteht und

– in das innere zylindrische Plerom, das sich in Kern und Leitgewebe differenziert.

Ein Sonderfall der Meristemanordnung im Pflanzenkörper sind die Blätter. Sie entstehen dicht unter der Sproßspitze zunächst als kleine, durch Periblemteilung aufkommende Höcker, worauf eine Teilung des Dermatogen erfolgt. Die Blattgrundlage bildet ein Meristemgewebe, doch verläuft die Umwandlung in Dauerzellen schrittweise von der Blattspitze zur Basis. Das Spitzenmeristem in den Blättern geht bald zugrunde, das Auswachsen wird nur vom Meristemgewebe an den Blattbasen besorgt, bis es auch dort verschwindet. Daher haben Blätter, im Gegensatz zu Sproß und Wurzeln, ein begrenztes Wachstum.

Unter den Dauergeweben kann man aufgrund von Lage und Funktion drei grundlegende Komplexe unterscheiden:

– Hautgewebe (Abschlußgewebe)

– Leitgewebe (Leitbündel sowie in Sprossen mit sekundärem Dickenwachstum Holz und Bast, aus der Kambiumstätigkeit entstehend)

– Grundgewebe, (alle anderen, die inneren Organe ausfüllenden Gewebe).

Abschlußgewebe bedecken nicht nur die Oberfläche des Pflanzenkörpers, sondern schützen gleichzeitig die übrigen Gewebe vor äußeren Einflüssen und stellen die Verbindung zwischen Pflanzenkörper und Außenwelt her. Das primäre Abschlußgewebe ist die Haut (Epidermis), ein Gewebe, das meist aus einer einzigen Schicht platter, dicht aneinanderliegender Zellen ohne Zellzwischenräume besteht. Die Haut der oberirdischen Pflanzenteile hat normalerweise eine verdickte cutindurchsetzte Zellulosehülle, die noch von einer Cutinschicht, der Cuticula bedeckt ist. Diese Einrichtung verhindert unnötige Wasserverluste. Oft sind die Zellwände der Hautzellen wachsdurchsetzt, bzw. das Wachs bildet auf der Hautoberfläche Überzüge, die als Bereifung von Früchten, Nadeln u. ä. sichtbar werden. Die Winterknospen vieler Bäume können außerdem noch auf der Haut Harz abscheiden. Wachse und Harze haben für die Pflanze in erster Linie eine Schutzfunktion.

Wäre nun der ganze Pflanzenkörper luftdicht von seiner Haut umschlossen, könnten die Pflanzen ihre lebenserhaltende Funktion, die Photosynthese, nicht erfüllen. Um einen hinreichenden Gasaustausch zwischen Atmosphäre und Zellzwischenräumen zu gewährleisten, befinden sich in der Haut besondere nierenförmige Zellenpaare (Schließzellen), zwischen denen sich ein Spalt befindet. Das ganze Gebilde ist eine Spalt- oder Atemöffnung (Stoma). Spaltöffnungen ermöglichen die Gaszufuhr zu den photosynthetisierenden Geweben (Respiration) und Wasserverdunstung (Transpiration). Spaltöffnungen sind die Einrichtung, die überhaupt erst die Existenz von Pflanzen auf dem Land ermöglicht hat. Ihre Anzahl und Anordnung ist sowohl für die einzelnen Pflanzenarten als auch für bestimmte Standorte charakteristisch. Auf 1 m^2 Oberfläche kommen in der Regel 100–300 Spaltöffnungen. Die Schließzellen leben und sind fähig, auf äußere Bedingungen durch Schließen bzw. Öffnen des Spalts zu reagieren.

Die Oberfläche vieler Pflanzen ist mit haarigen Gebilden bedeckt. Sie entstehen entweder aus einer einzigen Hautzelle (Trichome) bzw. an ihrer Entstehung sind mehrere Zellen beteiligt (Emergenz); sie haben vor allem eine Schutz- und Deckfunktion. Einige, wie z. B. die Haare auf Samen, dienen als Flugapparate der Verbreitung (z. B. Pappel- und Weidensamen).

Im Leben vieler Pflanzen tritt eine Zeit ein, zu der sich die Dauergewebezellen auf einmal wieder zu teilen beginnen und sich in Teilungszellen verwandeln. So entsteht in einem bereits definitiven Gewebe ein neues Sekundärmeristem. Ein Beispiel dafür ist das korkbildende Gewebe (Phellogen), aus dem ein sekundäres Abschlußgewebe am Gehölzsproß entsteht.

Alle Gehölze sind mehrjährige Organismen. Bei Organen, die lange Jahre hindurch einen Wechsel von intensivem Wachstum und Vegetationsruhe überstehen müssen, entsteht auf der Oberfläche ein sekundäres Abschlußgewebe, die Peridermis. Das Phellogen wächst entweder in beide Richtungen, d. h. es produziert nach „außen“ Kork und nach „innen“ Phelloderm (sog. grüne Rinde) oder aber einseitig, dann produziert es nur Kork. Als sekundäres Abschlußgewebe wird immer der ganze Gewebeverband bezeichnet.

Beim sekundären Dickenwachstum übernimmt der Kork nach Aufreißen der Haut deren Schutz- und Deckfunktion. Er besteht aus scheibenförmigen Zellen ohne Interzellularen. Die Wände der Korkzellen bestehen aus mehreren Schichten, wobei die mittlere (Lamelle) normalerweise verholzt ist (Verholzung – Lignifikation – ist die Verfestigung von Pflanzengewebe durch Ablagerung von Lignin in den Zellwänden), beidseitig liegen an ihr Suberinschichten an, die völlig gas- und wasserundurchlässig sind. Das führt zum baldigen Absterben der Korkgewebezellen, die meist leer bleiben und nur luftgefüllt sind. Außer Luft enthalten abgestorbene Korkzellen noch verschiedene Stoffe wie Gerbstoffe, Harze usw. Der Zellinhalt kommt manchmal in der Gesamtfärbung der Sekundärrinde zum Ausdruck, z. B. stammt die weiße Färbung der Birkenstämme von Betulinkristallen, welche die Zellen als feinkörnige weiße Masse ausfüllen.

Zur Korkbildung kommt es bei den Gehölzen der gemäßigten Zone am Ende des Sommers, das korkbildende Phellogengewebe entsteht aber schon im Juni/Juli. An den grünen Trieben macht sich die Korkbildung meist durch Braunfärbung der bisher grünen Oberfläche bemerkbar. So wie der Kork nach und nach die Funktion des Abschlußgewebes übernimmt, stirbt parallel dazu die Primärrinde ab, um schließlich abzuschilfern. Wäre aber die ganze Oberfläche der langlebigen Gehölzteile völlig in eine Korkschicht eingeschlossen, käme es bald zur Blockierung vieler lebenswichtiger Funktionen. Deshalb existieren, ähnlich wie die Spaltöffnungen in der Hautschicht, im Kork linsenförmige Gebilde, sog. Lentizellen, die mit einem Gewebe gefüllt sind, welches das Eindringen von Fremdkörpern verhindert, jedoch den Gasaustausch gestattet. Lentizellen haben ihre eigene Dynamik im Jahresverlauf: Im Herbst verschließen sie sich mit einer dünnen Korkschicht, die im Frühjahr, sobald das Wachstum wiedereinsetzt, das Füllgewebe wieder aufreißt. Für bestimmte Gehölzarten sind die Lentizellen oft ganz charakteristisch. Normalerweise heben sie sich vom umliegenden Kork als winzige Höcker ab oder bilden auf der Oberfläche eine ganz charakteristische Zeichnung (z. B. Birke).

Der Kork dient nicht allen Gehölzen das ganze Leben lang als alleiniges Abschlußgewebe. Eher im Gegenteil: Gehölze wie Rotbuchen, an denen das Phellogen das ganze Leben über aushält und unablässig den Kork ersetzt, der beim Dickenwachstum des Stammes in dünnen Schuppen abschilfert, sind eine Ausnahme. Meist sind es Gehölze mit „glatter“ Rinde.

Bei den übrigen Gehölzen, vor allem Bäumen, schränkt das erste Phellogen nach einiger Zeit seine Tätigkeit ein, um sie dann ganz einzustellen. Gleichzeitig entsteht tiefer ein neues, das neue Korkschichten produziert. Dies Zusammenspiel von Vergehen und Entstehen wiederholt sich periodisch von Zeit zu Zeit. Da der Kork aber undurchlässig ist, sterben alle äußeren Schichten bald ab. Diese, oft beträchtlich dicken Schichtungen, entstanden aus abgestorbenen Primär- und Sekundärgeweben und außerhalb der Korkschicht liegend, d. h. an der Stammperipherie, werden zusammenfassend Borke (Rhytidoma) genannt.

Mit dem Dickenwachstum des Baumes wird auch die Borke gespannt. Da sie aber nur aus bereits totem Gewebe besteht, reagiert sie auf den Druck des wachsenden Stamms durch Aufplatzen und Reißen. Der aufplatzende und abschilfernde Borkentyp ist für verschiedene Baumarten charakteristisch.

Bei den meisten Gehölzen haben die alten Stämme eine Färbung in den verschiedenen Brauntönen. Das ist auf Gerbstoffderivate zurückzuführen, von denen die Borkenschichten meist durchdrungen sind.

Rinde und Kork der Gehölze sind nicht nur anatomische, sondern auch technische Fachausdrücke. In der Holztechnik versteht man unter Rinde alle vom Holz ablösbaren Gewebe, also Primär- und Sekundärrinde sowie den Bast (s. Seite 17). Technisch gesehen ist Kork ein Rohstoff, der von älteren Bäumen der mediterranen Korkeiche und einigen weiteren Eichenarten aus dieser Region, gegebenfalls auch vom Amur-Korkbaum gewonnen wird.

Grundgewebe füllen den Raum im Pflanzenkörper zwischen Abschluß- und Leitgewebesystemen aus. Neben der reinen Ausfüllung übernehmen sie noch weitere Funktionen: in ihnen verläuft die Photosynthese, sie können Speichergewebe sein (z. B. in Wurzeln), in Sonderfällen sogar Wasservorratsorgane. Grundgewebe bilden auch in den zylindrischen Organen (Sproß) lokal differenzierte Gewebe – Parenchymrinde, Markstrahlen und Mark. Die Parenchymrinde befindet sich zwischen Abschluß- und Leitgewebe, die Markstrahlen verlaufen als schwache Gewebestreifen von der Sproßmitte in radialer Richtung und trennen die Leitbündel voneinander, das Mark liegt in der eigentlichen Sproßmitte. Ein gutes Beispiel ist das weiße, weiche Mark in den Holunderästen.

Zwischen Zellen und Geweben entstehen oft ganze Systeme von Zwischenräumen (z. B. die Harzkanäle der Nadelhölzer oder die Kämmerchen mit ätherischem Öl in der Fruchthülle der Zitronen). Kommt es zur Entstehung von Zellzwischenräumen durch Aufreißen eines ganzen abgestorbenen Gewebestreifens, entstehen oft Hohlstengel (z. B. Forsythie).

Das ausgeprägteste Gewebe der Gefäßpflanzen sind die Leitbündel, Leitgewebe, die durch die einzelnen Organe verlaufen und in der Pflanze einerseits Wasser und gelöste anorganische Stoffe, andererseits die durch Photosynthese gebildeten Assimilate verteilen. Leitgewebe transportieren in den Pflanzen Lösungen über große Entfernungen hauptsächlich in zwei Richtungen: Aus den Wurzeln steigt Wasser mit gelösten anorganischen Stoffen aufwärts in die Blätter, aus denen das Wasser verdunstet (Transpirationsfluß) und aus den Blättern strömen Assimilationslösungen an die Verbraucherstellen oder in Vorratsorgane (Assimilationsfluß). Diese Transporte spielen sich in langgestreckten Zellen ab, deren Querwände stark abgeschrägt oder ganz aufgelöst sind, so daß sie schließlich zusammenhängende Röhren bilden, die den Pflanzenkörper durchziehen. Ein Leitbündel besteht aus einem Holz- und einem Bastanteil. Der Holzanteil enthält Gefäße und Holzparenchym. Die Gefäße sind lange, leere, tote Zellen mit verholzten und auf eine ganz bestimmte Weise verdickten Wänden. Je nachdem, ob zwischen diesen Zellen Trennwände vorhanden sind oder nicht, unterscheidet man zwischen Tracheen und Tracheiden. Tracheen sind lange Röhren aus aneinandergereihten Zellen, zwischen denen die Trennwände völlig oder teilweise aufgelöst sind und deren Zellinhalt abgebaut wurde. Tracheen dominieren bei Laubhölzern, bei denen Tracheiden manchmal überhaupt nicht ausgebildet sind (z. B. Esche, Platane). Bei den Tracheiden sind ganze, schräge Zwischenwände zurückgeblieben; sie sind typisch für Nadelhölzer.

Gefäßlänge und -dicke sind ganz verschieden. Bei Eschen wurden Gefäße gefunden, die von der Wurzel bis in die Krone reichten; bei Eichen wurden maximal ca. 4 m gemessen, der Durchmesser betrug 0,25 mm. Die Gefäßwände sind unterschiedlich stark verdickt und ring-, schrauben- oder netzförmig versteift. Nur diese Versteifungen verholzen, während die nicht verdickten Zellwandpartien zellulös sind und den Austausch von Lösungen aus den Gefäßen mit Nachbarzellen und umgekehrt ermöglichen. Sind die Wände völlig verdickt, bleiben in ihnen Hoftüpfel zurück, die gleichfalls durchlässig sind. Hauptfunktion der Gefäße ist der Transport von Wasser mit gelösten anorganischen Stoffen (Transpirationsfluß); ihre Nebenfunktion ist eine Versteifung des Pflanzenkörpers.

Der Bastanteil von Leitbündeln besteht aus Siebröhren, Parenchym- und Sklerenchymzellen. Siebröhren bestehen aus länglichen lebenden Zellen, deren Trennwände porös sind und Siebplatten heißen. In den Siebröhren ist die Wand mit Zytoplasma belegt, der Zellkern verschwindet jedoch bald. Die Zellen sind von einer großen Zentralvakuole ausgefüllt, deren Saft Eiweiße und Zucker enthält. Siebröhrenwände verholzen nicht. Sie transportieren hauptsächlich organische Stoffe (Assimilationsfluß) und sind manchmal nur eine einzige Vegetationszeit in Tätigkeit, an deren Ende verstopfen sich die Siebplatten mit einer besonderen Materie. Im folgenden Frühjahr stirbt die verstopfte

8. Der Holunder besitzt viel weiches Mark

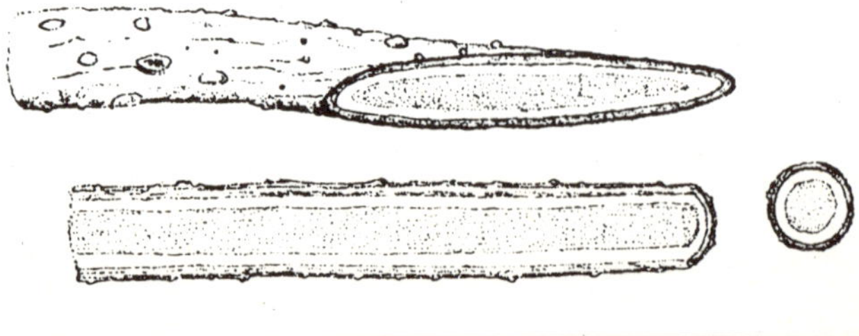

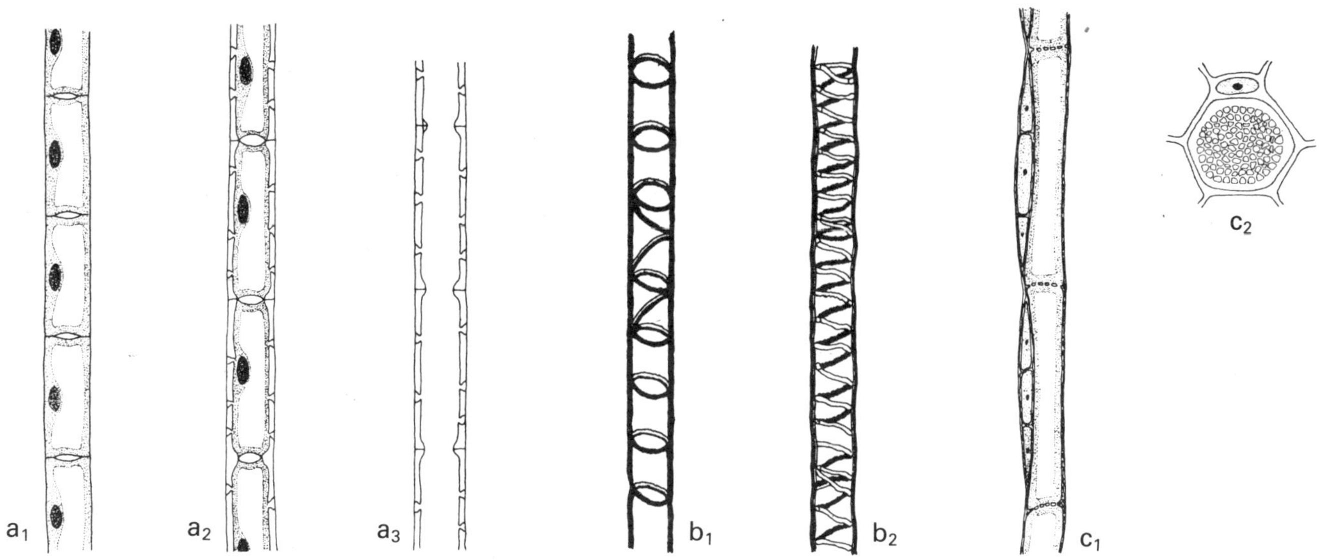

9. Feinbau von Leitgeweben: a (1–3) – Entstehung einer Trachee aus einer Zellensäule, b – Tracheiden mit ringförmig (1) und spiralig (2) verstärkten Wänden, c – Siebröhren mit Begleitzellen im Längs- (1) und Querschnitt (2) mit Sicht auf die Siebplatte

Siebröhre ab, wird vom umliegenden Gewebe zusammengedrückt und durch eine neue lebende ersetzt.

Siebröhren und Gefäße sind normalerweise von Leitparenchym begleitet. Das ist ein Gewebe aus lebenden Zellen, welches den Flüssigkeitstransport über eine kurze Entfernung ermöglicht.

Bei den Gehölzen sind die Leitbündel im Sproß zu einem sogenannten zweikeimblättrigen Typ angeordnet. Im Querschnitt erscheint ihre Anordnung kreisförmig. Zwischen sie dringen radial Markstrahlen ein; in der Sproßmitte sitzt das Mark. Aus den Blättern gehen die Leitbündel an der Blattansatzstelle in den Sproß über. Von dort verlaufen sie schräg abwärts durch die Rindenschicht, um sich dann in den Kreis zwischen die übrigen Leitbündel einzureihen. Zunächst verlaufen sie mit diesen parallel, um sich dann durch Abzweigung oder Gabelung mit den Nachbarbündeln zu vereinigen. So kommt das untereinander verbundene Leitbündelsystem zustande.

Gehölzsprosse wachsen nicht nur in die Länge, sondern auch in die Dicke. Vom sekundären Dickenwachstum der Abschlußgewebe – der Ausbildung von Sekundärrinde – war bereits die Rede. Dafür sorgt das korkbildende Phellogengewebe. Die immer weiter wachsende und zunehmende Baumkrone muß aber gut versorgt und mechanisch gefestigt werden. Das Leitgewebe bleibt bei den meisten Gehölzen der gemäßigten Zone aber nur höchstens 3–5 Jahre aktiv, wobei es mit zunehmendem Alter die Flüssigkeit immer langsamer transportiert. Daher muß es unablässig durch neue Elemente ersetzt werden. Das sekundäre Teilungsgewebe, das diesen Ablösungsvorgang das ganze Leben einer mehrjährigen Pflanze über besorgt, ist der Verdickungsring oder das Kambium.

Im Querschnitt durch den Sproß bildet das Kambium

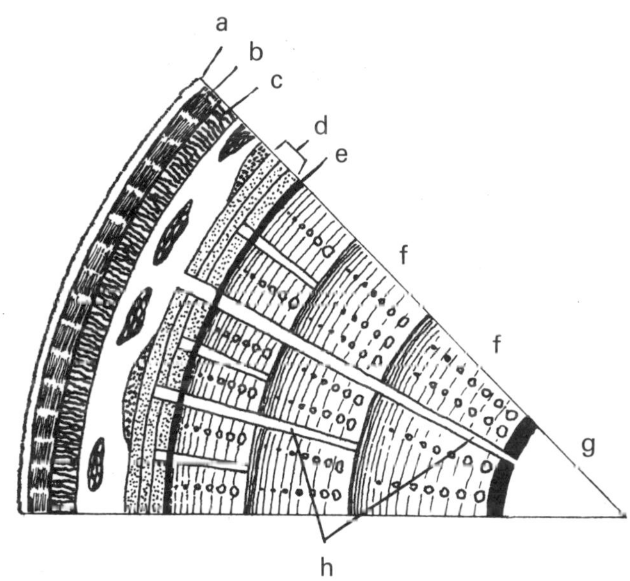

10. Querschnitt durch einen dreijährigen Lindensproß: a – Haut, b – Kork, c – Primärrinde, d – Bast, e – Kambium, f – Holz des ersten bis dritten Jahres, g – Mark, h – Markstrahlen

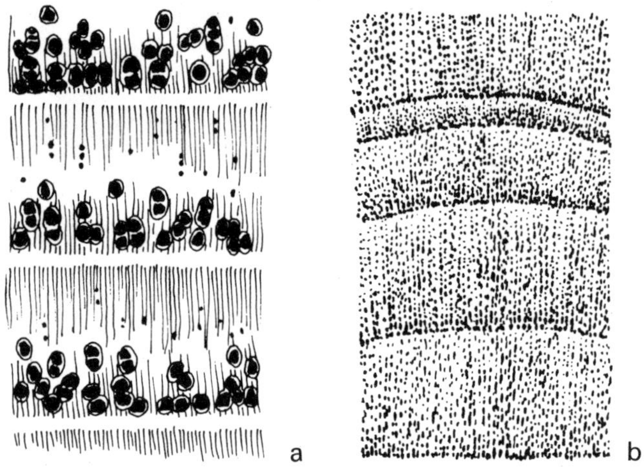

11. Porosität des Holzes ist ein gutes Unterscheidungsmerkmal:
a – rund poröses Holz (Esche)
b – diffus poröses Holz (Espe)

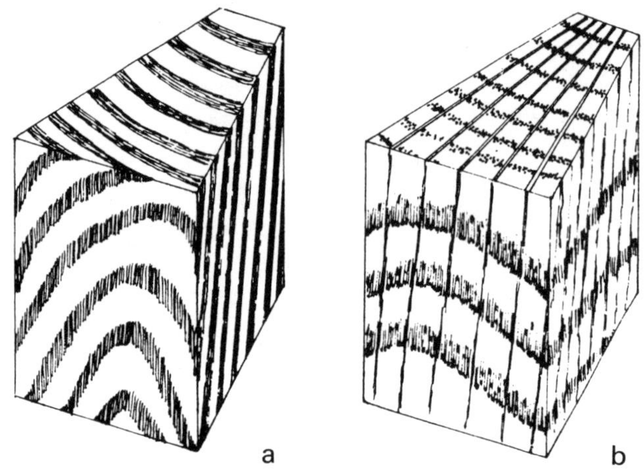

12. Mit bloßem Auge erkennbare Unterschiede im Bau von
a – Fichten- und
b – Eichenholz

einen zusammenhängenden, geschlossenen Kreis. Es geht zwischen Holz- und Bastteil der Gefäßbündel hindurch, schneidet die Markstrahlen und produziert nach beiden Seiten neues Gewebe, nach innen sekundäres Holz, nach außen sekundären Bast. An den Schnittstellen mit den Markstrahlen produziert es nur Parenchym, so daß die Markstrahlen ungestört weiterverlaufen.

In den geographischen Breiten, in denen es unter dem Einfluß von periodischen Klimaschwankungen zu Jahreszeitenwechsel kommt, funktioniert auch das Kambium periodisch. In der gemäßigten Zone ist es vom zeitigen Frühjahr bis in den Herbst tätig. Im Stammquerschnitt zeigt sich diese Periodizität als eine charakteristische Zeichnung, die sog. Jahresringe.

Die Holzbildung ist ein Hauptcharakterzug der Gehölze. Die Holzmaterie ist recht kompliziert aufgebaut und die Unterschiede im Bau gestatten dem Kenner, auch anhand kleiner Proben den Ursprung zu bestimmen. Allgemein versteht man unter dem Begriff Holz die gesamte vom Kambium nach innen abgeschiedene Gewebemasse.

Im Querschnitt durch einen Stamm ist normalerweise zentral das unauffällige Mark zu sehen (oft nur 1 mm im Durchmesser, nur beim Holunder ca. 10 mm). An das Mark schließt sich ein schmaler Primärholzstreifen an, die sog. Krone; dann kommt schon eine starke Schicht aus altem Sekundärholz, dessen Leitbündel nicht mehr funktionieren. Das ist der sogenannte Kern. Oft ist er durch eingelagerte Gerbstoffe dunkel gefärbt. Die hellere, noch als Leitgewebe funktionierende Außenschicht wird Splint genannt. Hölzer mit unterschiedlichem Kern und Splint sind Kernhölzer (z. B. Kiefer), undifferenzierte werden als Splintholz bezeichnet (z. B.

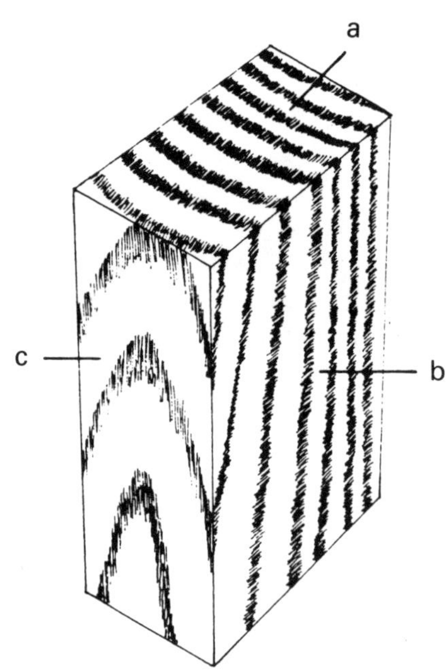

13. Schnittrichtungen an einem Gehölz: a – Quer-, b – Radial-, c – Tangentialschnitt

Buche). Die Baueinheiten des Holzes sind die bereits erwähnten Tracheen und Tracheiden.

Genau wie Sekundärholz entsteht bei den Gehölzen auch Sekundärbast. Er besteht aus Siebröhren, Begleitzellen und Bastparenchym sowie dem sog. Hartbast, der aus leicht verholzten Sklerenchymfasern besteht. Die Sekundärbastschicht ist gegenüber der Holzschicht auffallend schwach, da das Kambium wesentlich weniger Bast als Holz produziert. Die Sekundärbast-Siebröhren funktionieren im Schnitt nur zwei Jahre (bei Linden bis 4 Jahre), dann sterben sie ab und werden vom umliegenden Gewebe zusammengedrückt. Auch ist beim Bast die Schichtung weniger stark ausgeprägt als beim Holz; der Jahreszuwachs ist nicht sichtbar, denn das Kambium produziert, sofern es das Wetter zuläßt, Bast noch lange in den Winter hinein.

Die Sklerenchymfasern des Bastes haben eine gewisse wirtschaftliche Bedeutung; sie werden zur Produktion von technischem Bast genutzt. Von den europäischen Hölzern ist der Lindenbast erwähnenswert. Gärtnerbaste entstammen meist der Palmengattung *Raphia.*

Auch im Wurzelsystem kommt es bei Gehölzen zu einem sekundären Dickenwachstum, das vom Wurzelkambium ausgeht. Die Hauptfunktion der Gehölzwurzeln ist – selbstverständlich neben der physiologischen Funktion – die Stabilisierung, Befestigung und Verankerung des oft mehrere Tonnen schweren Baumes im Substrat. Die Wurzelsysteme mancher Bäume erreichen daher unter der Erde verborgen eine ähnliche Mächtigkeit wie die weit sichtbaren Kronen.

Der hier aufgezeigte anatomische Bau, vor allem des Holzteils, ist ein typisches gemeinsames Merkmal aller Gehölze. Mit Ausnahme der Nadelhölzer und Gingkobaumgewächse ist er aber keine Besonderheit einer ganz bestimmten Systemgruppe. Laubhölzer findet man vielmehr in mehreren Entwicklungslinien der zweikeimblättrigen Pflanzen.

Aus dem Leben der Bäume

Gehölze und insbesondere Bäume sind Organismen von beträchtlicher Größe. Unter den lebenden Organismen auf unserem Planeten sind sie in vieler Hinsicht Rekordhalter: Sie gehören zu den allergrößten lebenden Organismen auf der Welt. Die australischen Eukalyptusbäume messen viele -zig Meter, die amerikanischen Sequoien und Mammutbäume überschreiten in vielen Fällen sogar die 100 m-Grenze, im Vergleich zu ihnen sind die europäischen Gehölze größtenteils nur „klein“. Auch durch ihr Alter unterscheiden sich die Bäume von allen übrigen Organismen. Die hundertjährigen sind so zahlreich, daß sie gar nicht alle aufgezählt werden können; Arten, die 500 Jahre alt werden, gibt es schon weniger: von den europäischen Gehölzen z. B. die Eichen. Einige Bäume leben aber noch viel länger. Lange galten die schon genannten amerikanischen Sequoien als die ältesten; sie werden rund 2000 Jahre alt. Der Altersrekord gehört jedoch den ansonsten unscheinbaren Grannenkiefern aus den trockenen Gebieten der USA; ihr Alter wurde auf 4000–4700 Jahre festgelegt.

Das Leben jedes Baums beginnt mit der Verschmelzung von männlichen und weiblichen Geschlechtszellen und der Ausbildung von Keim, Samen und Frucht. Damit es überhaupt dazu kommt, muß die vorige Generation blühen. Die Blüte ist ein wichtiger Vorgang im Leben der höheren Pflanzen, der immer noch viele neue Erkenntnisse für die Naturforscher bringt; die entsprechende Disziplin ist die Blütenbiologie. Es stellte sich inzwischen heraus, daß die traditionelle Einteilung der Gehölze in windbestäubende und insektenbestäubende (anemophil und entomophil) längst nicht mehr ausreicht, ebensowenig wie die Einteilung in Gehölze mit zwei- und eingeschlechtlichen Blüten und ein- oder zweihäusige Individuen. Bei eingehenden Untersuchungen zeigten sich immer neue Ausnahmen; der Blütencharakter verändert sich u. a. durch äußere Einflüsse und mit dem Alter des Baumes. Ein Beispiel liefern die Blüten des Spitzahorns, die allgemein als zweigeschlechtlich gelten. Trotzdem wurden auch Blüten mit verkümmerten Staubgefäßen gefunden, also funktionell weibliche Blüten und solche mit unvollkommen ausgebildetem Stempel, also funktionell männliche. Auch bei den kätzchenartigen Blütenständen der zweihäusigen Weiden wurden männliche Blüten in weiblichen Kätzchen gefunden und umgekehrt (z. B. Grauweide). Eschen haben polygame Blüten: Zwitter, männliche und weibliche. Kiefern tragen in den ersten Jahren ihrer Blütenreife oft nur weibliche Blüten, männliche Blüten werden erst viele Jahre später hervorgebracht usw.

Die Blütenbildung steht nicht nur mit Alter und Reife des Baums in Verbindung, sondern auch mit äußeren Einflüssen und der Verfassung des Individuums zur

Zeit des Blütenansatzes. Allgemein gilt, daß ein heißer, trockener Frühsommer (Juni) den Blütenansatz des folgenden Jahres fördert. Das gilt insbesondere für Obstbäume und für Arten, die nicht regelmäßig jedes Jahr blühen (z. B. Buchen).

Viele Bäume gehören zu den Windbestäubern. Das bedeutet zwar eine Pollenüberproduktion (z. B. produzieren Kiefern 4 mal mehr Pollen, als ihrem Anteil an der Vegetation entspricht), doch ist das für die Bäume von Vorteil. Windbestäuber blühen im zeitigen Frühjahr, lange vor dem Laubaustrieb, so daß der Pollen mitführende Wind leicht auch bei großer Bestandsdichte überall durch die Kronen wehen kann. Weibliche Fruchtzapfen von Nadelhölzern sitzen in den oberen Kronenstockwerken, die männlichen in den unteren, so daß die von Wind getriebene „Pollenwolke" von den Nadelholzwipfeln wortwörtlich durchgekämmt wird, wobei die weiblichen Blüten bestäubt werden. Übermäßige Pollenproduktion ist aber noch keine Garantie für die Samenbildung. Diese kann während der Pollenschlauchkeimung von vielen äußeren Faktoren beeinflußt werden, z. B. durch Frost. Die Keimfähigkeit der Pollen kann sogar durch Phänomene wie ein Frühlingsgewitter mit seinem elektrischen Feld beeinträchtigt werden.

Bei einigen Gehölzen (z. B. Kiefern) vergeht zwischen Bestäubung und Befruchtung eine lange Zeit. Die Embryoentwicklung ist erst nach einem Jahr beendet, die Zapfen reifen 2–3 Jahre heran. Auch die Samenentwicklung kann dem Einfluß äußerer Faktoren unterworfen sein; lange sommerliche Trockenheit kann z. B. zu einem vorzeitigen Abwurf führen.

Zahlreiche Gehölze blühen nicht jedes Jahr, sondern haben in ihrem fruchtbaren Zyklus, dem sog. Samenjahr, eine bestimmte, ziemlich regelmäßige Pause. Alljährlich blühen und reifen z. B. Birken, Hainbuchen, Ebereschen, alle 3–4 Jahre erscheinen Samen bei Kiefern, Fichten und Tannen, eine Pause von 5–6 Jahren hat die Eiche, bei der Buche dauert es 6–8 Jahre. Natürlich sind diese Zahlen nicht absolut, auch gibt es viele Ausnahmen. Wer aber mit der Setzlingsanzucht für Forst- und Zierbaumschulen zu tun hat, muß mit diesen Fristen rechnen. Mit zunehmender Umweltverschmutzung werden in den letzten Jahren auch die Samenjahre immer länger. In den am stärksten belasteten Gebieten haben die Bäume schon seit über 10 Jahren keine Samen mehr hervorgebracht.

Für die Entstehung der Individuen, den Aufbau einer Population und die Arterhaltung an einer Lokalität ist auch die Samenmenge von Bedeutung. Die Samenproduktion einiger Forstbäume, umgerechnet in Stückzahl pro Hektar, ist ganz beachtlich und zeugt davon, wie sehr die Natur die Umgebung mit Samen überschwemmen muß, um einer Art Überlebenschancen zu bieten. Der Kiefernbestand auf 1 ha bringt z. B. über 2 Millionen Samen hervor, Fichten ebenfalls, Lärchen 5–10 Millionen, Birken sogar über 100 Millionen, Eichen „nur" 250 000. Diese aus Osteuropa oder Asien stammenden Angaben sind zwar nur grobe Schätzungen der oberen Grenzen, doch vermitteln sie ein annäherndes Bild.

Wenn der Samen heranreift und sich vom Baum löst, ist die Vermehrung noch nicht gesichert. Das neue Leben kann erst unter geeigneten Bedingungen entstehen. Die Keimfähigkeit des Samens hängt vor allem von seiner Reife ab. Manche sind unmittelbar nach dem Heranreifen keimfähig (Pappeln, Weiden, Ulmen), andere brauchen eine längere Vegetationsruhe in geeigneter Umgebung, um aufzugehen. Diese oft durch das Vorhandensein von Inhibitionsstoffen hervorgerufene Vegetationsruhe ist eine Schutzmaßnahme, die eine Keimung unter den allergünstigsten Bedingungen gewährleisten soll. Bei Birken keimen z. B. die Frühsommersamen unmittelbar, während die späteren erst ein halbes Jahr lagern und dann unter den günstigen Bedingungen des folgenden Frühjahrs aufgehen. Die Samen mancher Gehölze lagern auch länger als ein Jahr: Wenn man z. B. Eibensamen nicht unmittelbar nach der Reife aussät, keimen sie erst nach 2–4 Jahren.

In der Natur vermehren und erhalten sich Gehölze meist auf generative, d. h. auf geschlechtliche Weise. In einigen Fällen kommt es aber auch zu vegetativer Vermehrung bzw. Verbreitung. Die Alpenrosenpopulationen verbreiten sich z. B. in Europa an Wasserläufen, indem regelmäßiges Hochwasser ganze Teile der Ufervegetation abreißt und sie stromab mitnimmt, wo sie sich an ruhigen Stellen wieder am Ufer festsetzen. Ähnlich verläuft auch die vegetative Verbreitung von Gehölzen entlang den Lawinenbahnen in den Hochgebirgen. Bei weiteren Arten schlagen niederliegende Äste (Kriechender Wacholder) bzw. auch lebende, abgebrochene Zweige (Weiden) leicht Wurzeln.

Schon der Keim des jungen Baumes trägt charakteristische Merkmale seiner systematischen Zugehörigkeit. Laubhölzer sind zweikeimblättrig, als erste erscheinen am Keimling die beiden Keimblätter, dann kommt es zur Bildung der ersten echten Blätter. Die Keimblätter unterscheiden sich bei manchen Gehölzen stark von den späteren normalen Blättern. Bei Arten mit geteilten Blättern sind diese ersten Blätter oft noch ungeteilt (z. B. Rosen). Nadelhölzer haben in der Regel eine große Zahl dichtgedrängter, schmal pfriemförmiger Primärblätter, diese Blattform ist für das Juvenilstadium der Nadelhölzer charakteristisch, deren Blätter Schuppenform haben (z. B. Lebensbaum).

Eine charakteristische Eigenschaft eines jungen Baums ist unter normalen Bedingungen ein intensives Höhenwachstum. Der Wuchs ist in der frühen Jugend oft ganz charakteristisch für bestimmte Arten, sowohl was das Aussehen als auch die Geschwindigkeit angeht. In der Jugend, d. h. in den ersten 10 Lebensjahren wachsen von den europäischen Gehölzen Erlen und Birken am schnellsten, etwas langsamer Eschen, Linden, Eichen, Lärchen und Kiefern, sehr langsam Buchen, Fichten und Tannen. Am langsamsten von allen europäischen Hölzern wächst in der Jugend die Eibe, die im zehnten Jahr nicht höher als 75 cm zu sein pflegt (Tanne 95, Fichte 100, Buche 180, Eiche 270, Spitzahorn 280, Esche 285, Kiefer 300, Lärche 340, Linde 350 und Erle 400 cm). Das Höhenwachstum ist nicht nur von der Gehölzart abhängig, sondern schwankt sowohl während des ganzen Lebens als auch innerhalb jedes einzelnen Jahres. Je nach Jahreszuwachsdynamik werden Gehölze mit rhythmischem und kontinuierlichem Wachstum unterschieden, geeignete Bedingungen für kontinuierlichen Wuchs kommen auf der Erde nur in begrenztem Umfang vor, z. B. im tropischen Regenwald. Gehölze mit rhythmischem Wachstum wachsen im Mai und Juni nach dem Knospenausschlag am intensivsten. In dieser Zeit können manche Arten täglich 1–3 cm wachsen, dabei verbrauchen sie auch ein Maximum an Wasser. Diese intensive Wachstumsperiode dauert nicht lange, meist nur 2–3 Wochen. In dieser Zeit entstehen die meisten Jungtriebe. Viele Gehölze der gemäßigten Zone haben ein einphasiges Jahreslängenwachstum, „auf einen Schlag" wachsen z. B. Buchen, Eschen, Fichten, Kiefern. Die Tageszuwachslänge steht in direkter Abhängigkeit von Intensität und Gesamtdauer des Längenwachstums. Gehölze mit großem Tageszuwachs wachsen nur über eine kürzere Zeitspanne, solche mit geringem Zuwachs manchmal länger als 3 Monate. Die Durchschnittszeit des Längenwachstums liegt für Gehölze der gemäßigten Zone bei 30–40 Tagen, vom Erwachen der Knospen an insgesamt bei 50–60 Tagen. Die meiste neue Materie entsteht in den Tagesstunden (66 %), der Rest in der Nacht.

Bei manchen Gehölzen tritt nach dem jähen Frühjahrswachstum eine kurze Ruhezeit ein, das Wachstum erneuert sich dann im Juli. Dann wachsen die sog. Sommer- oder Johannistriebe, die normalerweise kürzer als die Frühjahrstriebe sind.

Die hier beschriebene Weise des Längenwachstums hängt mit den Klimabedingungen der gemäßigten Zone zusammen. Ihr Charakterzug ist also die Periodizität in Abhängigkeit von Witterungsverlauf und geographischer Breite. In engem Zusammenhang damit steht auch die Zeit der Vegetationsruhe, die bei den verschiedenen Gehölzen unterschiedlich lang ist. Diese Zeitspanne ist genetisch festgelegt und macht sich auffällig bei Gehölzen bemerkbar, die in einer anderen Klimazone gezogen werden und auch unter veränderten Bedingungen ihren biologischen Jahresrhythmus beibehalten. Ein Beispiel dafür ist die aus Nordamerika stammende, in Europa gezüchtete Robinie (die hier fast als letztes Zuchtgehölz ausschlägt). Manchmal genügen gewisse Witterungsschwankungen, um im August manche Pflanzen bzw. ihre Teile in den Zustand scheinbarer Vegetationsruhe zu versetzen: Bei beeignetem Witterungsverlauf sehen die verwunderten Betrachter dann in den Herbstmonaten blühende Kastanien oder Weigelien. Allgemein wird diese Herbstblüte Refloreszenz genannt.

Gehölze wachsen allerdings nicht nur in die Höhe, sondern auch in die Dicke. Die anatomischen Grundlagen des Dickenwachstums wurden schon erklärt. Daneben gibt es aber auch Veränderungen des Stammumfangs, die von anderen Faktoren als Wachstum und Zellteilung herrühren. Der Sproßumfang (von Stamm und Ästen) ändert sich nämlich im Tagesablauf und unter Witterungseinfluß. Diese Veränderungen sind nicht so groß wie die durch Wachstum herbeigeführten und auch nicht dauerhaft, doch kommen sie vor. Jeder Stamm hat nämlich morgens vor Sonnenaufgang seinen größten Durchmesser, mit zunehmender Transpiration wird es wieder dünner. Das kommt vom Gefäßdurchmesser bei großer Belastung. Ein Regenschauer genügt, und die Abschlußgewebe saugen sich voll Wasser, quellen auf und der Stammumfang ist wieder größer. Durch Wasserverlust kann der Stammumfang auch im Winter „schrumpfen", manchmal sogar recht beträchtlich (bei Erlen bis 2,5 %). Starke Schrumpfungen bei strengen Frösten können zu Frostrissen führen, ähnliche Längsrisse können auch im Sommer durch übermäßige Hitze entstehen.

Nicht nur der oberirdische Sproß, auch die jungen Wurzeln wachsen schnell. Zwischen dem Wachstum von ober- und unterirdischen Gehölzteilen besteht ein direkter Zusammenhang. Die Wachstumsdynamik der Wurzeln ist in gewisser Weise Bestimmungsfaktor für Wachstum und Existenz des Gehölzes insgesamt. Den Beweis dafür liefert z. B. der Vergleich der drei wichtigsten europäischen Forstbäume Tanne, Fichte und Kiefer. Der Vergleich ihrer Wurzelsysteme erklärt vieles: Das Wurzelsystem der Fichte ist insgesamt doppelt so lang wie das der Tanne, das der Kiefer ist 6 mal so lang wie das Fichtenwurzelsystem. Am vitalsten und anpassungsfähigsten ist eindeutig die Kiefer. Birken sind dafür bekannt, daß sie in jeder Ritze wachsen, etwa in altem Mauerwerk oder an Schornsteinen. Auch ihnen hilft beim Überleben in extremen

Bedingungen ein unglaubliches Wurzelsystem. Die Wurzeln eines nur einjährigen Birkenkeimlings sind immerhin insgesamt 150 cm lang! Das Wurzelwachstum verläuft zwar auch periodisch, ist aber weniger klimaabhängig als das der oberirdischen Organe. Wurzeln können auch noch bei relativ niedrigen Bodentemperaturen von 5–6 °C wachsen, die obere Grenze der Bodentemperatur, bei der sie noch wachsen, ist + 32 °C. In Gegenden, in denen der Boden nicht in die Tiefe gefriert, wurde festgestellt, daß die Wurzeln das ganze Jahr über aktiv bleiben und auch im Winter wachsen, allerdings langsamer.

Gehölze sind langlebige Organismen, daher tritt ihre Geschlechtsreife auch nicht so früh ein wie bei kurzlebigen Pflanzen. Das Heranreifen des reproduktionsfähigen Alters ist unterschiedlich und artspezifisch. Die in der Jugend schnellwüchsigen Gehölze (Birke, Erle, Espe) beginnen auch bald zu blühen und Samen zu produzieren, aber auch einige Kiefern und Lärchen beginnen damit schon im Alter von 10–20 Jahren, Ahorne, Hainbuchen und Linden nach 20–30 Jahren und die langsam wachsenden Arten mit 30–40 Jahren. Von den wichtigen europäischen Forstgehölzen werden Buchen und Tannen am langsamsten erwachsen – erst nach ca. 50 Jahren.

Jeder Zimmerpflanzenzüchter weiß, daß er. z. B. Clivien mit Sicherheit zum Blühen bringt, wenn er sie einer langen Trockenzeit aussetzt, während sie bei regelmäßiger Wasserversorgung eine Reihe von Jahren blütenlos bleiben. Ähnlich ist das auch bei einigen Gehölzen, bei denen außergewöhnliche äußere Einflüsse oder der Gesundheitszustand nicht nur den Beginn der Reife, sondern auch die Frequenz der fruchtbaren Jahre und die Blütenzahl beeinträchtigen können.

Obwohl Bäume langlebige Organismen sind und aus biologischer Sicht kein abgeschlossenes Wachstum haben, (theoretisch könnten sie ewig wachsen – davon zeugen einige uralte Klone – Kultursorten von Obstgehölzen, deren Gewebe vegetativ über Jahrhunderte und Jahrtausende erhalten wurde), sind sie dennoch sterblich. Auch auf einen Baum warten Alter und Tod. Tatsache ist, daß zur Zeit der Mehrzahl der Bäume durch Axt und Säge ein Ende gesetzt wird, doch bleiben auch Bäume nicht vom natürlichen Tod oder verschiedenen Krankheiten verschont. Häufigste Ursachen für das natürliche Eingehen eines Baums sind Kernfäule und Festigkeitsverlust des Stamms mit anschließendem mechanischem Einsturz (Statikstörung) oder Wurf bzw. Bruch des nicht mehr festen Stamms durch eine Windbö. Eine weitere häufige Ursache ist Wurzelfäule, da die Wurzeln ihr Wachstum gewöhnlich früher einstellen als der oberirdische Sproß. Das Absterben großer Wurzelsystempartien macht sich auch sekundär durch Eintrocknen von Kronenteilen oder einzelnen Ästen bemerkbar. Nach ihrem Abbrechen kommt es oft wiederum zu statischen Gleichgewichtsverschiebungen, weiteren Brüchen und Einsturz, wodurch der Weg für Pilzinvasionen frei wird. Fäulnis und Vertrocknen sind die häufigsten Ursachen für ihr endgültiges Eingehen. Sie stehen aber in direktem Zusammenhang mit Kondition und Alter der Bäume. Wahrscheinlich treten sie im Lebensabschnitt des Individuums auf, den man als Altersbeginn bezeichnen könnte. Das ist in Wirklichkeit die Periode, in der das Wachstum sich allmählich verlangsamt. Überraschenderweise ist das schon im ersten Zehntel der Gesamtlebenserwartung der Fall. Auch recht langlebige Bäume, die viele Jahrhunderte überstehen, schließen ihre intensivste Wachstumsperiode schon während des ersten Jahrhunderts ab. Solange beim Baum aber die Phasen (Zonen) von Baum, Strauch, Halbstrauch und Kraut im proportionalen Gleichgewicht sind, wäre es zu früh, bei einem solchen Exemplar von Altern zu sprechen.

Selbstverständlich bleiben auch Bäume nicht von Krankheiten verschont, die zum vorzeitigen Untergang des Individuums führen. Einige sind so beschaffen, daß sie sogar die Existenz einer ganzen Baumgattung auf einem Kontinent bedrohen kann, wie z. B. die gerade ablaufende Ulmengraphiose, die in Europa zum völligen Zusammenbruch der Ulmenpopulationen geführt hat und wohl alle Ulmen aussterben läßt, wenn nicht augenblicklich in gesamteuropäischem Rahmen Abwehrmaßnahmen getroffen werden.

Gehölze altern nicht nur individuell, auch ihre Entwicklung als Taxon, als phylogenetische Linie hat einen Anfang, Höhepunkt und Ende. Der Beweis dafür sind Gehölze, die bis heute als Überreste einer längst vergangenen Flora überdauerten (Ginkgo, Urweltbaum) oder solche, die heute geradezu vor unseren Augen verschwinden, während über die Ursachen noch Diskussionen geführt werden (Edeltanne in Europa).

Lebende Zeugen der Zeit

Bäume wurden von vielen Dichtern als Wahrzeichen von Beständigkeit, Treue, Standhaftigkeit und Stärke besungen. Sie wurden zu Kulturpflanzen und auch Nationalsymbolen. Unter den Kronen der Baumriesen findet der Mensch nicht nur Ruhe und Erholung, sondern verfällt auch in stille Bewunderung ihrer Erhabenheit. Dabei ahnt er nicht, daß er dabei in den Stämmen einen lebenden Kalender zur Hand hat, die älteste Chronik, in die Zeit und Baum wie empfindliche Meßgeräte Angaben eingetragen haben, die heute sogar der Raumforschung dienlich sind.

Diese Aufzeichnungen sind in den periodisch Jahr für Jahr zuwachsenden Wachstumsschichten des Holzes eingelagert. Diese Eigenschaft ist vor allem für die Gehölze der gemäßigten Zone charakteristisch und hängt mit der Tätigkeit des Kambiums zusammen. Sie ist periodisch, im Frühjahr überwiegt die Bildung von Holz, das aus ziemlich dünnwandigen großen Zellen besteht. Im Lauf der Zeit geht die Holzbildung zurück, die Holzzellen werden immer kleiner, dafür aber dickwandig und vor Sommerausklang im August kommt die Holzbildung ganz zum Stillstand. Mit der Abnahme der Holzgewebebildung nimmt die Bildung von Bast zu, der den Assimilationstransport aus den Blättern besorgt und bis zum Laubabwurf (bei Laubhölzern) bzw. Beendigung der Vegetationszeit (Nadelhölzer) anhält. Im darauffolgenden Frühjahr nimmt das Kambium wieder die Produktion von dünnwandigen Zellen auf und so entsteht eine deutliche scharfe Grenze zwischen diesem und dem Sommerholz des Vorjahrs. Diese Grenzlinien erscheinen im Stammquerschnitt als konzentrische Kreise und heißen Jahresringe.

Unmittelbaren Einfluß auf das Wachstum des Baums haben Umgebung, Temperaturverlauf, Niederschlagsmenge und eine ganze Reihe weiterer Faktoren, die von der modernen Wissenschaft gerade erst entdeckt werden. Trotzdem ist der direkte Zusammenhang zwischen Witterungsverlauf und Jahresringbildung schon sehr lange bekannt. Bereits LEONARDO DA VINCI hat ihn bemerkt, in Schweden hat LINNÉ einige Jahrhunderte später erkannt, daß Eichen in warmen Jahren breite und in kalten schmale Jahresringe bilden. Bäume sind also die ältesten meteorologischen Jahrbücher und die erwähnten Beobachtungen die ältesten dendroklimatologischen Angaben.

Die Dendroklimatologie, eine selbstständige Disziplin, beobachtet den Einfluß veränderlicher äußerer Witterungsfaktoren auf das Wachstum der Waldbäume und kommt umgekehrt aus diesen Erkenntnissen aufgrund von Jahresringbreiten zu Rückschlüssen auf Schwankungen im Klima der Gegenwart und Vergangenheit. An diesem Fach haben sich auch bald die Astronomen beteiligt; so hat der tschechische Astronom BEČVÁŘ mit dem Meteorologen HANZLÍK eine der ersten Studien über den Einfluß der Sonnenaktivität auf das Baumwachstum herausgegeben. In der zweiten Hälfte des 20. Jahrhunderts kam es zu einer sprunghaften Entwicklung dieser Disziplin. Aufgrund von Jahresringanalysen wurden Voraussagen von Trockenjahren bis zum Jahr 2000 für das Wolgagebiet getroffen, in Nordamerika wurden Karten mit Wachstumsanomalien für jedes einzelne Jahrzehnt angelegt, die den Verlauf klimatischer Anomalien aufzeigten. Aus der Rekonstruktion vergangener Witterungsabläufe und ihrer mit der Sonnenaktivität zusammenhängenden Periodizität wird auf die künftige Klimaentwicklung in den einzelnen Gebieten der Nordhalbkugel geschlossen.

Dieser Erkenntnisprozeß ist aber gar nicht so einfach und bedeutet tausende Stunden Vergleichsarbeit ungeheuer vieler Holzproben unter einem Spezialmikroskop. Im Hinblick auf die vielen Faktoren, die auf die Jahresringbildung wirken, muß eine größere Holzprobenmenge einer einzigen Art aus dem gleichen Gebiet bearbeitet werden. Nach Ausschluß aller Unregelmäßigkeiten und Störungen, wie z. B. Bildung falscher Jahresringe (nach Sommertrockenheit) oder fehlender Jahresringe, wird eine Standardkurve der Jahresringbildung für einen bestimmten Zeitabschnitt, Ort und Gehölzart erstellt. Als Material für die Kurvenkonstruktion werden erhaltene Stämme, aber auch zu Schreiner- und Zimmererarbeiten verwendetes Holz herangezogen, vor allem Balken aus alten Gebäuden. Diese sind besonders wertvoll, wenn das Datum des Hausbaus bekannt ist. In vielen Fällen ist es so gelungen, für ein bestimmtes Gebiet und eine bestimmte Holzart die Jahresringbildungskurve bis in die „archäologische Vergangenheit" festzulegen. Mit dieser Standardkurve können später gefundene Proben von altem Holz verglichen und mit großer Genauigkeit datiert werden. Die längste Standardkurve der Welt ließ sich bisher für die Grannenkiefer festlegen, die im amerikanischen Südwesten wächst: sie umfaßt lückenlos die Zeitspanne bis zum 6. Jahrtausend vor Christus (7120 Jahre). Die längsten Kurven in Europa liegen für die Eichen in Südwestdeutschland vor (HUBERsche Schule in München), die bis ins 9. Jahrhundert nach

Christi reichen sowie für Fichten und Kiefern aus dem Norden der europäischen UdSSR, ebenfalls bis ins 9. Jahrhundert. Diese Angaben helfen vor allem den Archäologen und Kunsthistorikern bei der Datierung wertvoller Funde, die Holzbestandteile haben (Altäre, Plastiken, Bilderrahmen). Als Begründer dieser Wissenschaft gilt Prof. A. E. DOUGLAS, ursprünglich Astronom an der Universität Tuscon in Arizona. Zu Beginn des Jahrhunderts studierte er die sogenannten Elfjahresintervalle von Sonnenflecken und ihren Einfluß auf das Wetter. Im Zusammenhang damit begann er mit Untersuchungen von Jahresringen der Gelbkiefer aus den Trockengebieten in Arizona und hat die Übereinstimmung zwischen Zeitzonen mit schwachen Jahresringen und historisch belegten Trockenperioden nachgewiesen. Dann kam er zu Archäologiestudien und stellte Übereinstimmung einiger Holzpassagen (Stämme) aus prähistorischen indianischen Bauwerken mit den Jahresringpassagen von frisch gefällten bejahrten Bäumen fest, deren Alter bekannt war, so daß nachträglich das Alter der indianischen Bauwerke datiert werden konnte. Diese neue Methode hat sich bald durchgesetzt und wurde zum Fachgebiet Dendrochronologie. Zum ersten Laboratorium für Jahresringanalysen wurde das Tree Ring Research Laboratory der Tuscon-University in Arizona, Verbreiter dieser neuen Methode der Tree-Ring-Society, die ihre eigene Zeitschrift, das Tree-Ring-Research Bulletin herausgibt.

Die allerneuste angewandte Form der Dendrochronologie ist die Dendroökologie, deren Inhalt unter anderem auch im Beobachten negativer Zivilisationseinflüsse auf Baumwachstum und Jahresringbildung besteht. Die Jahresringe dokumentieren nämlich auch den Einfluß von Imissionen und Smogschäden an Forstgehölzen.

Bäume in ihrem Lebensraum

Es gibt nur wenige Stellen auf der Erde, an denen ein Baum allein steht. Solche Orte sind entweder so extrem, daß sie die natürliche Entwicklung eines Baum- oder Strauchbestands verhindern oder solch ein Baum ist das Überbleibsel eines bereits verschwundenen Bestands. Eine weitere Möglichkeit besteht darin, daß er aus irgendeinem Anlaß (Kreuze und Kapellen auf dem Feld, Scheidewege, Grundstücksgrenzen usw.) in einer sonst waldlosen Kulturlandschaft gepflanzt wurde. Gerade diese letzte Möglichkeit ist in Europa häufig und solche Bäume erfreuen sich nicht nur großer Beliebtheit bei der örtlichen Bevölkerung, sondern sind auch wichtige Landschaftselemente.

Die hohe Samenüberproduktion der Pflanzen ist der Grund dafür, daß in einer neuen Umgebung nur selten ein einzelner Sämling keimt und aufwächst. Bei natürlicher Erneuerung gehen in einem bestimmten Zeitabschnitt immer eine größere Zahl junger Pflänzchen auf, die sich in der ersten Zeit auch halten können. Erst die äußeren Bedingungen der Umgebung und der Konkurrenzdruck formen allmählich einen Bestand aus ihnen. Dieser durchläuft dann eine bestimmte Entwicklung (Sukzession), und wenn alle Einflußkomponenten im dynamischen Gleichgewicht sind (Homöstase), stabilisiert sich so ein Bestand, um möglicherweise an seinem Ort sehr lange auszuharren, wobei sich seine einzelnen Komponenten periodisch ablösen können. Die natürliche Vegetationsdecke ist also die Resultante langfristiger Umwelteinwirkungen auf die Vegetation. Als der höchstorganisierte Vegetationstyp gilt allgemein der Wald.

Nicht jede Baumgruppe ist ein Wald, ebensowenig, wie ein paar Grasbüschel eine Wiese darstellen. Die gemeinsam an einem Standort wachsenden Pflanzenkomplexe haben keine zufällige Zusammensetzung, sondern die Artenkombination ist für bestimmte Komplexe charakteristisch. Solche sich in der Natur wiederholende Komplexe werden Pflanzengesellschaften oder Phytozönosen genannt. Die Phytozönose mit der kompliziertesten inneren Struktur ist der Wald.

Die Bäume unterscheiden also den Wald von den übrigen Pflanzengesellschaften, doch müssen noch weitere Bedingungen erfüllt sein, denn freie Bäume wachsen auch außerhalb des Waldes in Waldsteppen, Parktundren, Baumsavannen u. ä. Voraussetzung für den Wald ist das gemeinsame Wachstum einer großen Baumzahl auf einer bestimmten Fläche, die hinreichend groß sein muß, um als Umwelteinfluß zur Geltung zu kommen. Weitere Grundvoraussetzung ist auch eine gewisse Dichte der Bäume (Stammdichte) und der sich daraus ergebende Bestandschluß ihrer Kronen. Die Dichte ist aber ein relativer Begriff. Sie wandelt sich nicht nur mit dem Waldtyp, sondern auch mit seinem Alter. In einer Fichtenkultur werden beispielweise auf 1 ha annähernd 10 000 Setzlinge gepflanzt, im schlagfähigen Alter können dann die letzten 800 abgeholzt werden. Ein wichtiges Merkmal, das die Waldformation von den übrigen unterscheidet, ist der Stockwerkbau der Waldphytozönose. Allein die Tatsache, daß neben der Krautpflanzendecke des Bodens eine Baumkomponente vorhanden ist, ist das einfachste Beispiel für einen mehrstöckigen Bestand. Je mehr Stockwerke in einem Wald sind, desto vollkommener ist er und desto intensiver seine Raumnutzung. Am vollkommensten sind in diesem Sinne die vielstökkigen tropischen Waldphytozönosen. Allgemein gilt, daß ein Wald um so lebensfähiger und vollkommener ist, je besser er seinen Standort nutzt.

Aus globaler Sicht herrscht aber nicht überall Waldklima, d. h. eine Umgebung, in der es überhaupt auf natürlichem Weg zur Entstehung von Waldformationen kommen kann. Mit anderen Worten: Wenn Mitteleuropa ein Waldklima hat und es heute (wenn der Mensch und seine Tätigkeit nicht wäre) zum größten Teil waldbedeckt sein könnte, gilt dies bereits nicht mehr für Länder, die 10 ° weiter nördlich liegen, ebensowenig für Gebiete auf gleichen Breitengraden im Inneren des nordamerikanischen Kontinents oder gar für gleiche geographische Breiten der Südhalbkugel. Zwar ist der Wald die natürlichste und vollkommenste Umgebung, in der Gehölze wachsen, doch ist er nicht der einzige Vegetationstyp und die einzige Formation mit Gehölzen, die auf natürliche Weise entstanden ist.

Zeichnet man diese einzelnen Formationen in eine Weltkarte ein, zeigen sich einige Gesetzmäßigkeiten in ihrer Verteilung, die zusammenfassend als „Vegetationsstruktur“ bezeichnet werden. Die Vegetation und ihre einzelnen Formationstypen weisen nämlich einen ganz deutlichen Zonencharakter auf. In Europa kann man z. B. vom Mittelmeer bis Skandinavien folgende Zonen vorfinden: mediterraner Hartlaubwald – sommergrüner Wald – borealer Nadelwald – Tundra, weiter östlich in den europäischen Teilen der UdSSR verlaufen die Vegetationsformationen von Süden nach Norden folgendermaßen: Steppe – Mosaikwaldsteppe – sommergrüner Laubwald – borealer Nadelwald – Tundra. Die gleiche Zonenstruktur in Abhängigkeit von der geographischen Breite zeigen auch die Formationen im tropischen Afrika vom Äquator in Richtung Sahara: immergrüner Regenwald – halb immergrüner Regenwald – Savannenwald – Baumsavanne – Halbwüste.

Diese Zonenstruktur wird an den Kontinenträndern in gewissem Ausmaß durch die Nähe der Ozeane unterbrochen, deren Einfluß aufs Kontinentinnere hin immer weiter abnimmt, so daß z. B. auf einer Verbindungslinie längs des 50. Breitengrads von Westeuropa bis Zentralasien die Formationstypen folgendermaßen wechseln: sommergrüner Wald – Steppe – Halbwüste – Wüste.

Beeinflussen die geographischen Breiten den Zonencharakter der Vegetation auf großen Flächen, werden die einzelnen Formationstypen örtlich auch durch die Höhenlage geprägt. Die Vegetationsdecke weist also nicht nur eine horizontale Zonenstruktur, sondern auch einen vertikalen Stufencharakter auf, der sich gewissermaßen ähnlich wie die geographische Zonenstruktur äußert: Die Hochgebirgsstufe zeigt eine ähnliche Vegetationszusammensetzung wie die Polarzone.

Zusammensetzung, Bau und Struktur der Wälder wandeln sich also in Abhängigkeit von geographischer Lage, Oberflächenrelief, aber auch von geologischem Untergrund, Klima und Bodentyp. Aus diesem komplexen Aspekt werden die Waldformationen global in mehrere Haupttypen unterteilt:

immergrüne Wälder	laubabwerfende Wälder
tropische Regenwälder	
immergrüne Lorbeerwälder	
hartlaubige xerophile Wälder	
	in der Trockenzeit entlaubte Monsunwälder
	sommergrüne Wälder der gemäßigten Zone
Nadelwälder	

Die Wälder grenzen im Norden an die Tundra und in Regionen mit abnehmenden Niederschlägen an Steppen und Wüsten.

Tropische Regenwälder (Urwälder) wachsen in den eigentlichen Tropen in einem Gebiet mit häufigen, ganzjährig regelmäßig verteilten Niederschlägen ohne ausgeprägte Trockenzeit und ohne große Temperaturschwankungen. Der tropische Regenwald ist aus ökologischer Sicht die höchste und üppigste Biozönosenstufe. In ihm leben 40–50 % aller Pflanzen- und Tierarten der Erde, wobei seine Fläche aber nur 6 % der Erdoberfläche einnimmt. Leider ist mit Ende des 20. Jahrhunderts gerade der tropische Regenwald stark bedroht. Das Ausholzen, ja sogar Kahlschlagen der Regenwälder in den Niederungen der Philippinen, in Malaysia und Westafrika geht so schnell vor sich, daß in diesen Gebieten bis Ende der achtziger Jahre dieser Waldtyp verschwunden sein wird. Der mittelamerikanische und indonesische Regenwald wird ihn nur kurze Zeit überleben: Beim heutigen Abbautempo verschwindet er bis zum Beginn der neunziger Jahre; die Umwandlung des Amazonasgebietes in eine Kulturlandschaft dürfte nicht länger als bis zur Jahrhundertwende auf sich warten lassen. Allein in den Tropen

a

14. In Dichte und Raumausnutzung unterscheiden sich der
a – tropische Regenwald und
b – Mischwald der nördlichen gemäßigten Zone stark

Südamerikas sind gegenwärtig etwa 10 000 Pflanzen- und Tierarten akut vom Aussterben bedroht.

Mit dieser traurigen Prognose für den tropischen Regenwald sind in ihrer Existenz auch viele Gehölzarten bedroht. Aus wirtschaftlicher Sicht ist der Tropenwald jedoch nicht der günstigste Waldtyp. Großer Artenreichtum, ungleiches Alter, gekrümmte Stämme und weitere, im wesentlichen biologische Vorzüge, erschweren die wirtschaftliche Nutzung.

Die immergrünen Lorbeerwälder und xerophilen Hartlaubwälder unterscheiden sich wesentlich von den immergrünen Tropenwäldern. Diese Waldgruppe weist viele verschiedene Varianten auf. Am besten ist wohl der mediterrane „Trockenwald" erforscht. Er hat sich unter dem mehrtausendjährigen Einfluß des Menschen vor allem in den Küstenzonen des Mittelmeeres geformt. Von den höheren Gehölzen bilden ihn neben Lorbeer- und Olivenbäumen immergrüne Eichenarten, Zypressen, Wacholder, in einigen Gebieten auch Kiefernarten. Die meisten Formationen werden von wärme- und trockenheitsliebenden (xerophilen) Pflanzen gebildet, für die harte, immergrüne ledrige Blätter von häufig schmaler Form und mit Wachs- bzw. Harzüberzügen (verminderte Verdunstung) bzw. auffallend glänzende Blätter (Lichtreflexion) charakteristisch sind. Auch der Wuchs der Bäume ist niedrig, gekrümmt, was nicht nur von Klima und Boden herrührt, sondern auch von weiteren Einflüssen wie z. B. das Abweiden durch Ziegen. Die Biomassenproduktion ist in solchen Wäldern gering, doch spielen sie immer noch eine ganz wichtige Rolle als Bodenschutz, indem sie eine noch stärkere Bodenerosion und Verkarstung verhindern. In einigen Gebieten gehen diese Wälder in eine harte, buschförmige, fast undurchdringliche Vegetation über. Diese sind Ersatzformationen für die einstigen Wälder; sie werden als Garigue und Macchia bezeichnet.

Obwohl man manche Mittelmeergebiete als extrem trocken bezeichnen kann (Athen – 384 mm Jahresniederschlagsmenge bei einer Durchschnittstemperatur von 17,4 °C), ist dennoch das Klima nicht als der einzige Faktor anzusehen, der in dieser Region die Entwicklung von Wald verhindert. Die meisten Naturwissenschaftler sind der Ansicht, daß ohne den langanhaltenden Einfluß des Menschen die Mittelmeerküsten von dichten Wäldern bedeckt geblieben wären, allerdings in geringerem Umfang als die Waldgebiete der gemäßig-

b

ten Zone. Vegetationstyp (die Flußauen mit hohem Grundwasserspiegel ausgenommen) wären hier stets niederwüchsige Wälder aus immergrünen Laubbäumen mit reduzierter Blattoberfläche und dicker, kompakter Rinde, die ein übermäßiges Austrocknen verhindern. Solche Wälder könnten sowohl dichter als auch offener sein – dann aber mit einem dichten Strauchunterwuchs als Übergang zu den Buschbeständen der Primärmacchia. Auch die allerhöchsten immergrünen Eichenwälder wären hier nicht höher als 20 m (und das nur auf den tiefsten Böden). Optimum für die Verbreitung dieser Waldart war eine relativ weit zurückliegende Zeit: die Feuchtperiode des Holozäns zwischen dem 10. und 2. Jahrtausend vor Chr. In dieser Zeit setzte aber am Mittelmeer bereits die Bronzekultur ein, es entstanden volkreiche „Staaten" und die zusammenhängenden Geobiozönosen begannen „gesetzmäßig" zu weichen – bis auf den heutigen Tag. Relikte der einstigen Hochwälder vom genannten Typ blieben nur an wenigen Stellen erhalten: auf der Insel Mljet vor der dalmatinischen Küste, auf der Insel Euböa, der Halbinsel Chalchidike in der Ägäis, in den abgelegensten Gebieten auf Korsika und im marokkanischen Zentralatlas.

Die sich periodisch im Lauf der Zeit wiederholenden Klimaschwankungen führten auch zur Entstehung sommergrüner Wälder. Die Ursache für eine Vegetationsruhe muß nicht immer der Winter sein, wie man das in Europa gewöhnt ist. In den warmen Tropen und Subtropen mit dem Wechsel von Trocken- und Regenzeit hat sich der Monsunwald entwickelt, ein in der Trockenzeit laubabwerfender Wald. So ein Wald ist im Winter grün (im Gegensatz zu den sommergrünen Wäldern der gemäßigten Zone, die nur im Sommer belaubt sind), wenn in dieser Region die Monsunregen fallen. Darin sind aber nicht nur laubabwerfende Gehölze vertreten, sondern auch Arten, die ihre Blätter auch in der Trockenzeit behalten. Die bekanntesten laubabwerfenden Monsunwälder wachsen in Südostasien.

Die meisten in diesem Buch besprochenen Gehölze stammen aber aus den beiden letzten, für geographische Breiten mit kaltem, schneereichem Winter und warmem, niederschlagsreichem Sommer charakteristischen Formationen.

Typische Gehölze des sommergrünen Waldes in der gemäßigten Zone sind Laubbäume mit sattgrünen, jedoch weichen, dünnen Blättern, die gegen Ende der warmen Jahreszeit abfallen. Zu Beginn der folgenden warmen Jahreszeit bringen diese Gehölze neue Blätter hervor. Den Blätterfall ermöglicht eine besondere Trennschicht an der Blattstielbasis, die aus dünnwandigen Zellen besteht. Sie entsteht meist kurz vor dem Blätterfall, bei einigen fiederblättrigen Arten wird sie

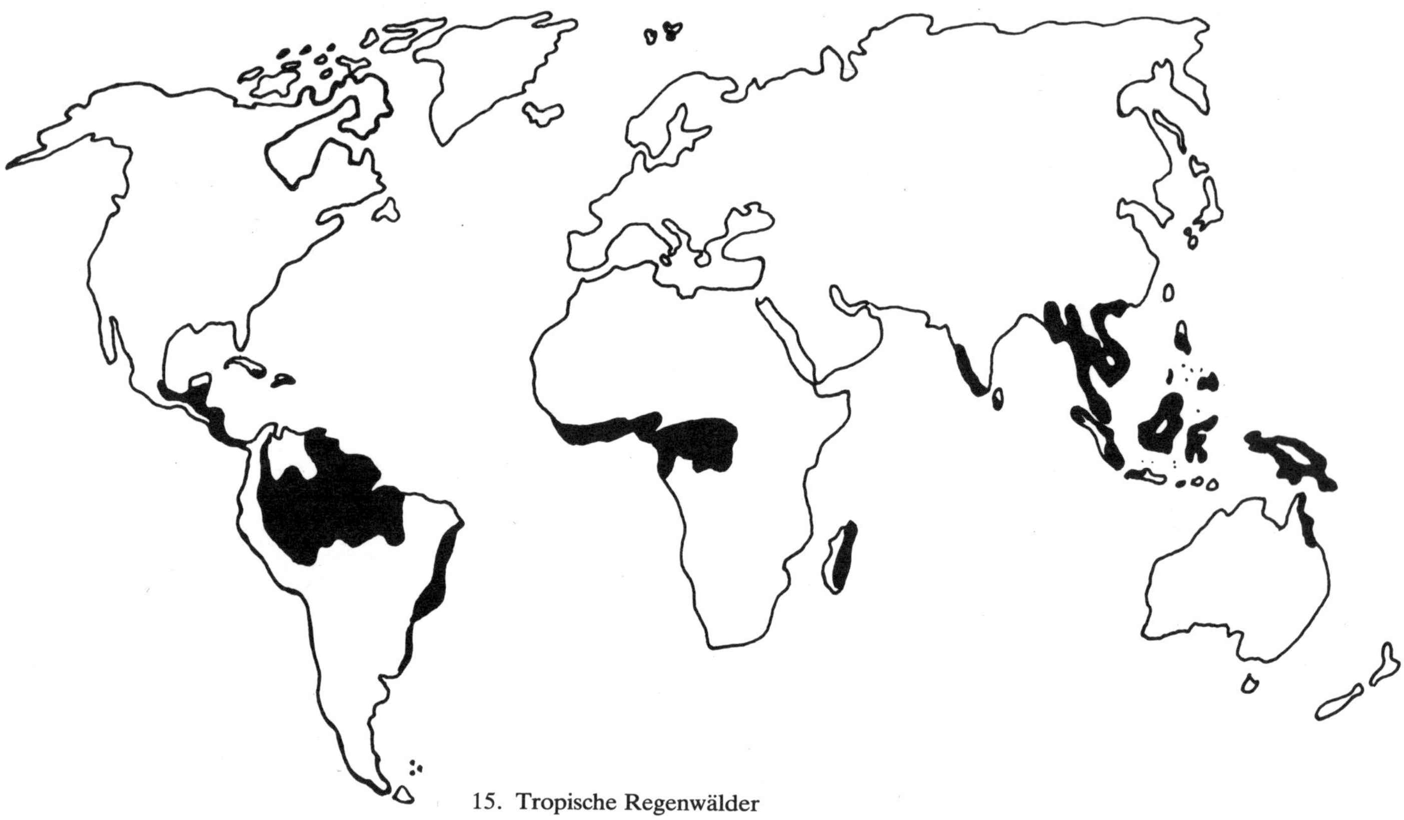

15. Tropische Regenwälder

aber schon vor dem Ausschlagen angelegt. In dieser Trennschicht sind die Leitbündel nur wenig versteift und das mechanische Gewebe reduziert. Beim herbstlichen Temperaturabfall verschleimt die Zwischenzellmaterie der Trennschicht und ihre Gewebszellen machen sich voneinander frei, so daß das Blatt nur von einem Leitbündel gehalten wird, das bei einem kräftigen Windstoß oder Regenguß reißt und das Blatt freigibt. Die Vorbereitung auf den Blätterfall werden bei diesen Gehölzen von Wachstumshormonen (Auxinen, Gibberellinen) und deren Spiegel im Pflanzenkörper beeinflußt. Vor dem Abfallen ändern die Blätter ihre Farbe. Die herbstliche Rot- oder Gelbfärbung der Blätter kommt durch den Abbau des Chlorophylls und den Zerfall der Chloroplasten in den Blattgewebezellen zustande. Den wäßrigen Inhalt der absterbenden bzw. abgestorbenen Zellen färben die Carotine und Xanthophylle aus den zerfallenen Plastiden ein.

Auf die Entwicklung der sommergrünen Gehölze hatten Klimafaktoren entscheidenden Einfluß. Der Winter ist nämlich in der gemäßigten Zone eine Trockenzeit (der trockenste Monat in Mitteleuropa ist der Februar). Auch wenn die relativ dünnen und schwachen Blätter niedrigen Temperaturen trotzen könnten, würde die Pflanze an physiologischer Trokkenheit leiden, da sie dem gefrorenen Boden keine Feuchtigkeit entnehmen könnte, während die Transpiration durch den Blattapparat tagsüber auch während der Wintermonate fortfahren würde. Dieses „physiologische Vertrocknen“ ist ein häufiger Grund für das Eingehen mancher Zierpflanzen, vor allem von Rhododendren, die den ganzen Winter über belaubt sind und an sonnigen Tagen an Wassermangel leiden, auch wenn um sie herum eine tauende Schneeschicht liegt. Daher werden manche Pflanzen im Winter mit Reisig abgedeckt, was eher eine Maßnahme gegen Sonne als gegen Frost ist. Ein weiterer, die Entwicklung sommergrüner Gehölze beeinflussender Faktor ist der Schnee. Die mächtigen Laubkronen würden in den schneereichen europäischen und nordamerikanischen Wintern auf ihren Blättern schwere Schneemassen ansammeln und unter starken Schneebrüchen zu leiden haben. Für diese Erklärung spricht auch der Umstand, daß der größte Teil der borealen Wäldern aus Nadelhölzern, vorwiegend Fichten besteht, an deren Ästen die Schneemassen abgleiten, ohne den Baum zu schädigen. Sommergrüner Wald der gemäßigten Zone tritt in seiner echten Gestalt nur in den Kontinenten der Nordhalbkugel auf, weil sich in den entsprechenden geographischen Breiten der Südhalbkugel nur der verjüngte Teil Südamerikas befindet, der unter starkem Einfluß beider Ozeane steht und somit auch eine etwas anders geartete Vegetationsdecke hat. Ein ähnlicher Vegetationstyp ist aber auch im Norden der australischen Ostküste entstanden, in einem relativ schmalen Streifen, südlich des 30. Breitengrades im Verlauf des 150. Längengrads.

Der sommergrüne Laubwald der gemäßigten Zone ist eine Vegetationsformation, die sich den Gegensätzen von Sommer und Winter angepaßt hat. Er ist die Formation solcher Kontinentteile, die in Ozeannähe liegen. Seine Nordgrenze ist in Europa die Linie zwischen dem 50. und 60. Breitengrad, wobei er in Atlantiknähe weiter nördlich reicht. In Nordamerika wird die Ausbreitung durch die sich in Nord-Süd-Richtung erstreckenden Gebirge (Rocky Mountains u. a.) erschwert, die ein tieferes Vordringen des Ozeanklimas ins Binnenland verhindern. Die meisten amerikanischen Wälder dieses Typs befinden sich daher im Osten. In Asien liegt der Schwerpunkt dieser Formation in China, nördlich des Jang-tse-kiang und südlich des Amur, in der Manschurei, Korea und Japan.

Die einzelnen Areale des sommergrünen Laubwaldes sind voneinander recht weit entfernt, diese Isolation findet vor allem in der Artenzusammensetzung ihren Niederschlag. Der Bau aller in ihnen vertretenen Gehölze ähnelt sich allerdings weitgehend. Die meisten haben schuppenumhüllte Knospen (Haar-, Harzschuppen), viele sind Windbestäuber (anemophil), der Blattbau ist im Vergleich mit der Buntheit des Tropenwalds ziemlich uniform, auch wenn er einfache und gefiederte Blätter aufweist. Der sommergrüne Wald der gemäßigten Zone ist zwar eindeutig stockwerkartig gebaut, doch ist die Stockwerkzahl nicht hoch (2–4). Eine Strauchschicht hat sich vielerorts nur unvollkommen entwickelt oder ist auf die Waldsäume beschränkt geblieben. Eine Reihe von Gehölzen aus dieser Formation bilden reine Bestände (z. B. die monotonen Karpaten-Buchenwälder) bzw. haben nur einige wenige dominante Arten (Eiche, Hainbuche); die übrigen sind nur Beihölzer. Typische europäische Laubwälder sind z. B. Auen- und Erlenwälder, Eichen-Hainbuchenwälder, Linden-Ahornwälder auf Geröllgrund, Buchen- und Eichenwälder. In Nordamerika sind es Ahorn-Buchenwälder, Ahorn-Lindenwälder, Hickory-Eichenwälder, Kastanien-Eichenwälder u. a. Jeder dieser Waldtypen hat seine Charakterzüge, vor allem in der Bindung an die Umgebung und in der Artenzusammensetzung der Baum- Strauch- und Krautschicht; gemeinsam haben alle meist die Fauna, nahrungsspezialisierte Tiere ausgenommen.

Natürliche Nadelwälder kommen in kalten Klimazonen mit ausgeprägtem, langem Winter und ausdauernder Schneedecke oder weiter im Süden in höheren

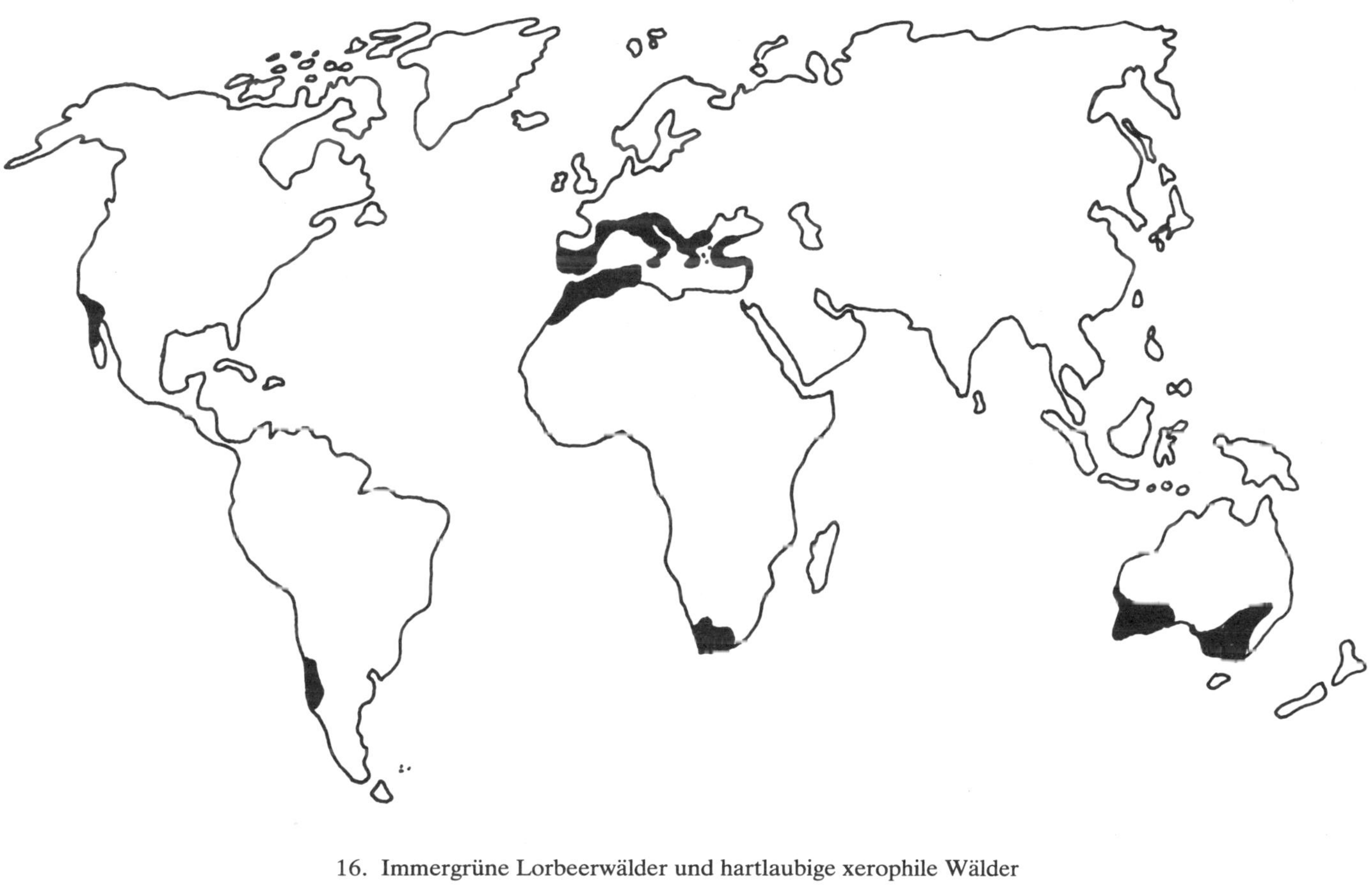

16. Immergrüne Lorbeerwälder und hartlaubige xerophile Wälder

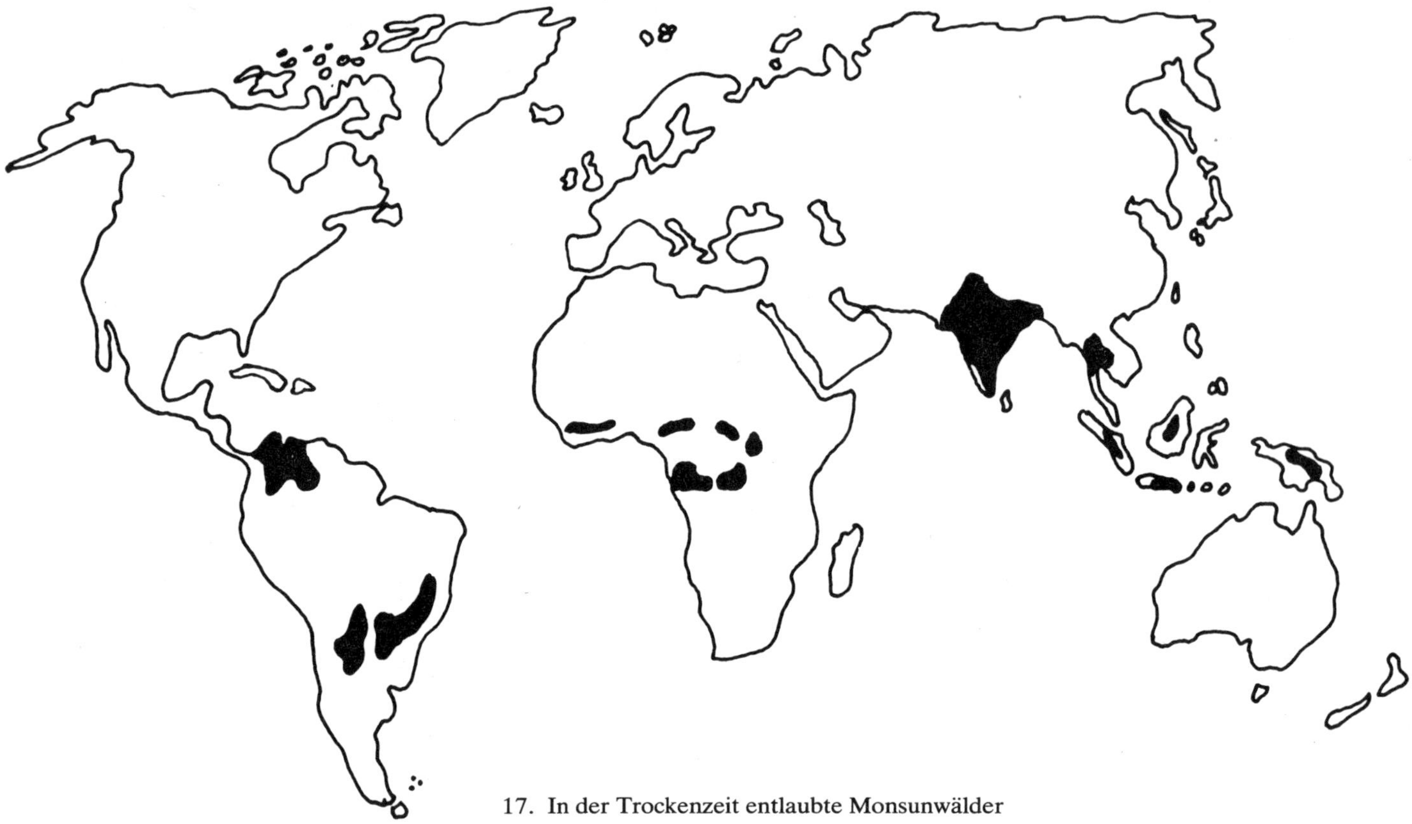

17. In der Trockenzeit entlaubte Monsunwälder

Berglagen vor. Sie bedecken eine sehr breite Zone der Nordhalbkugel zwischen der nördlichen Waldgrenze und der Nordgrenze des sommergrünen Waldes. Mit Nadelwäldern sind riesige Gebiete in Europa, Asien und Nordamerika bedeckt, vor allem in Alaska und Kanada; weiter südlich findet man sie in vielen Bergmassiven (Rocky Mountains, Alpen, Karpaten, ja sogar Hochgebirge in den Tropen).

Charakteristisch für Nadelhölzer ist die reduzierte Form ihrer Assimilationsorgane, die nadelförmigen Blätter oder Nadeln. Sie sind in der Regel klein (sog. Mikrophylle), haben eine einfache Form und sind meist ansitzend, kurzstielig, nadel- oder schuppenförmig. Schmale Form und Härte der Nadel verraten ihre Anpassung an trockenes Klima. In der Zeit, in der die Nadelhölzer wahrscheinlich entstanden sind, herrschte ein fast tropisches Klima: das beweisen die immergrünen Nadeln und die lange Reifezeit der Samen. Bau und Anordnung der Nadeln an den Trieben sind bei den einzelnen Gattungen charakteristisch. Besonders beachtenswert ist z. B. die Nadel der Gattung *Sciadopitys,* aber auch die Fichtennadeln (Gattung *Picea*) sind nicht uninteressant. Im Querschnitt sind sie normalerweise vierkantig und haben an allen vier Seiten Spaltöffnungen bzw. sind flachgedrückt, dann haben sie nur an der erdzugewandten Seite Spaltöffnungen. Das hängt mit der Orientierung der Fichtenadeln zusammen: Im Lauf der Entwicklung drehen sie sich nämlich 180 ° um ihre Längsachse, so daß die Unterseite (mit den Spaltöffnungen) ursprünglich die Oberseite war, während die sichtbare Oberseite in Wirklichkeit die Unterseite ist.

Nadeln haben einen weniger leistungsfähigen Photosyntheseapparat als flache Blätter. Die geringere photosynthetische Leistung der Nadelhölzer wird jedoch durch zwei wichtige Faktoren kompensiert:

Im Jahresverlauf haben sie eine um mindestens 3–4 Monate längere photosynthetische Aktivität als Laubhölzer, da die Photosynthese nur während der strengsten Fröste unterbrochen wird.

Die Kontaktfläche von Nadeln und einfallendem Licht ist beträchtlich größer als bei Laubbäumen. Nach TIREN kommen auf 1 ha Buchenwald etwa 7,5 ha Blattoberfläche, während 1 ha Tannenwald eine 12,8 ha große Nadeloberfläche besitzt!

Da „Arbeitszeit" und „Arbeitsfläche" der Nadelhölzer größer sind als die der Laubhölzer, gleichen die Koniferen das Handicap der geringeren Photosyntheseleistung aus und der Endeffekt ist annähernd derselbe. Die Bildung von organischer Masse auf 1 ha Kiefern-, Buchen- und Tannenwald ist im Verlauf eines Jahrhunderts annähernd die gleiche. Nadelhölzer gehen aber sparsamer mit Wasser um; ihre Verdunstung ist geringer als bei Laubhölzern. Das hängt ganz sicher mit der Form und dem Bau der Assimilationsorgane, also der Nadeln zusammen.

Die Bäume der Nadelwälder bilden auffällig hohe, mehr oder weniger unverzweigte Stämme aus, die normalerweise beträchtliche Höhen erreichen. Die von diesen Wäldern produzierte Masse ist die größte auf der Erde überhaupt, sie übertrifft sogar die Holzproduktion der Tropenwälder. Fichten- und Kiefernbestände von 50–70 m Höhe produzieren annähernd 1000 Festmeter Holz pro Hektar, die amerikanischen Douglasfichtenwälder, etwa 90 m hoch, sogar rund 3000 Festmeter/ha.

Nadelwälder bilden sehr oft Reinbestände, vor allem unter rauhen und extremen Bedingungen, während in günstigerer Umgebung auch andere Gehölze in sie eindringen. Selten bestehen Nadelwaldungen jedoch aus mehr als fünf Baumarten, während das Vordringen der Nadelhölzer in die sommergrünen Wälder der gemäßigten Zone in größerem Umfang gelingt. Auch der Unterwuchs der Nadelwälder ist meist nicht besonders reich, oft ist er nur auf die Zwergstrauchformation von Heidekraut- oder Krähenbeerengewächsen beschränkt.

Obwohl die Nadelwälder relativ artenarm sind, haben sie einen hohen biologischen und ästhetischen Wert. Der wohl schönste Nadelwald überhaupt ist die sibirische Taiga, die sich mit dominierenden Lärchen, Kiefern (Wald- und Zierbel-), Fichten und eingestreuten Birken, Pappeln, Ebereschen und Traubenkirschen über ca. 5 Millionen km^2 erstreckt.

Nadelwälder haben aber nicht überall den Charakter einer Nordland- oder Hochgebirgstaiga. Längs der nordamerikanischen Westküste von Alaska bis Mittelkalifornien wachsen auf einem schmalen Streifen mit hoher Luftfeuchtigkeit (Pazifikeinfluß) und geringfügig schwankenden Temperaturen Formationen von feuchten Nadelwäldern der gemäßigten Zone. Sie bestehen vorwiegend aus Nadelhölzern und doch unterscheiden sie sich von den Nadelwäldern des Nordens. Hohe Niederschläge (stellenweise bis 3800 mm/Jahr) und häufige Nebel ermöglichen die Existenz einer Reihe von Pflanzen, vor allem von Epiphyten an den Baumstämmen. Charakteristische Gehölze dieser Formation sind Douglasfichte, Riesentanne, Riesenbuchsbaum und Hemlocktanne. Weiter im Süden kommen Küstensequoien hinzu, im Norden Sitkafichten.

Eine Besonderheit des nordamerikanischen Kontinents sind die Kiefernwälder der südöstlichen Küstenebenen, die in ihrem Aussehen eher an Laubwälder

18. Sommergrüne Wälder der gemäßigten Zone

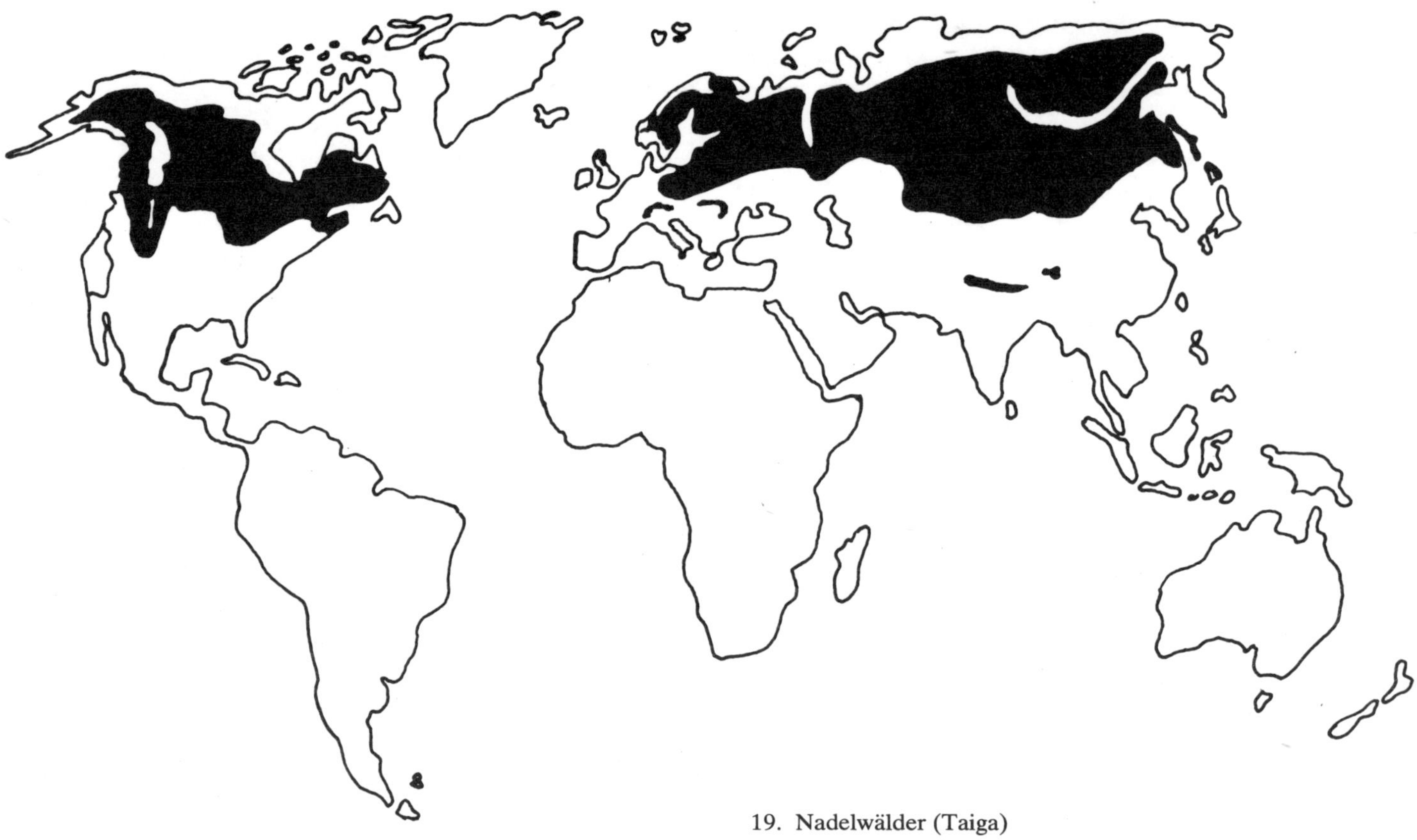

19. Nadelwälder (Taiga)

der gemäßigten Zone als an typische Nadelwälder erinnern. Diese oft von der Kiefernart *Pinus australis* gebildeten Wälder haben den Charakter offener Parklandschaften, in die häufige Bodenfeuer keine Laubhölzer vordringen lassen.

Zwischen den einzelnen Formationen verläuft selbstverständlich keine Trennungslinie. Die Übergänge sind entweder fließend, d. h. die Elemente beider Formationen durchdringen einander oder es entsteht an der Berührungsstelle zweier Formationen eine besondere Übergangszone, die eine Reihe von Organismen aus beiden Gesellschaften enthält, dazu aber noch weitere, die für die Übergangsgebiete eigenartig und typisch sind. In dieser Übergangszone liegt auch die Individuendichte höher. Diese Erscheinung wird Randeffekt genannt und ist vor allem in Kulturlandschaften gut am Waldsaum zu sehen. So bildet sich z. B. in Nordamerika zwischen dem borealen Nadelwald und der sommergrünen Laubwaldzone ein Übergangsstreifen von borealen Laubwäldern mit eingestreuten Weymouthkiefern und Schierlingstannen.

Es gibt auch Stellen, an denen der Wald wirklich endet. Damit ist nicht die Linie gemeint, an der der Nutzwald aufhört, sondern die, hinter der die Bedingungen keine Entwicklung von zusammenhängenden Wäldern mehr zulassen. In der Natur gibt es zwei solcher Grenzen: die obere Waldgrenze im Hochgebirge (alpine) und die nördliche Waldgrenze (polare). In gewissem Maße sind die Situationen an diesen beiden Waldgrenzen ähnlich. Die äußeren Bedingungen sind rauh und nicht mehr überschreitbar. In beiden Fällen handelt es sich aber nicht um eine echte Linie, sondern um eine unterschiedlich breite Zone. Im Gebirge ist diese sehr schmal, während sie im hohen Norden stellenweise viele Kilometer breit sein kann. Gemeinsame Merkmale beider Grenzen sind Bestandsauflockerung und geringe Baumhöhe. Wenn in einem Bergtal eine Fichte 30 m mißt, wird ihre gleichartige Schwester auf 1400 m an der oberen Waldgrenze nur noch 2 m hoch. Das heißt, daß die Gehölze mit zunehmender Höhenlage ihr Wachstum verlangsamen und ihr Holz verdichten. Daher produzieren nahe der oberen Waldgrenze Bäume ein besonders dichtes, regelmäßiges Holz mit feinen Jahresringen, das für den Bau von Musikinstrumenten (Resonanzholz) besonders gut geeignet ist.

Sobald der Wald Kronenschluß und Höhe, also seine grundlegenden Attribute verliert, hört er auf, ein Wald zu sein. Das heißt aber nicht, daß Einzelbäume nicht noch höher hinaufgehen können. Erst hoch über der

Waldgrenze liegt eine weitere gedachte Linie, über die auch Einzelbäume nicht mehr hinauskönnen: die obere Baumgrenze.

Die obere Waldgrenze wird nicht nur von Temperatur und Höhe bestimmt, sondern auch von lange liegenden Schneefeldern, starken, ständigen Winden, grobem felsigem und steilem, unzugänglichem Relief und nicht zuletzt durch menschliche Tätigkeit, die schon vor Jahrhunderten durch Entwaldung hochgelegener Flächen die Waldgrenze so gesenkt hat, daß die Folgen davon später keine Rückkehr des Waldes zugelassen haben.

Die nördliche Waldgrenze wird außer von harten Klimabedingungen auch von Vermoorung und Vertorfung des Bodens bestimmt. Sie folgt im allgemeinen dem Polarkreis, doch weicht sie stellenweise stark von ihm ab. Am nördlichsten liegt sie in Sibirien, am südlichsten auf Neufundland; sie schwankt also in einem Bereich von über 200 km. Sehr auffällig ist aber ihr fast überall mit der Juni-Isotherme von +10 °C übereinstimmender Verlauf.

Die Waldgrenze wird von Beständen aus nur einigen wenigen Gehölzarten gebildet, die Anzahl der Arten, die bis an die Baumgrenze vordringen, ist noch geringer. In den hohen Sudeten tritt an der oberen Waldgrenze die Gemeine Fichte auf, in den Alpen dazu die Lärche und Zirbelkiefer, an einigen Stellen geht die Gemeine Föhre noch weiter hinauf. Auf dem Balkan reicht auch die Schlangenhautkiefer, stellenweise auch die Mazedonische Kiefer an die obere Waldgrenze. In weiter südlich gelegenen Bergmassiven wächst an der oberen Waldgrenze z. B. die Griechische Tanne (Griechenland) oder die Nordmannstanne (Kaukasus). In einigen europäischen Gebirgen ist die Rotbuche (Karpaten), das an der oberen Waldgrenze dominierende Gehölz.

Fichten und Kiefern dringen auch an der polaren Waldgrenze am weitesten vor. In Amerika sind das meist die Kanadische Weißfichte und die Sitkafichte, in Nordeuropa die Gemeine Fichte und die Waldkiefer, in Nordasien die Sibirische Fichte, die Yedo-Fichte und die Sibirische Lärche. Die Polargrenze wird im allgemeinen von der Birke begleitet (im Gegensatz zur alpinen Grenze), gleich ob es sich um Eurasien oder Nordamerika handelt. Um den 68. Breitengrad löst in Europa die Birke allmählich die Kiefernwälder ab, um in Krummholz-Strauchbestände von ca. 5 m Höhe überzugehen. Diese werden mancherorts noch von Espen, Erlen und Weiden begleitet.

Gehölze wachsen aber nicht nur in den Wäldern. Dort, wo die Gesamtheit aller äußeren Bedingungen die Entwicklung der höchstorganisierten Phytozönose, des Waldes, nicht zuläßt, treten verschiedene Buschformationen bzw. Formationen mit überwiegender Grasdecke und eingestreuten Gehölzen auf. Das sind z. B. die tropischen Savannen mit Akazien und Affenbrotbäumen, baumwüchsigen Wolfsmilchgewächsen und Palmen, Zwergsträucherformationen der heißen Wüsten Südarizonas oder der kalten Wüsten im Staat Washington oder Vegetationsdecken aus kleinen Bäumen und Sträuchern mit harten, immergrünen Blättern, die in Gebieten mit mildem Klima, trockenem Sommer und feuchtem Winter entstehen wie z. B. in Kalifornien oder Südaustralien. Hierher gehören auch die bereits erwähnten Ersatzgesellschaften der mediterranen Macchia. Eine eigenwillige, aus Gehölzen bestehende Formation, die allerdings keinen Wald darstellt, ist die Formation der amerikanischen „Krüppelkoniferen" Kiefer und Wacholder im Coloradogebiet. Die Landschaft hat Parkcharakter, die einzelnen Gehölze wachsen frei, zwischen ihnen bleibt genug Raum für die Ausbildung der Krautschicht.

Die Gehölze hatten also auf unserem Planeten breite Entfaltungsmöglichkeiten und hinreichend Lebensraum. Heute sind nur noch wenige Stellen übriggeblieben, die nicht von Menschenhand beeinflußt sind. Am stärksten macht sich das im Gebiet der sommergrünen Laubwaldformationen der gemäßigten Zone bemerkbar, deren einstige Fläche zu über 75 % durch menschliche Ansiedlungen, Kultursteppengesellschaften oder Kulturforste ersetzt wurde. Nichtsdestoweniger beherbergt auch die entwaldete Landschaft in dieser Region eine Reihe von Gehölzen, ohne die man sich ihren derzeitigen Charakter nicht vorstellen könnte. Das Hangrelief wurde jahrhundertelang zu Terrassen umgeformt, die Landschaft von einem Straßen- und Wegnetz durchzogen, nur die Wasserläufe sind erhalten geblieben. Dort überall wachsen Gehölze, insbesondere Sträucher. Dieses verstreute Grün spielt in den Kulturlandschaften eine ungeheuer wichtige Rolle, denn es wurde zur Ersatzzuflucht für viele Tierarten. Wälder oder Gebüsche – das sind nicht nur Gehölzansammlungen, sondern komplizierte Systeme von Energiespendern und -empfängern sowie die Heimat für Pflanzen und Tiere in großer Zahl.

Gehölzbestände sind ideale Biotope für Landorganismen. Bereits ein einziger mitteleuropäischer Waldbaum ist eine komplizierte Einheit und Lebensraum für zahlreiche weitere Organismen. Seine Wurzeln sind von den Hyphen mykorrhizabildender Pilze umflochten, zwischen den Wurzelansätzen haben Kaninchen, Dachs oder Fuchs ihren Bau, auf Rinde, Trieben, Nadeln und im Holz leben verschiedene Entwicklungsstadien von Insekten, die ihren Wirt zwar schädigen, aber Bestandteile der ganzen Biozönose bleiben, wenn sie nicht überhandnehmen. In Baumhöhlen nisten

Kleinsäuger (Eichhörnchen, Bilche, Fledermäuse) und in der Krone Vögel. Ist die Luft dabei nicht zu stark abgasbelastet, beherbergt so ein Baum auf seiner Rinde noch einige Flechtenarten oder auf feuchter Rinde Grünalgen und in Sonderfällen, wenn sich in einer Höhlung etwa verrottendes Holz oder Humus angesammelt hat, können hier sogar Samen andere höherer Pflanzenarten keimen; absterbende oder auch lebende Stammpartien sind von Hyphen holzzersetzender Pilze durchzogen.

Die europäischen und nordamerikanischen Wälder beherbergen auch Organismen, die nicht nur an einen bestimmten Baum, sondern an die ganze Waldformation gebunden sind. Das ist vor allem eine ganze Reihe von Vogelarten, ferner große und kleine Säuger, Reptilien, Lurche und Wirbellose in großer Zahl. Am reichsten ist die Tier- und Mikrobialkomponente des Edaphons (Bodenfauna) im Wald, deren Artenzahl in die Hunderte geht, die Individuenzahl pro m^2 in die Millionen.

Im Dienst des Menschen

Holz begleitet den Menschen von der Wiege bis ins Grab – dies Sprichwort hat auch im Zeitalter der Kunststoffe nichts von seiner Aktualität verloren. Im Gegenteil, nach einer anfänglichen Begeisterung für alle möglichen neuen Stoffe sind die Menschen bald wieder zu Naturmaterialien zurückgekehrt, vor allem zu Holz.

Der Wald war die erste Zufluchtsstätte des Menschen, sein erster Rohstoff- und Nahrungslieferant. Bis in die Epoche der Jungsteinzeit lebte der Mensch in angemessenem Gleichgewicht mit dem Wald. Seit dem „Pflügen der ersten Furche" geht dieses Zusammenleben immer mehr zu Lasten des Waldes, auch wenn dies in einer Zeit geschah, als das Gebiet Europas für die Laubwaldentwicklung optimal war. Trotzdem bedeckten Waldformationen noch zu Beginn der historischen Zeit den größten Teil Europas, wobei das Gebiet nördlich der Alpen viel später von der Entwaldung betroffen wurde, als der schon länger besiedelte Mittelmeerraum.

Die für Ausdehnung und Qualität des europäischen Waldes entscheidenden Epochen waren die großen Kolonisationswellen, die mit dem 12. Jahrhundert einsetzten und von Westen nach Osten verliefen. Genau so wie die Wälder des Mittelmeers und der angrenzenden Regionen zurückgingen, aus denen Material für Haus- und Schiffsbau sowie Brennholz geschlagen wurde, verschwanden die Wälder nördlich der Alpen unter dem Ansturm neuer Siedler, die so nicht nur Ackerland, sondern auch den benötigten Rohstoff für den sich entwickelnden Bergbau und das Hüttenwesen gewannen. Die Wälder wichen langsam aus der Landschaft, um schließlich nach einer neuen Rodungswelle im 17. und 18. Jahrhundert vorwiegend nur an solchen Orten zurückzubleiben, die sich landwirtschaftlich schlecht nutzen ließen. Viel schneller und drastischer wurden die natürlichen Wälder auf dem amerikanischen Kontinent liquidiert, auf dem während nur knapp vier Jahrhunderten etwa 540 Millionen Hektar entwaldet wurden. Dieser schnelle und ausgedehnte Eingriff führte auch zu Veränderungen des örtlichen Klimas, zu Wasser- und Winderosion.

Bis in die erste Hälfte des 19. Jahrhunderts blieb die Waldregeneration der Natur überlassen. Der Wald erneuerte sich selbst durch natürlichen Anflug und aus Sämlingen der an Ort und Stelle entstandenen Samen. Seit der Mitte des vorigen Jahrhunderts kam es zu künstlicher und absichtlicher Aufforstung, die zwar im wesentlichen positiv war, für die europäischen Wälder aber auch zwei negative Aspekte hatte: Waldsamen wurde dort geerntet, wo er gerade reif war und dort verkauft, wo er benötigt wurde. So kam es, daß Samenmischungen verschiedener Herkunft, die nicht immer den jeweiligen Bedingungen entsprachen, ausgesät wurden. Anstelle von natürlichen Wäldern wurden künstliche Forste (Lignikulturen) angelegt, die meist nur aus einer Gehölzart bestanden (Monokulturen), was zwar viele technische Vorteile brachte (gleichartige Bestände lassen sich leichter pflegen und abholzen) und in den ersten Generationen sogar recht einträglich waren, jedoch zur Bodendegeneration führten und einschließlich Massenvermehrungen von Schädlingen alle weiteren Gefahren der Monokulturen nach sich zogen.

Vor den heutigen Forstwirtschaftlern stehen ernste Aufgaben: Sie müssen Stand und Ausdehung der gegenwärtigen Waldungen erhalten, müssen überall, wo es möglich ist, an eine Bestandserneuerung denken, die in ihrer Zusammensetzung den natürlichen Wäldern möglichst nahekommt und müssen gleichzeitig auch den steigenden Holzbedarf decken. Nicht zuletzt müssen sie aber vor Augen haben, daß der Wald keine Holzfabrik ist, sondern viele unersetzlichen Funktionen hat, vor allem hydrologische und bodenschützende Eigenschaften. Nicht ohne Grund werden die Wälder mit Schwämmen verglichen, die rasch Wasser aufsaugen und es langsam wieder abgeben. Erst wenn die Wälder aus einer Region verschwunden sind, (etwa durch Industrieschäden) macht sich das Fehlen dieser Funktionen drastisch bemerkbar.

Von allen Vegetationstypen und allen Rohstoffreserven sind die Wälder nicht nur am verbreitetsten, sondern auch am wertvollsten. Im Jahr 1974 nahmen Wälder etwa 30 % der gesamten Erdoberfläche ein, annähernd vier Milliarden Hektar; der Gesamtholzvorrat machte etwa 350 Milliarden Kubikmeter aus. 1977 wurde das meiste Nadelholz in der UdSSR gefördert (319 Millionen m^3), ferner in den USA (258,7 Millionen m^3) und in Kanada (133,8 Millionen m^3). Von den übrigen Ländern haben Schweden 4,7 und Finnland 26,3 Millionen m^3 produziert. In der Laubholzförderung führt Indonesien (140,8 Millionen m^3), gefolgt von Brasilien (130,7 Millionen m^3) und Indien (128,6 Millionen m^3). Die Gesamtreserven an organischer Pflanzenmaterie (Phytomasse) des Waldes machen etwa 82 % aller Pflanzenmasse des Planeten aus, annähernd 1960 Milliarden Tonnen. Der jährliche Zuwachs der Gesamtphytomasse in den Wäldern der Erde wird auf 100 Milliarden Tonnen geschätzt; in dieser Zahl sind auch alle pflanzlichen Produkte der Gehölze einbegriffen, also Harze, Zucker usw. Einer Schätzung zufolge wurden aus der in den Wäldern der Erde gewachsenen organischen Masse etwa 20 000 verschiedene Erzeugnisse hergestellt. Wälder als Biomasseproduzenten sind also eine aussichtsreiche, regenerationsfähige Quelle für den Energiebedarf der Menschheit.

Der wichtigste aller von den Bäumen gelieferten Rohstoffe ist das Holz. Häufigstes Kriterium bei seiner Bewertung und Verwendung ist seine Härte. Klassifiziert wird es normalerweise nach seiner Druckfestigkeit, neuerdings in Megapascal (MPa) ausgedrückt. Die härtesten („außerordentlich harten") sind Hölzer von verschiedenen exotischen Arten, vor allem aus Tropen und Subtropen, die über 150 MPa ertragen. Im Handel werden sie oft als „Eisenholz" bezeichnet.

In die zweite Kategorie („sehr harte Hölzer"), die Druck von 100–150 MPa aushalten, wird z. B. die gleichfalls „Eisenholz" genannte nordamerikanische Hopfenbuche eingereiht, unter den europäischen Arten sind dies Buchsbaum, Hartriegel, Liguster und einige Eichen. Gehölze mit „hartem Holz" (65–100 MPa) gibt es in großer Zahl. Die bekanntesten Harthölzer sind wohl Eibe, Eiche, Nußbaum, Bergahorn, Buche, Hainbuche, Eberesche und eine Reihe von Obstbäumen – Birne, Apfel, Pflaume und Kirsche.

„Mittelhartes" Holz verträgt Druck zwischen 50–65 MPa, z. B. Kastanie, Platane, Rüster und Hasel. „Weichhölzer" sind Erlen, Birken, Salweiden, Traubenkirsche, aber auch verschiedene Nadelhölzer – Lärche, Douglasfichte, Kiefer, sie vertragen eine Belastung von 35–50 MPa, während „sehr weiche Hölzer" Weiden, Pappeln und Linden schon bei einem Druck von 35 MPa beschädigt werden.

Das klassische Naturmaterial Holz wird wohl in allen Bereichen menschlicher Tätigkeit vom Bauhandwerk bis zu künstlerischer Verarbeitung genutzt. Holz ist allerdings auch ein komplizierter Grundstoff für die Herstellung einer Reihe weiterer Stoffe. Im Holz bzw. in seiner Trockenmasse befinden sich fast 99 % brennbare organische Stoffe und etwa 1 % Schlackenstoffe; die konkreten Anteile der organischen Stoffe hängen von vielen Faktoren ab, von Holzart, Alter, Wachstumsbedingungen usw. Allgemein gilt die Regel, daß ein Holz mit hohem Zelluloseanteil entsprechend weniger Lignin enthält und umgekehrt. Während sich in Tannenholz etwa 57 % Zellulose und 27 % Lignin befinden, sind es in Eichenholz etwa 40 % Zellulose und 35 % Lignin. Holz enthält ferner Stärke, Zucker, Fette, ätherische Öle und Harze, organische Stickstoffverbindungen, Farbstoffe usw. Verarbeitungsmäßig gesehen, ist der wichtigste aus Holz gewonnene Rohstoff die Zellulose, die am reichsten in den jungen Gehölzteilen enthalten ist. Technische Zellulose ist bislang der wichtigste Rohstoff zur Papierherstellung; das meiste Holz wird auch von der Papierindustrie verbraucht. Technische Zellulose oder Zellstoff ist ein Halbfabrikat, aus dem weitere Erzeugnisse wie Kunstseide und einige Fasern, Zelluloid, rauchfreies Schießpulver, Nitrozelluloselacke und Emaillefarben, Zellophan usw. hergestellt werden. Durch weitere chemische Verarbeitung gewinnt man Holzzucker, Azeton, Zitronensäure und Futtermischungen; die alte Methode der trockenen Holzdestillation liefert in modernen Verfahren Holzkohle, Holzessig, Teer und Holzgas. Gerbstoffe, Harze und Farbstoffe werden durch Extraktion gewonnen.

Hölzer verschiedener Bäume enthalten aber auch Stoffe, die ungünstig auf den menschlichen Organismus wirken. Unter den europäischen Arten hat z. B. die Eibe „giftiges" Holz. In Amerika litten die Sägewerkarbeiter bei der Verarbeitung von Bleistiftzedernholz (sog. Red Cedar) unter starken Harnwegbeschwerden, da dieses Holz toxisches Sabinol enthält, das beim Zerschneiden der Stämme „inhaliert" wurde.

Holz ist aber nicht der einzige Rohstoff, den die Gehölze dem Menschen bieten. Das sekundäre Abschlußgewebe, vor allem der Kork, dient dem Menschen schon sehr lange Zeit. Aus ihm werden nicht nur Flaschenkorken, sondern auch echtes Linoleum hergestellt, die Korkspäne werden zu Isolationsplatten gepreßt.

Manche Laubhölzer enthalten in ihren Säften einen relativ hohen Prozentsatz an löslichen Zuckern. Am verbreitetsten war die Gewinnung süßer Säfte aus ausschlagenden Birken in Rußland. In den Stamm wurde ein Röhrchen flach eingelassen bzw. eine kleine Vertiefung geschlagen; aus dem so gewonnenen Saft wurde meist „Tee“ gekocht. Bis heute ist Birkensaft in der UdSSR ein beliebtes Getränk. Der berühmte Kanadische Ahornzucker wurde auf ähnliche Weise gewonnen, und zwar durch Anbohren oder Anschneiden von Zuckerahornstämmen. Die gewonnene Flüssigkeit wurde durch Kochen zu Sirup eingedickt, der dann direkt zum Süßen diente. Die Säfte enthalten 2,5–5 % Zucker und aus einem einzigen Baum kann man etwa 20–25 Liter gewinnen. Es ist interessant, daß diese Methode der Natursüßstoffgewinnung die Einwanderer von den kanadischen Algonkin-Indianern erlernt haben, die in ihrem Kalender den Frühjahrsmonat der Sirupgewinnung sogar „Ahornmonat“ nannten. Säfte mit einem hohen Zuckergehalt sind bei der Gattung *Acer* häufig. In einigen russischen Teilstaaten wird aus Spitzahorn Zucker gewonnen.

Süße Säfte hat auch die Mannaesche; sie enthält hauptsächlich Mannit und wird örtlich als Süßmittel (Manna) verwendet.

Auf eine ähnliche Weise wie das Anbohren von Stämmen zur Saftgewinnung werden auch Harze aus lebenden Bäumen gewonnen. Meist aus Nadelbäumen, vor allem aus Kiefern, in deren Stammbasen V-förmige Einschnitte geführt werden (ähnlich wie in die Kautschukbäume zur Rohkautschukgewinnung). Das austretende Harz wird in angehängten Gefäßen aufgefangen. Meist wird es zu Terpentin und Kolophonium verarbeitet.

Andere Bäume, meist Laubhölzer, scheiden nach Verletzungen Klebgummi aus. In der gemäßigten Zone sind das z. B. einige Arten der Gattung *Prunus*. Dieser Klebgummi diente aber nur zum Verschnitt von echtem Gummiarabicum, das aus verletzten Akazienstämmen gewonnen wird.

Das schon erwähnte Manna der Mannaesche war früher ein beliebtes Mittel in der Kindermedizin, weil es einen ausgeprägt süßen Geschmack und milde Abführwirkung besitzt. Diese Mannaesche war freilich nicht das einzige heildrogenliefernde Gehölz. In dieser Hinsicht sind auch weitere Gehölze der gemäßigten Zone beachtenswert. Neben der Mannaesche spenden auch die Früchte der Heckenrose Zucker, die darüber hinaus auch ein Vitamin C – Lieferant sind.

Stickstoffhaltige alkaloidfreie Stoffe, z. B. Cyanhydride, die in kleinen Dosen verdauungsanregend wirken, sitzen in Blüten und Früchten von Holunder sowie in Lorbeerkirschenblättern.

Ein Großteil der Gehölze enthält in seinen Geweben verschiedene zyklische organische Stoffe (Aromate), die gleichfalls therapeutisch genutzt werden. Einwertige Phenole, wirksam gegen Rheumatismus und Erkältungskrankheiten enthält z. B. die Rinde der Jungtriebe von Silberweide, Knackweide, Lorbeerweide und Purpurweide. Flavonoide sind gleichfalls Aromate mit Phenolcharakter; sie sind in den Blüten der europäischen Winter- und Sommerlinde, Blüten und Blättern des Weißdorns usw. enthalten. In der Rinde einiger Bäume und Sträucher kommen verschiedene Chinone vor, z. B. Juglan im Laub der Walnuß, Anthrachinon in der Faulbaumrinde und Anthracenderivate in den Früchten des Kreuzdorns. Sie sind ziemlich drastische Abführmittel.

Sehr häufig in den Gehölzgeweben vorkommende Stoffe sind die verschiedenen Gerbstoffe. Grundlage ihrer bakteriziden Wirkung ist ihre Fähigkeit, Eiweiß zu agglutinieren. In Medizin und Volksheilkunst werden sie nicht nur äußerlich dermatologisch, sondern auch innerlich angewendet. Unter den Gehölzen der gemäßigten Zone sind Eichenrinde und Hamamelisblätter beliebte Gerbstofflieferanten, weniger bekannt sind Nußbaum-, Brombeer- und Himbeerblätter.

Eine Reihe von Gehölzen enthält ätherische Öle und deren Derivate, die vorwiegend aus Terpenen bestehen. Das sind wasserunlösliche Flüssigkeiten, die sich aber gut in organischen Lösungsmitteln und Fetten lösen lassen. Zusammen mit den Harzen bilden sie eine Gruppe. Sie entstehen parallel mit diesen bzw. neben ihnen in den Zellen; sowohl als reaktive als auch weniger reaktive Stoffe. Aus den reaktiven entstehen nach weiteren Veränderungen Harze, die weniger reaktiven bilden die flüssigen Formen der ätherischen Öle. Zusammen stellen sie die Balsame dar. Terpentinbalsam besteht z. B. aus Harz (Kolophonium) und Terpentinöl. Die ätherischen Öle werden oft von sehr vielen und schwer voneinander zu trennenden Komponenten gebildet. Sie werden nicht nur in der Pharmazeutik, sondern auch in der Kosmetik verwendet, wo sie immer noch erfolgreich mit synthetischen Stoffen konkurrieren können. Ihre Fettlöslichkeit ermöglicht ein leichtes Eindringen in die Haut, die sie reizen oder desinfizieren können. Innerlich wirken sie stark harntreibend und nierenreizend. Ätherische Öle sind besonders bei den Kiefern und Lorbeergewächsen z. B. in Lorbeerfrucht und -blatt (dem bekannten Küchengewürz) enthalten; bei diesen finden sich bis zu 3 % ätherische Öle; den Terpentinbalsam aus den verschiedenen Kiefernarten bilden sogar bis zu 20 % ätherische Öle und 70 % Harze. Der Kanadabalsam, vor allem aus Balsam-, Fraser- und Kanadischer Hemlocktanne gewonnen, enthält etwa 25 % ätherische Öle und 70 %

Harze und deren Derivate. Er wird vor allem in der Mikroskoptechnik und Optik verwendet. Eine interessante Quelle ätherischer Öle sind die jungen Knospen und Triebe der Latschenkiefer, die in Rheumabädern äußerlich angewendet werden.

Von den saponinhaltigen Gehölzen kommt der Birke therapeutische Bedeutung zu, deren Blätter harntreibende Wirkung besitzen; daher werden sie oft bei Erkrankungen der Harnwege benutzt.

Einige Gehölze dienen dem Menschen auch als Nahrung. Von den Arten der gemäßigten Zone sind das vor allem die Obstgehölze, die der Mensch daher auch am längsten züchtet. Manche sind wildwachsend überhaupt nicht bekannt. Zentrum für die Entstehung vieler Obstgehölze war das große Gebiet zwischen Kaukasus, Syrien und Kleinasien, von wo sie sich während der hellenischen Kultur und des Römischen Imperiums weiter nach Westen und schließlich auch nach Norden ausgebreitet haben. Zu den ältesten Obstbäumen Europas gehört wahrscheinlich der Apfelbaum. Bereits in den Pfahlbauten der Jungsteinzeit fand man kleine verkohlte Äpfel und so etwas wie „Dörrobst". Fast genau so lange werden auch Birnen und eigentlich die Mehrzahl der übrigen Obsthölzer gezüchtet – Süß- und Sauerkirschen, Aprikosen und Pfirsiche. Alt ist auch die Kultur von Nußbäumen, Vogelbeeren, Johannis- und Stachelbeeren. Im Mittelmeerraum treten neben diese Nutzhölzer noch weitere wie Feigen, Oliven und Weinreben. Sehr alten Datums sind auch Maulbeer- und Ölweidenzucht, die gegenwärtig stark an Bedeutung verloren haben.

Auch in freier Natur wachsende Gehölze liefern nutzbare Früchte. Außer den schon erwähnten Hagebutten sind das Himbeeren, Brombeeren, Haselnüsse oder in Übersee z. B. Kanadische Heidelbeeren.

Die Menschheitsgeschichte ist in hohem Maße mit dem Anbau von Gehölzen verknüpft; von vielen wurde die menschliche Existenz sogar abhängig. Die erste Stufe der Pflanzendomestikation hatte anfangs lediglich den Charakter einer Übertragung. Zuerst versuchte der Mensch nämlich nur solche Gehölze zu kultivieren, die in seiner unmittelbaren Umgebung wuchsen. So eine Zuchtweise, die Kultivierung innerhalb des natürlichen Areals, wird als Übertragung bezeichnet. Daneben steht die Neueinführung einer Pflanze in ein Gebiet außerhalb ihrer natürlichen Verbreitung, in eine Umgebung, in der sie bisher nicht vorkam. Vielfach gelingt sie, in anderen Fällen erweisen sich die Bedingungen, unter denen sie in neuer Umgebung wachsen muß, so stark verschieden, daß die Anpassung nicht gelingt. Der Anpassungsprozeß wird auch Akklimatisierung genannt, wobei man den Erfolg an den weiteren Lebensäußerungen der gezüchteten Pflanze ablesen kann. Oft wächst sie nur an so einem Ort, um schließlich einzugehen. Eine höhere Erfolgsstufe ist ein Zustand, bei dem die Pflanze in der neuen Umgebung blüht, eine noch höhere, wenn sie Früchte und keimfähige Samen hervorbringt. Die höchste Stufe im ganzen Akklimatisierungsprozeß besteht darin, daß sich ein Gehölz in seiner neuen Umgebung auf natürliche Weise über mehrere Generationen hinweg vermehrt.

Die Akklimatisationsstufe der meisten alten Kulturgehölze war hoch. Das beweisen die schon genannten Obsthölzer einschließlich Nußbaum und Weinrebe. Der Höhepunkt der ersten Gehölzeinfuhren lag zur Zeit der ersten Hochkulturen im Mittelmeergebiet. Nach dem Untergang des Römischen Reichs trat eine Wende ein. Bis zum Ende des Mittelalters fehlen Informationen über die Zunahme von Zuchtgehölzen. Das gilt jedoch ausschließlich für Europa, aus dessen Blickwinkel die Einfuhr hier gesehen wird. Die alten Kulturen des Ostens, z. B. in Japan und China züchteten in dieser Zeit schon längst viele Gehölze zu Zierzwecken, auch solche aus benachbarten Ländern, wie die altjapanische Gartenbaukunst beweist.

Die großen Forschungsreisen, die Entdeckung der Neuen Welt und der allgemeine Aufschwung der europäischen Gesellschaft haben sich auch in einem neuerwachenden Interesse für Pflanzenzucht und Gartenbau niedergeschlagen. Das waren zuerst verschiedene Hochschulen und Universitäten, die zusammen mit den Klöstern botanische Gärten angelegt haben, später kamen der Adel mit seinen Residenzen, die Städte und Gartengesellschaften hinzu, die erhöhtes Interesse an der Zucht von Pflanzen, jetzt auch schon von fremdländischen zeigten. Unter den klimatischen Bedingungen Westeuropas konnten vor allem Pflanzen aus der gemäßigten Zone der Nordhalbkugel gedeihen, die bis heute die wichtigste Quelle für die meisten europäischen Gartenanlagen unter freiem Himmel darstellen.

Erste Nachrichten über die Einführung fremdländischer Gehölze nach Europa stammen erst aus dem 16. Jahrhundert (abgesehen von der schon erwähnten ersten Einfuhrwelle in der Antike). Etwa vier Jahrzehnte nach der Entdeckung Amerikas wurde das erste Nadelholz aus Übersee, der Abendländische Lebensbaum, nach Europa gebracht. Einigen Quellen zufolge hat ihn J. CARTIER 1534 aus Kanada mit nach Frankreich gebracht. Angeblich war er eine beliebte Heilpflanze bei den Seefahrern, die auf den langen Reisen unter Skorbut litten und den Baum *Arbor vitae* – Lebensbaum tauften.

Die Verwendung des Lebensbaums als Skorbutheilmittel war jedoch problematisch, da er auch das giftige Thujon enthält, da u. a. hautreizend, brechreizend und nierenschädigend wirkt. Die Assoziation eines „Lebensbaums“ rief möglicherweise die eigenartige, bei europäischen Gehölzen bisher nie gesehene Textur der Belaubung und flächige Verzweigung hervor. Bis auf eine schwer zu überprüfende Angabe über die Einfuhr der Weymouthkiefer um 1550 nach Frankreich, blieb der Import des überseeischen Lebensbaums für lange Zeit eine Einzelerscheinung.

Im 16. Jahrhundert erweiterten die europäischen Gärten ihr Sortiment hauptsächlich um Gehölze aus Südeuropa, Nahost und Kleinasien. Seit 1560 wurden Pfeifenstrauch und Gemeiner Goldregen gezogen, seit 1570 der Gelbe Blasenstrauch und Jasmin. Die Gemeine Roßkastanie, erst in einem kleinen Gebiet auf dem Balkan wachsend, wurde seit 1576 kultiviert, ebenso die Lorbeerkirsche, der Baumhasel seit 1582, die Alpen-Johannisbeere seit 1588, die Gemeine Felsenbirne und die Klappernuß seit 1596.

Seit der Wende zum 17. Jh. wurden in Europa allmählich auch der Straucheibisch, seit 1638 die Libanonzeder gehalten. Dieses Jahrhundert beherrschten daneben bereits die Einfuhren aus Übersee, genauer aus Nordamerika. Der erste Amerikaimport des 17. Jahrhunderts war die Robinie (1603, wiederholt um 1636). Von weiteren bekannten Gehölzen wurden bis zur Mitte der 17. Jahrhunderts u. a. der Scharlachsumach (1620), der Wilde Wein (1622), die Felsenbirne (1623), der Essigbaum, der Schuppenrindenhickory und Black Cherry (1629), die Butternuß (1623), *Rubus odoratus* (1635), *Celtis occidentalis* (1636), die Sumpfzypresse, der Trompetenbaum, der Judasbaum, die Westliche Platane (1640) nach Europa importiert; diesen Gehölzen folgten in der zweiten Jahrhunderthälfte weitere, vorwiegend amerikanische Einfuhren.

Einfuhren vom asiatischen Kontinent gibt es im 17. Jahrhundert so gut wie gar nicht. Erst im 18. Jahrhundert kamen allmählich die ersten asiatischen Gehölze nach Europa; teils stammten sie noch aus Sibirien, Mittelasien und dem Kaukasus wie der Hartriegel (1741), *Lonicera tatarica* und der Erbsenstrauch (1752), *Sorbaria sorbifolia* (1759), Kaukasische Zelkova (1760) und Kaukasische Flügelnuß (1782).

Die Gehölzimporte aus Fernost eröffneten chinesische Arten, auch wenn der Ginko 1730 über Japan nach Europa kam. Als weitere chinesische Gehölze folgten *Sophora japonica* (1747), der Maulbeerbaum (1750), der Lebensbaum (ca. 1752), der Blasenbaum (1763), die Japanische Muskatnuß (1764), der Chinesische Wacholder (1767), der Götterbaum (1784) und der Yulanbaum (1789).

Einen kleinen Überblick über die fortschreitende Einfuhr fremdländischer (asiatischer und nordamerikanischer) Gehölze vom Ende des 16. Jahrhunderts bis zum Anfang des 20. Jahrhunderts liefert folgende Tabelle:

Jahr	Nordamerika		Asien	
	in 20 Jahren	im Jahrhundert	in 20 Jahren	im Jahrhundert
bis 1600		1		7
1620	2			
1640	14		1	
1660	5	39	—	3
1680	2		—	
1700	16		2	
1720	3		—	
1740	32		2	
1760	15	69	10	24
1780	5		5	
1800	14		7	
1820	14		10	
1840	24		17	
1860	21	74	42	150
1880	11		55	
1900	4		26	
nach 1900	3	3	39	39

In diese Tabelle wurden selbstverständlich nicht alle Gehölze aufgenommen, sondern nur die wichtigsten, bis auf den heutigen Tag gehaltenen Bäume und Sträucher. Sie zeigt eindeutig die einzelnen Importwellen: die ansonsten gleichmäßig verteilten Amerika-Einfuhren gipfeln in der ersten Hälfte des 18. Jahrhunderts, während die weitaus meisten Gehölze aus (Ost-) Asien erst in der zweiten Hälfte des vergangenen Jahrhunderts eingeführt wurden.

Einen nicht geringen Anteil daran hatten organisierte Expeditionen; die größte war WILSONs Expedition in den Jahren 1900–1910.

Die ersten Pflanzensammler wurden wohl nur vom Zufall geleitet, bald wurden sie aber von Missionaren, Ärzten, später Botanikern und Gärtnern abgelöst, welche das Einsammeln bewußt und absichtlich betrieben. Ihr Ziel war vor allem, die Sammlungen der europäischen Gärten zu bereichern und Ersatzhölzer für die europäischen Wälder zu erproben. Viele Sammler wurden damals von namhaften Gartenbaufirmen, wie der französischen Firma Vilmorin, der englischen Veitch, der schottischen Lawson und vielen weiteren ausgesandt, von den bekannten botanischen Institutionen waren vor allem die Royal Horticultural Society in England und Arnolds Arboretum in den USA aktiv.

Viele Gehölze, die heute öffentliche und private Gärten zieren, würden ohne folgende Männer wohl hier nicht wachsen:

In Klammern werden Namen von Gattungen und Arten aufgeführt, die zu Ehren des betreffenden Sammlers benannt wurden.

J. BANKS (1743–1820 ?), englischer Botaniker, Teilnehmer der ersten COOKschen Expedition (*Banksia, Pinus banksiana*)

J. BARTRAM (1699–1777), erster amerikanischer Botaniker und Gründer des ersten amerikanischen botanischen Gartens in Philadelphia, hat vor allem nordamerikanische Hochgebirgshölzer gesammelt

H. COMPTON, Londoner Bischof in den Jahren 1675–1713, hat in seinem Fulhamer Garten rund 400 eingeführte Gehölzarten zusammengebracht

J. CUNNINGHAM, englischer Arzt, wirkte um 1700 in China, entdeckte *Cryptomeria* und *Cunninghamia*

P. A. DAVID (1826–1900), französischer Missionar, wirkte in China, fand *Pinus armandi (Davidia, Buddleya davidii, Rosa davidii)*

J. M. DELAVAY (1834–1895), französischer Missionar, hat mehrere Nadelbäume in China entdeckt (*Abies delavayi*)

D. DOUGLAS (1798–1834), Gärtner, hat für die Royal Horticultural Society in Nordamerika gesammelt und eine Reihe wichtiger amerikanischer Nadelhölzer mitgebracht, z. B. *Abies grandis, Pinus ponderosa (Pseudotsuga douglasi* – syn. *P. menziesii)*

G. ENGELMANN (1809–1884), Arzt und Botaniker, wirkte in Nordamerika, hat viel Sammelgut in taxonomischer Hinsicht bearbeitet (*Picea engelmannii*)

P. P. FARGES, wirkte in der 2. Hälfe des 19. Jh. in China, wo er mehrere Gehölzarten entdeckt hat (*Decaisnea fargesii*)

G. FORREST (1873–1932), Engländer, hat viele Nadelhölzer aus China eingeführt

J. FRASER (1752–1811), Engländer, Gehölzsammler, wirkte ab 1780 in Nordamerika (machte innerhalb von 20 Jahren insgesamt 12 Reisen über den Ozean (*Magnolia fraseri, Abies fraseri*)

P. HUGO alias P. HUGH SCALLEN, Missionar in China (*Rosa hugonis*)

D'INCARVILLE (1706–1757), französischer Missionar in China, hat z. B. *Thuja orientalis* eingeführt (*Incarvillea*)

J. JEFFREY, Teilnehmer einer Expedition an die Pazifikküste um 1850, hat viele amerikanische Gehölzsamen nach England geschickt (*Pinus jeffreyi*)

E. KAEMPFER (1651–1716), holländischer Arzt, wirkte in Japan, hat eine Reihe von Gehölzen aus dieser Region beschrieben (*Larix kaempferi*)

W. KERR, hat zu Anfang des 19. Jh. in China gewirkt und von dort Nadel- und Laubhölzer eingeführt (*Kerria*)

T. LOBB, Sammler der Firma Veitch, wirkte gegen Ende der 1. Hälfte des 19. Jh. im tropischen Asien, hat aus dem botanischen Garten auf Java Pflanzen nach England geschickt

W. LOBB (1809–1863), unternahm 4 Reisen nach Amerika, Sammler der Firma Veitch in Exeter/England. Hat u.a. die ersten Samen von *Araucaria araucana* aus Südamerika geschickt und aus Nordamerika lebende Riesensequoien mitgebracht.

K. I. MAXIMOWITSCH (1827–1902), russischer Botaniker, im Amurgebiet und in Japan tätig (*Picea maximowiczii, Betula maximowiczii*)

C. MARIES (1851–1902) sammelte für die Firma Veitch in China und Japan (*Abies mariesii*)

A. MENZIES (1754–1842), englischer Arzt, umschiffte mit einer englischen Flotille Südamerika, hat an der nordamerikanischen Pazifikküste gesammelt und viele Gehölze entdeckt, darunter *Sequoia sempervirens (Pseudotsuga menziesii)*

W. MURRAY, schottischer Sammler der Firma Lawson u. sons aus Edinburgh, hat z. B. *Chamaecyparis lawsoniana* mitgebracht (*Pinus murrayana*)

J. PARKINSON (1567–1650), Londoner Apotheker im Dienst von König JAMES I., hat sich um die Einfuhr nordamerikanischer Gehölze nach Europa verdient gemacht (*Parkinsonia*)

C. PARRY (1823–1890), in Amerika wirkender Engländer, hat u.a. erstmalig *Pinus aristata* gefunden

W. PURDOM (1880–1921), Engländer, sammelte u.a. in China für Firma Veitch und Arnold's Arboretum, hat z. B. *Viburnum farreri* mitgebracht

J. ROBIN (1550–1629), Botaniker, Sammler und Gärtner der Könige HEINRICH IV. und LUDWIG XIII., hat die ersten Robinien nach Europa gebracht (*Robinia*)

C. S. SARGENT (1841–1927), amerikanischer Botaniker, hat aus botanischer Sicht viel Sammelgut bearbeitet, wirkte kurz in Japan, hat *Larix occidentalis* eingeführt (*Hydrangea sargentiana* – syn. *H. aspera* ssp. *sargentiana*)

F.F. von SIEBOLD (1796–1866), deutscher Arzt bei der holländischen Ostindienkompanie, wirkte in Japan in den 20er Jahren des 19. Jh., Mitarbeit am Werk Flora japonica, gründete große Baumschulen im holländischen Leiden, spezialisiert auf japanische Gehölze (*Tsuga sieboldii*)

C. P. THUNBERG (1743–1822), schwedischer Arzt bei der holländischen Ostindienkompanie, Schüler LINNÉ's, hat die japanische Flora umfassend bearbeitet und eine Reihe Gehölze entdeckt (*Pinus thunbergii, Berberis thunbergii, Thunbergia*)

J. TORREY (1796–1873), amerikanischer Botaniker, Mitbegründer der amerikanischen Floristik (*Torreya*)

J. TRADESCANT sr. (+ ca. 1652) und J. TRADESCANT jr. (+ ca. 1662) lebten im 17. Jh., sammelten in Nahost (sr.) und Nordamerika, Virginia (jr.), von wo sie *Juglans cinerea, Acer rubrum* und *Celtis occidentalis* mitbrachten *(Tradescantia)*

J. G. VEITCH (1839–1870), Bruder des bekannten Firmeninhabers, sammelte 1860 in Japan, hat eine Reihe von Gehölzen eingeführt und eine endemische Kiefer auf dem Fudschijama entdeckt (*Abies veitchii*)

E. H. WILSON (1876–1930), Amerikaner, der sowohl für die Firma VEITCH als auch vorwiegend für Arnolds Arboretum in den USA sammelte; einer der erfolgreichsten, in China wirkenden Sammler. Seine kommentierten Sammelergebnisse hat Prof. C. S. SARGENT unter dem Titel "Plantae Wilsoniae" publiziert – (*Picea wilsonii*).

und selbstverständlich viele vor und nach ihnen.

Die letzte große dendrologische Entdeckung war der Fund lebender Exemplare des Urwelt-Mammutbaumes (*Metasequoia glyptostroboides*) 1941 in China (T. KAN, T. WANG) und ihre 1948 gleichzeitig erfolgte Einfuhr in viele botanische Gärten der Welt. Die Hoffnung, daß in der gemäßigten Zone noch neue Gehölzarten entdeckt werden können, ist verschwindend gering (Formen, die taxonomisch niedriger als auf Artniveau einzustufen sind, gibt es noch genügend). Trotzdem wurde bis heute noch längst nicht alles eingeführt und gezüchtet, was in den Bedingungen der nördlichen gemäßigten Zone außerhalb des natürlichen Areals wachsen könnte. Ein großes Reservoir potentieller neuer Beiträge bleibt u.a. noch das sowjetische Mittelasien und vor allem China.

Die Pflanzen, mit denen wir diesen Planeten teilen, sind das Ergebnis einer langen natürlichen Entwicklung. Das Resultat der Arbeit von vielen unbekannten und bekannten Sammlern und Züchtern dieser Pflanzen, aber auch ihrer Mäzene und Träger sind hingegen die Gärten und Parks des 20. Jahrhunderts, die dem in einer industrialisierten und urbanisierten Landschaft lebenden Menschen das angenehme Gefühl der Naturnähe vermitteln sollen. Von jeher sehnt sich der Mensch nach einem kleinen Stück Natur, nach ihrer Farbenfreude und ihrem Duft; daher sind auch Kleingartenanlagen so beliebt.

Über die Gärten des Mittelalters sind nur bruchstückhafte Informationen vorhanden. Ihr Aufbau war eher auf die Schaffung einer geeigneten Umgebung für geistige Entspannung und auf die Ausnutzung von botanischen Details wie z. B. auf die Farbwirkung der Blumen gerichtet. Die Gartengestaltung erfolgte vorwiegend mechanisch, ohne Bestreben nach gestalterischer Lösung; auch stand nur eine begrenzte Anzahl von Pflanzenarten zur Verfügung.

Auch Renaissancegärten blieben nördlich der Alpen kaum in ihrer ursprünglichen Form erhalten. Sie veränderten aber die Gartenkonzeption nachhaltig und sahen diese eher als rein architektonische Gebilde aus rhythmisch gegliederten Naturelementen; vor allem respektierten sie die feste Bindung zwischen Garten und Haus. Charakteristisch für die Renaissancegärten war, daß ihre Anlage kein Adelsvorrecht mehr darstellte; auch die wohlhabenden Städte begannen Parks und Gärten anzulegen. Zwar ging die Artenzusammensetzung in den Renaissancegärten im wesentlichen noch von einheimischen Gehölzen aus, doch konnten sie vielerorts schon durch eingeführte Gehölzelemente beeinflußt sein.

Der Barockgarten wurde vor allem als Repräsentationsraum begriffen. Er wurde zur Gebäudekomponente, gleich, ob es sich um Stadtresidenz, Sommerschloß oder Kloster handelte. Zentralmotiv des Barockgartens war eine einfache, an Achsen gebundene Gliederung mit strenger Bindung an Architektur und Material der Gebäude; den Abschluß der Gartenachse stellte ein Schloß dar. Der architektonische Schwerpunkt des Schlosses ging in die Gartenfront über, die Funktion des Schloßhofes wurde vom Garten übernommen. Das Schloß diente als Kulisse des saalartig gegliederten Gartenraums, in dem die gärtnerische Gestaltung des Bodenraumes, abgeschlossen durch eine Kulisse aus höherem Grün, vorherrscht. Bei der Auswahl der Gehölze kam es noch nicht auf individuelle Eigenschaften an, sondern eher auf die Fähigkeit, Formung, vor allem einen Schnitt zu vertragen. Häufig erschienen daher in Barockgärten auch einheimische Gehölze wie Linde und Hainbuche, die zu mehreren Metern hohen Kulissen zurechtgestutzt wurden (Schönbrunn) oder immergrüne Gehölze wie Eibe und Buchsbaum, aus denen nicht nur Einfassungen gestaltet wurden, welche die Hauptkonturen des Gartens begrenzten, sondern auch unnatürliche bizarre Formen wie Kegel, Kugeln und Pyramiden. Interessant ist dabei die Verwendung der Gemeinen Fichte für Kulissen-, Flächen- oder Blickbepflanzungen. Ihre Formung wurde bisweilen recht kurios ausgeführt – z. B. mit Säbeln und langen Schwerten von auf Fuhrwerke montierten Gerüsten aus, die an den Baumwänden und -blöcken entlangfuhren.

Der Barockgarten hat einige Elemente in die Gartenarchitektur gebracht, die ihren Höhenpunkt in den Parks mit natürlicher wirkender Landschaftsgestaltung erfahren sollten: weite Durchblicke und die Ausnutzung von Gebäudeformen und Wasserelementen. Hand in Hand damit ging die wichtigste Errungenschaft der Barockgärten einher – die Fusion von Garten und umgebender Landschaft. Diese Übergänge erscheinen nur selten gezwungen. Der Garten geht mit langen Alleen meist ganz allmählich in die Landschaft über; bisweilen sind in der Landschaft sogar noch kleine Bauwerke untergebracht (Lustschlößchen).

Eine streng durchgeformte Vegetation und eine nachdrückliche Flächengestaltung einschließlich ruhiger Wasserflächen sind charakteristisch für den französischen Barockgarten, während der italienische im Gegenteil häufiger das Gelände mit seinen Bodenwellen nutzt, raffinierte Durchblicke auf die Landschaft bietet und Wasser als Kaskaden und Springbrunnen verwendet. Ein eigenwilliger, vollkommen in die Umgebung übergehender Barockgartentyp sind die lichtensteinischen Landschaftsgestaltungen in Südmähren (Lednice, 200 ha), auch wenn dieser als ein typischer Garten der Romantik, bzw. als eine Vorwegnahme der großen Naturlandschaftsparks („Englische Parks“) klassifiziert werden könnte.

Der romantische Garten, in den der Barockgarten seit der Mitte des 18. Jahrhunderts allmählich überging und der seinen Höhepunkt im 19. Jahrhundert erlebte, bedeutete eine Rückkehr zur Natur und eine Annäherung der gärtnerischen Konzeption an das natürliche Leben. Die Konzeption ging von einem regelmäßigen, an die Gebäude gebundenen Bodenraum aus und wendete sich dann dem natürlichen Raum zu, den sie im Geist der zeitgenössischen Vorstellung entweder ausnutzte oder ausgestaltete.

Die Kompositionsgrundsätze des romantischen Gartens, besser gesagt, des Englischen oder Landschaftsparks des 19. Jahrhunderts entsprangen der traditionellen englischen Landschaftsgestaltung und setzten sich fast überall in Europa durch und wurden jeweils in den einzelnen Ländern noch um weitere Elemente bereichert. Neue Entdeckungen, die gerade anlaufende industrielle Revolution und eine Reihe von Zivilisationserscheinungen ließen zwar die allgemeine Denkweise zum Rationalismus tendieren, nichtsdestoweniger riefen sie eine noch größere Sehnsucht nach einer Landschaftsszenerie hervor, die der damals beliebten Landschaftsmalerei nahekam.

So kam es im 19. Jahrhundert zu einer engen Verbindung von Malerei und Gartenarchitektur, die nachhaltig und positiv die Begründer mehrerer, bis auf den heutigen Tag erhaltener bedeutender europäischer Parks beeinflußt hat. Zwei sind auf dem europäischen Kontinent ganz besonders hervorzuheben: Muskau bei Cottbus, angelegt vom Fürst von PÜCKLER-MUSKAU in den Jahren 1815–1845 und Průhonice bei Prag ab 1885 angelegt vom Graf A. E. SILVATA-ROUCA. Die Gehölze in diesem Park dienten größtenteils als Illustrationsvorlagen für dieses Buch.

Die Schöpfer dieser Landschaftsparks waren gegenüber ihren Vorgängern in einem großen Vorteil: In Europa standen damals bereits relativ viele aus Asien und Amerika eingeführte Gehölze zur Verfügung; außerdem waren schon viele Kulturformen von Gehölzen entstanden und in Zucht, die oft das ganze Jahr über farblich sehr attraktiv wirken. Tiefergehende dendrologische Kenntnisse wurden nicht nur zur Mode, sondern auch zur Notwendigkeit. Nicht selten stellten die Geldgeber solcher Gärten führende Dendrologen ein oder pflegten Freundschaft mit ihnen (bzw. wurden selbst zu hervorragenden Fachleuten, deren Publikationen auch heute noch zu den grundlegenden Lehrbüchern der Dendrologie zählen, z. B. A. E. SILVATA-ROUCA u. C. SCHNEIDER: Unsere Freilandnadelhölzer, 1923, Wien). Diese Gärten hörten schließlich auf, ausschließlich als Kunstwerke oder Demonstrationen von persönlichem Luxus zu fungieren und wurden zu wertvollen Arboreten, nach wissenschaftlichen Gesichtspunkten geführte Gehölzsammlungen von unermeßlichem dokumentarischem didaktischem Wert, die bis auf die heutige Zeit erhalten blieben. Der modernen Gartenarchitektur wurde dadurch die Möglichkeit gegeben, aus ihnen nicht nur Inspiration, sondern auch wertvolles Pflanzenmaterial zu gewinnen.

Systematische Übersicht und Reihenfolge der Gehölze in diesem Buch

(in Klammern sind die Seiten angegeben):

Bildteil

Ginkgogewächse

Ginkgobaum

Ginkgoaceae

Ginkgo biloba L.

Der Ginkgobaum ist das letzte Glied einer Entwicklungsreihe, deren Anfänge vielleicht schon im Devon, spätestens im Perm zu suchen sind. Ihre größte Vielfalt hatten die Ginkgoaceen in der Trias und im Jura; dann trat ein Niedergang ein, so daß bis auf den heutigen Tag als einzige Art nur *G. biloba* überlebt hat. Er gilt als das älteste „lebende Fossil" auf der Erde; schon seit rund 200 Millionen Jahren sind Vertreter dieser Familie ein Bestandteil der Vegetation. Noch im Tertiär waren Ginkgobäume über die ganze Nordhalbkugel bis weit in den Norden (z. B. Grönland) verbreitet. Heute kann man ursprüngliche, „wildwachsende" Ginkgobäume nur noch in Südostchina antreffen. Dort ist er eine uralte Kultur- und Kultpflanze, die in der Nähe von menschlichen Ansiedlungen und Klöstern angepflanzt wird; der einzelne Baum kann ein Alter von 2000 Jahren erreichen. Nach Europa wurden die ersten Gingkobäume zwischen 1727–1730 gebracht, nach England wohl 1758 und in die USA 1784. Seither werden sie, nicht nur in botanischen Gärten, vielfach gezüchtet.

Ginkgobäume haben platte, breit keilförmige Blätter mit fächerartig gegabelter Nervatur, die im Herbst abfallen. Der Ginkgo ist zweihäusig; Einhäusigkeit kann selten vorkommen. Die Pflanzen blühen im Mai, die männlichen Blütenstände bilden einen kätzchenartigen Zapfen und wachsen an etwa 4 cm langen Kurztrieben (sog. Brachyblasten). Die weiblichen Blüten tragen an einem dünnen langen Stiel zwei Samenanlagen, von denen sich im Regelfall nur eine entwikkelt. Die gelben, pflaumenartigen Samen sind etwa 3 cm groß.

Früchte

G. biloba 'Pragense'

G. biloba

Hohe pyramidenförmige Bäume (bis 40 m); gezüchtet werden auch niedrige Schirmformen; sie stellen eine botanische Kuriosität von hohem ästhetischen Wert dar (Kronentextur).

Eibe

Eibengewächse

Taxus baccata L.

Taxaceae

♀

♂

Die Eibengewächse sind ein Entwicklungszweig der Nadelhölzer, der sich schon sehr früh von den übrigen Gruppen abgetrennt hat. Ihr Entwicklungshöhepunkt lag im Tertiär, bis in die Gegenwart haben sich mit 5 Gattungen und rund 20 Arten nur bescheidene Reste erhalten. Die Gattung *Taxus* enthält ca. 8 Arten. Möglicherweise stellen diese geographischen Abkömmlinge (Rassen?) einer einst im Tertiär weit verbreiteten Art dar. Die Eibe wächst im Norden Europas, im Süden bis Nordafrika und im Osten über Kleinasien und Syrien bis zum Kaukasus.

Sie hat eine rötliche Borke, die sich plattenweise ablöst wie z. B. bei der Platane. Die nadelförmigen Blätter sind zweireihig an den Zweigen angeordnet. Sie leben etwa 8 Jahre; danach fallen sie ab. Die Eibe besitzt weder in den Nadeln noch im Holz Harzkanälchen. Sie ist ein zweihäusiges Gehölz. Die winzigen männlichen Zapfen sind kugelförmig und wachsen einzeln in den Nadelachseln. Die weiblichen Blüten bestehen aus einzelnen Terminalzellen, die von einem oder mehreren Hochblattpaaren gestützt werden. Der ringförmige Wall unter der Eizelle (Kupula) verwandelt sich in der Reifezeit zu einem fleischigen leuchtend roten Samenmantel (Arillus). Dies alles sind wichtige Unterscheidungsmerkmale der Eibengewächse gegenüber anderen Nadelhölzern. Mit Ausnahme des roten Arillus sind alle Pflanzenteile der Eibe giftig. Sie enthalten Taxin, eine Alkaloidmischung, die den Verdauungstrakt reizt und Atem- und Herztätigkeit zum Erliegen bringen kann. Die Eibe wächst nur sehr langsam; das Dickenwachstum beträgt nur etwa 1 mm pro Jahr. Wegen seiner Dauerhaftigkeit und Festigkeit war ihr Holz sehr gesucht (besonders für Bogen), was zu einem Raubbau führte. Heute steht dieses seltene Gehölz unter Naturschutz. Die Eibe erreicht ein Alter von rund 2000, angeblich sogar 3000 Jahren.

Mittelhoher Baum, meist 10–12 m, ausnahmsweise bis 20 m, stark verzweigt und mit breitästiger Krone; aus Stecklingen gewonnene Individuen behalten Strauchform. Giftig!

Eibengewächse

Taxaceae

Kalifornische Nußeibe, Stinkeibe

Torreya californica TORR.

Die Gattung *Torreya* umfaßt eibenähnliche Gehölze. Es sind immergrüne Bäume; außerhalb ihres natürlichen Verbreitungsgebietes in Nordamerika und Ostasien haben sie oft nur Strauchwuchs. Sie sind niedrigen Temperaturen gegenüber wenig widerstandsfähig und können daher nur in wärmeren Gebieten an geschützten Stellen gezogen werden. Die Mehrzahl der 6 bekannten Arten wurde in Europa seit etwa der Mitte des 19. Jahrhunderts kultiviert (z. B. *T. californica* seit 1851), nur die japanische *T. nucifera* (L.) SIEB. et ZUCC. wurde bereits 1764 eingeführt.

Die nadelförmigen Blätter von 12–60 mm Länge sind normalerweise zu Wirteln angeordnet, an den Seitenzweigen jedoch auffallend flach zweireihig ausgebreitet. Sie verbleiben etwa 3–4 Jahre am Baum, sind schmal zugespitzt und zäh elastisch. Sie haben nur ein Leitbündel, unter dem ein Harzkanal liegt. Zerrieben riechen sie scharf aromatisch. Die Stinkeibe blüht von März bis Mai. Die männlichen Blüten sitzen einzeln in den Blattachseln, die weiblichen Zapfen haben eine verkümmerte Spitze. Die reifen Samen sind vollständig von einem fleischigen Samenmantel (Arillus) umgeben, der im unteren Teil mit der Samenhülle verwachsen ist. Der Samenform verdankt der Baum den englischen Populärnamen „Kalifornische Muskatnuß", mit der er aber keine weiteren gemeinsamen Eigenschaften aufweist.

T. californica wächst im Westen Nordamerikas an Flußufern in den kalifornischen Talebenen, geht aber in den Gebirgstälern bis zu 1500 m hinauf. Der Baum ist für die Zucht in Europa weniger abgehärtet als *T. nucifera,* die Japanische Nußeibe, aus Süd- und Mitteljapan. Ihre Samen sind eßbar, haben jedoch eine abführende Wirkung. Sie werden in China als Wurmmittel verwendet.

T. nucifera, Zweigunterseite

T. nucifera, Samen

Die Stinkeibe ist ein bis 20 m hoher Baum, die Japanische Nußeibe wird höher, ca. 25 m; selten gezüchtete, wenig widerstandsfähige, jedoch sehr dekorative Gehölze.

Chilenische Araukarie

Araukariengewächse

Araucaria araucana (MOL.) K. KOCH

Araucariaceae

Die Araukariengewächse stellen gegenüber den restlichen Nadelhölzern eine selbstständige, isolierte Gruppe von hohem phylogenetischem Alter dar. Ihr ursprüngliches Areal war ziemlich groß (Fossilien aus der Kreidezeit sind auch aus Europa bekannt); erst im Tertiär wurden sie auf die Südhalbkugel zurückgedrängt. Heute wachsen sie in Südamerika, Australien, auf Neuguinea, Neukaledonien, den Neuen Hebriden und der Norfolk-Insel. Es sind in der Regel stattliche Bäume mit immergrünen Nadelblättern und großen ovalen Zapfen ohne Mittelachse, die nach der Reife auseinanderfallen.

Die klimatischen Bedingungen in den europäischen Gärten verträgt am ehesten die Chilenische Araukarie, *A. araucana,* deren Heimat Chile und Westargentinien ist. Dort bildet sie Galeriewälder an Flüssen, geht aber in den Küstenkordilleren bis 1600 m hoch. In Europa wird sie seit 1795 angepflanzt. Die Chilenische Araukarie ist ein hoher Baum mit ausladenden Ästen in regelmäßig angeordneten Wirteln. An den Ästen wachsen zähe stachelartig spitze Blätter. Die Araukariengewächse sind normalerweise zweihäusig; die männlichen Blütenstände wachsen an Kurztrieben und werden bis zu 15 cm lang. Sie tragen eine Vielzahl (bis 1000) spiralig angeordneter Blüten. Die weiblichen Zapfen sind endständig und haben eine große Anzahl stützender Hochblätter. In jeder Schuppenachsel sitzen einzelne, stärkehaltige eßbare Samen. Araukarienholz ist sehr wertvoll und fest.

In Wohnungen wird oft die „Zimmertanne" *A. heterophylla* (SALISB.) FRANCO von der Norfolk-Insel gehalten.

Altes Exemplar aus geschlossenem, ursprünglichem Standort

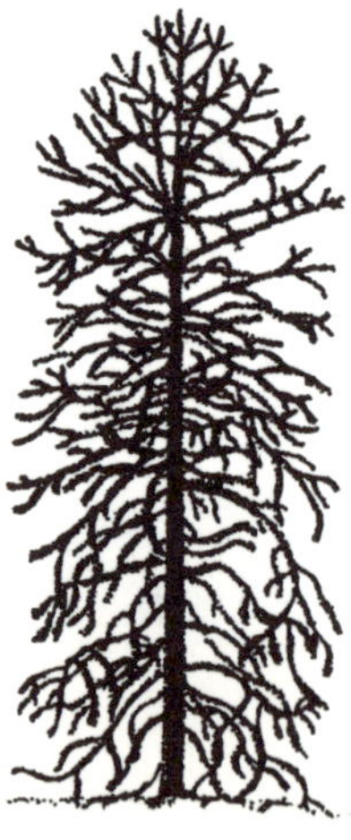

Junges Exemplar aus einem botanischen Garten

In den Herkunftsländern 30–60 m hohe Bäume (*A. heterophylla* auch 65 m). Nur wenig winterharte Bäume, in Europa nur vereinzelt im Freien gezogen.

Kieferngewächse

Pinaceae

Veitchs Tanne

Abies veitchii LINDL.

Japan ist die Heimat mehrerer schöner Tannenarten. Eine davon hat JOHN G. VEITCH 1860 an den Hängen des bekannten Vulkans Fudjiyama erstmals entdeckt. Nach Europa wurde sie wahrscheinlich 1865 eingeführt. In Japan wächst diese Art vor allem auf der Insel Honshu. In gebirgige Lagen, in Höhen um 1300–2300 m ist sie der dominierende Waldbaum, zumindest aber ein verbreitetes Beiholz in Nadelmischwäldern. Das Holz dient vor allem zur Papierherstellung.

Veitchs Tanne ist ein Baum mit kurzen Ästen in typisch wirteliger Anordnung. Sie hat eine glatte helle grauweiße Borke, die bei einzeln stehenden Exemplaren normalerweise unter dem dichten Astwerk verborgen bleibt. Ihre jungen Zweige sind grau, braun oder auch grün und andeutungsweise behaart. Die Knospen sind kugelig, von einem glasigen, rotvioletten Harz umflossen. Die dicht an den Zweigen wachsenden Nadeln sind in der Mitte weit V-förmig „gescheitelt". Sie werden etwa 2 mm breit und bis zu 25 mm lang; an der Spitze sind sie stumpf gekappt. Ihre Oberseite ist glänzend dunkelgrün, an der Unterseite sitzen zwei wachsüberzogene Streifen mit Spaltöffnungen (Stomata). Die Zapfen der Veitchs Tanne sind zylindrisch, etwa 3 cm breit und 5–7 cm lang, zunächst blaßviolett, später schmutzigbraun. Sie haben kleine dichte, ganzrandige Schuppen. Die Deckschuppen sind so lang wie die Samenschuppen oder ragen nur wenig über sie hinaus. Die Samen haben gekrümmte schwärzliche Flügel von gleicher Länge wie die Samen selbst.

Der Baum bevorzugt gleichmäßig feuchte Humusböden, er ist aber auch auf anderen Böden zu finden. Er kann in Kultur zuverlässig aus Samen vermehrt werden, die kurz vor dem Auseinanderfallen der Zapfen zu ernten sind.

Ein etwa 25 m hoher Baum mit pyramidenförmiger Krone, die kleinste der japanischen Tannenarten. Ein dekoratives Nadelholz, geeignet für Gruppen- und Solitärpflanzung.

Nikko-Tanne

Kieferngewächse

Abies homolepis SIEB. et ZUCC.

Pinaceae

Zweigunterseite mit Knospen

Die Nikko-Tanne wird manchmal für den japanischen Nationalbaum gehalten. Ihr natürliches Areal sind die Berge Mitteljapans zwischen dem 36. und 38. Breitengrad in Höhen von 650 bis 2000 m. Meist bildet sie zusammen mit der Japanischen Lärche und der Japanischen Buche Mischwaldungen. In tieferen Lagen ist sie auch mit der Japanischen Tanne vergesellschaftet, während sie in höheren Lagen zusammen mit Veitchs Tanne zu finden ist. Nach Europa wurde die Art 1854 eingeführt; in West- und Mitteleuropa hat sich der Baum gut akklimatisiert, regelmäßigen Zuwachs gezeigt und ist völlig winterhart. Trotzdem ist er nicht so weit verbreitet, wie er es wegen seines Aussehens verdient hätte.

Die Nikko-Tanne ist ein in regelmäßigen Wirteln verzweigter Baum mit hohem ungegabeltem Stamm, dessen Äste normalerweise schräg nach oben ragen. In der Jugend bildet er so eine völlig regelmäßige kegelförmige Krone, im Alter von 80–100 Jahren ist der Wipfel typisch abgeflacht (sog. „Storchennest"). Ein sehr gutes Erkennungsmerkmal sind die jungen Zweige, die tief gefurcht sind (die meisten Tannen haben glatte Zweige) und z. B. an die Furchung der Fichten erinnern. Die Knospen sind eirund bis stumpf kegelig und harzig. Die Seitennadeln sind meist länger (bis 3 cm), die mittleren kürzer (1–2 cm). An den Enden sind sie abgerundet, auf der Oberseite glänzend, dunkelgrün; an der Unterseite zeigen sie zwei deutliche breite weiße Streifen. Die Zapfen sind zylindrisch, an den Enden verjüngt, etwa 3 × 10 cm groß, jung purpurviolett, älter bräunlich gefärbt. Die Samenschuppen sind ganzrandig, die verborgenen Deckschuppen kürzer. Die Flügel an den rötlichen Samen sind genau so groß wie die Samen.

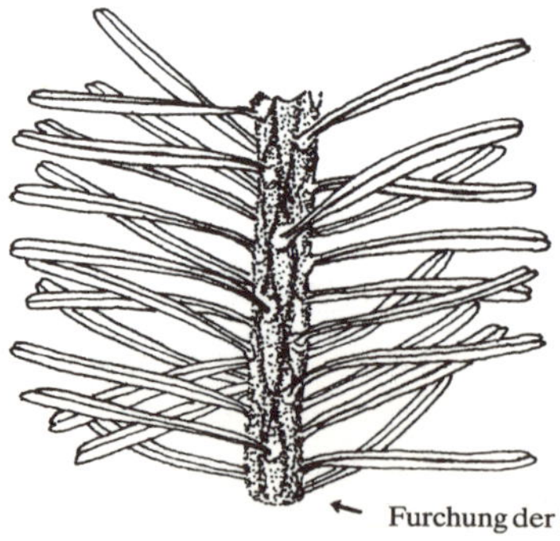

Furchung der Zweige

Stattlicher Baum, bis 40 m hoch, mit breitkegeliger Krone. Ästhetisch wertvolle Gehölzart, hinreichend widerstandsfähig; nach *A. concolor* (GORD. et GLEND.) LINDL. ex HILDEBR. die wohl schönste Tannenart.

Igeltanne, Spanische Tanne

Abies pinsapo BOISS.

Das natürliche Areal der Spanischen Tanne ist winzig. Sie besiedelt lediglich den südlichen Zipfel der Pyrenäenhalbinsel: westlich von Malaga bildet sie im Massiv der Sierra de Ronda kleine Wäldchen oder Mischwaldungen mit Eichen und Kiefern in Höhen um 1100–2000 m. Trotzdem ist sie ein beträchtlich widerstandsfähiges und winterhartes Gehölz, das seinen Platz auch in viel weiter nördlich gelegenen Parks gefunden hat. Die ersten Samen hat der Entdecker dieser Tanne, BOISSIER, 1837 nach Frankreich geschickt. Etwa zwei Jahre darauf wurde sie bereits in England gezüchtet und seit 1845 auch in Böhmen (Sychrov). Heute wächst sie sogar in Süd-Norwegen und Schweden; sie gedeiht aber nur dort, wo auf gut drainiertem Boden die Feuchtigkeitsansprüche ausreichend erfüllt werden.

Die Spanische Tanne läßt sich leicht an der charakteristischen Anordnung der Nadeln erkennen, die von den Zweigen nach allen Seiten fast im rechten Winkel abstehen. Sie sind außerordentlich zäh und an den Enden meist stechend spitz, selten stumpf; normalerweise sind sie graugrün mit nur angedeuteten blasseren Streifen. Spaltöffnungen sitzen auf beiden Seiten. Die Nadeloberseite ist schwach gewölbt, Harzkanälchen liegen tiefer im Parenchym, bei jungen Bäumen und an den unteren Zweigen berühren sie jedoch die Außenhaut.

Die Zapfen sind 3–5 cm breit und bis 15 cm lang, braunpurpurfarben. Die Samenschuppen sind dreikantig und oben abgerundet, die Tragschuppen verdeckt und wesentlich kleiner; die etwa 7 mm langen Samen haben einen hellen häutigen Flügel.

Ein bis 25 m hoher Baum mit breit pyramidenförmiger dichter Krone und regelmäßigen Astwirteln; bisher vorwiegend in botanischen Gärten mit dendrologischem Schwerpunkt zu finden; verdient eigentlich eine größere Aufmerksamkeit.

Griechische Tanne, Apollotanne

Kieferngewächse

Abies cephalonica LOUD.

Pinaceae

Die Griechische Tanne wuchs ehemals in fast allen griechischen Gebirgen, besonders aber im Süden des Landes (Peloponnes); im Norden reichte ihre Verbreitung bis zum Ohridsee. Die bekanntesten Waldungen befanden sich auf dem Berg Enos auf der Insel Kephallenia, deren Namen der Baum trägt. Einst bildete die Tanne dort einen ausgedehnten Waldkomplex von 20 km Durchmesser, von dem aber nur noch ein Rest übriggeblieben ist. In Lagen zwischen 750 und 1700 m tritt sie aber noch verbreitet in Mischwäldern mit Buchen, Schwarzkiefern, Kastanien und Ahorn auf. Die ersten Exemplare der Griechischen Tanne werden außerhalb ihrer Heimat seit 1824 in England gezogen; später gelangte sie in weitere Länder. Bald gewann sie eine große Beliebtheit, da ihr Wuchs mit den wirtelig angeordneten und normalerweise tief verzweigten Ästen sehr regelmäßig ist. Allerdings ist sie weniger winterhart als die Edeltanne, wenn sie auch von Spätfrösten weniger geschädigt wird, da sie später ausschlägt. Vom gesamteuropäischen Tannenrückgang ist auch sie betroffen.

Die Nadeln der Griechischen Tanne stehen von den Zweigen nach allen Seiten strahlenförmig ab und weisen leicht nach vorn. Sie sind bis 28 mm lang, zu einer scharf stechenden Spitze ausgezogen; auf der Oberseite sind sie dunkelgrün, an der Unterseite durch zwei weiße Streifen gekennzeichnet. Die männlichen Zapfen sind wie bei vielen Tannen purpurviolett, die Samenzapfen sind zylindrisch, bis 5 cm breit und 20 cm lang, braun und harzig. Ihre Samenschuppen sind gewellt, die dreieckigen Tragschuppen reichen über sie hinaus und sind umgebogen. Blütezeit ist von April–Mai, die Zapfen zerfallen im September. Die 7 mm langen Samen haben 15 mm lange Flügel.

♀

In der Natur ein bis 30 m hoher Baum mit starkem Stamm (in England in Kulturen 35 m hoch und 5 m Stamm-Durchmesser) mit dichten, waagerecht abstehenden Ästen; ein ästhetisch wertvolles Gehölz, meist nur in dendrologischen Sammlungen gezogen.

Kieferngewächse

Nordmannstanne

Pinaceae

Abies nordmanniana (STEVEN) SPACH

Die in Europa und angrenzenden Regionen (Nordafrika – Nahost – Kaukasus) wachsenden Tannen haben vorwiegend isolierte Areale. Das östlichste davon wird von der Nordmannstanne eingenommen. Sie wächst in den Bergen der Schwarzmeerostküste von der Kolchis bis zum Kaukasus; weiterhin ist sie an einigen Stellen Kleinasiens zu finden. Sie ist Bestandteil großer Wälder, die aus Kaukasus-Fichten und Orientalischen Buchen gebildet werden. Schon bald nach ihrer Beschreibung wurde sie nach Westeuropa gebracht: nach England in den Jahren 1810–1848, nach Böhmen (Sychrov) 1845, möglicherweise noch früher. Aus Polen erwähnt sie SENETA überraschenderweise schon ab 1806 (STEVENs wissenschaftliche Beschreibung dieser Art als *Picea nordmanniana* stammt aus dem Jahr 1838!). Anfänglich wurde sie einzeln gezogen, später wurde mit der Gruppenanpflanzung sowie mit der Einführung in Waldbestände als ein möglicher Ersatz für die schwindende Edeltanne begonnen.

Die Nordmannstanne hat eiförmige, schuppenbedeckte, harzlose Knospen. Ihre Nadeln sind an der Unterseite kammartig angeordnet, weisen von oben gesehen leicht nach vorn, sind manchmal andeutungsweise zweiseitig ausgebreitet, auf der Oberseite dunkelgrün und glänzend, auf der Unterseite mit zwei blassen Streifen. Die weichen Nadeln stehen sehr dicht, sind bis 3 cm lang und 2,5 mm breit, am Ende abgerundet und eingekerbt.

Die männlichen Blütenzapfen sind rötlich und stäuben im Mai. Reife Samenzapfen haben Zylinderform, sind bis 15 cm lang, dunkelbraun und stark harzausscheidend. Die Samenschuppen sind keilförmig, ganzrandig; die Deckschuppen ragen über sie hinaus, ihre Spitzen sind abwärts gebogen. Die Zapfen zerfallen im November. Die Nordmannstanne ist wenig veränderlich.

♀

Hohe Bäume mit ungegabeltem Stamm und schlank pyramidenförmiger Krone, die eine Höhe von 50–60 m und einen Stammdurchmesser von 1,5–4,5 m erreichen. Gehölzart, die sich in schadstoffbelasteten Gebieten eventuell als Ersatz für die Edeltanne kultivieren läßt.

Edeltanne, Weißtanne

Kieferngewächse

Abies alba MILL.

Pinaceae

♀

Zweigunterseite

Von den europäischen Tannen hat die Edeltanne das größte Areal und war einst auch die häufigste Tanne. Ihre natürliche Verbreitung erstreckt sich über fast alle europäischen Gebirgssysteme. Sie ist ein langlebiger Baum (400–500 Jahre) der ungeheuer große Menge an Holz produziert: aus einem 60-Meter-Riesen lassen sich bis zu 60 Raummeter Holzmaterial gewinnen. Derartige Baumriesen sind heute allerdings schon sehr selten geworden, wenn sie nicht schon ganz verschwunden sind. Erste Erwähnungen über den Tannenrückgang datieren bereits früh im 19. Jahrhundert; eine rapide Verschlechterung trat vor allem in den letzten 25 Jahren ein. Hier wirken viele Ursachen zusammen, von denen die Schadstoffbelastungen der Luft („saurer Regen") die wichtigste sein dürfte. Es handelt sich also nicht um einen Schädling wie z. B. beim Ulmensterben. Versuchspflanzen außerhalb des natürlichen Areals, z. B. in den nordwesteuropäischen Küstenstaaten und im Ostseeraum gedeihen so gut, daß für die Edeltanne auf dem europäischen Kontinent Hoffnung auf ein Überleben besteht.

Die Edeltanne hat eine glatte, im Alter schuppige hellgraue Borke. Junge Zweige sind graubraun und rauh behaart, die Knospen harzlos oder nur wenig harzgefüllt. Die Nadeln sind an den Zweigen kammartig angeordnet, seitlich und nach oben weisend. Sie sind 15–30 mm lang, die oberen ein wenig kürzer, an der Spitze gerundet oder eingekerbt. Die Oberseite ist dunkelgrün, auf der Unterseite liegen zwei weiße Stomatastreifen. Die männlichen Blütenzapfen sind gelb, die aufrechten weiblichen Zapfen kurzstielig, bis 16 cm lang, in der Reife braun. Ihre Samenschuppen sind oben abgerundet, auf der Rückseite sind sie an den Rändern befilzt; die Deckschuppen ragen über sie hinaus und sind zurückgebogen. Die Flügel der Samen haben die doppelte Länge von diesen.

Hohe Bäume (30–60 m) mit aufrechtem Stamm und schmal pyramidenförmiger, im Alter stumpf auslaufender Krone (sog. „Storchennest"); wichtiger Holzlieferant der europäischen Wälder.

Balsamtanne

Abies balsamea (L.) MILL.

Die Balsamtanne wächst auf einem großen Gebiet in Kanada und einem Teil der USA. Ihr natürliches Areal ist das größte aller amerikanischen Tannen, ja wohl aller Tannen-Arten überhaupt. Sie bevorzugt feuchte, moorige (jedoch nicht staunasse) Böden von den Ebenen bis in 1500 m Höhe. Dort bildet sie Bestände mit Fichten (*Picea glauca* [MOENCH] VOSS, *P. mariana* [MILL.] B. S. P.), Lebensbäumen (*Thuja occidentalis* L.), Zuckerahorn (*Acer saccharum* MARSH.) und Papierbirken (*Betula papyrifera* MARSH.). Ein feuchtes Biotop fördert gleichzeitig aber auch die Holzfäule, so daß der Baum normalerweise höchstens 150 Jahre alt wird. Die Einführung nach England erfolgte früh (um 1697), in den übrigen europäischen Ländern wird sie erst seit dem Beginn des 19. Jahrhunderts gezogen. Besonders bedeutend ist sie als Lieferant von Kanadabalsam. Dieses Einschlußmittel für mikroskopische Präparate besteht aus 25 % ätherischen Ölen und 70 % Harzen. Es wird gewonnen, indem die Hohlräume der Harzkanälchen in der Rinde mit den scharfen Schnäbeln der Sammelkannen angestochen werden, so daß der Balsam herausfließt.

Die Balsamtanne hat eine graubraune, in der Jugend glatte, später schuppige Borke mit Harzblasen. Die rötlichen Knospen sind harzgefüllt, klein und glänzend, die Zweige fahl beflaumt. An den oberen Zweigen stehen die Nadeln schräg, an den unteren kammförmig ab; sie sind 15–25 mm lang, am Ende gerundet und scharf geteilt, oberseits dunkelgrün, auf der Unterseite mit zwei schmalen weißen Streifen. Nach dem Zerreiben duften sie nach Balsamöl. Männliche Blütenzapfen sind gelb oder rötlich, die Samenzapfen 4–7 cm lang, anfangs violettpurpurfarben oder grünviolett, später braun gefärbt. Der Samen hat einen langen dünnhäutigen Flügel.

♀

Zweigunterseite mit beharzten Knospen

15–25 m hoher Baum mit spitzkegeliger Krone und schlankem Stamm; klimabedingtes Gehölz weiter Gebiete Nordamerikas.

Riesentanne, Große Küstentanne

Kieferngewächse

Abies grandis (D. DON) LINDL.

Pinaceae

Die Riesentanne ist wohl die größte Tannenart. In ihrer Heimat, dem Westen Nordamerikas von Britisch Kolumbien bis Nord-Kalifornien und nach Osten bis Montana, wächst sie bis auf Berghängen in Höhenlagen bis zu 2100 m; die größten Exemplare wachsen aber vor allem in der Küstenregion. Nur selten stehen sie in reinen Beständen, häufiger sind sie nur ein Beiholz in Mischwäldern mit einem Übergewicht an Nadelbäumen. Nach England kam die Riesentanne 1831.

Die Riesentanne wächst sehr schnell, weshalb ihr Holz nicht besonders wertvoll ist. Sie erreicht auch kein hohes Alter: 200–250 Jahre. Die Rinde des Stammes besitzt in der Jugend Harzblasen und ist im Alter gefurcht und dunkelbraun gefärbt. Junge Zweige sind oliv-braungrün gefärbt, anfangs beflaumt, dann kahl. Die Knospen sind eiförmig, glasig-harzig. Die Nadeln sind stets kammartig (zweireihig) angeordnet, stehen meist waagerecht, ausgebreitet, sind flach und lang, die unteren länger als die oberen. Sie sind glänzend, frischgrün, die Streifen auf der Unterseite (Spaltöffnungen) sind blaß und mattweiß. Zerriebene Nadeln duften angenehm aromatisch. Die zylindrischen Samenzapfen verjüngen sich zur Spitze hin, sind anfangs grün, in der Reife färben sie sich braun; sie sind 5–10 cm lang und etwa 3 cm breit. Die Samenschuppen überlappen die kleineren Deckschuppen, die Zapfen zerfallen bereits im Oktober. Die Samen werden 9 mm, ihre Flügel doppelt so lang. Die Riesentanne wird in vielen Ländern als schnell wachsender Waldbaum genutzt, der sehr viel Holzmasse produziert. Das Holz ist jedoch sehr weich und leicht. Es wird zu Möbeln, Kistenbrettern und Papier verarbeitet.

Zweigunterseite

♀

Höchste Tannenart, 30–80 (–100) m hoch, mit schütterer, schlankpyramidenförmiger Krone und bogig abstehenden Ästen; wichtiges Nutzholz und schöner Parkbaum.

Grautanne, Coloradotanne

Abies concolor (GORD. et GLEND.) LINDL. ex HILDEBR.

Obwohl diese wunderschöne Tanne erst ziemlich spät nach Europa gebracht wurde (1872), war sie bald nicht nur eine der am meisten angepflanzten Tannen in dendrologischen Sammlungen, sondern nahm auch in der Park- und Gartenarchitektur eine bedeutende Stellung ein. Ihre Heimat sind zwar die warmen Gebiete im Südwesten der USA, doch hat sich gezeigt, daß sie auch noch in weit nördlicheren Gebieten ausreichend winterhart ist, da sie aus Gebirgslagen bis 3000 m stammt. Trockenheit verträgt sie fast genau so gut wie die europäische Gemeine Kiefer und ist dem Stadtklima gegenüber (bislang) widerstandsfähiger als andere Koniferen. In der Jugend wächst sie sehr schnell, später langsamer, aber stets gleichmäßig. Sie ist ein ökologisch recht anpassungsfähiges Gehölz, so daß sie in europäischen Parkanlagen von der Ostsee- bis zur Schwarzmeer- und Mittelmeerküste wächst.

Die Borke der jüngeren Bäume ist hell graugrün gefärbt und glatt, im Alter dann gefurcht und schuppig. Die Äste stehen symmetrisch ab, junge Zweige sind gelbgrau, die kugelförmigen Knospen harzig. Die Nadeln sind unregelmäßig an den Zweigen angeordnet, vorwiegend sensenartig gekrümmt. Sie sind auffällig lang (bis 6 cm) und allseits blaugrau bereift.

Die länglich zylindrischen, 7–12 cm langen Zapfen verjüngen sich zu beiden Enden hin. Anfänglich sind sie grün-purpurfarben oder von grün bis violett unterschiedlich gefärbt, später werden sie graubraun. Die Samenschuppen sind etwa 2,5 cm breit, die Deckschuppen sitzen unter ihnen verborgen; die Zapfen zerfallen Ende Oktober–November. Die ca. 13 mm langen Samen haben einen schräg-ansitzenden Flügel.

♀

30–40 m hoher Baum mit schlank tropfenförmiger Krone, oft bis zum Boden beästet; winterhartes, in der Gartenarchitektur sehr geschätztes Gehölz.

♂

Pazifische Edeltanne, Edle Tanne

Kieferngewächse

Abies procera REHD.

Pinaceae

♀

Auf seiner Pionierreise durch den heutigen Staat Oregon entdeckte DAVID DOUGLAS 1825 im Kaskaden-Gebirge unweit des Flusses Columbia eine herrliche, erhaben aussehende Tanne und nannte sie – noch zur Gattung der Kiefern rechnend – *Pinus nobilis,* Edle Tanne. Später kam es zu taxonomischen und nomenklatorischen Veränderungen, doch noch heute findet man sie in der Literatur manchmal unter dem Synonym *Abies nobilis.* Außer in dem genannten Gebirge wächst die Pazifische Edeltanne auch noch an anderen Orten, jedoch nur in dem begrenzten Küstenareal zwischen den Staaten Washington (mit einem Ausläufer nach Britisch Kolumbien) und Nord-Kalifornien. Im Siskia- und Kaskaden-Gebirge bildet sie mit der Westlichen Helmlocktanne, Riesenlebensbaum, der Strobe und weiteren Baumarten Wälder in Höhenlagen von 600–2600 m. In freier Natur kann der Baum 600 Jahre alt werden. Nach England wurde sie wohl um 1830 gebracht.

Die Borke der Pazifischen Edeltanne ist im Alter rotbraun und gefurcht. Die kugelig bis eiförmigen Knospen liegen unscheinbar zwischen den Nadeln verborgen und sind schwach harzig. Die spitzen Nadeln sind blaugrün gefärbt, bereift und überwiegend sensenartig aufwärts gekrümmt. Im Gegensatz zur Coloradotanne sind sie kürzer, verlaufen erst etwas parallel zum Zweig, um sich dann jäh nach außen zu krümmen. Die Benadelung der Zweige ist sehr dicht, jedoch unregelmäßig.

Die männlichen Zapfen sind rötlich, die anfangs grünen, dann violettbraun gefärbten Samenzapfen sind lang zylindrisch. Sie sind 14–25 cm lang und maximal 8 cm breit und gehören damit zu den größten Tannenzapfen. Ihre Deckschuppen sind sehr auffällig; sie sind umgestülpt und ragen weit über die Samenschuppen hinaus. Die etwa 12 mm langen Samen haben gekerbte Flügel.

Bis 80 m hoher Baum mit schlankem Stamm und breit spindelförmiger, im Alter abgeplatteter Krone; hohe ästhetische Wirkung, wird z. B. in England zur forstlichen Nutzung erprobt.

Kieferngewächse

Küstendouglasie, Grüne Douglasie

Pinaceae

Pseudotsuga menziesii (MIRBEL) FRANCO

Das natürliche Verbreitungsgebiet der Douglasie reicht von der Pazifikküste bis ins Kaskaden-Gebirge und die Rocky Mountains sowie vom 50. Breitengrad am Skeen River bis zum Sacramento in Kalifornien. Die Douglasie, als „Königin der Pazifikküstenwälder der USA“ bezeichnet, wurde zum wichtigen ausländischen Forstgehölz in den europäischen Wäldern. Sie wurde 1792 auf einer Expedition von Kapitän VANCOUVER entdeckt. Die ersten Samen wurden 1827 nach Europa gebracht. Im Jahre 1867 wurde die Art in die selbständige Gattung *Pseudotsuga* CARRIER gestellt und wurde zu Ehren des schottischen Naturwissenschaftlers D. DOUGLAS als *P. douglasii* (LINDL.) CARR. benannt. Der heute gültige Name lautet *P. menziesii* – nach ihrem Entdecker A. MENZIES, einem Teilnehmer der VANCOUVER-Expedition. Die Gattung *Pseudotsuga* wird gegenwärtig von 3 Arten im Westen Nordamerikas und 5 Arten in Ostasien repräsentiert. Es handelt sich um eine sehr alte Gattung aus dem älteren Tertiär mit Verwandtschaftsbeziehungen zu den Gattungen *Larix* und *Pinus*.

Die Douglasie ist das wichtigste Nutz-Nadelholz mit harziger, in der Jugend grüngrauer, im Alter tief aufgerissener Borke. Die 15–35 mm langen, flachen Nadeln sind weich, nach den Seiten ausgebreitet und an der Basis zu einem Stielchen verjüngt. Sie sind dunkelgrün, selten blaugrün gefärbt. Die Nadelfärbung ist das wichtigste Unterscheidungsmerkmal von zwei Varietäten. Die Küstendouglasie (var. *menziesii*) ist hellgrün, die Gebirgsdouglasie (var. *glauca* [BEISSN.] FRANCO) blaugrün. Diese wächst in den Gebirgen bis zu 3000 m Höhe; sie kann 1000 Jahre alt werden.

var. *glauca* ♀

var. *menziesii* ♂

Stattlicher, schnell wachsender, bis 60 (90) m hoher Baum.

Östliche Hemlocktanne, Schierlingstanne

Kieferngewächse

Tsuga canadensis (L.) CARRIÈRE

Pinaceae

Hemlocktannen sind immergrüne Nadelbäume mit normalerweise zimt- bis rotbrauner, tief gefurchter Borke und ungegabeltem Stamm aus dem unregelmäßig, fast waagerecht, manchmal überhängend die Äste wachsen. Die männlichen Zapfen wachsen einzeln in den Vorjahrszweigachseln, sind kurzstielig und kugelig bzw. zylindrisch geformt. Die weiblichen Zapfen wachsen einzeln an den Zweigspitzen, sind sehr klein, zunächst aufgerichtet, erst in der Reife herabhängend und nicht zerfallend. Die Deckschuppen sind kürzer als die Samenschuppen. Zapfen und Samen reifen im Herbst, doch verbleiben sie mindestens bis zum folgenden Sommer am Baum. Die Samen haben Flügel und eine kleine Harzblase. Hemlocktannen-Arten wachsen in Ostasien und Nordamerika. Im Tertiär wuchsen sie auch in Europa (Polen, Westkarpaten).

Die Hemlocktanne hat dunkelgrüne Nadeln (Oberseite ohne Spaltöffnungen), die an der Basis am breitesten sind und sich zur Spitze hin verjüngen; an der Unterseite sieht man zwei, die Spaltöffnungen enthaltende, auffällig weiße Streifen. Die Knospen sind eiförmig, am Ende zugespitzt. Die Heimat der Hemlocktanne sind die Oststaaten der USA von Südostkanada über Alabama und Carolina bis zu den Rocky Mountains im Westen. Sie wächst in Mischwäldern bis 750 m, bevorzugt in kühleren und feuchteren Lagen. Hemlocktannensamen kamen schon 1736 nach England, die allgemeine Verbreitung in europäischen Parks geschah jedoch erst im 19. Jahrhundert. Hemlocktannenholz ist weich, aber dauerhaft; die Rinde wurde wegen des Gerbstoffgehalts zum Lohgerben verwendet. Hemlocktannen sind in ihrer Heimat Nutzhölzer, in Europa dienen sie meist nur als Parkbäume.

30 m hoher Baum mit breit kegelförmiger Krone und langen hängenden Ästen; gutes Solitärgehölz für Parkanlagen.

Gemeine Fichte

Picea abies (L.) KARSTEN

Die Gemeine Fichte ist das wichtigste europäische Nutzholz. Wie alle Gehölze mit großem Verbreitungsareal zeichnet sie sich durch eine hohe morphologische Veränderlichkeit aus. Ihre Heimat ist Nord- und Mitteleuropa; in Berglagen bildet sie hier ausgedehnte Bestände. In Lappland und im Norden der UdSSR reicht sie fast bis an die nördliche Waldgrenze, in den Alpen wächst sie in Lagen bis 2000 m und bildet die obere Waldgrenze. Fichten findet man aber nicht nur in Bergwäldern als Endstadium der Florenentwicklung, sondern auch in Gebieten mit hohem Grundwasserspiegel und in den meisten modernen Forsten als Kulturen selbst in tiefen Lagen. Hier leiden sie selbstverständlich nicht nur unter Klimafaktoren, sondern wie jede Monokultur auch unter zahlreichen Schädlingen und unter negativen Zivilisationseinflüssen.

Fichten sind Nadelbäume mit einer schuppigen Borke und wirtelig angeordnet wachsenden Ästen. Ihre Zweige tragen charakteristische, durch Rillen voneinander getrennte rhombische Blattpolster (sog. Pulvini). Die Nadeln wachsen am Zweig spiralig, sind im Querschnitt normalerweise vierkantig und haben auf allen 4 Seiten Spaltöffnungen. Die schmal kegeligen, harzfreien Knospen haben anliegende Schuppen. Die männlichen Blütenzapfen sind purpurrot, bis 2,5 cm lang; die weiblichen wachsen an den Vorjahrstriebspitzen und entwickeln sich schließlich zu 16 cm langen zylindrischen Zapfen mit harten Schuppen von sehr verschiedenen Formen. Junge Zapfen sind violett bis purpurfarben (f. *erythrocarpa*) oder grün (f. *chlorocarpa*). Die Grundfarbe der alten Zapfen ist hellbraun. Die Samen sind dunkelbraun, unten zugespitzt mit einem Flügel von dreifacher Samenlänge.

♀

Junger Zapfen ♀

Zweig und Silhouette einer Fichte mit kammförmiger Verzweigung

Silhouette einer Fichte mit scheibenförmiger Verzweigung

Stattliche Bäume bis 50 m Höhe mit schmal pyramidenförmiger bis tropfenförmiger Krone; wichtiges Nutzholz.

Kaukasusfichte, Morgenländische Fichte

Kieferngewächse

Picea orientalis (L.) LINK

Pinaceae

Die Kaukasusfichte ist ein charakteristisches Gehölz des Kaukasus, wo sie auf einem Gebiet von annähernd 5000 km^2 bis in eine Höhe von 2100 m wächst; man findet sie aber auch auf den Kämmen des Pontischen Gebirges sowie an einigen weiteren Stellen der Schwarzmeer-Südküste in Höhenlagen um 1300 m. Sehr häufig wächst sie mit der Nordmannstanne zusammen, und mit Hainbuchen und Orientalischen Buchen bildet sie Mischwälder. Die Kaukasusfichte ist allerdings toleranter gegenüber Trockenheit, so daß sie auf steinigen und trockeneren Böden auch in der Gesellschaft der Gemeinen Kiefer wächst. In allen Lagen erreicht der Stamm der Kaukasusfichte beträchtliche Höhen (bis 50 m).

Trotz ihrer Mächtigkeit ist die Kaukasusfichte ein schlanker Baum mit brauner, schuppiger, im Alter leicht grauer Rinde. Junge Triebe sind rötlich, glänzend und dicht beflaumt; die Knospen sind spitz eiförmig, rötlich und harzfrei. Ein wichtiges Merkmal sind die kurzen, kaum 4–10 mm langen, zähen, auf der Oberseite glänzenden, stumpf endenden, nicht stechenden, im Querschnitt abgeplattet vierkantigen Nadeln. Sie wachsen am Zweig dicht spiralig, weisen nach vorn und verdecken den Zweig fast völlig. Die männlichen Zapfen sind meist karminrot, die weiblichen violett-purpurfarben, spindelförmig-zylindrisch, nur 5–10 cm groß, in der Reife braun gefärbt.

Die Kaukasusfichte wurde verhältnismäßig früh nach Westeuropa gebracht. In England wird sie schon 1770 erwähnt, es gibt schriftliche Beweise, daß sie schon 1808 in Krakau und 1813 in Böhmen gezogen wurde. Neben der Stech- und Omorikafichte ist sie die am häufigsten gehaltene Fichtenart in europäischen Parks und wird vor allem seit Beginn der 2. Hälfte unseres Jahrhunderts versuchsweise als Gehölz zur Aufforstung von durch Industriemissionen belasteten Gebieten eingesetzt.

Baum mit schlank kegelförmiger Krone, 30–50 m hoch; ästhetisch wertvolles Gehölz für Parks und Aufforstungen.

Schwarzfichte

Picea mariana (MILL.) B. S. P.

Nordamerika ist an Fichten nicht besonders artenreich; drei weitverbreitete Arten, die größtenteils transkontinental und in den Ostgebieten wachsen, sind dafür aber „farbig". – Rotfichte (*P. rubens* SARG.), Weißfichte (*P. glauca* [MOENCH] VOSS) und die Schwarzfichte (*P. mariana*). Diese Namen nehmen auf den farblichen Gesamteindruck (eher Farbton) oder die Färbung der Borke bzw. des Holzes Bezug.

Die Schwarzfichte wächst in fast ganz Kanada. Ihr Areal reicht von Alaska bis in das Gebiet der Großen Seen und nach Süden längs der Appalachen bis nach Nord-Virginia. Obwohl sie an den meisten Standorten kleiner bleibt, sind von der Prinz-Eduard-Insel bis 60 m hohe Exemplare bekannt. Sie ist eine kälte- und feuchtigkeitsliebende Baumart, die auch Sumpf- und Moorlandschaften besiedelt.

In Fulham (England) gab es die Schwarzfichte wahrscheinlich schon im Jahr 1700. Sie wächst nur langsam, in den nördlichsten Gebieten fast krüppelartig (nach 150 Jahren ist sie erst 20 m hoch). Sie hat eine rotbraune schuppige Borke, eiförmige hellrote, harzfreie Knospen. Die rotbraunen bis weißen jungen Zweige dunkeln später nach und sind beflaumt. Die Färbung der Nadeln ist matt blaugrün. Sie sind vierkantig, werden 6–18 mm lang und können an den Enden sowohl zugespitzt als auch stumpf sein. An den Zweigen sitzen aufgeblähte Blattpolster. Die kleinen weiblichen Zapfen sind eiförmig, kaum 3–5 cm lang, zuerst dunkelrot, dann graubraun. Die Samen sind ca. 3 mm, ihr Flügel 6–9 mm lang. Das Holz der Schwarzfichte ist nicht besonders wertvoll; es wird zur Papierherstellung verwendet.

Langsam wachsender Baum mit schlank pyramidenförmiger Krone und waagerechten quirlständigen Ästen, 18–30 m hoch, extrem winter- und nässehart.

Schimmelfichte, Kanadische Weißfichte

Kieferngewächse

Picea glauca (MOENCH) VOSS

Pinaceae

Die Schimmelfichte ist nicht nur wegen der guten Holzeigenschaften, sondern auch wegen des großen Holzmassevorrates eines der wichtigsten Nutzhölzer Nordamerikas. Sie wächst über ganz Kanada von Alaska bis Labrador und weiter nach Südosten bis in die Staaten Montana, Minnesota und New York, also in einem breiten Streifen zwischen dem 45. und 70. Breitengrad. Ihre vertikale Ausbreitung ist gleichfalls groß: sie wächst von Tieflagen bis in Höhen über 1600 m auf ausreichend feuchten, jedoch nicht versumpften oder staunassen Böden. Sie stellt entweder einen Anteil in Mischwäldern oder bildet reine Bestände. Das schöne weiße Holz hat gute Resonanzeigenschaften und dient daher auch zur Herstellung von Musikinstrumenten; das meiste Holz wird aber industriell zu Möbeln, Verpackungsmaterial und vor allem Papier verarbeitet.

Die Schimmelfichte hat eine graubraune, dünnschuppige Borke, grauweiße, normalerweise kahle junge Zweige und gedrungen eiförmige, dachartig geschuppte Knospen. Sie trägt blaugrüne, 10–25 mm lange, zugespitzte, oft gekrümmte Nadeln, die beim Zerreiben scharf riechen. Die weiblichen Zapfen sind zylindrisch, bis 5 cm lang, mit schütteren „schaufelförmigen" und biegsamen Samenschuppen. In der Jugend sind sie grün, heranreifend hellbraun.

Die erste Einbürgerung in Europa datiert vom Ende des 17. Jahrhunderts; erst seit dem 19. Jahrhundert wird die Schimmelfichte häufig in europäischen Gärten gezogen. Größte Beliebtheit erfährt die zwergwüchsige Sorte 'Conica', die etwa 1 m hoch und dicht verzweigt ist und heute in kaum einem Steingarten fehlt. Es handelt sich um eine pathologische, vegetativ weiter vermehrte Form, die 1904 in Kanada (Alberta) in freier Natur am Lake Laggan gefunden wurde.

Baum mit dichter pyramidenförmiger Krone, 15–30 m hoch; wichtigstes kanadisches Nutzholz.

Kieferngewächse

Blaufichte, Coloradofichte, Stechfichte

Pinaceae

Picea pungens ENGELM.

Die Stechfichte ist wohl die verbreitetste Zuchtfichte der europäischen Park- und Grünanlagen, obwohl sie erst 1862 in Colorado entdeckt worden ist. Bereits im folgenden Jahr gelangten die ersten Samen nach Europa – leider mit den Samen der ähnlichen Engelmannsfichte (*P. engelmannii* [PARRY] ENGELM.) vermischt. Beide Arten haben blaßgraue Nadeln, doch lassen sie sich leicht unterscheiden: die Engelmannsfichte sticht weniger stark, da die Nadeln stärker an die Zweige gedrückt sind; ihre Zweige sind hell und die Knospen harzig. Die Stechfichte ist ein Gebirgsbaum, der in Höhenlagen zwischen 2000 und 3000 m in Mischwaldungen mit der Coloradotanne, Gelbkiefer und Douglasie wächst. Sie ist ein außerordentlich anpassungsfähiges Gehölz, das gegenüber trockenen sowie feuchten Boden tolerant ist und sich auch Luftverschmutzungen gegenüber als widerstandsfähig erwies – allerdings nicht in dem Maße wie bei ihrer Massenanpflanzung in einigen europäischen Gebirgszügen erwartet wurde, deren Waldbestände von Emissionen zerstört worden waren. Die Stechfichte hat wirtelig angeordnete Äste und einen Stamm mit graubrauner, gefurchter Borke. Junge Zweige sind gelbbraun, die Knospen stumpf gerundet, harzfrei und später als bei anderen Fichtenarten ausschlagend. Junge Nadeln sind weich, blaugrün, ausgewachsene sehr zäh, stechend, vierkantig, gekrümmt, nach allen Seiten abstehend, farblich sehr variabel (bei einigen Kultursorten fast silbergrau). Die länglichen Samenzapfen sind 5–10 cm lang, in der Jugend grün, ausgereift sandfarben und bleiben bis zum nächsten Jahr am Baum. Ihre Samenschuppen sind weich, biegsam; sie erscheinen an den Enden wellig ausgeschnitten.

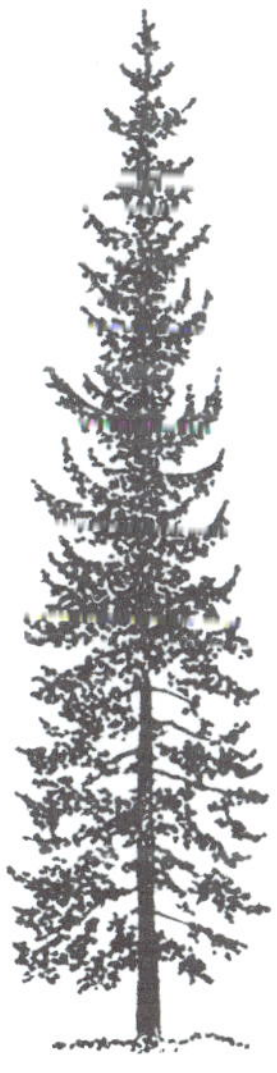

Baum mit dichten kurzen Ästen, 30 m hoch; eins der bekanntesten Gartennadelhölzer, wegen seiner Kulturformen besonders geschätzt.

Sitkafichte

Kieferngewächse

Picea sitchensis (BONG.) CARRIÈRE

Pinaceae

Zweigunterseite

♀

Die Fichtenzone im nordamerikanischen Westen ist schmaler als die Fichtenareale im Osten des Kontinents. Die nach der Insel Sitka vor der nordamerikanischen Westküste benannte Sitkafichte wächst in einem schmalen, kaum 100 km breiten Streifen zwischen Alaska und Kalifornien, also im unmittelbaren Klimaeinflußgebiet des Pazifik, von der Küste bis in Höhen um 900 m. Sie bildet Mischwaldungen mit einer Reihe anderer Hölzer, wie z. B. Riesenlebensbaum, Nutkazypresse, Riesentanne u. a. Als langlebiges Gehölz erreicht sie manchmal ein Alter von 800 Jahren; nach Europa wurde sie 1831 gebracht. Sie ist ein feuchtigkeitsbedürftiges Gehölz, das in Europa stellenweise als Forstbaum erprobt wurde; vor allem im deutschen Ostseeraum wurde sie zahlreich angepflanzt. Gut gedeiht sie vor allem auch auf den Britischen Inseln, wo sie gemeinsam mit der Douglasie bei der Aufforstung von Kahlflächen in Schottland verwendet wurde.

Die Sitkafichte ist ein Baum mit sehr breiter Krone aus langen, waagerecht abstehenden Ästen, die aber nur bei Einzelpflanzung am Stamm bleiben. Junge Zweige sind kahl, gelblich, tief gefurcht, die Knospen spitz, kegelig, harzig mit festen Schuppen. Die Nadeln sind auffällig plattgedrückt, 15–25 mm lang und sehr spitz. Auf der Unterseite sitzen 5–6 silbrige Stomatastreifen, die Oberseite ist glänzend grün. Die Nadeln auf der Zweigoberseite liegen an, seitlich stehen sie ab. Die weiblichen Zapfen sind 6–10 cm lang, zuerst gelbgrün, dann beige; die Samenschuppen sind am Ende gewellt und stehen dünn und frei. Die 2–3 mm langen Samen haben einen auffällig langen Flügel (12 mm).

Pyramidenförmiger Baum mit breiter Kronenbasis, 60–90 m hoch (höchste Fichtenart); ein gärtnerisch wertvolles, forstwirtschaftlich nutzbares Gehölz.

Kieferngewächse

Pinaceae

Serbische Fichte, Omorikafichte

Picea omorika (PANČIĆ) PURKYNĚ

Die Omorikafichte (*P. omorika*) ist im Hinblick auf Schönheit und Anmut ein ernsthafter Konkurrent für viele Nadelhölzer. Europa beheimaten zwei Fichtenarten, die Gemeine Fichte mit ihrem riesigen, fast den ganzen Kontinent umfassenden Areal und die Omorikafichte, die nur auf den Kalksteinschwellen am Mittel- und Oberlauf der Drina in Bosnien und Herzegowina (Jugoslawien – Albanien) wächst. Hier wurde sie auch von Prof. PANČIĆ im Jahr 1875 gefunden, der die eingesammelten Samen uneigennützig an die europäischen botanischen Gärten versandt hat. Die Omorikafichte wächst nur auf Nord- und Nordosthängen in Höhen von 800 bis 1600 m vereinzelt zwischen anderen Waldbäumen. Paläobotaniker halten sie für ein Tertiärrelikt, da Abdrücke ähnlicher Fichten aus dieser Zeitepoche fast in ganz Europa nachgewiesen sind. Sie ist mit der nordamerikanischen Sitka- (*P. sitchensis* [BONG.] CARR.) – und Siskiyoufichte (*P. breweriana* S. WATS.) sowie einigen asiatischen Arten verwandt.

Die Omorikafichte ist ein schlanker Baum mit kurzen, fast waagerecht abstehenden Ästen und einer sich in rundlichen Schuppen abschälenden, graubraunen Borke. Sie hat dunkelbraune, eiförmige Knospen; die Endknospen haben lange, pfriemenförmige Schuppen. Die Nadeln sind auffällig zusammengedrückt, an der Unterseite mit zwei weißen Streifen, oberseits glänzend dunkelgrün. Sie stehen dicht und anliegend, an der Unterseite ein wenig kammartig. Die männlichen Blütenzapfen sind hellrot, die weiblichen purpurrot gefärbt. Junge Samenzapfen haben eine violette oder bläuliche Farbe, in reifem Zustand sind sie glänzend und werden bis 6 cm lang. Der Samenschuppenrand ist wellig gezähnt. Die Samen haben einen 8 mm langen Flügel. Das qualitativ hervorragende Holz wurde in der Antike und dem Mittelalter intensiv zur Herstellung von Schiffsmasten und -balken geschlagen.

Zweigunterseite

♀

Fichte mit einer sehr auffälligen, schlanken Krone, 30–50 m hoch; eines der begehrtesten Parkgehölze der letzten Jahre.

Siskiyoufichte

Kieferngewächse

Picea breweriana S. WATS.

Pinaceae

Ähnlich wie die Omorikafichte in Europa wächst in Nordamerika die Siskiyoufichte an einigen isolierten Stellen im Siskiyougebirge in der Nähe der Quellen des Illinois in Nord-Kalifornien. Entdeckt wurde sie um 1863 vom kalifornischen Botaniker W. H. BREWER. Im Jahre 1897 wurde das erste Bäumchen an den englischen Garten in Kew gesandt.

Die Siskiyoufichte hat einen ganz charakteristischen Kronenaufbau; von den ausladenden wirtelig angeordneten Hauptästen zweigen schlaffe, weiche Zweige höherer Ordnung ab. Diese hängen fransenartig von den Hauptästen herunter. Bei weitgehend unterdrückter Nebenknospenbildung erreichen davon manche Längen bis zu 25 cm! Die jungen Zweige sind rotbraun, beflaumt, die Knospen kegelförmig, die zähen Nadeln schwach zusammengedrückt, bis 35 mm lang und normalerweise gerade. An der Unterseite zeigen sie weiße Streifen (Spaltöffnungen), ihre Oberseite ist dunkelgrün gefärbt und schwach gewölbt. Sie stehen fast nach allen Richtungen von den Zweigen ab. Die Zapfen sind schmal, bis 12 cm lang und nur 2–3 cm breit, grün mit einem violetten Ton, dann lebhaft gelbbraun. Die Samenschuppen sind ganzrandig und bei Trockenheit weit abgespreizt. Das hellbraune, glänzende Holz dieser Art ist eines der schwersten Fichtenhölzer. Die große Seltenheit des Baumes gestattet aber keine wirtschaftliche Nutzung.

Die „Trauerform" dieser Fichte ist nicht einzigartig; diese Wuchsform ist sowohl bei der Gemeinen Fichte, als auch bei den Sikkim- und Morindafichten (*P. spinulosa* [GRIFFITH] HENRY und *P. smithiana* [WALL.] BOISS.) aus dem Himalaja bekannt.

30–40 m hoher Baum mit charakteristischer „Trauertextur" der Krone; einzigartiges Gehölz, das eine größere Verbreitung verdient.

Kieferngewächse

Pinaceae

Europäische Lärche

Larix decidua L.

Die Lärchen bilden in der Familie *Pinaceae* eine selbstständige Gruppe, eine entwicklungsmäßig sehr alte Unterfamilie mit den 3 Gattungen *Larix, Cedrus* und *Pseudolarix*. Diese Gehölze haben sowohl verlängerte als auch verkürzte Zweige. Beide tragen Nadeln, die an den Kurztrieben (sog. Brachyblasten) in charakteristischen, dichten Büscheln stehen. Lärchen sind laubabwerfende Nadelhölzer, deren platte, lineare Nadeln an den Rändern zwei Harzkanälchen führen. Die jungen Nadeln sind weich und leuchtend grün; vor dem Abwurf im Herbst werden sie gelb. Männliche Zapfen wachsen einzeln an den Enden starker Seitenzweige. Weibliche Zapfen sitzen an den Enden der verkürzten Zweige aufrecht und sind an der Basis von einem Nadelkranz umgeben. Die Samenschuppen mit den zwei Eizellen wachsen in den Achseln der normalerweise rot gefärbten Deckschuppen. Die Form der kurzstieligen Zapfen ist sehr veränderlich (mehrere geographische Rassen sind beschrieben); sie reifen noch im Herbst bzw. im Frühjahr des folgenden Jahres und verbleiben auch nach der Samenfreigabe noch lange am Baum. Die dreikantigen Samen haben einen großen Hautflügel. Diese Lärchenart ist der einzige mitteleuropäische Vertreter der Unterfamilie. Seine natürlichen Standorte liegen in Höhen von 1000 bis 2500 m in den Alpen und Karpaten. Sie wächst aber auch in den Niederungen. Die durch unterschiedliche ökologische Ansprüche manifestierte große Variabilität der Lärche hat viele Forstwirte und Botaniker zur Aufteilung der Art in eine Reihe von Taxa veranlaßt.

Die Europäische Lärche ist ein überaus wertvoller Waldbaum, der nicht nur als Lieferant von hochwertigem Holz dient, sondern dem auch eine wichtige landschaftsgestaltende Funktion zukommt. Die Lärche wird schon seit Jahrhunderten auch außerhalb ihres natürlichen Verbreitungsgebietes gezogen. Nach England wurde sie noch vor 1629 gebracht.

Im Alter unregelmäßig geformter Baum mit breiter Krone und wirtelig angeordneten Ästen, bis 35 m hoch; bedeutendes Nutzholz.

Japanische Lärche

Larix kaempferi (LAMB.) CARRIÈRE

Zweig im Frühjahr mit männlichen und weiblichen Zapfenanlagen

Zweig mit Kurz- und Langtrieben, Knospen und jungem Zapfen

Junger Baum

Reifer Zapfen ♀

Auf den Vulkanmassiven der japanischen Insel Honshu wuchs ursprünglich gemeinsam mit Veitchs Tanne, Fichten, Hemlocktannen und Birken eine der schönsten Lärchenarten, die Japanische Lärche. Die optimale Höhenstufe für sie lag zwischen 1300 und 2500 m. Von dort wurde sie wahrscheinlich 1861 nach England gebracht. Aufzeichnungen aus einstigen Adelssitzen in Polen und Böhmen weisen aber darauf hin, daß ihre erste Einführung nach Europa schon früher erfolgt sein könnte, und zwar in den Jahren 1816 (Polen) und 1845 (Böhmen). Die Japanische Lärche ist ein ebenfalls laubabwerfender Nadelbaum mit waagerechten, nicht überhängenden Ästen und einer grobgefurchten, rotbraunen Borke. Junge Zweige sind rötlich braun oder orange gefärbt (bei der Europäischen Lärche sind sie dünner, abwärts hängend und gelblich) und tragen bis 3,5 cm lange, auffällig blau-graugrüne, im Herbst gelb werdende Nadeln. In einem Büschel können sich 40–50 befinden. Die männlichen Zapfen sind länglich, nur etwa 8 mm lang mit bronzegrünen, purpurrot gesäumten Deckschuppen. Die weiblichen Zapfen sind etwa 1,5–3 cm lang und ebenso breit. Die schwach beflaumten Samenschuppen sind abgerundet und haben einen umgestülpten Rand. In der Reife sind die Zapfen breit aufgespreizt. Wegen des hochwertigen Holzes, ihres schnellen Wachstums und der Winterhärte wurde die Japanische Lärche nicht nur in Parks gepflanzt, sondern kam auch als Waldbaum in die europäischen Forste. In Japan ist dieser Baum ein für die Zwergkulturen in Pflanzenschalen (Bonsai) beliebtes Gehölz. Eine Kreuzung zwischen der Japanischen und Europäischen Lärche, die Dunkeld-Lärche (*L.* × *eurolepis* HENRY) entstand um die Jahrhundertwende und wird als ein zukunftsträchtiges, wüchsiges und widerstandsfähiges Waldgehölz vermehrt angepflanzt.

Baum mit einer im Alter breit kegelförmigen, waagerecht verzweigter Krone, bis 35 m hoch; wirtschaftlich und gartenarchitektonisch geschätztes Gehölz.

Kieferngewächse

Libanon-Zeder

Pinaceae

Cedrus libani A. RICH.

Die Libanon-Zeder, ein bereits in der Bibel erwähnter, einst wirtschaftlich bedeutsamer (und daher fast ausgerotteter) Baum erscheint im Staatswappen seines Heimatlandes, des Libanon. Diese Art war in den libanesischen Gebirgen weit verbreitet, von ihren großen Beständen sind aber nur noch Reste bei Bscherre übriggeblieben. Die dortigen Zedern sollen 2000–3000 Jahre alt sein, doch ist das vermutlich eine stark übertriebene Schätzung. Der Umfang mancher Stämme macht aber immerhin 12 m aus. Weitere Orte mit natürlichen Zedernvorkommen sind die Gebirge Taurus und Antitaurus in Kleinasien, wo sie in Höhen zwischen 1300 und 2000 m wächst, in diesem Gebiet gibt es oft schon in der Subalpinstufe eine Schneedecke, die monatelang liegenbleibt und Fröste bis unter −30 °C. Die Libanon-Zeder ist daher auch hart genug für die europäischen Winter. Die erste wurde wahrscheinlich 1638 nach England gebracht (nach anderen Angaben 1670 bzw. 1680). Sie war auch die einzige Zedernart, die dem Begründer der wissenschaftlichen botanischen Nomenklatur C. v. LINNÉ bekannt war.

Die Zedern haben harte immergrüne Nadeln mit zwei Harzkanälchen an den Rändern, die in Büscheln zu 30–40 zusammen wachsen. Sie sind dunkelgrün gefärbt, 15–30 mm lang und spitz. Die Borke älterer Bäume ist gefurcht und von graubrauner Farbe. Die Pollen aus den männlichen Zapfen haben zwei Luftkammern. Zwischen Bestäubung und Befruchtung vergehen etwa 1 1/2 Jahre; die weiblichen Zapfen mit ihrem charakteristischen Bau reifen erst im zweiten oder dritten Jahr heran. Sie stehen aufrecht, sind kurzstielig, tönnchenförmig, an der Spitze ein wenig eingedrückt und nicht auseinanderfallend. Die Samen sind dreikantig und haben einen 25 mm langen Hautflügel. Die Libanon-Zeder hat eines der wertvollsten Hölzer, aus dem z. B. der Tempel Salomons in Jerusalem erbaut war.

Baum mit breit kegeliger, später schirmförmiger Krone und seitlich gekrümmtem Wipfel, 20–40 m hoch; historisch bedeutendes Gehölz, teilweise auch für die Kultur in Mittel- und Westeuropa geeignet.

♀

Junger Baum

Zirbelkiefer, Arve

Kieferngewächse

Pinus cembra L.

Pinaceae

♀

Samen

Kiefern sind Nadelhölzer mit zwei Zweigtypen: der eine hat ein unbegrenztes Längenwachstum und trägt nur schuppenartige chlorophyllfreie Hochblätter, der andere besteht aus gestauchten Kurztrieben. Schon im ersten Jahr ist deren Wachstum beendet; an ihrer Spitze befindet sich immer eine konstante Anzahl nichtabfallender Nadeln.

Das natürliche Areal der Zirbelkiefer ist außerordentlich groß, sofern man die Europäische und Sibirische Zirbelkiefer als eine einzige Art betrachtet; die Sibirische wird manchmal als Varietät der Europäischen aufgefaßt. Die Unterschiede in Wuchs und Zapfengröße sind gering. Die Europäische Zirbelkiefer ist das wichtigste Nadelholz der Zentralalpen und wächst in Höhen von 1600 bis 2250 m, in Ausnahmen 2500 m in reinen oder mit Lärchen gemischten Beständen vorzugsweise auf Lehmböden. Autochthon, wenn auch inselartig isoliert, wächst sie noch in den Karpaten von der Tatra über das Gurghiu-, Kelemen- und Bussaugebirge bis zu den Fogarascher Karpaten und Transsilvanischen Alpen. Die Sibirische Zirbelkiefer ist das wichtigste Gehölz der sibirischen Taiga und wächst von den europäischen Teilen der UdSSR bis zum Oberlauf der Aldan und dem Aldanskie-Gebirge, im Süden bis in die Mongolei.

Haupterkennungsmerkmale der Zirbelkiefer sind die harten, dunkelgrünen, dicht in Fünfergruppen stehenden Nadeln und die rostgelb befilzten jungen Triebe. Die weiblichen Zapfen stehen aufrecht, sind 5 × 8 cm groß und reifen im dritten Jahr. Die flügellosen Samen sind eßbar; vor allem die Sibirische Zirbelkiefer ist für ihre großen eßbaren Samen berühmt, die traditionsgemäß „Zedernüsse“ genannt werden. Der Name „cembra“ ist die alte italienische Bezeichnung der Zirbelkiefer. Außerhalb ihres natürlichen Areals wird sie in Europa seit 1652, in England seit 1746 gezogen.

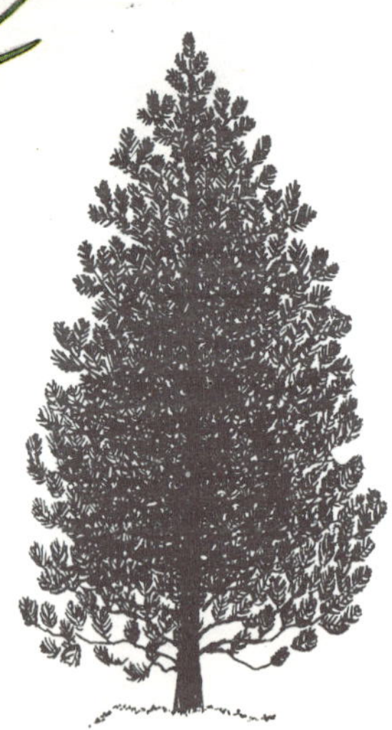

Baum mit oval-kegelförmiger Krone, 25–40 m hoch; Charakterart der Alpen an der Baumgrenze.

Kieferngewächse

Rumelische Kiefer, Mazedonische Kiefer

Pinaceae

Pinus peuce GRISEB.

Die Arten der Gattung *Pinus* haben charakteristisch angeordnete Nadeln: Sie wachsen an Kurztrieben, Brachyblasten genannten verkürzten Zweigen, in Gruppen zu je fünf, zwei oder drei. Eine Ausnahme bildet *P. monophylla* TORR., die nur eine Nadel an den Kurztrieben hat.

Die Mazedonische Kiefer wächst in Bulgarien (Rhodopen, Rila, Pirin), in Südjugoslawien (Montenegro) und in Albanien, normalerweise in Mischbeständen mit Fichten, Tannen und Gemeiner Kiefer in Höhen von 800 bis 2300 m. Entdeckt wurde sie 1839 von GRISEBACH; ihre Samen gelangten 1858 ins polnische Kornik und 1863 nach Erfurt. Seither wird sie in den europäischen botanischen Gärten und Parks gezogen.

Die Nadeln der Mazedonischen Kiefer wachsen in Büscheln zu je 5, sind bis 10 cm lang, scharf zugespitzt, graugrün gefärbt und an den Rändern fein gesägt. Die grünen Jungtriebe sind kahl. Die Zapfen wachsen an den Zweigenden einzeln oder in Gruppen zu drei bis vier. Sie sind kurzstielig, abstehend oder hängend, zylindrisch-eiförmig, 3–4 cm breit und bis 15 cm lang. Ihre Farbe ist hellbraun; sie sehen den Weymouthskiefernzapfen ähnlich, sind allerdings breiter. Die Samenschuppen sind unter der Spitze verdickt und längs gerillt. Die Samen haben einen etwa 1,5 cm langen Flügel.

Im Habitus ähnelt die Mazedonische Kiefer der Zirbelkiefer, unterscheidet sich von dieser aber in Zapfenform und -größe sowie durch die kahlen Jungtriebe. Sie ist eine Verwandte der Tränenkiefer und der nordamerikanischen Weymouthskiefer.

♀

Nicht besonders hoher Baum (10–25 m) mit schlanker, in der Natur fast zylindrischer, bis zum Boden bezweigter Krone; ein in der Gartenarchitektur geschätztes Gehölz.

Tränenkiefer

Kieferngewächse

Pinus wallichiana A. B. JACKS.

Pinaceae

Die Tränenkiefer wächst im Himalaja von Afghanistan bis Nepal in Höhenlagen von 2000–4000 m; nach der Himalajazeder der größte Baum in diesem Gebirge. Normalerweise bildet sie Mischbestände mit der genannten Zeder und anderen Nadelhölzern wie der Himalajatanne, der Morindafichte und gegebenenfalls auch mit der Himalajabirke. Schon 1823 wurde sie in die europäischen botanischen Gärten eingeführt. Sie ist eine Kiefer mit wertvollem Holz für Möbel- und Bauzwecke. Bedeutend ist auch ihr Harz, aus dem Terpentin destilliert wird. Das Gesamterscheinungsbild dieser Kiefernart macht sie für eine stärkere Verwendung in der Gartenarchitektur geeignet, auch wenn sie ein bisher noch nicht allzu häufig gezogener Parkbaum ist.

Die Tränenkiefer hat in der Jugend eine feine, glatte Borke, die erst im höheren Alter aufplatzt und sich in kleinen Plättchen ablöst. Junge Bäume wachsen schnell und sind normalerweise wirtelig verzweigt. Ihre Knospen sind lang eiförmig, mit weißem Harz, die kahlen jungen Triebe blaugrün gefärbt, wachsbereift; die Nadeln sind zu je fünf gebündelt, zunächst aufrecht, dann hängend, ebenfalls blaugrün gefärbt, bis 18 cm lang und bleiben 3–4 Jahre lang am Baum.

Die männlichen Zapfen sind rosa gefärbt; die Samenzapfen wachsen einzeln oder in Gruppen bis zu fünf; sie sind langstielig, gekrümmt zylindrisch, etwa 3 cm breit und 27, maximal 34 cm lang, normalerweise stark harzig und klebrig. Sie reifen etwa 2 Jahre; noch im zweiten Jahr sieht das Zapfenbündel wie eine Hand grüner Bananen aus. Die Samenschuppen haben einen stumpfen, dunkelbraunen Endnabel (Umbo). Die braunen, scharfrandigen Samen haben einen schräg abgekappten Flügel.

♀

Hoher Baum (bis 50 m) mit breit pyramidenförmiger Krone; aussichtsreiches Gartenarchitekturgehölz.

Kieferngewächse

Strobe, Weymouthskiefer

Pinaceae

Pinus strobus L.

Die Weymouthskiefer stammt aus dem Osten Nordamerikas, aus Kanada und den USA. Die Nordgrenze ihrer Verbreitung auf diesem Kontinent liegt etwa auf dem 50. Breitengrad von Neufundland bis Manitoba, die Westgrenze bilden die Staaten Minnesota, Iowa, Illinois und Nord-Georgia, wo auch die Südgrenze ihres natürlichen Areals liegt. Eine etwas abweichende Form wächst hingegen noch in Mexiko und Guatemala. Relativ früh, um das Jahr 1705, wurde sie nach Europa eingeführt, wo sie zu einem gängigen Parkgehölz wurde und stellenweise auch als Nutzholz auf lehmigen, tiefen, sogar sumpfigen Böden weit nördlich des 50. Breitengrades verwendet wird. Sie erfriert nicht einmal in der Umgebung Leningrads; sie ist also ein ökologisch ziemlich anpassungsfähiger Baum, der auch gegenüber dem Stadtklima widerstandsfähig ist. Die Weymouthskiefer leidet aber an einer Reihe Erkrankungen, von denen die wichtigste der Blasenrost (*Peridermium strobi*) ist, der Stachel- und Johannisbeeren als Zwischenwirt hat. Ihr Nutzwert wird dadurch herabgesetzt, weil sie nicht in Reinkultur und in der Nähe von Siedlungen angebaut werden kann. Trotzdem ist ihr Holz ein begehrter Rohstoff, auch wenn es relativ weich ist. Es eignet sich vor allem für Tischlerarbeiten.

Die Weymouthskiefer hat an den jungen Stämmen eine graugrüne, völlig glatte Borke, die sich erst im hohen Alter furcht. Die ganz jungen Triebe sind sehr dünn, biegsam, anfangs schwach beflaumt, später kahl. Die Nadeln stehen in Fünfergruppen, sind 5–15 cm lang, dünn, weich anzufühlen, blaugrün gefärbt und oft herabhängend. Die Zapfen wachsen an den Zweigenden zu je ein bis drei an langen Stielen; auch sie hängen herab, sind schmal, 10–15 cm lang und harzausscheidend. Reif sind sie schmutzigbraun und bleiben manchmal noch nach dem Ausfallen der geflügelten Samen am Baum.

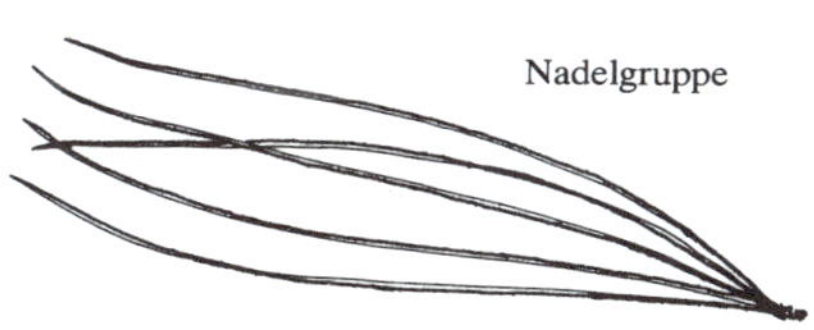

Nadelgruppe

Stattlicher Baum, zuerst mit pyramidenförmiger, später breiter bis schirmförmiger Krone und deutlichen Astwirteln, 30–50 m hoch; wichtiges Waldnutzholz Nordamerikas, häufig in Parks gezogen.

Grannenkiefer, Borstenkiefer

Kieferngewächse

Pinus aristata ENGELM.

Pinaceae

Die Grannenkiefer ist ein in vieler Hinsicht interessanter Baum. Sie stammt aus den Hochlagen der Rocky Mountains, wo sie in Höhen über 2400 m an der oberen Waldgrenze wächst. Sie gedeiht auch in den San Francisco-Bergen (Nord-Arizona), in der Regel auf trockenen, ausgedörrt unfruchtbaren Böden, wo sie hohen Temperaturen ebenso wie starken Frösten trotzt.

Die Grannenkiefer wächst außerordentlich langsam, der Jahreszuwachs des Stammquerschnitts bei etwa 30jährigen Bäumen macht nur einige Zehntel Millimeter aus. Die Grannenkiefer ist ein Baum bzw. Strauch mit charakteristischen Nadeln. Diese wachsen in Fünferbüscheln, sind 2–4 cm lang, ganzrandig, spitz, auf der Unterseite weißlich, oberseits dunkelgrün gefärbt und tragen weißliche, körnige Harzausscheidungen. Sie sitzen getrennt, aber dicht und anliegend an den Zweigen, so daß sie Fuchsschwänzen ähneln (sog. „foxtail pines"); die verwandte Fuchsschwanzkiefer (*P. balfouriana* JEFFREY ex A. MURRAY) hat keine weißlichen Harzflecken auf den Nadeln.

Den Namen „aristata" verdankt diese Kiefer ihren Zapfen, die gewölbte Samenschuppen mit auffälligen, etwa 8 mm langen Borsten (Grannen) haben.

Kultiviert wuchs die erste Grannenkiefer im Arnold Arboretum in den USA, in Europa wird sie etwa seit 1863 gezogen. Im Jahre 1945 wurde in den White Mountains (Arizona) eine nahe verwandte Art, *P. longaeva* BAILEY gefunden. Diese Exemplare waren kaum 4–9 m hoch, dafür hatten ihre Stämme aber einen Umfang von 120 cm. Bei drei Exemplaren wurde ein unglaubliches Alter von ca. 5000 Jahren festgestellt. Sie sind damit die ältesten auf der Erde lebenden Bäume. *P. longaeva* unterscheidet sich von der Grannenkiefer hauptsächlich in den Dornen und Nadeln. Hierin ähnelt sie mehr der Fuchsschwanzkiefer.

Junger Baum

Älterer Baum

Niedriger Baum von 5–15 m Höhe oder Strauch, oft mit liegendem oder gekrümmtem Stamm; kurioses Gehölz, auch für kleine Gärten geeignet.

Kieferngewächse

Pinaceae

Föhre, Gemeine Kiefer

Pinus sylvestris L.

Was Arealgröße und somit innerartliche Variationsbreite angeht, hat die Gemeine Kiefer wohl keinen Konkurrenten unter den Nadelhölzern. Sie wächst transkontinental von Schottland bis ins Amurgebiet und an die Küste des Ochotskischen Meeres, nach Norden überschreitet sie in Norwegen den Polarkreis um 300 km; die Südgrenze reicht über Pyrenäen- Apenninen- und Balkanhalbinsel, Kleinasien, längs der Schwarzmeerküste über den Kaukasus und Mittelasien bis Tscheljabinsk und dem Nordaltai, in der Nordmongolei bis zum Burej-Unterlauf. Genauso ist sie in den verschiedenen Höhenlagen, einschließlich der Hochgebirge vertreten. Ein derart großes Areal bietet die verschiedensten ökologischen Bedingungen, denen sich die Gemeine Kiefer perfekt angepaßt und eine Reihe ökologischer und geographischer Rassen hervorgebracht hat. Diese unterscheiden sich u. a. in Wuchs, Nadelcharakter und -farbe, Zapfengröße und -form. Sie ist ein wichtiges Waldnutzholz, das entweder in reinen Beständen oder in Mischwäldern vorkommt. Die Gemeine Kiefer hat ein ausgezeichnetes harzreiches Holz mit einer kräftigen Maserung und unterschiedlichem Kern- und Splintholz.

Die Borke junger Bäume und Zweige hat eine charakteristische orange bis okker Farbe, sie ist glänzend und schält sich in papierartigen Schuppen ab; die Borke älterer Stämme ist auf der Oberseite graubraun, gefurcht, im Anschnitt rotbraun. Die Nadeln wachsen paarweise, sind hart, ein wenig gekrümmt, bläulich grün gefärbt, 4–7 cm lang, spitz und an den Rändern gesägt. Sie bleiben etwa 3 Jahre am Baum. Die männlichen Blütenstände sind eiförmig, gelb (manchmal rötlich), die gestielten bis ansitzenden Zapfen erscheinen einzeln oder in Gruppen zu zwei bis drei, sind eiförmig-kegelig. Die Samen haben einen rotbraunen Flügel.

Junger Zapfen ♀

Reifer Zapfen

25–45 m hohe Bäume, normalerweise bis über die Stammitte astfrei mit rundlicher, lockerer Krone; eines der wichtigsten europäischen Nutzhölzer.

Bergkiefer, Latsche

Kieferngewächse

Pinus mugo TURRA

Pinaceae

P. mugo, Blütenstand

P. uncinata

P. mugo

Das Taxon *P. mugo* stellt einen Artkomplex mit großer Variationsbreite in vielen Merkmalen dar; grob kann man ihn in drei Formen, die Latschenkiefer oder Legföhre (*P. mugo* ssp. *mugo*), Hakenkiefer (*P. uncinata* VILL. ex MIRB.) und die Moorkiefer oder Spirke (*P. uncinata* ssp. *rotundata* [LINK] JANCH. et NEUMAYER) einteilen.

Die Latsche ist ein Gehölz der mitteleuropäischen Gebirge. Sie wächst auf der Subalpin- und Montanstufe in den Ostalpen, im Jura, Böhmerwald, Bayerischen Wald, in den Sudeten und im Karpatenbogen bis in die Transsilvanischen Alpen; auch Jugoslawien berührt sie. Sie bildet charakteristische, dichte, strauchartige Bestände und ist dem rauhen Gebirgsklima gegenüber sehr widerstandsfähig. Ihre Nadeln sitzen zu je zwei gebündelt, sie hat harzige Knospen und lange Nadelscheiden. Die Zapfen sind symmetrisch, ei- bis kugelförmig, das Oberteil der Samenschuppenaußenseite ist vorgewölbt, das untere eingedellt, der Nabel unter der Mitte eingedrückt. Die Latsche wächst normalerweise in niedriger Strauchform.

Die Hakenkiefer hat symmetrische Zapfen, die Schuppenaußenfläche ist auf der sonnenbeschienenen Seite stärker vorgewölbt (zumindest an der Basis) bzw. kegelig verlängert, ihr Nabel ist vierkantig, abwärts gebogen. Die Hakenkiefer ist in der Regel ein einstämmiger Baum mit schmaler Pyramidenkrone. Sie wächst in Zentralspanien, den spanischen Pyrenäen und den West-Alpen. Die Spirke gedeiht auf den Moorflächen Böhmens sowie an einigen weiteren Orten in Süddeutschland und im Zentralalpenraum.

Die Latschenkiefer wird etwa seit 1779 kultiviert, die Moorkiefer seit den zwanziger Jahren des 19. Jahrhunderts. Beide, vor allem aber die Latschenkiefer, sind dekorative Gartengehölze; werden sie unter günstigeren Bedingungen als dem Hochgebirgsklima gezogen, wachsen sie üppiger, worunter ihr Aussehen leidet.

Die Latsche ist ein charakteristisch wachsender Strauch mit mehreren bogenartig aufstrebenden Stämmchen und Ästen, die Hakenkiefer ist ein bis 10–15 m hoher Baum; wichtige landschaftsbildende Gehölze.

Kieferngewächse

Schwarzkiefer

Pinaceae

Pinus nigra ARNOLD

Auch die Schwarzkiefer repräsentiert einen umfangreichen Artkomplex mit verschiedenen Unterarten, die vorwiegend in Südeuropa wachsen; ihre Nordgrenze liegt in Österreich und in den Südkarpaten. Im Westen reicht das Verbreitungsgebiet bis Spanien und Frankreich, im Osten nach Kleinasien und auf die Krim. Kultiviert wird sie fast überall in Europa; sie ist vor allem an exponierten, trockenen Standorten und in Gebieten mit Industrieemissionen ein wichtiges Ersatzgehölz. In Kultur wird sie seit 1759 gehalten.

Die Schwarzkiefer hat eine typische schwarzgraue Borke, eiförmige, schwach harzige Knospen und orangebraune, kahle Jungtriebe. Ihre Nadeln wachsen paarweise, sie sind (5)–19 cm lang, meist dunkelgrün, ziemlich hart und oft gekrümmt. Ihre anatomischen Merkmale und Eigenschaften sind sehr veränderlich und bieten wichtige Unterscheidungskennzeichen für die Unterarten. Die Zapfen sind meist 3–8 cm lang, hellbraun, glänzend, fast sitzend, die Außenseite der Samenschuppen ist schwach gekielt, der Nabel trägt einen kurzen Stachel. Obwohl das Schwarzkiefernholz stark ästig und harzig ist, ist es sehr wertvoll, da es sehr hart ist. In Südeuropa stellt es ein wichtiges Nutzholz das. Der Baum wächst ziemlich langsam; gefällt wird er frühestens in einem Alter von 150 Jahren.

Die häufigste Schwarzkiefer ist die Nominat-Unterart *P. nigra* ssp. *nigra* aus Österreich, Mittelitalien, Jugoslawien und Griechenland. In Südfrankreich und Spanien wächst die ssp. *salzmannii* (DUN.) FRANCO mit nicht stechenden Nadeln; auf Korsika, Sizilien und in Kalabrien die ssp. *laricio* (POIR.) MAIRE mit dicken Nadeln; in Dalmatien die ssp. *dalmatica* (VIS.) FRANCO und auf dem Balkan und der Krim die ssp. *pallasiana* (LAMB.) HOLMBOE.

Nadelpaar

Stattliche Bäume, 20–40 (–50) m hoch; in Südeuropa wichtiges Nutzholz, für Gartenzwecke bedeutsam.

Gelbkiefer

Kieferngewächse

Pinus ponderosa DOUGL. ex P. et C. LAWS.

Pinaceae

P. ponderosa, junger Baum

P. jeffreyi

P. jeffreyi, junger Baum

Die Heimat der Gelbkiefer liegt im Westen Nordamerikas von Britisch Kolumbien bis Mexiko; die Ostgrenze ihres Areals bildet die Linie zwischen Süddakota und Texas. 1826 wurde sie nach Europa (England) gebracht. Sie ist in ihrer Heimat ein weitverbreiteter Baum von majestätischem Aussehen, der z. B. auf den Westhängen der Sierra Nevada einheitliche Bestände bildet. In Höhen zwischen 1300 und 2000 m stellt er gemeinsam mit der amerikanischen Weißtanne ein herausragendes Element der Waldvegetation dar. Dieser hochstämmige Baum wird oft 300, manchmal sogar 500 Jahre alt; er ist ein wichtiges westamerikanisches Nutzholz mit relativ hartem, zähem und harzigem Holz.

Die Borke der mächtigen Gelbkiefern-Stämme ist zimtrötlich, längs- und quergefurcht und sehr dick (bis 10 cm!). Die Nadeln wachsen meist in Dreiergruppen und bleiben etwa 3 Jahre am Baum. Sie sind hart, 12–25 cm lang, dunkelgrün gefärbt, stehen büschelig gehäuft und sind am Rand gesägt. Reife Zapfen werden bis 15 cm groß und sind gelblichbraun; der Samenschuppennabel hat einen kräftigen, gekrümmten Dorn. Die Samen selbst werden bis 1 cm groß und besitzen einen 2–3 cm langen Flügel.

Im Gebiet zwischen Kalifornien und Oregon wächst in den Bergen von 2000–3000 m Höhe die eng verwandte und weitgehend ähnliche Jeffrey-Kiefer (*P. jeffreyi* BAG.). Ihre Jungtriebe sind aber wachsbereift; im Bruch duften sie nach ätherischem Zitronenöl, während die Jungtriebe der Gelbkiefer nach Terpentin riechen. Die chemische Zusammensetzung des Harzes ist ein wichtiges chemotaxonomisches Unterscheidungsmerkmal.

Hohe stattliche Bäume mit hoch angesetzter Krone (50–70 m); wichtiges Nutzholz in Westamerika, für große Parks ästhetisch wertvoll.

Kieferngewächse

Pinaceae

Sternkiefer, Bordeauxkiefer, Strandkiefer

Pinus pinaster AIT.

Die Strandkiefer ist ein hoher Baum mit stark aufgesprungener, braunroter Borke, harzfreien, ca. 35 mm großen Knospen und paarweisen Nadeln. Diese sind 10–25 cm lang, hart, stechend, frischgrün. Die eiförmig-kegeligen Zapfen wachsen zu zweit bis viert in Gruppen und sind auffällig groß (9–18 (–22) × 8 cm). Die rautenförmigen Außenseiten der Samenschuppen haben einen scharfen Kiel und einen erhabenen, hakig spitzen Nabel. Die Strandkiefer wächst in natürlicher Verbreitung an der Küste des westlichen Mittelmeers und im Süden der europäischen Atlantikküste von Frankreich bis Portugal; in Kultur wird sie seit Ende des 16. Jahrhunderts einerseits zur Aufforstung und Festigung der Küstendünen, andererseits ihres Holzes wegen gezogen. Auch in England wird sie kultiviert.

Dem Mittelmeerreisenden fallen vor allem zwei Baumarten besonders ins Auge, die schlanken Zypressen und die Pinien (*P. pinea* L.), eine Kiefernart mit charakteristisch schirmförmigem Kronenbau. Ihre Heimat sind die Küstenzonen Spaniens, Frankreichs, Italiens, des Balkans und Kleinasiens, des östlichen Schwarzmeergebietes und Küsten des Nahen Ostens. Trotzdem läßt sich heute nicht mehr zuverlässig sagen, wo sie ursprünglich wuchs und wo sie von Menschenhand eingeführt wurde, da es sich um eine von alters her gepflanzte Gehölzart handelt. Sie wurde nicht nur wegen ihres wertvollen Holzes kultiviert, sondern auch als „Obstbaum", da ihre ungeflügelten Samen, die „Piniennüsse" oder Pignolen in rohem Zustand wie Mandeln schmecken und zu Konditoreizwecken dienen. Wohl ihretwegen wurde die Pinie auch in nördlicheren Ländern angepflanzt.

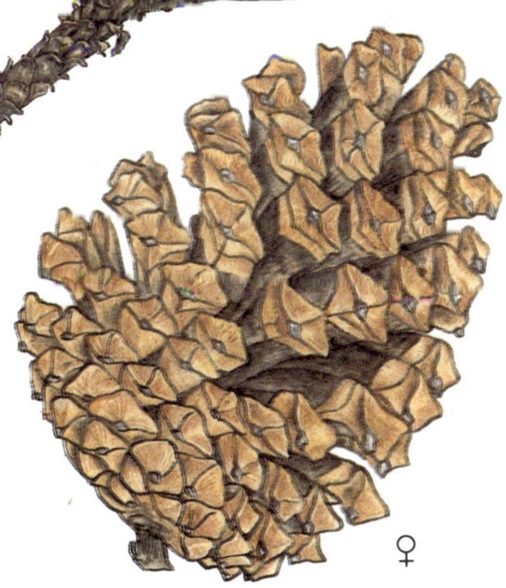

♀

Die Strandkiefer ist ein bis 30 m hoher Baum mit abgeflachter Krone, die Pinie wird etwa 25 m hoch; wichtige, charakteristische Gehölze des Mittelmeerraums; außerhalb des natürlichen Verbreitungsgebiets wenig widerstandsfähig.

Nördliche Pechkiefer

Kieferngewächse

Pinus rigida MILL.

Pinaceae

Ihr natürliches Verbreitungsgebiet hat die Pechkiefer im Nordosten Nordamerikas von New Brunswick bis Georgia. Ihre westliche Verbreitungsgrenze bildet die Linie vom Nordufer des Ontariosees über die Staaten Ohio, Kentucky, Tennessee und Alabama bis nach Florida. Sie ist eine ökologisch ziemlich anpassungsfähige Art, denn sie wächst sowohl auf trockenen Sandböden, wo sie große Waldungen bildet, als auch auf nassem und sumpfigem Gelände. Besonders wertvolles, schweres und harzreiches Holz liefern Bäume von trockenen Standorten (daher Pechkiefer, „pitch pine"), während das Holz von Sumpfböden leicht und weich bleibt (diese Bäume und ihr Holz werden daher „sap pine" genannt). Der Nutzwert von Pechkiefernholz war beträchtlich, da es sowohl zur Herstellung von Eisenbahnschwellen als auch von Holzkohle diente; ebenfalls deckte es einen Großteil des Brennholzbedarfs. Nach Europa (England) wurde sie zwischen 1743 und 1750, in weitere Länder dann im 19. Jahrhundert eingeführt.

Die Pechkiefer ist leicht zu erkennen. An älteren Bäumen sitzen stark gekrümmte Zweige mit büschelig angehäuften Nadeln; an den Stämmen selbst oder an starken Ästen schlagen Jungtriebe aus, die wie Grasbüschel aussehen. Ihre Knospen sind ziemlich spitz und harzig, die Nadeln wachsen in Gruppen zu je drei und bleiben nur etwa 2 Jahre am Baum. Sie sind rund 8 cm lang, hell- oder gelbgrün gefärbt und gebogen bis gekrümmt. Die Zapfen wachsen entweder zu dritt bis fünft in seitlichen Trauben oder einzeln. Sie sind 3–9 cm lang, regelmäßig eiförmig bis kegelig. Die Außenseite der Samenschuppen ist rautenförmig und hat einen scharfen Kiel; der Nabel endet in einem kleinen Dorn; die Samen sind geflügelt.

Sproßbürtige Kurztriebe

Kleiner Baum (15–30 m hoch) mit unregelmäßiger Krone; wichtiges Nutzholz im Osten Nordamerikas, hat in Gärten nur Sammlungswert.

Kieferngewächse

Pinaceae

Strauchkiefer, Zwergkiefer, Bankskiefer

Pinus banksiana LAMB.

Im hohen Norden Kanadas hatten Goldgräber und Pioniere oft ihre Lager in großen Kiefernwäldern, die ihnen ausreichend viel Holz boten. Die einzige Kiefernart, die in der Lage ist, die dortigen harten Klimabedingungen zu ertragen, ist die Bankskiefer. Ihr transkontinentales Areal zieht sich aus dem Tal des Mackenzie-Rivers und von den Ufern des Bärensees nach Südosten bis Neuschottland, also über 20 Breitengrade hinweg. Häufig wächst sie auf Sandböden, zwischen nacktem Fels oder auf steinigen Hängen in niedrigen Höhen bis 400 m. Nach Waldbränden besiedelt sie als erster Baum wieder die frei gewordenen Flächen.

Die Bankskiefer ist ein relativ kurzlebiger Baum, der nur rund 100, in Ausnahmen 250 Jahre alt wird; ihr Holz ist nämlich sehr spröde und fault bei Nässe schnell. Ihr Aussehen, vor allem die Borke erinnert an die Gemeine Kiefer, doch verzweigt sich im Gegensatz zu dieser die Bankskiefer unregelmäßig und bildet manchmal mehr als einen Astquirl im Jahr. Ein gutes Unterscheidungsmerkmal sind die Zapfen, die an der Bankskiefer aufrecht oder abstehend, meist paarweise wachsen und oft auffällig gekrümmt sind. Sie bleiben eine Reihe von Jahren am Baum; dabei verwandelt sich die ursprünglich bräunliche Farbe in ein blasses Grau. Die Zapfen sind etwa 3–5 cm groß, ohne Stachel auf dem Nabel. Die Samenschuppen sind rautenförmig und flach und haben glänzende Außenseiten. Die Samen sind klein und geflügelt. Die männlichen Blütenzapfen sind gelb, die weiblichen anfangs dunkelpurpurrot. Die Nadeln wachsen in Zweiergruppen. Diese Kiefer ist nicht nur gegenüber niedrigen Temperaturen hart, sondern auch trokkenheitsresistent und wurde bei der experimentellen Aufforstung von unfruchtbaren Böden, Abraumflächen und Halden verwendet. Gärtnerisch wird sie in Europa etwa seit 1783 gehalten.

Blütenstand ♂

Kleinere Bäume, 8–25 m hoch mit unregelmäßigem Wuchs; Pionierpflanzen.

Schirmtanne

Sumpfzypressengewächse

Sciadopitys verticillata (THUNB.) SIEB. et ZUCC.

Taxodiaceae

♀

Eines der merkwürdigsten Nadelhölzer ist die Schirmtanne. Ursprünglich wächst sie heute nur noch in den Bergwäldern der japanischen Inseln Honshu und Shikoku; sie gilt als endemisches Reliktgehölz. Der erste Ort außerhalb Japans, an dem die Schirmtanne gezüchtet wurde, war die Insel Java. Nach England gelangte das erste Bäumchen 1853, doch es ging bald ein; die Erwähnung dieser Art in Böhmen stammt aus dem Jahr 1859, in den sechziger Jahren des vorigen Jahrhunderts wurden dann wiederholt Samen nach Europa gebracht. Die Zucht der Schirmtanne ist in den kühlen Bedingungen Europas problematisch, da sie in strengeren Wintern Frostschäden erleidet.

S. verticillata unterscheidet sich in vieler Hinsicht von den übrigen Nadelhölzern. Ihre „Nadeln“ sind Blattgebilde, über deren Ursprung die Meinungen auseinandergehen. Einerseits werden sie für „Doppelnadeln“ gehalten, entstanden aus zwei verwachsenen Nadeln, weil sich in ihrem Querschnitt zwei Leitbündel und vier Balsamkanälchen befinden. Eine andere Meinung setzt voraus, daß diese Blattgebilde zu Blättern umgewandelte Jungtriebe mit eingeschränktem Wachstum darstellen; manchmal teilt sich so ein „Blatt“ nämlich gabelartig und an den Enden entsteht ein neuer „Blattquirl.“ Die physiologische glänzende „Blattoberseite entspricht morphologisch der Unterseite der einzelnen Nadeln. Die Schirmtanne ist ein zweihäusiges Gehölz. Die männlichen Blütenzapfen stehen köpfchenförmig dicht zusammen, die weiblichen sitzen einzeln. Die Samenzapfen sind aufrecht, eiförmig, oberseits stumpf, 7 – 10 cm groß und graubraun gefärbt. Sie reifen im zweiten Jahr heran und bleiben am Baum. Die Samen sind etwa 1 cm groß und haben ringsum einen Hautflügel.

Immergrüner Baum, bis 40 m hoch mit starkem Stamm; wenig winterhartes Gehölz, nur für Sammlungen bedeutsam. Botanische Kuriosität.

Sumpfzypressengewächse

Urwelt-Mammutbaum

Taxodiaceae

Metasequoia glyptostroboides HU et CHENG

Der Urwelt-Mammutbaum ist ein „lebendes Fossil“ unter den Nadelhölzern. Darunter versteht man Tiere oder Pflanzen, deren nächste Verwandte heute alle ausgestorben sind, und sehr ähnlich aussehende Arten, die bereits aus Fossilienfunden bekannt sind. Diese Arten haben sich also kaum weiter entwickelt und vermitteln heute einen Eindruck, wie vor Millionen von Jahren die Arten ausgesehen haben und lebten. So wurde 1941 von dem Japaner S. MIKI die Gattung *Metasequoia* aufgestellt, man war allerdings der Überzeugung, daß zu ihr nur fossile Arten gehören. Im gleichen Jahr fand aber T. KAN in der chinesischen Provinz Sechuan lebende Bäume einer noch unbekannten Art, die in der Beschreibung genau in diese, lediglich durch fossile Vertreter bekannte Gattung gehört. Im Jahr 1949 sammelte die Expedition von MERILL und CHANEY Samen an dem ursprünglichen Standort (ein autochthoner, sich naturverjüngender Bestand von etwa 1000 Bäumen im Shuisa-Tal) und versandte sie an Gärten und Arboreten in der ganzen Welt. Aus diesen Samen gezogene Exemplare in Průhonice (ČSSR) waren 1984 12 m hoch, ihre Stämme 35 cm stark.

Der Urwelt-Mammutbaum ist ein sommergrüner Baum mit plättchen- bis faserförmig abschilfender Borke. Er hat zwei Sproßtypen: Langtriebe an Stamm- und Astspitzen mit uneingeschränktem Wachstum und Kurztriebe mit reduziertem Längenwachstum in den Achseln der Langzweige; diese stehen gegenständig und sind ca. 8 cm lang. Die Nadeln, die jährlich abgeworfen werden, sind gerade oder sichelartig gekrümmt, etwa 10–35 mm lang, oberseits bläulich, unterseits graugrün gefärbt und stehen gegenständig. Die Zapfen aus ca. 25 kreuzständigen Schuppen sind 18–25 mm lang, hinter jeder Schuppe sitzen 5–8 zweiflügelige Samen. Der Urwelt-Mammutbaum ist ein feuchtigkeitsbedürftiges Gehölz.

Belaubter Baum (im Sommer)

Unbelaubter Baum (im Winter)

Etwa 35–50 (–?) m hoher Baum mit pyramidenförmiger bis rundlicher Krone; als „lebendes Fossil“ eine botanische Kuriosität, aussichtsreiches Parkgehölz.

Sumpfzypresse

Sumpfzypressengewächse

Taxodium distichum (L.) RICH.

Taxodiaceae

Blütenstand ♂

Die Sumpfzypresse ist ein charakteristisches Gehölz der unzugänglichen Sumpfwälder in den Südstaaten der USA längs der Golfküste. Sie wächst aber auch an Ufern von Flüssen und Seen vom Norden des Staates Delaware bis nach Florida. Sumpfzypressen bilden fast einförmige Bestände. Den langanhaltenden Überschwemmungen haben sie sich durch die Entwicklung von aufrechten Atemwurzeln, sog. Pneumatophoren, angepaßt. Diese sind oft bis 1 m hoch und ragen immer über die Oberfläche des Sumpfbodens oder des Wassers hinaus. Obwohl es sich um ein Gehölz aus einem feuchten Lebensraum handelt, ist das Holz gegenüber Pilzinfektionen widerstandsfähig. Es ist zwar weich, doch trotzdem dauerhaft; es trocknet nicht aus und ist daher auch für Wasserbauten geeignet. Die Sumpfzypresse ist ein langlebiger Baum, der 500–600 Jahre alt wird (Ausnahmen werden sogar auf ein Alter von 1000–3000 Jahren geschätzt!). Sie ist ein wichtiges Nutzholz im Südosten der USA. Sumpfzypressen zählen zu den ganz früh eingeführten Hölzern; schon 1640 kamen sie nach Europa. Den europäischen Winter vertragen sie sehr gut (bis −32 °C).

Junge Bäume tragen bis weit unten am Stamm Äste, ältere hingegen nur im oberen Drittel. Die Stämme haben eine aufgeplatzte, abschilfernde Borke. Die jungen Zweige sind an den Triebenden zunächst grün, dann braun und tragen Knospenansätze, aus denen nur ca. 10 cm lange Seitenzweige wachsen, die keine Knospen haben und im Herbst mit den Nadeln abfallen. Die Nadeln sind platt, weich, zweireihig angeordnet, auf beiden Seiten gleichmäßig hellgrün gefärbt und im Herbst werden sie gelb. An den nichtabfallenden Langtrieben sind die Blätter spiralig angeordnet und haben Schuppenform. Die kugeligen weiblichen Zapfen sind etwa 2,5–3 cm groß und bestehen aus 10–12 Samenschuppen. Auf jeder Schuppe sitzen je 2 Samen.

Alter Baum mit Atemwurzeln (im Sommer)

Reifer Zapfen ♀

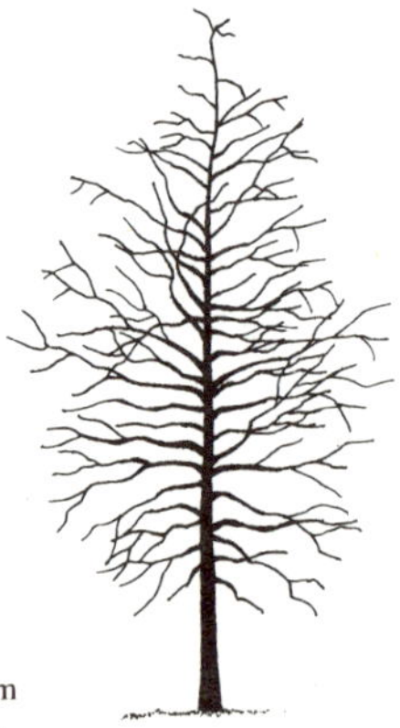

Junger Baum (im Winter)

Laubabwerfender Baum, etwa 40–50 m hoch mit einer in der Jugend schmal pyramidenförmigen, im Alter schirmförmig-kugeligen Krone; wichtiges Nutzholz im Südosten der USA.

Sumpfzypressengewächse

Immergrüner Mammutbaum, Küstensequoie

Taxodiaceae

Sequoia sempervirens (LAMB.) ENDL.

Sequoien wuchsen immer nur auf der Nordhalbkugel. Ihren Entwicklungshöhepunkt hatten sie in der Kreidezeit; seitdem sind sie im Rückgang. Bis in unsere Zeit haben sich nur zwei Arten erhalten: *S. sempervirens* und *Sequoiadendron giganteum* (LINDL.) BUCHH. Die Küstensequoie stammt aus einem relativ kleinen Gebiet in Kalifornien; aus einem schmalen Streifen längs der Pazifikküste. Dort wächst sie vom Meeresspiegel bis in Höhen um 1000 m auf flachen Hangschwemmböden, aber auch auf tiefgründigen Flußablagerungen. Sie bildet meist Mischbestände mit Douglasien und Sitkafichten, Riesentannen und Lawsonzypressen – oder aber seltener auch reine Bestände. In Europa wird sie etwa seit 1840 gezogen; für kontinentale Winter ist sie nicht hart genug. Es gibt aber schöne Exemplare im Rheinland, in Dänemark (Laaland), in England (Cornwall, Invernesshire) und Irland.

Küstensequoien sind immergrüne Bäume mit rotbrauner, in Fasern und Schuppen abschilfernder Borke. Sie haben wechselständige Blätter, die an den Haupttrieben schuppenförmig, spiralig und an den Seitentrieben zweizeilig angeordnet sind. Die Blätter sind linear, Sumpfzypressennadeln ähnlich, mit zwei weißen Stomatastreifen auf der Unterseite. Sequoien sind einhäusig; ihre Samenzapfen sind kurz eiförmig, etwa 2 cm groß, braun gefärbt und bestehen aus 12–20 Schuppen. Sie reifen im ersten Jahr heran; die Samen haben zwei schwammartige Flügel. Sequoienholz ist sehr wertvoll; der Baum liefert ein sehr dauerhaftes, termitenfestes Nutzholz. Er erreicht ein hohes Alter (600–800 [–1400] Jahre) und hat eine starke Regenerationsfähigkeit sowie eine hohe Widerstandskraft gegenüber Waldbränden.

Kurztrieb mit Blütenständen ♂

Sehr hoher Baum (bis 110 m), Stammumfang an der Basis bis 25 m; wichtiges Nutzholz.

Kurztrieb mit Zapfen ♀

Riesen-Mammutbaum

Sumpfzypressengewächse

Sequoiadendron giganteum (LINDL.) BUCHH.

Taxodiaceae

Ein Auto im Fuß eines mächtigen Baumstammes oder ein Sommerhaus mit Aufzug in luftiger Höhe; solche Bilder dokumentieren die Mächtigkeit eines der größten Gehölze auf der Erde, das bis zur Erkennung des hohen Alters der Grannenkiefer auch als das älteste galt. Der Riesen-Mammutbaum ist ein Gebirgsbaum, Reste seiner ehemaligen großen Bestände blieben in Mittel-Kalifornien an den Hängen der Sierra Nevada erhalten. Dort wächst er in Höhen von 1400 bis 2400 m an feuchteren Standorten mit hohen Niederschlägen und langer Schneebedeckung. Einer der nördlichsten Orte, wo der Baum autochthon wächst, ist der Calaveras-Wald, wo der Mammutbaum 1841 entdeckt wurde. 1852 wurden die ersten Samen nach Schottland, 1853 nach England geschickt. Heute wächst er an mehreren Stellen in europäischen Parks. Die ältesten gezogenen Bäume sind bisher etwa hundertjährig, in freier Natur erreicht der Riesen-Mammutbaum ein Alter von 400–1500 (–3150) Jahren. Angaben über noch höheres Alter (4000 Jahre) sind umstritten.

Riesen-Mammutbäume haben hohe Stämme mit typisch breiter Wurzelbasis; ihre bis 60 cm starke, tief gefurchte, rotbraun gefärbte und sehr weiche, mit der Hand durchzudrückende Borke schält sich in feinen Schuppen ab. Die Äste stehen wechselständig. Jungtriebe sind blaugrün, dann rotbraun. Die anliegenden Nadeln wachsen an den Zweigen spiralig in 3 Längsreihen, sie sind bis 8 mm lang und spitz. Die Zapfen sind charakteristisch gebaut, bis 8 cm groß, eirund-kugelig und haben stark verholzte Samenschuppen. Hinter jeder Schuppe entstehen fünf Samen mit zwei dünnen Flügeln.

Sehr hohe Bäume (90–100 [–135] m), mit nur in der Jugend schmal pyramidenförmiger, später stumpf ovaler bis unregelmäßiger Krone; heute streng geschützte botanische Kuriosität.

Sumpfzypressengewächse

Japanische Zeder, Sicheltanne

Taxodiaceae

Cryptomeria japonica (L. f.) D. DON

Die Sicheltanne stammt aus Japan und China; in Japan bildet sie auf Kiushu und im Norden von Honshu in geringen Höhenlagen von 200–400 m entweder reine Bestände oder Mischwälder (z. B. mit der Hinokyzypresse oder dem Hiba-Lebensbaum). In China wächst sie in den Provinzen Fu-Tien und Tsche-Tiang. Neben Kiefern sind Sicheltannen das meist gezogene Nadelholz der japanischen und chinesischen Gärten der alten Paläste und Heiligtümer. Sie wird schon viele Jahrhunderte kultiviert und das hatte sicher einen Einfluß auf ihre derzeitige Verbreitung in der Natur. Als Chinesische und Japanische Sicheltanne wird die Art oft in zwei selbstständige Taxa getrennt. Die Japanische Sicheltanne wird in Kew (England) seit 1842 gezogen, die Chinesische Sicheltanne hat die Royal Horticultural Society 1844 erworben.

Die Sicheltanne ist ein immergrüner Baum mit ausladenden Ästen und rotbrauner, druckfester, in Streifen abschilfernder Borke. Die leicht gekrümmten und seitlich zusammengedrückten Nadeln wachsen in Spiralen, und zwar so, daß sie scheinbar in 5 senkrechten Reihen stehen. Die männlichen Blütenstände sind länglich und bilden kurze Ähren an den Zweigspitzen. Auch die weiblichen Blütenstände sind endständig; sie wachsen einzeln an kurzen Trieben. Die kugeligen Zapfen sind braun und reifen noch im gleichen Jahr heran; nach der Samenfreigabe bleiben sie am Baum zurück. Sie sind aus etwa 30 holzigen Samenschuppen mit spitzen, harten Auswüchsen am Oberrand zusammengesetzt.

Auch wenn es sich um ein wenig winterhartes Gehölz handelt, kann man es an geschützten Standorten auch in Europa halten, wo es sogar keimfähige Samen hervorbringt.

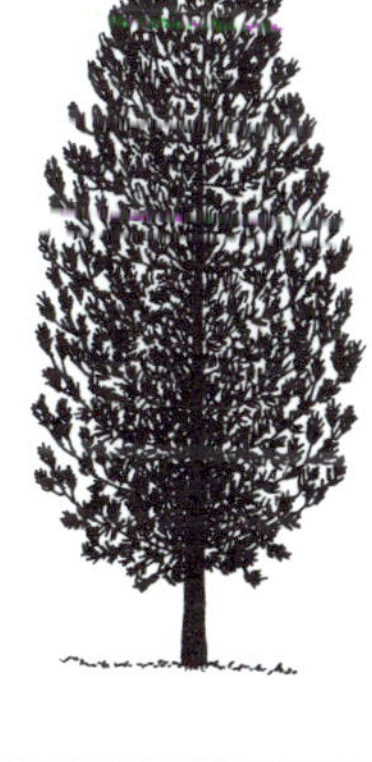

Stattliche Bäume (30–50 m) mit mächtigem Stamm und dichter pyramidenförmiger Krone; für dendrologische Sammlungen bedeutsam.

Zypressengewächse

Hiba-Lebensbaum, Japanische Hiba

Thujopsis dolabrata (L. f.) SIEB. et ZUCC.

Cupressaceae

T. dolabrata f. *hondai*

Zweigunterseite

Obwohl es recht schwierig ist, viele Arten und sogar Gattungen aus der Unterfamilie der Lebensbäume voneinander zu unterscheiden, stellt der Hiba-Lebensbaum in dieser Hinsicht eine Ausnahme dar. Er hat einen charakteristischen Blattbau: Sie sind schuppenförmig, ledrig zäh, stehen gegenständig, sind auf der Oberseite kräftig glänzend dunkelgrün gefärbt und haben auf der Unterseite durch die Spaltöffnungen eine auffällige, strahlendweiße Zeichnung. Äste und Zweige sind flächig ausgebreitet. Die dunklen männlichen Blütenstände entstehen an den Zweigenden, die gleichfalls endständigen weiblichen sind aus etwa 8–10 Schuppen zusammengesetzt, von denen die obersten und untersten steril sind. Die Zapfen sind fast kugelig, die holzigen Samenschuppen haben einen Höcker oder gekrümmten Nabel, die Samen sind geflügelt.

Der Hiba-Lebensbaum stammt aus Japan, wo er in zwei Formen vorkommt. Eine davon, f. *hondai* (MAKINO) HENRY, ist eher baumförmig; sie wächst in Nord- und Mittel-Honshu, wo sie zusammenhängende Waldungen bildet. Die Nominat-Form *dolabrata* ist hingegen kleiner, oft nur strauchförmig und wächst in Süd-Honshu. Sie wird häufiger kultiviert als die erste. Die erste lebende Pflanze kam 1853 nach Leiden (Holland), doch erst Pflanzen aus späteren Importen (1859, 1861) haben überlebt. Der Hiba-Lebensbaum ist ein vorzüglicher Gartenzierbaum, der am besten auf feuchteren, nährstoffreichen Böden gedeiht. Er ist winterhart, Stadtklima verträgt er jedoch schlechter. In Europa wird er vorwiegend vegetativ aus Stecklingen vermehrt und bildet nur selten Stämme. Einen aufrechten Wuchs kann man nur durch einen gezielten Schnitt, durch den ein einziger Trieb bevorzugt wird, erreichen.

Baum mit pyramidenförmiger Krone, bis 30 m hoch bzw. ausladender Strauch; hübsches Ziergehölz für Gärten.

Zypressengewächse

Abendländischer Lebensbaum

Cupressaceae — *Thuja occidentalis* L.

Der Abendländische Lebensbaum ist in europäischen Parks, Gärten und auf Friedhöfen wohl das verbreitetste nordamerikanische Nadelholz. Das hängt sicher mit seiner früh erfolgten Einführung zusammen: Er ist überhaupt eines der ersten Gehölze, das aus der Neuen Welt nach Europa gebracht wurde; wahrscheinlich schon 1536 durch J. CARTIER nach Frankreich. Ursprünglich wächst er nur im Osten Nordamerikas von Neuschottland und Manitoba über die Appalachen bis Virginia, Nord-Carolina und Illinois. Er ist ein feuchtigkeitsliebendes Gehölz, das auf sumpfigen Böden und in Flußauen entweder in reinen Beständen oder in Mischwäldern mit Eschen, Ahorn, Schwarzfichten, Balsamtannen und Gelbbirken wächst. Den Anspruch an ausreichend feuchtes Substrat muß man auch bei der Anpflanzung im Auge behalten. Der Abendländische Lebensbaum ist ein recht veränderliches Gehölz und wird in vielen Kultursorten angeboten, die sich in Wuchsform, Belaubung oder Farbe unterscheiden.

Lebensbäume unterscheidet man von den ähnlichen Zypressen vor allem durch ihre Zapfen: In der Reife öffnen sie sich dachartig (die Zapfen der Zypressen gehen nach allen Richtungen auseinander) und haben Samen mit zwei schmalen Hautsäumen. Der Abendländische Lebensbaum hat eine rotbraune, in langen Schuppen abschilfernde Borke, platte, auf der Oberseite dunklere, unterseits heller grüne, matte, ungezeichnete Zweige. Die Blätter sind schuppenförmig (Jungpflanzen haben nadelförmige Blätter), stehen auf dem Hauptzweig weiter voneinander entfernt, auf Nebenzweigen näher beieinander und besitzen oft auffällige Drüsen. Die hellbraunen Zapfen sind länglich, etwa 8 mm lang, mit 8–10 Samenschuppen. Das dauerhafte, nicht austrocknende Holz wird beim Boots- und Wasserbau geschätzt.

Ein- oder mehrstämmiger Baum mit eiförmiger Krone und abgespreizten Ästen, ca. 20 m hoch; verbreitetes Garten- und Parkgehölz.

Riesen-Lebensbaum

Zypressengewächse

Thuja plicata DONN ex D. DON

Cupressaceae

Der Riesen-Lebensbaum wächst von Alaska (Sitka-Insel) über Britischkolumbien und die Staaten Oregon und Washington bis nach Kalifornien (vom 60. bis 40. Breitengrad). Seine Verbreitungsostgrenze liegt etwa im Gebiet von Nord-Montana und Idaho. Dort wächst er häufig gemeinsam mit der Douglasie, mit der er zusammen das wichtigste Nutzholz im Westen der USA darstellt. Sein Holz ist hell und leicht, aromatisch, läßt sich leicht verarbeiten und ist ziemlich dauerhaft. Einen großen Ansturm mußten die Riesen-Lebensbaumbestände zu Beginn dieses Jahrhunderts aushalten, als sie fast die einzige Holzquelle zur Herstellung von Telegraphenmasten und Eisenbahnschwellen darstellten. Der Baum wächst auf feuchten Böden, oft in Sumpfnähe, vom Meeresspiegel bis in 2100 m Höhe (Rocky Mountains).

Der Riesen-Lebensbaum hat eine zimtbis rotbraune, in langen Streifen aufplatzende Borke. Im Vergleich zur Stammhöhe und -stärke hat er relativ kurze waagerechte Äste und fast runde Zweige. Diese tragen kreuzgegenständige Schuppenblätter, die an den Hauptzweigen spitz, an den Seitentrieben stumpfer sind. Die Blätter sind auf der Oberseite dunkelgrün, glänzend, wie lackiert aussehend; auf der Unterseite sind sie matt mit einer deutlichen weißen Zeichnung. Zerrieben duften sie angenehm und sehr intensiv nach Harz. Die hellbraunen Zapfen ähneln denen des Orientalischen Lebensbaums, sind aber größer, etwa 12 mm lang und reifen im Sommer des ersten Jahres heran. Die Samen sind zusammengedrückt und von zwei schmalen Flügeln umsäumt.

Der Riesen-Lebensbaum wurde in den Jahren 1853–1854 nach Europa eingeführt; in England wird er forstlich genutzt.

Alter Baum in natürlichem Bestand in seiner ursprünglichen Lokalität in Nordamerika

Junger Baum

Stattlicher Baum mit fransiger Bezweigung und schmal kegeliger Krone, bis 60 m hoch; wichtiges Nutz- und Zierholz.

Zypressengewächse

Morgenländischer Lebensbaum

Cupressaceae

Biota orientalis (L.) ENDL.

Der Morgenländische Lebensbaum ist die einzige Art der Gattung *Biota*; während die echten Lebensbäume waagerecht ausgebreitete Zweige und trockene Zapfen mit geflügelten Samen aufweisen, hat der Morgenländische Lebensbaum „fleischige“ Zapfen und flügellose Samen. Seine Zweige sind normalerweise senkrecht orientiert und auf beiden Seiten fast gleich gefärbt. Die Borke ist dünn, rotbraun und löst sich von den älteren Stämmen in papierdünnen Platten ab. Von allen Lebensbäumen hat er die kleinsten Schuppenblätter; sie sind schmal, stark zugespitzt, ohne Wachsbelag. An Seitentrieben sind sie eng anliegend, an Haupttrieben enden sie in einer abstehenden Spitze. Die Zapfen sind eiförmig, 1,5–2,5 cm lang, anfangs fleischig und bläulich (bereift), später austrocknend. Sie bestehen aus ca. 6 kräftigen Samenschuppen, die alle vor dem Ende zu einem auffälligen Hakengebilde verlängert sind. Hinter jeder Schuppe sitzen zwei Samen.

Der Morgenländische Lebensbaum wächst von Nord-China über Turkestan bis nach Transkaukasien. Nach Europa (Leiden in Holland) wurde er um 1690 gebracht, massenhaft wird er aber erst seit der Mitte des 19. Jahrhunderts gezogen. Diese Angabe gilt aber nur für die westliche Welt; in den Gärten Japans und Chinas ist der Morgenländische Lebensbaum eine uralte Zuchtpflanze. In der europäischen Gartenarchitektur erfreut sich dieser Lebensbaum vor allem im östlichen Mittelmeer und in den Schwarzmeerländern großer Beliebtheit. In Nord- und Westeuropa zeigt er sich weniger widerstandsfähig, weshalb er in dieser Region meist vom Abendländischen Lebensbaum vertreten wird. Sein Holz ist duftend und hart, jedoch kaum zu verwenden, da dieser Lebensbaum keine starken Stämme ausbildet.

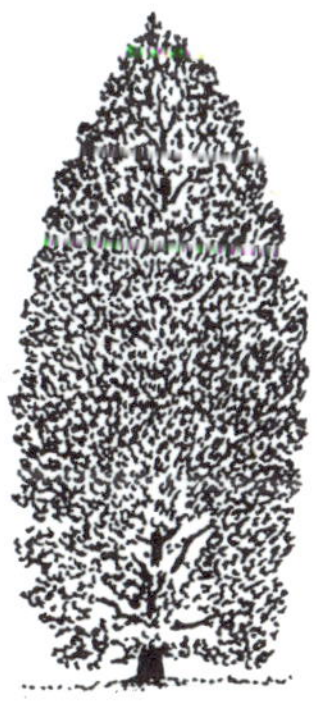

Niedriger Baum oder Strauch mit einem oder mehreren dünnen Stämmen, ca. 5–10 m (England 15 m).

Weihrauchzeder, Kalifornische Flußzeder

Zypressengewächse

Calocedrus decurrens (TORR.) FLORIN

Cupressaceae

Dieses schlanke, zypressenähnliche Gehölz trägt in vielen Sprachen den Namen „Zeder" (franz.: cèdre blanc de Californie, engl.: incense cedar). Mit den echten Zedern hat es aber nichts gemein, genauso wenig wie die Zirbelkiefer mit ihren „Zedernüssen". Die Weihrauchzeder stammt aus dem Westen der USA, aus den Gebirgen Kaliforniens und Oregons, teilweise auch aus Nevada und dem mexikanischen Teil der Kalifornischen Halbinsel. Hier wächst sie auf feuchten Böden in Talgründen bis 2700 m Höhe, oft in der Gesellschaft der Amerikanischen Weißtanne. Ihr Holz dient als Rohstoff zur Bleistiftherstellung (sog. „Zedernholz vom Typ „Incense Cedar" oder kurz, „Incense") an Stelle des selten gewordenen Virginia-Sadebaumes, der früher „Rotes Zedernholz" zu diesem Zweck geliefert hat.

Von den übrigen Lebensbaumarten unterscheidet sich die Weihrauchzeder durch die Samen, welche 2 unterschiedliche Flügel haben, von denen der größere stark verlängert ist. Die dem Abendländischen Lebensbaum ähnlichen Zapfen besitzen nur zwei große fertile Samenschuppen, die übrigen sind steril. Die hängenden Zapfen sind etwa 2 cm groß, die Schuppen haben vor der Spitze einen kleinen Dorn. Die Zweige sind nur etwa 2 mm breit, platt, dunkelgrün gefärbt, die Blätter schuppenförmig, anliegend und nur an den Enden abstehend und zugespitzt. Beim Zerreiben riechen sie wie der Stinkwacholder (*Juniperus sabina* L.). Die Weihrauchzeder wird seit der Mitte des 19. Jahrhunderts in Europa gezogen (England 1853). Sie ist ein gartenarchitektonisch außerordentlich wertvolles Gehölz mit charakteristischem Habitus, der an die mächtigen Mittelmeerzypressen erinnert. Verträgt Fröste bis −30 °C.

Blütenstand ♂

Stattlicher schlanker Baum mit schmal pyramidenförmiger Krone, bis 45 m hoch.

Zypressengewächse

Cupressaceae

Mittelmeer-Zypresse

Cupressus sempervirens L.

Das bekannteste Mittelmeergehölz ist die Mittelmeer-Zypresse. Sie stellt ein Symbol dieser Region dar und wurde von hier in fast alle warmen Länder der Erde verbreitet. Der Baum erreicht ein hohes Alter und überlebte daher sogar die Kulturen, zu deren Zeit er gepflanzt wurde. Verschiedene Angaben sprechen von Exemplaren, die fast 2000 Jahre alt sind.

Als Standorte mit natürlichem Vorkommen von Mittelmeer-Zypressen gelten der Nord-Iran, Kleinasien sowie die Inseln Zypern, Kreta und Rhodos. Es handelt sich um ein Gehölz von beträchtlichem stammesgeschichtlichem Alter, wenn man in Betracht zieht, daß es bereits im Pliozän existierte (Funde in Bulgarien und Polen).

Zypressen haben eine dünne, graubraune, schwach aufplatzende Borke und, im Gegensatz zu den ähnlichen Scheinzypressen, Zweige mit vierkantigem Querschnitt. An diesen wachsen kreuzgegenständig schuppige, anliegende, sich dachartig überlappende Blätter von dunkelgrüner Farbe. Die eiförmigen Zapfen sind walnußgroß (bis 3 cm) und hängen von kurzen Zweigen herab. Sie bestehen aus ca. 8–14 Schuppen; jede Samenschuppe trägt mehr als 2 Samen. Die Samen haben einen schmalen, abgerundeten Flügel.

Der schlanke Säulenwuchs ist nicht die einzige Wuchsform der Mittelmeer-Zypressen, so sieht vielmehr die Form *stricta* (MILL. ex D. C.) HANSEN aus, während *horizontalis* (MILL.) VOSS einen eher zedernähnlichen Habitus aufweist. Zypressen werden seit Jahrtausenden kultiviert; in nördlicheren Gebieten vertragen sie aber die Winter nicht, deshalb werden sie häufig nur in Wintergärten gehalten. Freilandbestände gibt es jedoch z. B. im englischen Kew oder auf der Insel Mainau (Bodensee).

var. *stricta*

var. *horizontalis*

20–30 m hoher Baum, schlank pyramidenförmige oder breite bis schirmförmige Krone.

Nutka-Weißzeder, Nutka-Scheinzypresse

Zypressengewächse

Chamaecyparis nootkatensis (D. DON) SPACH

Cupressaceae

♀

Das Hauptunterscheidungsmerkmal der einander ziemlich ähnlichen Gattungen *Cupressus* und *Chamaecyparis* sind die Zapfen. Die Zapfen der Scheinzypressen sind klein, reifen meist schon im ersten Jahr heran und tragen hinter jeder Samenschuppe nur je zwei Samen mit dünnen, ziemlich breiten Flügeln. Aber auch an den Jungtrieben unterscheiden sie sich: bei den Scheinzypressen sind diese im Querschnitt auffällig abgeplattet.

Die Nutka-Weißzeder hat gerundete oder schwach vierkantige, jedoch stets abgeplattete Zweige. Ihre Schuppenblätter sind auf beiden Seiten gleichmäßig grün oder auf der Unterseite etwas blasser gefärbt. Ihre Äste sind aufsteigend bis ausladend. Die Zweige zweiter Ordnung hängen herab und sind normalerweise so angeordnet, daß sie aus der Ferne wie breite Fransen aussehen. Die Schuppenblätter sind dicht anliegend, nur an den oberen Zweigen abstehend, auf dem Rükken gekielt oder gerundet. Die männlichen Blütenstände sind gelb, die kugeligen etwa 1 cm großen Zapfen rotbraun, bereift und reifen erst im Frühjahr des folgenden Jahres heran. Sie bestehen aus 4–6 Schuppen mit aufrechten, spitzen Fortsätzen. Das Holz der Nutka-Weißzeder hat außerordentliche Eigenschaften: Es ist gelb gefärbt, duftend, dauerhaft und gilt daher als wertvollstes Holz Alaskas.

Die Heimat der Nutka-Weißzeder ist die Nordwestküste des amerikanischen Kontinents. Besonders zahlreich wächst sie in der Umgebung des Nutka-Golfs, ferner auf Inseln des Alexander-Archipels und an den Küsten von Alaska, Britischkolumbien und Oregon. Weiter von der Küste entfernt wächst sie beispielsweise im Kaskaden-Gebirge etwa auf dem 44. Breitengrad, normalerweise auf feuchten Sandböden (Schwemmsande). Nach Europa (England) gelangte sie zwischen 1850 und 1854. Ziemlich häufig ist sie in Parks zu sehen.

Etwa 40 m hoher Baum mit schmal pyramidenförmiger Krone und hängenden Zweigen; wichtiges Nutzholz Alaskas.

Zypressengewächse

Cupressaceae

Oregon-Scheinzypresse, Lawson-Weißzeder

Chamaecyparis lawsoniana (MURRAY) PARL.

Die Lawson-Weißzeder gehört zu den Scheinzypressen, deren Blätter auf der Zweigunterseite eine weißliche Zeichnung tragen. Die Blätter an den Zweigkanten sind größer als die auf der Fläche und gekielt; alle liegen eng an und haben eine abstehende Spitze. Nicht immer sichtbare weiße Flecken liegen längs dem Rand der Seitenblättchen. Die Zweige der Lawson-Weißzeder stehen ab, sind aber relativ kurz, die Zweige zweiter Ordnung sind waagerecht ausgebreitet und flächig. Das ist ein wichtiges Unterscheidungsmerkmal zur ähnlichen Nutka-Weißzeder, deren Zweige senkrecht angeordnet sind. Die Lawson-Weißzeder unterscheidet sich auch durch die roten männlichen Blütenstände; die weiblichen sind in der Jugend metallisch blau. Die kugeligen Zapfen sind etwa 0,8–1 cm groß, blaugrün gefärbt und bereift; später verfärben sie sich braun. Sie sind aus etwa 8 Schuppen mit spitzen, rückwärts gebogenen Höckern zusammengesetzt. Die fast rundlichen Samen sind geflügelt. Das leichte Holz ist dauerhaft, duftend, es enthält ein Öl, das als Heilmittel (Diuretikum) verwendet wurde; sogar bei Inhalation während der Holzverarbeitung wird es wirksam! Die Lawson-Weißzeder stammt aus den Westgebieten Nordamerikas, aus einem kleinen Areal am Pazifik in Südwest-Oregon und Nordwest-Kalifornien, wo sie in Gebirgstälern im Einflußbereich der feuchten Seeluft wächst. Sie wurde 1854 von LAWSONS Baumschulen (Edinburg) eingeführt. Sie ist ein sehr veränderliches Gehölz, was sowohl Wuchs als auch Blattfärbung angeht; bisher wurden über 200 Kultursorten beschrieben.

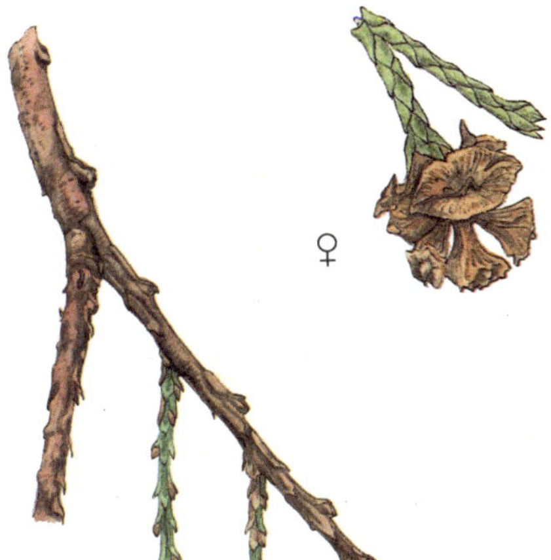

L. lawsoniana 'Boskoop', charakteristische Zeichnung der Blattunterseite

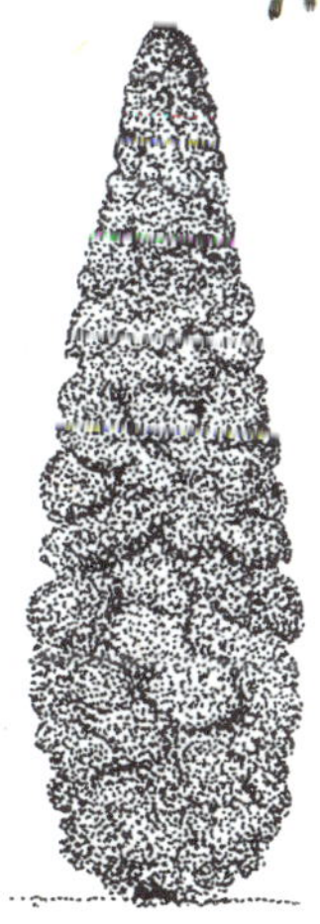

Habitus einer Solitärpflanze

Habitus in natürlichem Bestand

Etwa 40–60 m hoher, schmal kegelförmiger Baum; wichtiges Ziergehölz, sehr winterhart, auch für die Forstwirtschaft in Ländern mit ozeanischem Klima verwendbar.

Feuerzypresse, Hinoki-Weißzeder

Chamaecyparis obtusa (SIEB. et ZUCC.) ENDL.

Zypressengewächse

Cupressaceae

C. obtusa 'Nana Gracilis', Zweig

Die Feuerzypresse ist den meisten Europäern nur als Zwergpflanze der Kultursorte 'Nana Gracilis' im Steingarten bekannt. In freier Natur wächst sie aber als stattlicher Baum, vor allem im Kiso-Gebirge (Japan) nordöstlich Nagoya. Dort findet man sie in Talgründen auf Silikatgeröll oder verwittertem Vulkangestein. Sie gehört zu den 5 wichtigsten japanischen Forstgehölzen. Aus ihrem Holz wurden Tempel und Adelspaläste gebaut. Die Krüppelsorten sind nicht nur in Europa, sondern vor allem in Japan beliebt, wo die Feuerzypresse eines der häufig im Bonsai-Stil gepflegten Gehölze ist. Nach Europa gelangte sie 1861, gleichzeitig nach Holland und England.

Die Feuerzypresse hat auf den Blättern der Zweigunterseite eine weiße y-förmige Zeichnung. Die Blätter sind ziemlich stumpf, anliegend, auf der Oberseite dunkelgrün gefärbt, die Zweige sind flächig, oft fächerartig ausgebreitet. Auf den Hauptzweigen mit starkem Längenwachstum sind die Seitenblätter größer und spitzer, manchmal sogar sichelförmig umgebogen. Die Zapfen wachsen einzeln an kleinen Stielchen, sind kugelig, in der Reife rund 1 cm groß und orangebraun gefärbt. Sie bestehen aus 8–10 Samenschuppen, die auf dem Rücken zusammengedrückt sind und eine kurze Spitze tragen. Die Samen haben einen schmalen Flügel.

Auf Taiwan wächst die hochwüchsige var. *formosana* HAYATA, die in Europa nur selten gezogen wird; z. B. seit 1910 in Bayfordbury (England). Bisher wurden vorwiegend in Japan annähernd 60 Kultursorten herangezüchtet, von denen sich in der westlichen Welt nur etwa 15 halten; davon sind 13 Krüppelformen.

charakteristische Zeichnung der Zweigunterseite

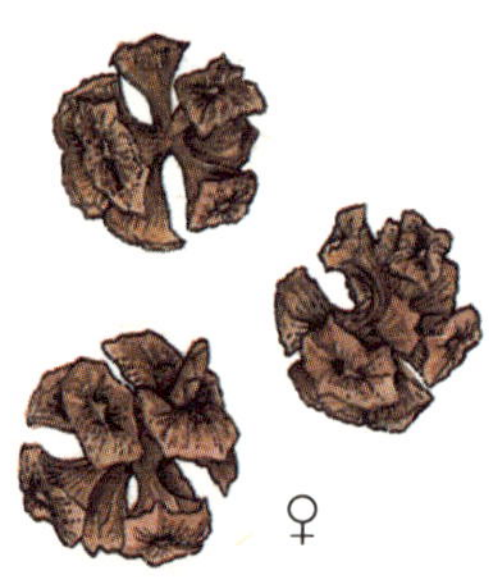

♀

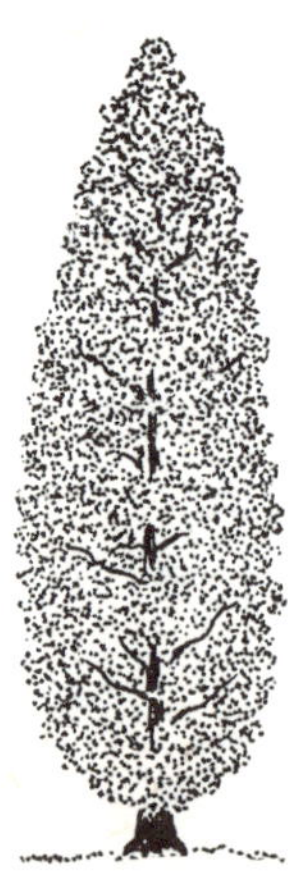

Breit kegeliger Baum, bis 40 m hoch; wichtiges japanisches Nutzholz.

Zypressengewächse

Erbsenfrüchtige Weißzeder, Sawara-Scheinzypresse

Cupressaceae *Chamaecyparis pisifera* (SIEB. et ZUCC.) ENDL.

Schon der Name dieser Scheinzypresse weist auf ein wichtiges Unterscheidungsmerkmal hin: auf die kleinen erbsenähnlichen, etwa 6 mm großen Zapfen. In der „reinen“, ursprünglichen Form läßt sich diese Art leicht von den anderen Scheinzypressen unterscheiden, da ihre Blätter sowohl an der Zweigkante als auch auf der Zweigfläche annähernd gleich groß, nur leicht anliegend und besonders spitz sind. Auch die Zeichnung auf der Unterseite ist besonders deutlich (dreieckige weiße Flecken, nicht nur y-förmige Umrißzeichnungen). Zerriebene Blätter duften harzig. Die rotbraune Borke der älteren Stämme ist glatt, doch zergliedert sie sich zu schmalen Schnüren und Bändern. Die Zapfen bestehen aus 10–12, ein wenig eingedrückten Samenschuppen mit einer kleinen Warze. Jede trägt 1–2 breitflügelige Samen.

Die Sawara-Scheinzypresse ist ein Beigehölz aus den japanischen Bergwäldern in Höhen zwischen 400–1700 m im Bereich vom 30.–38. nördlichen Breitengrad. Sie ist ausgesprochen feuchtigkeitsliebend, wächst autochthon in den feuchten Anschwemmungsböden der Talgründe. Ihr hübsches rotgelbes Holz ist weniger geschätzt als das der Feuerzypresse. Es wird für Bauten im Wasser und den Schiffsbau, aber auch als Tischlermaterial verwendet. In der Bonsai-Kultur hat die Sawara-Scheinzypresse ebenfalls ihren Platz.

Nach Europa gelangte sie wahrscheinlich gemeinsam mit *Ch. obtusa* (SIEB. et ZUCC.) ENDL. In vielen Eigenschaften ist sie recht variabel, was für den Ziergarten vielfach genutzt wird. Allein in Europa sind etwa 60 Kultursorten bekannt, darunter viele bizarre Formen, z. B. 'Filifera' oder mit verschiedenster Laubfärbung die Sortengruppe 'Plumosa'.

♀

cv. Filifera

Schütter bezweigter, breit kegeliger Baum, in der Natur 25–50 m hoch; vielgestaltiges Ziergehölz.

cv. Plumosa

Zweigunterseite

Gemeiner Wacholder

Zypressengewächse

Juniperus communis L.

Cupressaceae

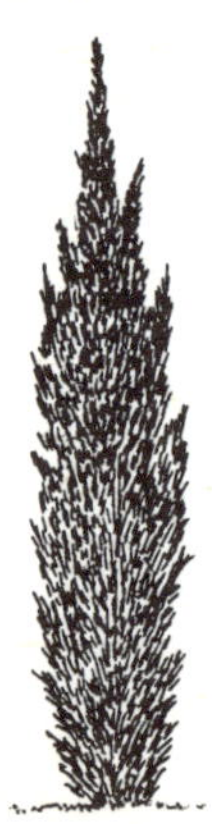

Wacholder sind Nadelhölzer, die sich von allen übrigen hauptsächlich durch die Früchte unterscheiden: Die Samenschuppen der weiblichen Zapfen sind fleischig oder halbfleischig und ähneln Beeren. In der Fachsprache werden sie als Beerenzapfen (Galbulus) bezeichnet. Ihre Wände entstehen aus den verwachsenen Samenschuppen und umhüllen die Samen direkt. Wacholder wachsen in etwa 40–60 Arten auf der Nordhalbkugel (auch über den Polarkreis hinaus), in Mittelamerika und im afrikanischen Njassaland.

Der Gemeine Wacholder gehört zur Sektion *Oxycedrus,* deren Vertreter alle nadelartige Blätter in dreizähligen Wirteln mit weißen Stomatastreifen auf der Oberseite haben. Diese Streifen vereinigen sich beim Gemeinen Wacholder zu einem einzigen, der breiter als der grüne Nadelrand ist. Die Äste dieser Art sind meist aufstrebend, die Nadeln stechend, die Blüten zweihäusig. Die kugeligen, 5–9 mm großen Früchte sind mit Wachs bereift; im reifen Zustand sind sie blaugrau gefärbt. Sie reifen im 2.–3. Jahr heran und enthalten meist drei stumpfe, dreikantige Samen. Darüber hinaus sind ätherische Öle, Harze, der Bitterstoff Juniperin, verschiedene Zucker und organische Säuren darin angereichert. Die ätherischen Öle wirken harntreibend. Sie werden daher therapeutisch bei Harnweginfektionen verordnet. Die Früchte sind getrocknet ein beliebtes Küchengewürz. Das Holz hat ebenfalls eine harntreibende Wirkung, außerdem wird es zum Räuchern von Fleisch verwendet.

Der Gemeine Wacholder wächst in der ganzen gemäßigten Zone der Nordhalbkugel, im Süden bis Nordafrika, im Südosten bis in den Westhimalaja. Er bildet mehrere geographische Rassen, die manchmal als selbständige Arten gesehen werden. Die erste Erwähnung einer absichtlichen Kultivierung stammt aus dem Jahr 1560.

Schlanker, mehrstämmiger Baum (bis 12 m) oder häufiger immergrüner Strauch; wichtiges landschaftsgestaltendes, ökologisch flexibles Pioniergehölz.

Zypressengewächse

Chinesischer Wacholder

Cupressaceae *Juniperus chinensis* L.

Der Chinesische Wacholder ist eine Art, mit einem für die Sektion *Sabina* typischen Blattdimorphismus: Zum einen hat er jugendliche Nadelblätter in Dreierwirteln längs den Zweigen, zum anderen kreuzgegenständige, schuppenförmige Folgeblätter. Die Nadelblätter sind etwa 8–16 mm lang, hart und stechend, die Schuppenblätter haben stumpfe Enden und liegen an den runden Zweigen an. Er ist ein zweihäusiges, selten einhäusiges Gehölz. Die Früchte haben eine veränderliche Form, sind weißblau bereift, reifen im zweiten Jahr heran und enthalten 2–3 Samen.

Der Chinesische Wacholder stammt aus China (Provinzen Tsu-pei, Shensi, Sechuan), der Mongolei, der Mandschurei, Korea und Japan. Bereits seit Jahrhunderten wird er kultiviert, vor allem in Strauch- und Krüppelformen. CARL von LINNÉ hat diesen Wacholder anhand eines Exemplars beschrieben, das schon vor 1767 in seinem Garten in Uppsala gewachsen sein muß. Ins englische Kew gelangte das erste Exemplar 1804. Einige Sorten des Chinesischen Wacholders (bekannt sind über 60) gehören zu den meist gezogenen Gartenwacholdern, darunter die Kulturform 'Pfitzeriana'.

Der amerikanische Baumzüchter VAN MELLE hat die Art *J. chinensis* und ihre Kultursorten einer gründlichen Untersuchung unterzogen und gelangte zu dem Schluß, daß ein Teil dieser Sorten auf Kreuzungen mit *J. sabina* L. zurückzuführen sind. Typisch für diese ist z. B. der Sabinolgeruch. Diese Kreuzungen hat er als *J.* × *media* VAN MELLE bezeichnet. Von den bekannten Sorten gehört hierzu z. B. die erwähnte 'Pfitzeriana'.

Junger Zweig mit reifen Beerenzapfen

♀

Zweig mit deutlichem Blattdimorphismus

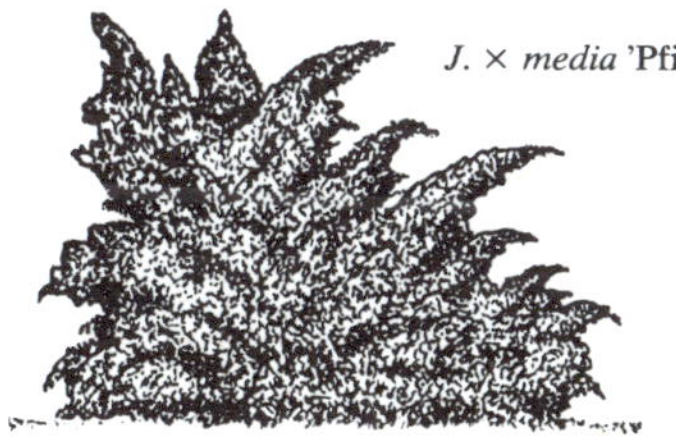

J. × *media* 'Pfitzeriana'

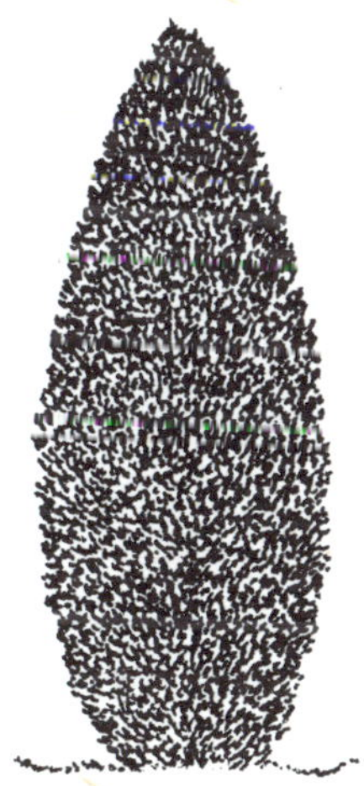

J. chinensis

Schlank kegeliger Baum bis 20 m oder ausladender Strauch; wichtiges Ziergehölz, einige Kultursorten sind auch für verschmutzte Luft geeignet.

Virginischer Wacholder, Bleistiftzeder, Rote Zeder

Zypressengewächse

Juniperus virginiana L. *Cupressaceae*

Bald nach der Entdeckung Amerikas kam man darauf, daß das duftende, lachsrote Holz des Virginischen Wacholders zwar spröde, aber dauerhaft und außerordentlich wertvoll ist. Am stärksten wurde es zur Herstellung klassischer Bleistifte genutzt, teilweise dient es zur Destillation des sog. „Zedernöls" (die Art wird auch Amerikanische „Zeder" genannt), das in der Kosmetik verwendet wird; weiterhin wurden Täfelungen und Möbel daraus hergestellt. So kam es, daß die einst großen Bestände dieser Art im Osten Nordamerikas, zwischen Hudson-Bay, Florida, New Mexiko und den Rocky Mountains bedenklich gelichtet wurden. Unmittelbar bedroht ist der Virginische Wacholder aber nicht, weil er heute in der gemäßigten Zone in fast allen Gärten und Parks der Welt wächst, und zwar sowohl in der ursprünglichen Form als auch in zahlreichen Kultursorten, von denen es etwa 60 gibt. Nach Europa gelangte diese Wacholderart wahrscheinlich schon vor 1664. Später wurde sie auch in Europa als Forstbaum erprobt (z. B. auf den Lichtensteinischen Gütern in Südmähren).

Der Virginische Wacholder hat den der Sektion *Sabina* eigenen Blattdimorphismus: Nadelblätter, die in der Regel paarweise an den Zweigen wachsen und zugespitzte Schuppenblätter. Die zylindrischen Zweige sind auffällig dünn, kaum 1 mm stark. Charakteristisches Merkmal einiger Kultursorten dieses Wacholders ist die Röte der Triebspitzen im Winter. Die Früchte sind klein, etwa 5 mm groß, kugelig bis eiförmig, bereift, reifen im ersten Jahr heran und enthalten nur 1–2 Samen.

Etwa 30 m hoher Baum mit schmal kegeliger, manchmal ausladender Krone, Kultursorten sind oft nur strauchwüchsig; wichtiges Nutzholz im Osten der USA.

Zypressengewächse

Cupressaceae

Kriechender Wacholder

Juniperus horizontalis MOENCH

Dies ist ein niederliegender Strauch mit bogig aufsteigenden, jedoch kurzen Seitenzweigen bzw. mit ausschließlich über den Boden ausgebreiteten Trieben. In Nordamerika wächst er von Neuschottland bis in die Provinz Alberta, nach Süden bis in die Staaten New Jersey, Minnesota und Montana. Man findet ihn auf Sand- oder Felsböden, auch an den Ufern großer Seen und Flüsse. Er besitzt vorwiegend spitze oder grannige Schuppenblätter, die während der Vegetationszeit blaugrün oder metallisch graublau gefärbt sind und in den Wintermonaten bzw. im Vorfrühling bronzefarben oder rötlich gefärbte Spitzen haben. Die Nadelblätter wachsen meist zu je zwei bis drei und liegen den Zweigen an. Die Früchte sind 6–9 mm groß und sitzen an kurzen, hängenden Trieben; sie reifen im 2. Jahr heran und enthalten 2–3 Samen. Der Kriechende Wacholder ist ein recht vielgestaltiges Gehölz, von dem bereits rund 20 Kultursorten gezüchtet wurden. Er wurde um das Jahr 1830 nach England gebracht; aus Polen wird er sogar schon 1828 erwähnt. Eine häufig gezogene Art, die als Bodenbedecker für Böschungen, Hänge und ähnliche Stellen in Gärten verwendet wird.

Wacholder lassen sich normalerweise gut aus Stecklingen vermehren, was am besten im Juli und August, in modernen Zuchtanlagen das ganze Jahr über geschieht; bei niederliegenden Wacholderarten wie *J. horizontalis* wurzeln häufig bereits ältere Äste, so daß man „Büschel" teilen kann.

Rötliche Winterzweige

Niederliegender Strauch mit in Ausnahmen bis 1 m aufsteigenden Zweigen.

Sadebaum, Stinkwacholder

Zypressengewächse

Juniperus sabina L.

Cupressaceae

♀

Der Sadebaum wurde vielfach in Klostergärten gezogen, was schon für die Zeit vor 1580 belegt ist. Seine Verwendung als „Heilpflanze“ ist jedoch sehr problematisch, da er zwar ein weit verbreitetes Abtreibungsmittel darstellte, gleichzeitig aber zu schweren Vergiftungen (sog. Sabinismus) führte, die innere Blutungen der Verdauungswege und Nierenschäden zur Folge hatten. Der Wirkstoff ist das Sabinol, ein ätherisches Öl, von dem bereits 6 Tropfen zum Tod führen können. Die Droge bestand aus getrockneten Spitzen junger Zweige; sie wurde auch dem Absinth beigegeben.

Der Sadebaum wächst in den europäischen und asiatischen Gebirgen, von den Pyrenäen über Mittel- und Südeuropa, die Krim, den Kaukasus und Ural bis nach Südsibirien und die Mongolei. In Mitteleuropa gilt er als Relikt aus der Riß-Würm-Zwischeneiszeit.

Er ist cin niedriger Strauch, der ein breites, vielfach, verzweigtes Astwerk ausbildet. Er hat liegende oder aufsteigende Äste mit dichten Ruten aus Zweigen höherer Ordnung, die meist nur mit kreuzgegenständigen, anliegenden, etwa 4–5 mm langen Schuppenblättern bestanden sind; nur an einigen Trieben erscheinen Nadelblätter in dreizähligen Wirteln. Beim Zerreiben riechen die Zweige unangenehm nach Sabinol. Der Sadebaum ist normalerweise zweihäusig, seltener einhäusig. Die Beerenzapfen an den überhängenden, kurzen Trieben sind etwa 5–7 mm groß, bereift, reifen im Frühjahr des folgenden Jahres heran und enthalten 1–4 Samen.

In der Gartenarchitektur ist der Sadebaum ein häufig verwendetes Gehölz; es gibt etwa 20 Kultursorten, von denen 'Tamariscifolia‘ die bekannteste ist.

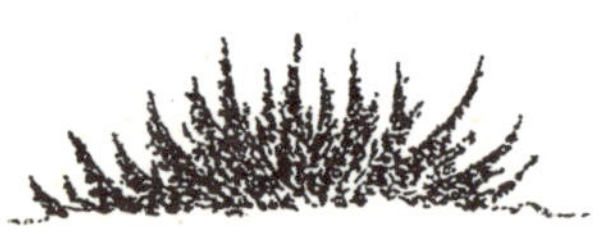

Niedriger Strauch (80–100 cm) mit bogig aufsteigenden Ästen. Giftig!

Magnoliengewächse

Magnoliaceae

Soulange-Magnolie

Magnolia × soulangeana SOUL.-BOD.

Zwar stammen die 35 Magnolien-Arten teils aus Nord- und Mittelamerika, teils aus Ostasien und dem Himalaja, doch sind sie in hohem Maße mit Frankreich verbunden. Ihren Namen erhielt die Gattung zu Ehren von PIERRE MAGNOLE (1638–1715), dem damaligen Direktor des botanischen Gartens von Montpellier. Die bekannteste Magnolie, die weithin der allgemeinen Vorstellung von der Gattung entspricht, ist eine Kreuzung aus *M. denudata* DESR. und *M. liliiflora* DESR., die im Garten des Herrn SOULANGE-BODIN in Fromont bei Paris entstanden ist. *M. × soulangeana* ist ein sommergrüner Strauch mit großen ovalen bis elliptischen, 10–15 cm großen, auf der Unterseite beflaumten Blättern. Noch vor den Blättern entwickeln sich am Strauch die aufrechten glockenförmigen Blüten, die wichtigste Zierde dieser Magnolie. Sie sind zweigeschlechtlich, radiärsymmetrisch gebaut und haben auffallend gefärbte Blütenhüllblätter. Diese 9 Blätter wachsen in einem Wirtel, stehen aber soweit zusammengedrängt, daß sie wie drei dreizählige Kreise erscheinen. Die Unterseite der Außenblätter ist weiß, normalerweise mit einem schmalen violetten Längsstreifen. Die inneren Blätter sind an der Basis violett; ihr Mittelstreifen ist breiter. Im Blüteninneren befindet sich ein Wirtel aus vielen Staubgefäßen, im Zentrum des Blütenbodens ebenfalls wirtelig angeordnet mehrere Stempel. Die Frucht ist ein Balg; alle Balgfrüchte zusammen bilden eine zapfenförmige Sammelfrucht.

Magnolien sind nur unter Schwierigkeiten zu vermehrende Gehölze; nach der Keimruhe gehen die Samen nur langsam auf. Die Kultursorten der Soulange-Magnolie kann man nur durch Senker oder in modernen Zuchtanlagen durch Stecklinge vermehren.

Zapfenförmige Sammelfrucht

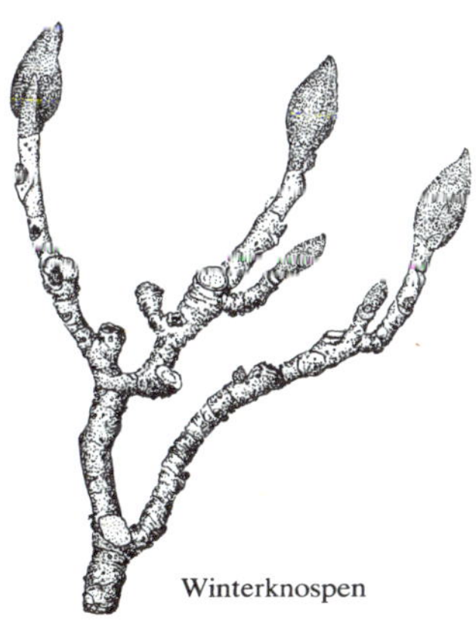

Winterknospen

Hoher Strauch oder mehrstämmiger Baum von 3–9 m; geschätztes Gartengehölz, spätfrostempfindlich.

Großblütige Magnolie

Magnoliengewächse

Magnolia grandiflora L.

Magnoliaceae

Magnolien sind immer- oder sommergrüne Bäume und Sträucher mit wechselständigen Blättern und Einzelblüten, die an den Sproßspitzen sitzen. Alle Magnolienarten haben auffällige Zwitterblüten, deren Schauapparat manche Botaniker nur für Blütenhüllblätter halten; andere unterscheiden zwischen Kelch und Krone, weitere betrachten ihn als nur aus Kronblättern zusammengesetzt. Tatsächlich lassen sich innerhalb der Gattung alle drei, wenigstens aber die ersten beiden Möglichkeiten erkennen. Magnolien haben zwei Entwicklungsschwerpunkte; die älteren, ursprünglicheren Arten stammen aus Asien, entwicklungsmäßig jüngere aus Amerika.

Die amerikanische Großblütige Magnolie ist ein halbimmergrüner Baum. Ihre jungen Zweige sind braun beflaumt, die Blätter spitz elliptisch, 12–20 cm lang, die Oberseite glänzend, lederig, dunkelgrün, die Unterseite manchmal zimtbraun gefärbt. Sie fallen erst im zweiten Jahr ab. Die unter den Magnolien wohl größten, sahneweißen Blüten duften angenehm und sind voll geöffnet 20 cm breit. Sie erscheinen von Mai bis August. Die braunen Sammelfrüchte sind bis 10 cm lang. Die Heimat dieser Art ist der Südosten der USA (Nord-Carolina, Florida, Texas). Seit 1734 wird sie in Europa gehalten, doch verträgt sie die europäischen Winter nicht. Daher gedeiht die Großblütige Magnolie bei uns normalerweise nur in Gewächshäusern. In Teilen Großbritanniens erweist sie sich winterhart genug, wächst aber nur sehr langsam; an der europäischen Riviera hat sie sich gut akklimatisiert.

Die japanisch-koreanische Magnolie *M. kobus* DC. verträgt hingegen den europäischen Winter sehr gut. Sie blüht vor dem Blattaustrieb schon ab Mitte April, ist also eine der frühesten Magnolien überhaupt. Bei ihr lassen sich Kelch und Krone unterscheiden; gezüchtet wird sie seit 1865. Die Sorte 'Borealis' blüht bereits in jungen Jahren.

M. kobus, Blüte

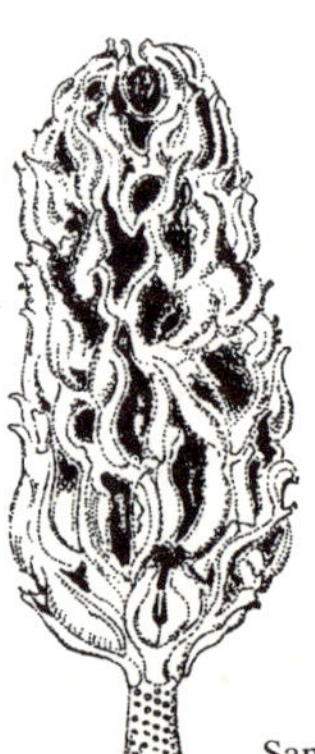

Sammelfrucht

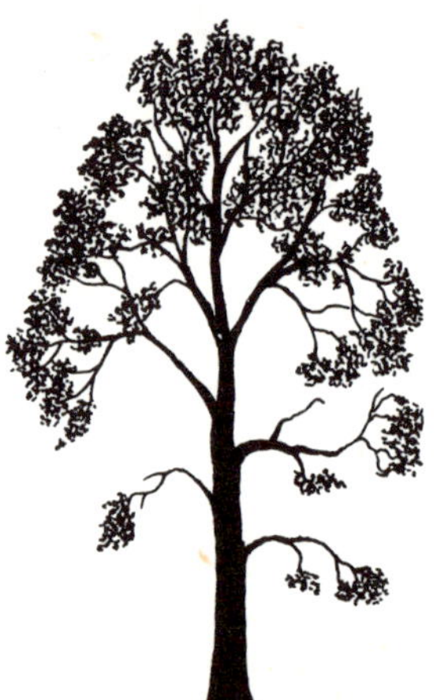

Halbimmergrüner pyramidenförmiger Baum bis 30 m; *M. kobus* bis 25 m, sommergrün.

Magnoliengewächse

Magnoliaceae

Tulpenbaum

Liriodendron tulipifera L.

Das ursprüngliche Areal des Tulpenbaums liegt in Nordamerika zwischen den Staaten Massachusets, Wisconsin, Florida und Missouri; besonders ausgedehnt waren die Waldungen in den Allegheny-Bergen. Der Anblick mächtiger blühender Tulpenbäume mußte europäische Einwanderer geradezu überwältigen. Leierförmige Blätter und tulpenähnliche Blüten an 50 m hohen Bäumen waren für sie etwas völlig Ungewohntes; daher wurden sie verständlicherweise relativ früh in Kultur genommen. Sie gehören zu den ganz frühen Importen aus der Neuen Welt; bereits 1663 wurden sie erstmals nach Europa gebracht. Eines der ersten Exemplare wurde in Fullham (England) herangezogen.

Tulpenbäume sind stammesgeschichtlich sehr alte Gehölze. Fossil sind sie bereits aus Kreideformationen in Nordamerika und auf der Insel Sachalin bekannt, im Paläogen (Alt-Tertiär) wuchsen sie auch in Europa. Erhalten geblieben sind nur zwei Arten, der nordamerikanische *L. tulipifera* und der ostasiatische *L. chinense* (HEMSL.) SARG. Der Tulpenbaum hat wechselständige, sommergrüne, am Ende breit gekappte Blätter, die zu jeder Seite in zwei Lappen auslaufen. Die endständigen Blüten sind glockenförmig und haben 3 Kelch- und 6 Kronblätter. Es folgen zahlreiche Staub- und Fruchtblätter in dachförmiger Anordnung, so daß die daraus entstehende Frucht einem Nadelholzzapfen etwas ähnlich sieht. Das Holz des Tulpenbaums ist sehr wertvoll. Es ist ein Kernholz, das mit dem Altern des Baumes dunkelt. Es wird im englischen auch „Pappelholz" genannt: Holz von jungen Bäumen ist weiß (white poplar), von älteren gelb (yellow poplar) und von sehr alten „blau" (blue poplar). Für die Möbelherstellung war Furnier aus „Kanarien"-Holz beliebt, das aus dem unteren Bereich des Stammes gewonnen wurde.

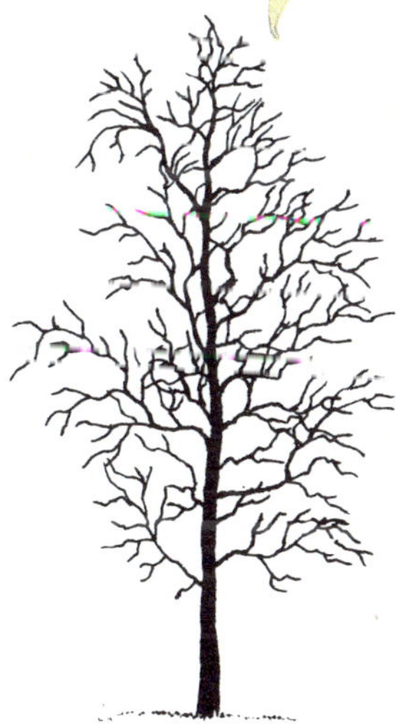

Hoher Baum (max. 60 m) mit kegelförmiger Krone; Gehölz von außerordentlich hohem gärtnerischem Wert für große Parks und feuchte Böden in der Küstenregion.

Herbstfärbung

Lorbeerbaum

Lorbeergewächse

Laurus nobilis L.

Lauraceae

Unter den heutigen Klimabedingungen in Mittel- und Westeuropa Lorbeer zu finden ist fast ausgeschlossen, wenn man von Hotelhallen, botanischen Gärten – und Gewürzdosen absieht. Lorbeergewächse sind aber stammesgeschichtlich sehr alte Pflanzen, die im Mesozoikum (Kreide) fast über die ganze Nordhalbkugel verbreitet waren. Die Gattung *Laurus* selbst wurde erst während der Eiszeit in den warmen Mittelmeerraum abgedrängt. Seit Beginn der menschlichen Kultur hat der Lorbeerbaum den Menschen begleitet und wird sowohl als Heilpflanze als auch Gewürz von ihm kultiviert. Früchte und Blätter enthalten etwa 3 % ätherische Öle und 30 % Fette. Durch Pressen läßt sich eine Ölmischung gewinnen, die zu stärkerer Durchblutung führt.

Der Lorbeerbaum ist ein immergrüner Strauch mit grünlichweißen, vierstrahligen Blüten in achselständigen Blütenständen. Die Frucht ist eine bis 2 cm große, anfangs dunkelgrüne, später schwarze Beere.

Der Lorbeerbaum wurde im Altertum verehrt. Er war dem Gott Apollo geweiht, dessen Priester Lorbeerkränze auf dem Kopf trugen. Die delphische Pythia kaute bei ihren Weissagungen Lorbeerblätter. Später galt der Lorbeer als Allheilmittel gegen die Pest und als pilztötende Arznei. Lorbeerkränze und -zweige wurden Dichtern und Siegern überreicht, die Absolventen der mittelalterlichen Universitäten wurden mit fruchttragenden Lorbeerzweigen ausgezeichnet und galten als „bacca laurea coronati“ bzw. „bacca laureati“ (vgl. Bakkalaureus, Laureat). Um stets genügend Lorbeer zur Hand zu haben, wurde er als Monokultur in den sog. Laureta-Hainen gezogen; einer davon war auf einem der sieben römischen Hügel, dem Aventin.

Stattlicher Baum oder Strauch bis 10 m; historisch bedeutsames Gehölz, Gewürzstrauch.

Hahnenfußgewächse

Weiße Waldrebe, Gemeine Waldrebe

Ranunculaceae *Clematis vitalba* L.

Waldreben sind zweimal im Jahr dekorativ, in der Blüte und in der Samenreife. Ihre nackten Früchte haben einen langen federigen Fortsatz als Flugapparat. Da sie in reichen Fruchtständen angeordnet sind und silbrig glänzen, sehen die reifen Waldreben im Herbst wie in einer zweiten Blüte aus.

Die Arten der Gattung sind meist holzige, niederliegende, seltener rankende Lianen mit gegenständigen Blättern. Die häufigste europäische Art, *C. vitalba,* hat in der Jugend befilzte, später kahle Jungtriebe und unpaarig gefiederte Blätter mit drei bis fünf lang zugespitzten Teilblättern. In den Blattachseln oder an den Zweigenden entstehen die Blüten in reichen Trugdolden. Die Blüten öffnen sich zwischen Juni und September, so daß ein einzelnes Exemplar gleichzeitig reifende Früchte und späte Blüten trägt. An den duftenden langstieligen Blüten ist nur der weiß befilzte, sich kronenartig öffnende Kelch entwickelt, während echte Kronblätter fehlen. Die Gemeine Waldrebe wächst vornehmlich in warmen Gebieten Mittel- und Südeuropas bis zum Kaukasus und in Nordafrika, hauptsächlich in feuchten Laubwäldern. Jahrhunderte lang gezüchtet, ist sie vielfach verwildert. Die Blattstiele reagieren auf Berührung mit einem Gegenstand durch langsames Umschlingen und unterstützen so den Lianenwuchs, oft bis in die Baumkronen. In der Nähe von Davos (Schweiz) hat die Gemeine Waldrebe vor Jahren einen dichten „Bestand“ (etwa 500 m^2) in den Kronen eines Fichtenhochwaldes hervorgebracht; ähnliches geschah auch bei Sonderheim im Rheinland. Die Waldrebe ist eine Giftpflanze, die hautreizende Stoffe enthält.

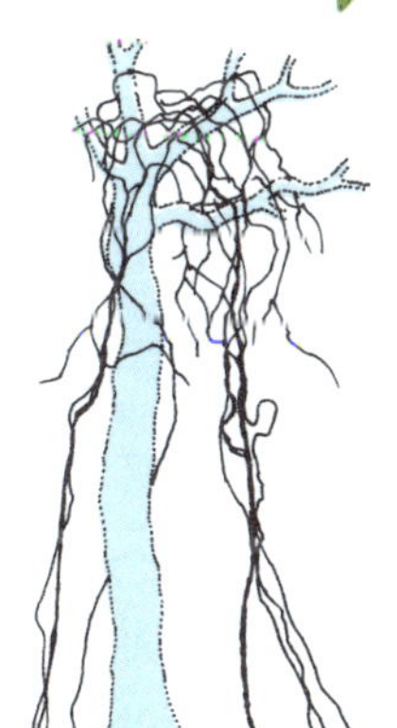

Reifer Fruchtstand

Holzige Liane mit streifig zerfasernder Borke, 3–6 (–10) m. Giftig!

Mongolische Waldrebe

Hahnenfußgewächse

Clematis tangutica (MAX.) KORSH.

Ranunculaceae

Die Arten der Gattung *Clematis* siedeln in einem großen Areal. Die meisten der zwischen 230–400 geschätzten Arten wachsen zwar in der gemäßigten Zone der Nordhalbkugel, einige jedoch auch auf Neuseeland, Tasmanien und in Südamerika. Die Mongolei und Nordwest-China sind die Heimat der besonders hübschen *C. tangutica.* In Europa wird sie erst seit 1890 gezogen, wurde aber schnell zur beliebtesten gelbblühenden Waldrebe. Sie hat gefiederte, manchmal sogar doppelt gefiederte Blätter mit sägegezähnten Teilblättern. Die 5–8 cm breiten, glockigen Blüten wachsen einzeln an ziemlich langen Stielen. Als optisches Lockmittel fungieren die spitzen, unbehaarten, kräftig goldgelb gefärbten Kelchblätter; Kronblätter fehlen. Die Art blüht im Juni, oft noch ein zweites Mal Ende August–September. Sie ist ein sehr widerstandsfähiges Lianengehölz mit silbrig glänzend behaarten reifenden Fruchtständen. In der Kultur wird sie durch Samen vermehrt.

Etwa 1860 entwickelten sich bei der Firma JACKMAN (Woking, England) einige Sämlinge aus einer Versuchskreuzung zwischen *C. lanuginosa* LINDL. und *C. viticella* L. Diese, als *C. × jackmanii* T. MOORE bezeichnete Hybride, wurde zur Grundlage für viele moderne großblütige *Clematis*-Sorten, auch wenn später parallel dazu noch viele größere und farblich attraktivere Sorten und Kreuzungen aufkamen. Die Blüten von Jackmans Waldreben-Sorten sind meist blauviolett, 4- oder 6-strahlig und blühen ab Juli, manchmal bis Oktober.

C. × jackmanii, Blüte

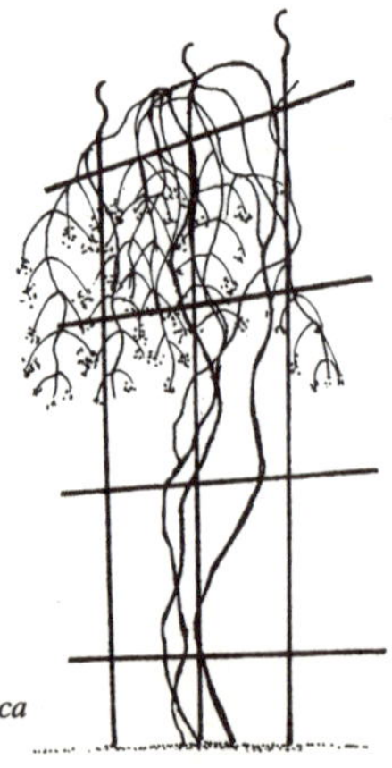

Silhouette von *C. tangutica*

Holzige Liane mit mehreren Stengeln, 3 m und länger, für alle Gartenarten geeignet.

Berberitzengewächse

Sauerdorn, Hecken-Berberitze, Gemeine Berberitze

Berberidaceae

Berberis vulgaris L.

Während die ganze Ordnung *(Berberidales)* ein verhältnismäßig hohes phylogenetisches Alter hat, das bis in die Kreideformation des Mesozoikums reicht, wurden Abdrücke der eigentlichen Berberitzengewächse erst in den Schichten des Jungtertiärs gefunden.

Die Gattung *Berberis* ist recht umfangreich; etwa 500 Arten wachsen in Asien, Süd- und Nordamerika, Nordafrika und Europa. Ihr europäischer Vertreter, die Gemeine Berberitze, ist ein häufiges Gehölz auf sonnigen, warmen Hängen und Weiden; sie ist charakteristisch für sommergrüne Strauchgesellschaften. Sie ist ein dorniger Strauch, dessen charakteristische dreizählige Stacheln umgewandelte Blätter mit Nebenblättern sind. Aus ihren Achseln wachsen verkürzte Triebe mit Büscheln grüner, assimilierender Blätter.

Die Gemeine Berberitze ist eine alte Heilpflanze, die vor allem in der Rinde eine Reihe von Alkaloiden, hauptsächlich Berberin, Oxyacentin und Berbamin enthält. Kleine Dosen wirken abführend, harn- und gallentreibend, große Mengen können zu Lähmungen der Bewegungs- und Atemzentren führen; daher darf sie nur unter ärztlicher Aufsicht angewendet werden. Berberitzen werden auch wegen ihrer Früchten gezogen. Diese sind rot gefärbte und längliche Beeren, die geringe Mengen Vitamin C und organische Säuren enthalten. Auch hier ist jedoch Vorsicht angeraten. Durch Selektion wurden Klone mit großen Früchten herausgezüchtet, die sich zum Einwecken eignen. In der Lederindustrie dienten Berberitzenfrüchte und -rinde zum Gelbfärben.

Schüttere Sträucher mit unregelmäßiger Krone, bis 2,5 m hoch; charakteristisch für offenes Gelände und Waldsäume.

Thunberg-Berberitze

Berberitzengewächse

Berberis thunbergii DC.

Berberidaceae

In Gärten wird sehr häufig die sommergrüne ostasiatische Thunberg-Berberitze gezogen. Der erste Europäer, der die Existenz dieses Strauches schon 1784 erwähnte, war der schwedische Arzt THUNBERG; er hatte ihn in Japan gesehen. Nach Europa gelangte diese Art erst 1864.

Die Thunberg-Berberitze hat kahle Jungtriebe und schlank gestielte Blüten in Gruppen zu 2–4. Die Blüten (Blütezeit Mai, Juni) sind wie bei allen Berberitzen zweigeschlechtlich, regelmäßig, dreizählig mit 6 Kelch- und 6 Kronblättern; diese haben auf der Oberseite am Grund stets zwei Nektariengefäße. Die Blattbüschel wachsen an wechselständigen Kurztrieben. Die Blattränder sind spärlich stachelig gezähnt, frisch grün gefärbt, oft rötlich angelaufen. Der Gehalt an rotvioletten Farbstoffen (Anthocyanen) in den Blättern macht sich am auffälligsten bei der sehr häufig gezogenen Kultursorte 'Atropurpurea' bemerkbar; die Blattfarbe kontrastiert hier besonders kräftig mit der gelben Farbe der Blüten. Interessanterweise ist die Anlage für die dunkelrote Blattfärbung nur teilweise erblich, denn aus den Aussaaten der Samen rotblättriger Individuen erscheint in der Nachkommenschaft nur ein Teil völlig rotfarbiger Sträucher.

Sommergrüne Berberitzen sind ein effektvolles Ziergehölz, haben aber eine unangenehme Eigenschaft: Sie sind Zwischenwirt des sehr schädlichen Schwarzrostes (*Puccinia graminis*) des Getreides. Daher dürfen sie nicht in der Nähe von Getreidekulturen gepflanzt werden.

Blühender Zweig von *B. thunbergii* 'Atropurpurea'

Fruchtender Zweig von *B. thunbergii* 'Atropurpurea'

Strauch mit kompakt geschlossener Krone, bis 2,5 m hoch; vor allem als rotblättrige Sorte gartenarchitektonisch wertvolles Gehölz.

Berberitzengewächse

Gelbholz-Berberitze, Julianes Berberitze

Berberidaceae

Berberis julianae C. K. SCHNEIDER

Es gibt über 20 immergrüne bzw. halbimmergrüne Berberitzenarten. In den europäischen Gärten und Parks hat sich davon am besten Julianes Berberitze aus China bewährt. Sie ist ein sehr dekoratives Gehölz mit wechselständigen, ledrigen, auf der Oberseite dunkelgrün glänzenden, unten deutlich helleren, spitz gezähnten, gestreckt lanzettlichen Blättern. Treten keine strengen Fröste ein, verbleiben die Blätter länger als eine Vegetationszeit am Strauch. Dabei unterscheiden sich ältere Blätter farblich klar von jungen. Die Jungtriebe sind leicht kantig, gelblich-graubraun gefärbt. Auch das Holz ist bei dieser Art kräftiger gelb als bei den übrigen Berberitzen; daher wird Julianes Berberitze auch Gelbholz-Berberitze genannt. Sie wurde auf WILSONS Expedition nach Mittelchina entdeckt und 1900 nach Europa gebracht. Bald erlangte sie große Beliebtheit, da es sich um eine der wenigen wirklich winterharten immergrünen Berberitzen handelt. Neben der beachtenswerten Blattextur ist der Strauch auch in der Reife durch seine blaugrauen, bereiften Früchte interessant; aus ihnen läßt er sich sehr gut vermehren.

Die Berberitzenstacheln sind recht gefährlich; daher sollte der Strauch nicht in der Nähe von Kinderspielplätzen gepflanzt werden. Auch der Blütengeruch ist nicht sehr angenehm, dafür lockt er aber zahlreiche Insekten an. Diese suchen die Nektarien am Grund der Blüte auf. Dazu müssen sie ins Innere vordringen und berühren dabei die Basis der Staubgefäße, die sich bei allen Berberitzen auf Reizung jäh aufrichten und zusammenschließen. So kommt es zur gezielten Pollenübertragung. Diese Bewegung der Staubgefäße kann man auch künstlich durch Berührung mit einer Nadel oder Bleistiftspitze hervorrufen.

Immergrüner, ausladend ästiger Strauch bis 2 m; geeignet für Gruppenpflanzungen und Hecken.

Mahonie

Berberitzengewächse

Mahonia aquifolium (PURSH) NUTT.

Berberidaceae

Die Mahonie hat ähnliche Blätter wie die Stechpalme und wie diese begleitet sie den Menschen. Ihre dekorativen harten, ledrigen unpaarig gefiederten Blätter sind in manchen Ländern aus Blumengebinden, Kränzen usw. nicht wegzudenken. Während die Stechpalme traditionell zum Adventsschmuck gehört, dient die Mahonie vorwiegend als Grabschmuck. Ursprünglich wuchs sie an der Pazifikküste Nordamerikas von Britisch Kolumbien über Oregon bis nach Kalifornien und Arizona. Sie ist in Europa seit 1823 in Kultur, also erst verhältnismäßig kurz. Ihren Namen erhielt sie zu Ehren des bedeutenden amerikanischen Gartenfachmanns, des Iren BERNARD MAC-MAHON (1775–1816).

Mahonien sind immergrüne Gehölze mit radiärsymmetrischen Zwitterblüten, die dreizählig organisiert sind: 9 Kelchblätter zu je drei in 3 Kreisen, 6 Kronblätter in zwei Kreisen und auch die Staubgefäße stehen auf zwei dreizähligen Kreisen. Aus den befruchteten Blüten entstehen fleischige dunkelblaue Beeren, aus deren Saft in Nordamerika früher „Wein" gemacht wurde und der zum Nachfärben echter Rotweine diente.

In freier Natur wachsen Mahonien auf feuchten, durchlässigen Böden, oft auch auf Geröll und in wasserversorgten Spalten. Daher müssen auch in der Kultur diese ökologischen Ansprüche berücksichtigt werden. Niedrige Temperaturen und Immissionen vertragen sie gut, nach dem Schnitt treiben sie schnell wieder aus. Ähnlich wie die verwandten Berberitzen können sie Zwischenwirte von Getreiderost sein.

Niedriger, 0,5–1 m hoher Strauch mit ganzjährig effektvollem Aussehen; gut geeignet für flächige Gruppenpflanzungen.

Osterluzeigewächse

Großblättrige Osterluzei, Pfeifenwinde, Pfeifenstrauch

Aristolochiaceae — *Aristolochia durior* HILL.

Fossile Vertreter der Osterluzei-Familie finden sich bereits in den Mesozoikum-Schichten Nordamerikas. Sie haben wahrscheinlich gemeinsame Vorfahren mit den Magnolien, auch wenn sich die Ordnungen heute weitgehend voneinander unterscheiden. Osterluzeigewächse sind Stauden oder windend schlingende Gehölze. Ihre wechselständigen, gestielten Blätter haben eine ganzrandige, herzförmige Spreite mit handförmiger Nervatur. Ihr Gewebe enthält u. a. Sesquiterpene, zyklische Terpene und Glykoside (Aristolochin). Die europäische Osterluzei (*A. clematitis* L.) ist sogar eine Heilpflanze, deren Blattwerk wundheilende Wirkung hat. Der Pfeifenstrauch stammt aus Nordamerika, vom Gebiet der Staaten Pennsylvania und Georgia im Osten bis nach Minnesota und Kansas im Westen. 1783 wurde er nach England gebracht. Er wird vorwiegend als dekorative Kletterpflanze gehalten und eignet sich sehr gut zur Begrünung von Lauben, Pergolen und Mauern. Da er keine Haftorgane besitzt, muß man ihm eine Stützkonstruktion (Spalier etc.) bieten. Oft sieht man diese Liane an alten Gebäuden um den Blitzableiter gewunden. Ihre großen Blätter überlappen sich dachartig und vermitteln einen exotischen Eindruck. In den Achseln sitzen die biologisch interessanten Blüten (Kesselfallen). Sie sind bilateralsymmetrisch, zwittrig und haben die Form einer Pfeife. Mit ihrem, für den Menschen nicht angenehmen Duft locken sie Insekten an, die in die siphonartigen Kannen vordringen, worin sie durch später welkende Haare einige Zeit gefangen bleiben, bis die Bestäubung vollzogen ist. Der Pfeifenstrauch blüht im Mai; die Frucht ist eine birnenförmige Kapsel. Bemerkenswert ist auch die Herkunft des lateinischen Namens, der sich von der Ansicht ableitet, daß es eine wirksame Medizin für Mütter im Kindbett sei (aristos = sehr gut, lochia = Kindbett).

Schlingende Liane, 3–10 m lang; widerstandsfähiges Klettergehölz für feuchtere Böden.

Kesselfallenblüte

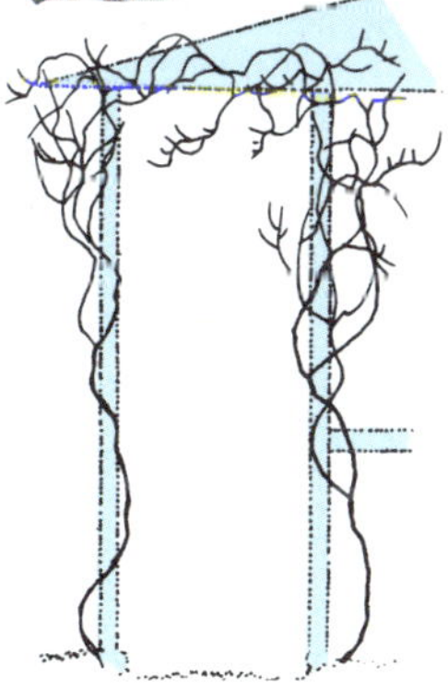

Silhouette im Winter

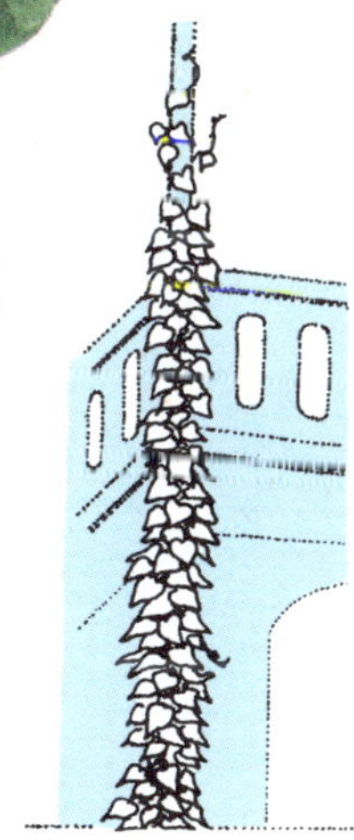

Silhouette im Sommer

Katsurabaum, Judasbaumblatt

Katsurabaumgewächse

Cercidiphyllum japonicum SIEB. et ZUCC.

Cercidiphyllaceae

Im Gegensatz zu anderen Gehölzen, die sich durch ihren Wuchs, Laubform oder -färbung, Blütenfarbe oder -duft bzw. Früchte auszeichnen, fällt der Katsurabaum besonders durch die Eigenschaft seiner welken Blätter auf: liegen die abgefallenen Blätter einige Stunden im Gras unter dem Baum, duften sie durchdringend. Dieser Duft ist aber in der Natur ganz unerwartet: der Geruch nach frischem, gerade aus dem Backofen gezogenen Kuchen. Dieser ist so intensiv, daß man durch ihn selbst im Dickicht verborgene Katsurabäume finden kann.

Der Katsurabaum ist ein ostasiatisches sommergrünes Gehölz, das aus Japan stammt. Der erste Baum wurde 1865 aus Japan nach Europa gebracht. Im Jahre 1910 hat WILSONS Expedition den Katsurabaum auch in China entdeckt. Bei dieser Art handelt es sich um hohe, mächtige Bäume; die obengenannte Expedition hat einen Baum mit dem unglaublichen Stammumfang von fast 16 m gefunden, weiterhin Exemplare von über 40 m Höhe.

Die rundlichen, herzförmig zugespitzten, langstieligen Blätter erinnern an die Blätter des Judasbaumes (Gattung *Cercis,* daher auch der lateinische Name). Sie sind völlig bzw. nahezu gegenständig, zum Triebende hin aber fast wechselständig. Jung sind sie bronzebraun, später frisch grün gefärbt, vor dem Abfallen goldgelb. Die Blüten sind zweihäusig verteilt eingeschlechtlich und haben keine Blütenhülle. Die männlichen Blüten entwickeln 8 bis 13 schlanke Staubfäden in ringförmiger Anordnung mit auffällig langen, roten Staubbeuteln. Die weiblichen Blüten sind durch lange Griffel gekennzeichnet. Die Blütezeit ist im April, noch vor dem Laubaustrieb, etwa gleichzeitig mit dem Ahorn. Die Früchte sind mehrsamige Balgfrüchte.

In der Heimat hohe stattliche Bäume (40 m), in Kultur bisher nur bis 20 m; effektvolle Parkhölzer, normalerweise in Einzelpflanzung.

Zaubernuß

Hamamelis mollis OLIV.

Vor etwa 60 Millionen Jahren wuchsen auf dem heutigen Gebiet von Frankreich sowie in Nordamerika die ersten nachweisbaren Zaubernüsse, Vorläufer der heutigen Arten der Gattung *Hamamelis*. Vor 250 Jahren wurde als erste rezente Zaubernuß die amerikanische *H. virginiana* L. kultiviert. Die ostasiatische *H. mollis* wird in Europa seit 1879 gezogen. Wegen des attraktiven Aussehens und der ungewöhnlichen Jahreszeit, in der sie zum Blühen kommen, sind die Zaubernüsse Prachtstücke in jedem Garten oder Park. Die Virginische Zaubernuß blüht im Herbst vor dem Laubabwurf, *H. mollis* mit Winterende im Februar und März.

Die Zaubernuß ist ein sommergrüner Strauch mit einfachen, wechelständigen, an der Basis herzförmigen, kurzstieligen Blättern. Manche Sträucher färben sich im Herbst gelb, andere braunrot. Zweige, Knospen und Blätter sind dicht kurz behaart bis befilzt. Die goldgelben, vierstrahligen, radiärsymmetrischen Zwitterblüten haben schmale, 2–3 cm lange Kronblätter. Diese Zaubernuß-Art stammt aus den chinesischen Provinzen Hupeh und Kiang'si; in freier Natur wächst sie in Höhenlagen von 1300 bis 2500 m. Im 20. Jahrhundert wurde *H. mollis* mit der japanischen Art *H. japonica* SIEB. et ZUCC. gekreuzt. Die entstandene Hybride ist heute die am meisten gehaltene Kulturzaubernuß (*H.* × *intermedia*); von ihr werden rund 30 Kultursorten gezüchtet.

Die nordamerikanische *H. virginiana* ist eine alte Heilpflanze der Indianer, die bis heute ihren Platz in den offiziellen Rezepturen hat. Die aus ihr gewonnene Droge, Folium hamamelidis enthält 10 % des Gerbstoffes Hamamelitan mit antiseptischer und adstringierender Wirkung. Sie wird bei der Behandlung von oberflächlichen Verletzungen und in der Kosmetik angewendet und dafür, besonders in Deutschland, in großen Kulturen angebaut.

Fruchtstand

H. virginiana, blühender Zweig

Breit ästiger Strauch oder niedriger Baum, 4–10 m hoch; dekoratives Ziergehölz.

Federbuschstrauch

Zaubernußgewächse

Fothergilla gardenii MURRAY

Hamamelidaceae

Die Gehölze der Gattung *Fothergilla* sind sommergrüne Sträucher mit wechselständigen Blättern, deren Form ein wenig Erlenblättern ähnelt. C. LINNÉ hat diese Gattung nach dem englischen Arzt JOHN FOTHERGILL aus dem 18. Jahrhundert benannt, der viele exotische Pflanzen nach Europa eingeführt hat.

Fossile Vertreter der Gattung *Fothergilla* sind auch aus dem Gebiet des heutigen Europas aus der Kreide, also seit Ende des Mesozoikums, bekannt. Die vier rezenten Arten haben ihr natürliches Areal nur im Südosten Nordamerikas, in den Staaten Virginia, Carolina und Georgia (z. B. im Allegheny-Gebirge).

Obwohl die Blüten des Federbuschstrauchs keine Kronen haben, sind sie doch äußerst anziehend: Die zahlreichen Staubgefäße haben auffällig lange, sich verbreiternde weißliche Staubfäden, die in gelben Staubbeuteln enden. Da die Blüten zu dichten, endständigen Trauben geordnet sind, erinnert ein blühender Federbuschstrauch an eine erblühte männliche Salweide, die auch erst Ende April-Mai blüht. Die Früchte sind unscheinbare, filzig beborstete Kapseln.

Der Federbuschstrauch wird schon seit 1765 in europäischen Gärten gezogen, seit etwa 1780 auch die eng verwandte, manchmal nur als Varietät angesehene Art *F. major* (SIMS) LODD. Unterschiede zwischen beiden Sträuchern bestehen vorwiegend in Blattgröße und Wuchs. Sie gedeihen an sonnigen Stellen auf feuchterem, saurem Boden. Eine in Gärten anwendbare Vermehrungstechnik ist die Entnahme von krautigen Stecklingen im Juni.

F. major

Kompakt bis gekrümmt wachsender Strauch, 1 m (*F. gardenii*) oder bis 3 m (*F. major*); lohnendes Ziergehölz.

Zaubernußgewächse

Amerikanischer Amberbaum

Hamamelidaceae

Liquidambar styraciflua L.

Zur Gattung *Liquidambar* gehören vier Arten, die in Nord- und Mittelamerika, Kleinasien sowie in China und auf Taiwan wachsen. Sie sind sommergrüne Laubhölzer, deren Blätter entfernt Ahornblättern ähneln. Sie sind 3–7 lappig gefingert und stehen wechselständig. Die Borke des einzigen noch in kühleren Gebieten wachsenden Amberbaums ist tief gefurcht mit Korkleisten. Er ist ein Charakterbaum des atlantischen Nordamerikas, dessen Areal im Süden bis nach Guatemala reicht. Die gefingerten Blätter sind 10–18 cm groß, breit und unbehaart. Ihre Ränder sind fein gesägt, die Stiele 6–10 cm lang. Die köpfchenförmigen Blütenstände erscheinen im Mai; ihnen fehlen Blütenhülle, Kelch und Krone. Die Früchte sind glänzend braune Kapseln.

Der Amerikanische Amberbaum wird als erstes Zaubernußgewächs seit 1681 in Europa gezogen. Im Herbst verfärben sich seine Blätter teils gelb, teils dunkelrot. Vielerorts verträgt er die mitteleuropäischen Winter nicht, besonders in der Jugend. Noch empfindlicher ist *L. orientalis* MILL. aus Kleinasien und Nahost. Diese Art scheidet aus Rindeneinschnitten duftenden Storaxbalsam aus, der Resinalkohole, Zimtsäureester, Zimtalkohol, Vanillin u. a. enthält. Er dient als Anregungs- und Brustmittel und hat einen weihrauchähnlichen Duft. Auch der Amerikanische Amberbaum enthält zum Teil duftende Harze, was sich beim Zerreiben der Blätter zeigt. Sein Balsam, der Amerikanische Storax (sweet oder red gum), wird als Kaugummi gekaut.

Bis 45 m hohe Bäume (in Europa kaum 25 m) mit kegelförmiger Krone; ästhetisch effektvoll, wenig winterhart.

Reife Frucht

Westliche Platane

Platanengewächse

Platanus occidentalis L.

Platanaceae

Ein Laie könnte Verwandtschaftsbeziehungen zwischen Platanen und Ahornen suchen, doch haben die Platanen eher mit den Hamamelisgewächsen gemeinsame Vorfahren. Platanen gelten bisweilen als selbstständige Ordnung mit nur einer einzigen Familie und Gattung. Etwa 6–7 Platanenarten wachsen im atlantischen Nordamerika (bis Mexiko) und von der Balkanhalbinsel bis Mittelasien und Indien. Ausgestorbene Platanengewächse sind schon aus der Kreidezeit bekannt, damals wuchsen sie auch in der heutigen Arktis. Im Tertiär besiedelten sie fast die ganze Nordhalbkugel.

Die bekannteste nordamerikanische Platane ist *P. occidentalis*. Sie wuchs ursprünglich an der Ostküste vom Staat Maine bis nach Florida, im Westen bis Texas. Die größten Bestände gab es im Mississippi-Gebiet, wo die Bäume bis 60 m erreichten. Um das Jahr 1640 wurden sie in Kultur genommen. Vorwiegend werden sie in den USA gezogen, während die meisten in Europa wachsenden Platanen als Angehörige bzw. Nachkommen eines als *Platanus* × *hybrida* BROT. (Syn.: *P. acerifolia* [AIT.] WILLD.) bezeichneten Hybridenschwarmes gelten.

Die Westliche Platane hat ahornähnlich gefingerte Blätter, die 3–5lappig, jedoch weniger tief ausgeschnitten sind. Die Blüten sind eingeschlechtlich, die Bäume einhäusig, die dichten, kugelförmigen Blütenstände hängen an langen Stielen; die Blüten sind 3–8strahlig. Die kugeligen Fruchtstände setzen sich aus vielen einsamigen Schließfrüchten zusammen. Die Borke dieser Platanenart schilfert in kleinen Platten ab.

Mächtige 40–50 m hohe Bäume mit ausladender Krone; bedeutsam für die Gartenarchitektur.

Platanengewächse

Gewöhnliche, Ahornblättrige, Bastard-Platane

Platanaceae

Platanus × hybrida BROT.

Dies ist die häufigste „europäische" Platane. Den neuesten Forschungen nach handelt es sich höchstwahrscheinlich um einen Nachkommen einer seinerzeitigen europäischen Platane bekannt auch unter dem Synonym *P. hispanica* MUENCHH., also nicht um eine Kreuzung von *P. occidentalis* L. und *P. orientalis* L., wie noch unlängst angenommen wurde. Letztere, die Morgenländische Platane, stammt aus Südosteuropa und Kleinasien. Außerhalb ihres natürlichen Verbreitungsgebietes, in dem sie häufig kultiviert wird, ist die Morgenländische Platane recht selten in europäischen Parks vertreten. Die wichtigsten Merkmale sind die in großen Platten abschilfernde Borke, die tief handförmig gelappten Blätter und vor allem die normalerweise zu 2–4 an einem einzigen Stiel hängenden, kugeligen Fruchtstände.

Die Bastard-Platane trägt Merkmale beider Eltern. Die Fruchtstände sind lang und kräftig beborstet. Die Blattform nimmt eine Mittelstellung zwischen der der Elternarten ein, die Borke schilfert in mittelgroßen Stücken ab. Alle diese Merkmale sind recht variabel, wie das bei Bastard-Arten häufig vorkommt.

Platanen haben ein sehr dauerhaftes Hartholz; wenn ihre Borke abschilfert, entblößt sie oft die noch lebende hell graugrüne Rinde. Daher sind die Stämme charakteristisch gefleckt. Wegen ihres majestätischen Wuchses und der Kronentextur werden Platanen häufig in Parks und Alleen gepflanzt. Die von jungen Blättern und Früchten frei werdenden Borsten können bei empfindlichen Personen zu schweren Allergien, Bindehautentzündungen u. ä. führen. Daher sollten Platanen nicht in der Nähe von Kinderspielplätzen gepflanzt werden.

Borke, Detail

Hohe Bäume (bis 35 m) mit breiter Krone; gartenarchitektonisch wertvoll.

Flatter-Ulme

Ulmengewächse

Ulmus laevis PALLAS

Ulmaceae

Die Flatter-Ulme ist ein Charakterbaum der europäischen Auen- und Uferwälder. Wegen des breit ausladenden Kronenbaus, aber auch der kräftig goldgelben Laubfärbung im Herbst wird sie seit Jahrhunderten auch in großen Parks und Anlagen gepflanzt. Die sommergrünen, wechselständigen Blätter haben eine deutlich symmetrische Spreite. Die Blüten wachsen vor dem Laubaustrieb in Büscheln, an langen Stielen hängend. Sie sind zwittrig mit 6–8 undifferenzierten Hüllblättern und 6–8 Staubgefäßen. Die Frucht sitzt in einer ringsum bewimperten häutigen Samenkapsel.

Das natürliche Verbreitungsgebiet der Flatter-Ulme ist Mittel- und Südeuropa sowie das angrenzende Asien.

Eng mit ihr verwandt ist die Amerikanische Weißulme, *U. americana* L., die aus dem Gebiet zwischen Neufundland und Florida, im Westen bis zum Fuß der Rocky Mountains stammt. Beide stehen einander morphologisch sehr nahe. Die Blätter der europäischen Flatter-Ulme sind aber vor der Spreitenmitte am breitesten und unterseits zumindest in der Jugend dicht beflaumt; ihre Knospen sind eindeutig lang zugespitzt. Die Blätter der Amerikanischen Weißulme sind in der Spreitenmitte am breitesten, auf der Unterseite oft nahezu kahl. Letztere wird in Europa seit 1752 in Kultur gehalten.

Weißulmen sind gegenüber dem „Ulmensterben", das durch den Schlauchpilz *Ophiostoma ulmi* hervorgerufen wird, ziemlich widerstandsfähig. Am günstigsten lassen sie sich generativ vermehren, auch wenn die Samen nach dem Heranreifen binnen weniger Tage die Keimfähigkeit verlieren.

Fruchtender Zweig

Bäume mit ausladender Krone und auffällig vielen Wasserreisern an der Stammbasis, 30 m (Flatter-Ulme) oder über 40 m (Amerikanische Weißulme) hoch.

Ulmengewächse

Rüster, Glattblättrige Ulme, Feld-Ulme

Ulmaceae

Ulmus minor MILL. em. RICHENS

Die Feld-Ulme war ein wichtiges europäisches Gehölz, das ein ganz besonders wertvolles Furnierholz mit charakteristischer Zeichnung und Glanz lieferte. Sie ist ein Element der Auenwaldgesellschaften und der Mischwälder in den Tiefebenen und Hügellandschaften Europas. Jahrtausendelang wuchsen Ulmen im Gleichgewicht mit ihren Holzparasiten wie z. B. den Ulmensplintkäfern (Fam. *Scolytidae*); stark gefährdet wurden die Ulmen erst durch eine Pilzinvasion von *Ophiostoma ubni,* der von diesen Käfern übertragen wird und die Leitgewebe verstopft. In den ersten Jahrzehnten des 20. Jahrhunderts kam die erste große Welle dieses „Ulmensterbens“ nach Europa. Es gelang zwar, die Infektion etwas zurückzudrängen, doch die zweite Welle in den 60er–80er Jahren war katastrophal. 1975 wurde in einigen Ländern das Absterben von 98 % aller Feld-Ulmen festgestellt. Die sog. Graphiose verbreitete sich von den Tiefebenen bis in die Höhenlagen und erfaßte auch weitere Ulmenarten. Zur Rettung der Ulmen wurde ein großer Aufwand betrieben, doch sind die Prognosen für die Zukunft nicht optimistisch.

Die Feld-Ulme ist ein sommergrüner Baum mit wechselständigen, symmetrischen, kahlen Blättern und kahlen Jungtrieben. Der Same sitzt oberhalb des Zentrums einer häutig geflügelten Frucht. Bei der in England häufigsten Ulmenart *U. procera* SALISB. (Englische Ulme) sitzt die Nuß ebenfalls in einem Hautsaum, jedoch näher an der Spitze; ihre Triebe sind beflaumt, die Blätter fast rund, auf der Unterseite meist rauh behaart.

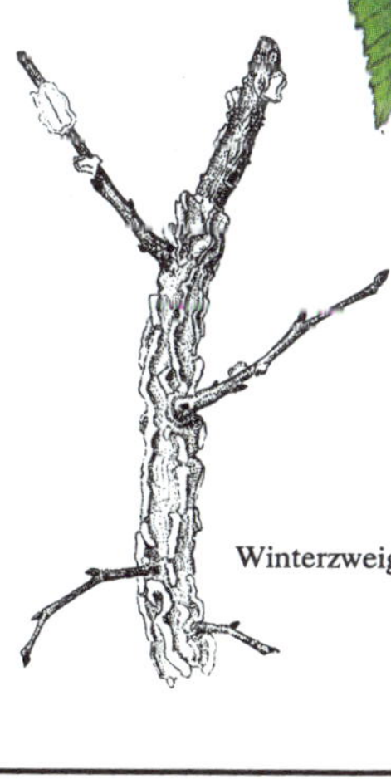

Winterzweig

U. minor

U. procera

Hohe Bäume, bis 40 m (*U. minor*) oder 40–50 m hoch (*U. procera*). Bedeutendes Charaktergehölz der Auen- und Edel-Laubwälder; heute stark im Schwinden.

Berg-Ulme

Ulmus glabra HUDS. em. MOSS

Ulmengewächse

Ulmaceae

Die Berg-Ulme ist die zweite europäische Ulmenart, die vom „Ulmensterben“ stark betroffen wurde, auch wenn sie stellenweise noch widersteht. Das kommt daher, daß sie ein Gehölz des Hügel- und Bergvorlandes ist; in den Karpaten geht sie sogar über 1000 m hinauf. Sie wächst in einem Großteil von Nord- und Mitteleuropa einschließlich Großbritannien, vor allem auf Geröllgrund, in Eschen-, Misch- und Eichenwäldern, normalerweise aber nur vereinzelt. Höhere Lage und isolierte Vorkommen waren natürliche Faktoren, die in der Anfangsphase eine Verzögerung der Graphiose-Infektion bei dieser Art bewirkten. Die Eigenschaften dieser Ulme kommen bei den verschiedenen Benennungen zum Ausdruck: der Artname *glabra* bezieht sich auf die glatte Rinde, die Synonyme *scabra* MILL. auf die rauhen Blätter und *montana* STOKES auf die gebirgigen Standorte.

Die Berg-Ulme hat einen kräftigen Stamm, der sich nur wenig nach oben verjüngt; an den rotbraunen, behaarten Jungtrieben sitzen keine Korkleisten. Die wechselständigen, sommergrünen, asymmetrischen Blätter sind dünn und weich, an der Basis gerundet, 9–15 cm groß, mit vielen (max. 20) Nebenaderpaaren; der Rand ist gezahnt und an der Spitze oft dreilappig zugespitzt. Die anliegenden Blütenknäuel entwickeln sich vor dem Laubaustrieb Anfang April, sind zwittrig, mit 4–6 Hüllblättern und 5–6 Staubgefäßen. Die Früchte mit dem Hautsaum reifen sehr früh (Juni), die Nuß sitzt etwa in der Mitte, d. h. etwa die doppelte Samenlänge vom Vorderrand entfernt; sie keimt sofort.

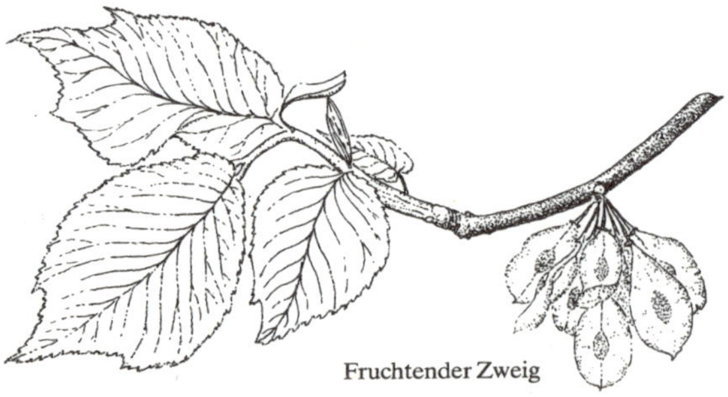

Fruchtender Zweig

Baum mit hochangesetzter Krone, bis 40 m hoch; wichtiges europäisches Wald- und Nutzholz.

Ulmengewächse

Nordamerikanischer Zürgelbaum, Nesselbaum

Ulmaceae

Celtis occidentalis L.

Eine alte antike Bezeichnung für Bäume mit süßen Früchten ergab die Grundlage für den wissenschaftlichen Namen der Gattung *Celtis*. Zum Teil süß sind aber nur die Früchte des Südlichen Zürgelbaumes (*C. australis* L.); von den übrigen Arten läßt sich das nicht behaupten.

Nesselbäume sind sommergrün (gemäßigte Zone) oder immergrün (Tropen) mit charakteristischer Blattnervatur: vom Stielansatz an der Blattbasis gehen 3 Hauptadern aus. Der Nesselbaum hat eine auffällig schuppige, tief gefurchte Borke. Seine Jungtriebe sind schütter behaart und weiß gesprenkelt. Die wechselständigen Blätter sind an der Basis schwach herzförmig, 6–12 cm lang, scharf gezahnt und nur an der Spitze ganzrandig, oberseits unbehaart und unterseits nur auf den Adern beflaumt. Die Blüten sind langgestielt, sechsstrahlig und zwittrig; nur gelegentlich treten rein männliche Blüten auf. Die Blütezeit ist Ende Mai. Die Frucht ist eine runde, etwa 1 cm große, in der Reife braunorange gefärbte Steinfrucht.

Der Nesselbaum stammt aus Nordamerika. Von einem Gebiet zwischen den Provinzen Quebec und Manitoba (Kanada) im Norden reicht er bis nach Alabama, Kansas und Nord-Carolina im Süden. Kultiviert wird er in Europa seit 1636; er wächst schneller als der südeuropäische Zürgelbaum, ein in verschiedenen europäischen Ländern beliebter Alleebaum. Dieser hat einen glatten, buchenähnlichen Stamm, dicht behaarte Jungtriebe, harte Blätter und dunkle, violettschwarze Früchte. Nesselbaumholz ist dicht und schwer, elastisch, biegsam und zäh. Aus ihm werden Blasinstrumente, Ruder, Stöcke und Angelruten hergestellt.

Blühender Zweig

Bäume von 20 m (Europa) bis 40 m (USA); geeigneter Alleebaum für warme Gebiete.

Kaukasische Zelkove

Ulmengewächse

Zelkova carpinifolia (PALL.) K. KOCH

Ulmaceae

Dieser charakteristische Baum des Kaukasus wird in Westeuropa schon seit 1760 gezogen. Etwa um diese Zeit wurde die erste Kaukasische Zelkove im bekannten botanischen Garten von Kew (England) gepflanzt; noch in den ersten Jahrzehnten des 20. Jahrhunderts, d. h. nach etwa 250 Jahren wurde dieses Exemplar von W. J. BEAN erwähnt. Die systematische Zuordnung der Zelkove war nicht von Anfang an klar: LAMARCK (1785) nahm an, daß es sich um eine Eiche handelt, PALLAS (1788) hielt sie noch für einen Kreuzdorn, AITON (1796) für eine Ulme; weitere Wissenschaftler stellten für sie eine selbständige Gattung *Abelicea* auf oder zählten sie zur Gattung *Planera*. Die Gattung *Zelkova* ist nicht besonders artenreich: 4–5 Arten wachsen in West- und Ostasien. Im Tertiär wuchsen Zelkoven sogar in Mitteleuropa. Auf der Insel Kreta kommt als Relikt aus dieser Zeit die seltene *Z. abelicea* (LAM.) BOISS. vor.

Die Kaukasische Zelkove ist nicht nur der häufigste Parkbaum der Gattung, sie wurde auch als Forstgehölz gepflanzt. In den wärmeren Gebieten Mitteleuropas hat sie sich soweit akklimatisiert, daß sich ihre Bestände natürlich verjüngen. Die Art hat wechselständige, spitze, gekerbt bis gezähnte sommergrüne Blätter mit 6–8 Aderpaaren; sie sind 2–9 cm lang, oberseits kahl, unterseits auf den Adern beflaumt. Die unscheinbaren Blüten entwickeln sich gleichzeitig mit dem Laubaustrieb. Sie wachsen zu mehreren oder einzeln in den Achseln der jüngsten Blätter. Die Frucht ist eine etwa 5 mm große gestielte Nuß. Zelkovenholz ähnelt Ulmenholz, ist fein gefasert und eignet sich gut für die Möbelherstellung.

Baum mit schlank ovaler Krone bis 25 m hoch; wertvoll für dendrologische Sammlungen.

Feige

Ficus carica L.

Die Feige ist der einzige „europäische“ Vertreter der sehr großen Gattung *Ficus,* von der über 650 Arten vorwiegend in den Tropen und Subtropen wachsen; viele von ihnen weisen botanische oder wirtschaftliche Besonderheiten auf, wie z. B. Würgepflanzen oder Bäume mit Luftwurzeln, aus denen „Sekundärstämme“ werden. Die Arten liefern Schellack, Holz und Kautschuk. Auch die Feige stellt in dieser Hinsicht keine Ausnahme dar. Als Obstbaum ist sie überall auf der Welt bekannt. Die berühmten Feigen entstehen, indem sich der Stengel schalenförmig verbreitert, zu einem Becher vertieft und schließlich den ganzen ursprünglichen Blütenstand umwächst. Durch das Verwachsen der einzelnen Blüten entsteht zunächst der Blüten- dann der Fruchtkuchen, der sich birnenförmig verjüngt und an der engsten Stelle eine Öffnung hat. Seine Höhlung enthält die eigentlichen kleinen Früchte. Dieser Typ von Fruchtstand hat im Pflanzenreich nichts vergleichbares. Einzigartig ist aber auch die Bestäubung des Feigenbaums durch die Feigenwespe *Blastophaga grossorum* (sog. Caprification). Obschon Aristoteles bereits 350 v. Chr. erkannte, daß die Reife der Feige mit einer Wespe in Verbindung steht, hat erst die moderne Biologie des 19. und 20. Jahrhunderts den komplizierten Prozeß aufgeklärt. Der Feigenbaum hat nämlich seine kompliziert differenzierten Blüten dem Lebens- und Vermehrungszyklus der Feigenwespe angepaßt. Dennoch ist es bereits gelungen, Bäume herauszuzüchten, die auch ohne Unterstützung der Feigenwespen schmackhafte Feigen hervorbringen. Diese sind aber samenfrei, also steril.

F. carica stammt ursprünglich wohl aus dem Mittelmeerraum und Westasien und begleitet den Menschen seit den Anfängen der Zivilisation; der Artname *carica* ist von der kleinasiatischen Provinz Karia abgeleitet.

Sommergrüner Baum bis 10 m; historisch und wirtschaftlich bedeutsamer Obstbaum mit interessanter Vermehrungsbiologie.

Maulbeergewächse

Weißer Maulbeerbaum, Weiße Maulbeere

Morus alba L. *Moraceae*

Maulbeerbäume sind Gehölze der gemäßigten Zone der Nordhalbkugel. Ihre Früchte spielten in der Geschichte der Ureinwohner aus den Bergländern Zentralasiens eine wichtige Rolle, namentlich bei den Tadschiken, denen sie als energiespendende Nahrung, vor allem als Süßmittel dienten. Frische Fruchtstände des Weißen Maulbeerbaums haben zwar einen faden Geschmack, sie enthalten jedoch etwa 22% Zucker, lassen sich gut trocknen und dadurch auf natürliche Weise konservieren. Schließlich kann man sie zermahlen und das süßliche „Mehl" einem Teig beifügen. Der Schwarze Maulbeerbaum (*M. nigra* L.) hat dunkel- bis violettrote Maulbeeren von hervorragendem Geschmack. Sie werden nicht nur direkt verzehrt, sondern auch zur Sirup- oder Obstweinherstellung verwendet.

Der Weiße Maulbeerbaum stammt aus China und den umliegenden Gebieten Asiens, wo die Zucht dieses Gehölzes als Nahrungspflanze für Seidenraupen eine mehrtausendjährige Tradition hat (seit 2700 v. Chr.); in Europa, vor allem im Süden, wird er seit dem Altertum angebaut. Berühmt waren vor allem die dalmatinischen Maulbeergärten. Der Schwarze Maulbeerbaum stammt wohl aus dem gebirgigen Zentralasien und wurde wesentlich später, wahrscheinlich erst in der Mitte des 16. Jahrhunderts, in die westeuropäischen Länder eingeführt.

Maulbeerbäume haben wechselständige, sommergrüne, gezahnte, manchmal tief gelappte Blätter mit Milchsaft. Die männlichen Blüten wachsen in kurzen kätzchenartigen Trauben in den Blattachseln. Die 4 Blütenhüllblätter der weiblichen Blüten werden in der Fruchtreife fleischig und bilden eine beerenähnliche Scheinfrucht, die Maulbeere. Maulbeerholz wird oft mit Rüster verglichen; es ist hart, zäh und dauerhaft.

M. nigra, fruchtender Zweig

Nicht besonders hoher Baum von 10–15 m; altes Kulturgehölz, für wärmere Gebiete geeignet.

Maulbeergewächse

Moraceae

Osage-Orangenbaum, Osagedorn

Maclura pomifera (RAF.) SCHNEID.

Ursprünglich wächst der Osagedorn in Nordamerika auf dem Gebiet der Staaten Arkansas, Oklahoma und Texas in einem nicht sehr ausgedehnten Geländestreifen. Entdeckt und wissenschaftlich beschrieben wurde er 1817. Bereits ein Jahr später wurde er in Kultur genommen und ist seither in wärmeren Gegenden als exotisches Parkgehölz zu finden, aber auch als Lieferant von wertvollem, ziemlich festem, seidenglänzendem Holz (sog. Gelbholz) geschätzt.

Der Osagedorn hat eine dunkel gelbbraune, tief gefurchte Borke. An seinen Zweigen wachsen kräftige, seitliche Sproßdornen. Die Blätter sind eiförmig bis länglich-lanzettlich, 5–12 cm lang, oberseits dunkelgrün glänzend gefärbt. Er ist ein zweihäusiges Gehölz. Die männlichen Blüten sind hellgelb und sitzen in gestielten Trauben. An den im Mai-Juni blühenden weiblichen Exemplaren zeigen sich in dieser Zeit eigenartige Blütenstände, die von weitem wie haarige Kugeln aussehen. Aus ihnen entwickeln sich im Laufe des Sommers gelbgrüne, apfelsinengroße (10–14 cm) Fruchtstände. In der Heimat oder in sehr warmen Gebieten verfärben sie sich später noch stärker orange und ähneln dann weitgehend Apfelsinen. Leider sind sie ungenießbar; in kühleren Klimaten reifen sie überhaupt nicht aus. Der Osagedorn wurde in den Vereinigten Staaten bald, später auch in Mitteleuropa, als Heckenpflanze genutzt. Die jungen Pflanzen vertragen Fröste schlecht, während ältere sich auch nach stärkerem Zurückfrieren schnell wieder erholen.

Baum mit tief angesetzter kugelförmiger Krone bis 20 m; empfindliches, exotisch aussehendes Gehölz mit Sammelwert.

Gemeine Buche, Rotbuche

Buchengewächse

Fagus sylvatica L.

Fagaceae

Buchen sind sommergrüne Laubhölzer mit einfachen, wechselständigen Blättern. Wichtiges Merkmal ist die glatte, hellgraue, an den Stämmen nur selten aufgeplatzte Borke. Etwa 10 Buchenarten wachsen in der gemäßigten Zone der Nordhalbkugel; vorwiegend aus dem Tertiär sind noch etwa 20 weitere ausgestorbene Arten bekannt.

Die Gemeine Buche ist der dominierende Baum der mitteleuropäischen sommergrünen Laubmischwälder in höheren Lagen. In einigen Ländern blieben bis heute Überreste von kaum durch Menschenhand berührten „Urwäldern" zurück, deren dominierendes Gehölz eben die Gemeine Buche ist. Besonders wertvoll sind die ausgedehnten Buchenwälder der Karpaten. In Europa wächst die Rotbuche bis zum 60. Breitengrad, in südlicheren Ländern ist sie stärker an Gebirgslagen gebunden. Nach Osteuropa hin wird sie durch verwandte Arten ersetzt, wie z. B. durch die Ostbuche (*F. orientalis* LIPSKY).

Die Buche ist ein einhäusig-getrenntgeschlechtliches Gehölz. Ihre männlichen Blüten haben 5–6 Blütenblätter und 8–12 Staubgefäße in abwärts hängenden Büscheln. Die dreistrahligen weiblichen Blüten wachsen paarweise an den Spitzen der Jahrestriebe. Ihre Kelchblätter bilden einen stachelbewehrten Becher, der sich in der Reife mit 4 Klappen öffnet. Im Inneren sitzt eine dreikantige Nuß, die Buchecker. Buchenblätter haben 5–9 Aderpaare, sind glänzend grün, ganzrandig oder wellig „gekerbt", in der Jugend vollständig seidig behaart, später aber nur noch am Spreitenrand mit langen, schütteren Haaren besetzt.

In Nordamerika wächst von New Brunswick und Ontario bis Florida und Texas die Großblättrige Buche *F. grandifolia* EHRH. mit gesägten, bis 12 cm langen, dunkelgrünen Blättern mit 9–14 Aderpaaren. Sie wird in Europa seit 1800 kultiviert.

F. grandifolia, Blätter

Fruchtstand

Stattliche Bäume mit aufrechten Stämmen und ausladender Krone, 30–40 m hoch; wichtiges Charaktergehölz mit wertvollem Holz, in großen Parks verwendbar.

Buchengewächse

Edelkastanie, Echte Kastanie, Eßkastanie

Fagaceae

Castanea sativa MILL.

Gegenwärtig wachsen in der gemäßigten Zone der Nordhalbkugel zwischen 10 und 14 Arten der Gattung *Castanea*. Alle sind Gehölze mit einem komplizierten Blütenbau: in aufrechten Ähren stehen trugdoldige Büschel männlicher Blüten mit 5–6 Blütenblättern, 9–20 Staubgefäßen und einem verkümmerten Stempel. Im unteren Ährenteil sitzen die dreistrahligen weiblichen Blüten mit 6 Blütenblättern und 3–6 Stempeln. Neben den Blütenblättern treten bisweilen zusätzlich sterile Staubblätter (sog. Staminodien) auf. An der Grenze zwischen männlichen und weiblichen Blüten können auch Zwitterblüten auftreten. Aus den befruchteten weiblichen Blüten entstehen Nüsse, die von einer bestachelten Kapsel umhüllt sind, die sich in vier Klappen öffnet.

Eßkastanien enthalten bis 35% Stärke, ferner Eiweiß, Saccharose, Dextrin, Öle usw. Wegen dieser Nährstoffe wird der Baum wohl schon seit Jahrtausenden gezogen. Belege darüber stammen aus norditalienischen Ausgrabungen von Pfahlbauten der Bronzezeit, aus Spanien sind sie seit dem Übergang von der Jungsteinzeit zur Bronzezeit bekannt. Das ursprüngliche Areal der Eßkastanie muß wohl auch im Mittelmeerraum, einschließlich der nordafrikanischen Küsten und den Ländern des Nahen Ostens gesucht werden. Im Laufe von Jahrtausenden wurden großfruchtige Sorten selektiert, die die Maronen liefern. Aus ihnen wurde im französischen Lyon einst das erste Nougat hergestellt (nouget, aus Kastanien, Honig und Karamel). Die Eßkastanie ist ein wärmeliebender Baum, deren Kulturen schon längst die einstige Nordgrenze, den Fluß Drau überschritten haben. Die ältesten mitteleuropäischen Kastanienhaine sind aus dem Jahr 1679 bekannt; einige dieser Bäume wachsen dort bis heute.

Frucht

Stattliche Bäume bis 30 m mit ausladender Krone und Stammumfang bis 10 m; bedeutendes Nutzholz.

Stieleiche

Buchengewächse

Quercus robur L.

Fagaceae

Die wichtigsten europäischen Eichenarten in den sommergrünen Wäldern der gemäßigten Zone sind die Stieleiche *Q. robur* und die Traubeneiche *Q. petraea* (MATT.) LIEBL., deren geographische Areale einander zum größten Teil überdecken. Die Stieleiche ist jedoch eher ein Baum der Tiefebene, der nur selten über 1000 m geht, während die Traubeneiche ein Gehölz des Bergvor- und Hügellandes ist. Diese beiden Eichen werden dann noch durch die Flaumeiche *Q. pubescens* WILLD. ergänzt, die warme Gebiete und Südhänge in Mittel-, aber hauptsächlich in Südeuropa, im Mittelmeerraum und in Kleinasien bewohnt. Alle drei Arten bilden einen bedeutenden Anteil der europäischen Laub- und Mischwälder. Hauptunterscheidungsmerkmale sind die filzig beflaumten Triebe der Flaumeiche, die bei den beiden anderen Arten kahl sind. Trauben- und Stieleiche unterscheiden sich wiederum durch die Eicheln und ihre Blätter. Die Stieleiche hat gestielte Eicheln und Blätter mit einer mehr oder weniger herzförmigen Basis und einem kurzen Stiel, während die Traubeneiche sitzende Eicheln und Blätter mit einer keilförmig zusammenlaufenden Basis und einem langen Stiel haben. Beide Arten bastardieren miteinander. In letzter Zeit hat sich bestätigt, daß vor allem aus Südosteuropa mehrere verwandte Arten in dic mitteleuropäischen Eichenwälder vordringen.

Die europäischen Eichen stellen nicht nur bedeutende landschaftsbildende Elemente und dominieren in Laubmischwäldern, sondern sind auch wichtige und wertvolle Nutzhölzer. Ihr Holz hat sprichwörtliche Eigenschaften und findet allseits Verwendung. Stiel- und Traubeneiche liefern mit ihrer Rinde eine pharmazeutisch bedeutsame Droge (Cortex quercus), die bis zu 20% Gerbstoffe, Stärke, roten Farbstoff u. a. enthält. Sie dient vor allem zur Behandlung chronischer Hauterkrankungen und in der Veterinärmedizin, ferner zur Isolierung von Tannin und als Gerberlohe.

Q. petraea, fruchtender Zweig

Stattliche, langlebige, unregelmäßig beästete Bäume, 30–40 m hoch; wichtiges landschaftsbestimmendes Gehölz und wertvolles Nutzholz.

Buchengewächse

Sumpfeiche

Fagaceae

Quercus palustris MUENCHH.

Etwa bis 1770 wuchs die Sumpfeiche nur an den Ufern und in den Überschwemmungslandschaften (nicht direkt in Sümpfen) der Staaten Massachusets und Delaware, nach Westen bis Wisconsin und Arkansas. Sie gehörte also zur östlichen Flora der heutigen USA. Ihr schlanker, pyramidenförmiger Wuchs, die Laubform und vor allem die Herbstfärbung brachten sie alsbald in die Zier- und später auch botanischen Gärten – in einigen Fällen sogar als Alleebäume in die Städte. Bekommt sie genügend Wasser, gehört sie zu den vor allem in der Jugend schnell wachsenden Gehölzen. Charakteristisches Erkennungsmerkmal ist das in der Gartenarchitektur nicht immer willkommene natürliche Eintrocknen überhängender Äste in den unteren Kronenstockwerken.

Die Sumpfeiche kann gelegentlich mit einer verwandten Art, der Scharlacheiche (*Q. coccinea* MUENCHH.) verwechselt werden. Beide haben sehr ähnliche, 8–12 cm große, tief in scharfe Lappen gespaltene kahle Blätter mit Haarbüscheln in den Aderachseln und tief in den Bechern sitzende Eicheln. Die geringen Unterschiede werden aber beim direkten Vergleich der beiden Arten miteinander deutlich. Die Scharlacheiche stammt ebenfalls aus dem Osten der USA, in Kultur wird sie etwa seit 1691 gehalten. Sie ist ein mächtigerer Baum mit der schönsten Blattfärbung unter den sog. Amerikanischen Roteichen.

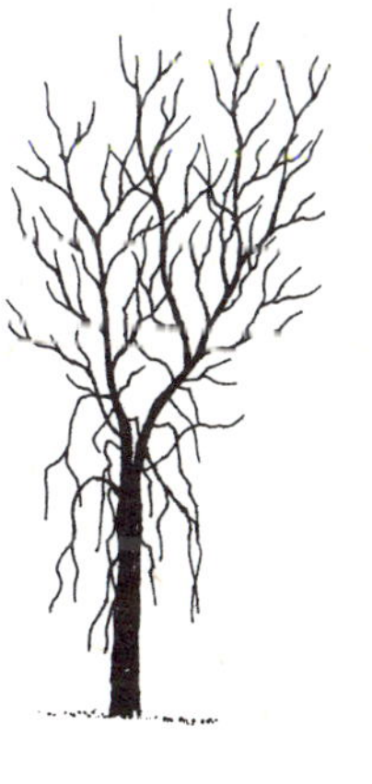

Bäume 25 m hoch, ausnahmsweise bis 40 m; Zierbaum.

Weißeiche

Buchengewächse

Quercus alba L.

Fagaceae

Die amerikanische Weißeiche ist ein Nutzbaum, der aber auch in der Gartenarchitektur zur Geltung gekommen ist. Der Grund dafür ist nicht so sehr die Wuchsform, sondern eher die große Variation der Blätter, die sich dann auch in der Gesamttextur und im Aussehen des Baums niederschlägt. Die typisch gebuchteten Eichenblätter können sehr wenig ausgeschnitten und ziemlich breit sein oder bei gleichbleibender Breite tief, fast bis zur Mittelader ausgeschnitten oder schließlich sehr schmal, mit nur ganz seichten oder nur angedeuteten Buchten sein. Im Herbst verfärben sich die oberseits glänzend dunkelgrünen, unterseits helleren Blätter auf der Oberseite in rot- bis purpurvioletten Tönen. Nach der endgültigen Braunfärbung der Oberseite bleibt die Unterseite noch eine Zeitlang bei schräger Sicht hell violettbraun, was vor allem bei windigem Wetter dem Baum ein interessantes Aussehen verleiht. Die männlichen Blüten wachsen in typischen unterbrochenen Kätzchen, die weiblichen liegen mehr oder weniger an und sind unscheinbar. *Q. alba* gehört zu den sogenannten einjährigen Eichen, d. h. zu denen, deren weibliche Blüten (und folglich auch die reifenden Eicheln) nur an einjährigen Trieben wachsen. Die spitze Eichel sitzt in einem sitzenden oder kurzstieligen flachen Becher, dessen Länge sie 3–4mal übertrifft. Blütc ist im Mai und Juni.

Die Weißeiche ist Bestandteil der natürlichen Wälder vom Gebiet der Staaten Maine und Minnesota im Norden bis nach Florida und Texas im Süden der USA, von wo sie in den Jahren 1724–1728 nach Europa gebracht wurde. Ihre Akklimatisierung verlief aber nicht so erfolgreiche wie bei den übrigen amerikanischen Eichen.

Etwa 30 m hoher Baum; Sammelwert.

Buchengewächse

Fagaceae

Spindeleiche

Quercus imbricaria MICHX.

Die Gattung *Quercus* ist eine artenreiche Gruppe von Gehölzen mit vielen übereinstimmenden, aber trotzdem recht veränderlichen Eigenschaften. Die Anzahl der rezenten Arten wird auf 600 geschätzt, die der ausgestorbenen ist etwa ebenso hoch. Normalerweise sind es stattliche Bäume, deren Blüten sich gleichzeitig mit dem Blattaustrieb öffnen. Die männlichen Blüten haben in der Regel 4–8 (meist 6) Blütenblätter und 4–12 (meist 6) Staubgefäße; sie sind zu hängenden schütter unterbrochenen Kätzchen organisiert und wachsen aus Knospen am Vorjahrstrieb. Die weiblichen Blüten sind dreistrahlig, sitzen in einem Becher und stehen meist zu einigen wenigen Knäueln zusammengedrängt. Die Frucht ist die typische Eichel, eine mit dem Unterteil in einem Becher sitzende walzenförmige Nuß.

Typisches Merkmal der Eichen sind außer den Eicheln die einfach geformten Blätter, wie sie aus vielen Wappen und Emblemen bekannt sind. Manche Eichen haben sogar immergrüne Blätter, wie z. B. die Korkeiche (*Q. suber* L.) oder die Steineiche (*Q. ilex* L.).

Die Spindeleiche gehört zu den Eichen-Arten, deren Blattform nicht zu der normalen Vorstellung von Eichenlaub paßt. Die Blätter sind gestreckt lanzettlich, 2–5 cm breit und 7–15 cm lang, zäh und glänzend. Im Herbst verfärben sie sich dunkelrot. Die Spindeleiche wächst autochthon vom Gebiet der Staaten Pennsylvania und Georgia bis nach Nebraska und Arkansas im Westen. In Amerika bereits seit 1724 kultiviert, wurde sie erst 1786 nach Europa gebracht.

Ein wertvolles, aber nur für dendrologische Sammlungen bedeutsames Gehölz, mit einer in der Jugend pyramidenförmigen, später unregelmäßig ausgebreiteten Krone.

Baum 20–30 m hoch; in Europa nur für dendrologische Sammlungen geeignet.

Roteiche

Buchengewächse

Quercus rubra L.

Fagaceae

Die amerikanische Roteiche hat mit Hilfe des Menschen schon sehr lange die Grenzen ihrer Heimat im Osten der USA von Neuschottland bis Florida und von Minnesota bis Texas überschritten. Nach Europa gelangte sie bereits zu Anfang des 18. Jahrhunderts (um 1724). Nach zunächst ausschließlicher Zucht in botanischen Gärten und großen Privatparks kam sie später auch in die europäischen Wälder. Schnell hat sie sich akklimatisiert und im Hinblick auf ihre ausgezeichneten Wachstumseigenschaften, das wertvolle Holz und das ästhetische Aussehen wird sie seit der Mitte des 20. Jahrhunderts in größerem Umfang als Forstbaum angepflanzt. Ihre Anpassungsfähigkeit in Europa geht so weit, daß es auch in solchen künstlichen Forsten zur Naturverjüngung kommt.

Der wissenschaftliche Name charakterisiert gut die herbstliche Verfärbung der tief gebuchteten sommergrünen Blätter. Gerade wegen der ausdrucksvollen Rotfärbung fand diese Eiche breiten Eingang in Stadtgärten, Parks usw. Von verwandten Eichen mit ähnlichem Blattbau (*Q. palustris* MUENCHH., *Q. coccinea* MUENCHH., *Q. velutina* LAM.) unterscheidet sie sich vor allem durch die auffällig matte Blattoberseite; die übrigen Eichen dieser Gruppe haben glänzende Blätter. Charakteristisch ist auch die Form des flachen, breiten Fruchtbechers und der Eichel selbst. Die Blüten sind eingeschlechtlich, die männlichen stehen in locker hängenden Kätzchen, die weiblichen einzeln oder paarweise und sitzend oder kurz gestielt. Unter europäischen Bedingungen blühen sie normalerweise im Mai bereits an verhältnismäßig jungen 25–30jährigen Bäumen.

Stattlicher Baum, 25, ausnahmsweise auch 50 m hoch; Park- und Forstbaum von ästhetischem Wert.

Buchengewächse

Zerr-Eiche

Fagaceae

Quercus cerris L.

Die Zerr-Eiche ist eine der südeuropäischen sommergrünen Eichen (mit einem Areal bis nach Kleinasien), die unter geeigneten Bedingungen auch viel weiter im Norden gedeihen. Gezogen wird sie seit etwa 1735 und ist wegen ihrer Wuchsform, der Kronentextur und der harten, dunkelgrünen, glänzenden Blätter die Zierde jedes Parks. Auch nördlich der Alpen kann sie in wärmeren Gegenden als Forstbaum gepflanzt werden. Im Vergleich mit anderen Eichen wird ihr Holz berechtigterweise geringer geschätzt. Es ist schwer und hart, aber nicht dicht, sondern stark perforiert, wenig elastisch und fest, dazu nicht besonders dauerhaft – außer, wenn es sich dauernd unter Wasser befindet.

Die Krone dieser Eiche ist schlank und schütter, die Borke längsgefurcht, die Jahrestriebe sind befilzt und andeutungsweise gekantet. Ein wichtiges Merkmal sind die von linearen Blättern umstandenen Knospen; sie erwecken im Winter den Anschein, als ob an den Triebspitzen an Stelle von Knospen lockere Pinsel sitzen würden. Die satt dunkelgrün glänzenden Blätter haben einen länglich eiförmigen Umriß, sie sind flach unregelmäßig gebuchtet und haben eine oft weit herablaufende Basis. Die männlichen Kätzchen sind bis 8 cm lang, die weiblichen Blüten bilden schüttere Knäuel. Ein weiteres wichtiges Merkmal sind die befransten Fruchtbecher: sie tragen fadenförmige bis lanzettliche Deckschuppen.

Die Zerr-Eiche stellt eine Art Übergang zwischen den sommergrünen und immergrünen Arten dar. Dies belegen auch zwei wichtige Kreuzungen: die immergrüne *Q.* × *turneri* WILLD als Bastard von *Q. cerris* × *Q. ilex* L. und die sommergrüne *Q.* × *hispanica* LAM. als Bastard von *Q. cerris* × *Q. suber* L.

Winterzweig

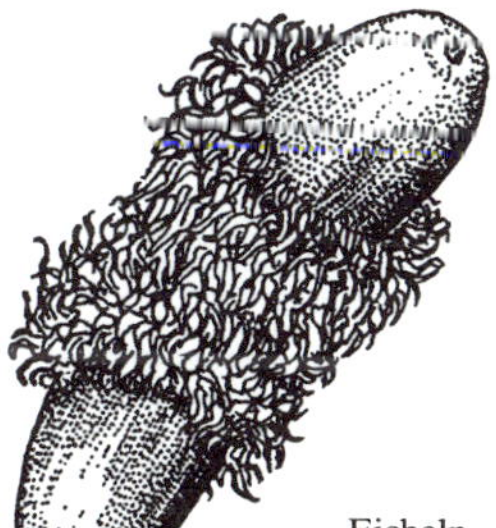

Eicheln

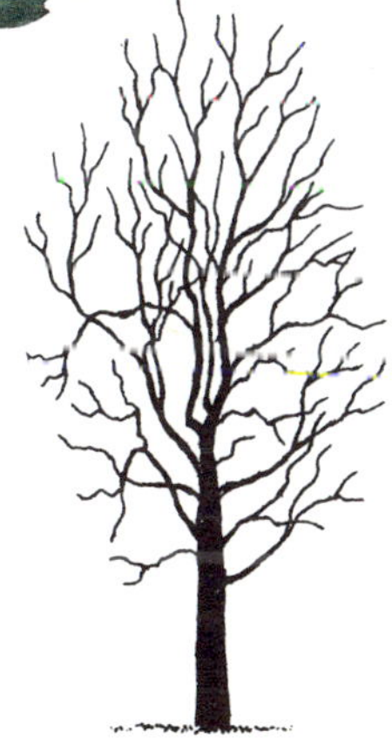

Schlanker Baum bis 35 m; wichtiges landschaftsbestimmendes Element in Südosteuropa, in großen Parks und Gärten geschätzter Zierbaum.

Weißbirke, Hänge-Birke

Birkengewächse

Betula pendula ROTH

Betulaceae

Die Gattung *Betula* umfaßt etwa 40 lebende und einige ausgestorbene Arten. Seit dem Paläozän waren die Birkengewächse über die ganze Nordhalbkugel, vor allem in Asien verbreitet. Auch die heutigen Birken wachsen ausschließlich auf der Nordhalbkugel.

Die Weißbirke ist ein ökologisch ausgesprochen anpassungsfähiger Baum. Autochthon wächst sie in ganz Europa und in Sibirien bis zum Altai-Gebirge. Sie wächst selbst unter nahezu unmöglich erscheinenden Bedingungen; in Staunässe, Trockenheit, in warmen und kühlen Lagen – sogar auf alten Gemäuern, in Dachrinnen und Felsnischen. Kultiviert wird sie schon seit langer Zeit. Sie ist Bestandteil vieler Pflanzengesellschaften und bildet auch große Reinbestände.

Die Weißbirke hat langstielige Blätter mit sehr veränderlicher Spreite und am Rand bewimperte Knospen; auch junges Laub und die Triebe sind behaart. Die männlichen Kätzchen werden 30–60 mm lang, die weiblichen in voller Blüte nur ca. 20 mm; mit fortschreitender Reife werden sie dicker und hängen herab. Die Frucht ist eine geflügelte Nuß.

Birkenholz ist biegsam und zäh, jedoch von geringer Tragfähigkeit; für Schreinerarbeiten ist Furnier aus Stammunterpartien und Stümpfen von exponierten Standorten (Felsen, Waldränder) besonders wertvoll. Durch trockene Destillation von Holz und Rinde wird Birkenteer zur Imprägnierung von Leder gewonnen, aus Birkenkienruß wurde früher Druckerschwärze hergestellt. Birkenteer (Pix betulae) spielt eine Rolle in der Pharmakologie und die jungen Blätter sind ein Naturheilmittel mit harntreibender Wirkung.

Auf Moorwiesen und auf der Montanstufe (1000–1500 m) wächst die verwandte Moorbirke *B. pubescens* EHRH. mit weich filzig behaarten Blättern und Jungtrieben.

♂

B. pubescens, Zweig

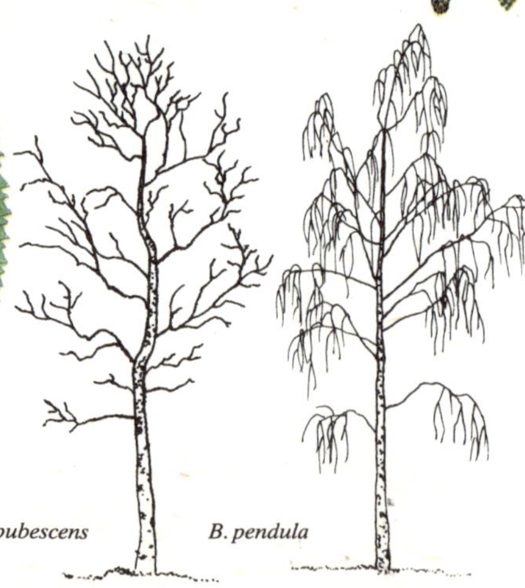

B. pubescens *B. pendula*

Bis 20 m hohe Bäume, wichtiges landschaftsbestimmendes Gehölz von hohem ästhetischem Wert.

Birkengewächse

Betulaceae

Niedrige Birke

Betula humilis SCHRANK

Die Niedrige Birke ist ein sommergrüner Strauch von kesselförmigem Aussehen. Seine aufrechten Äste und Zweige sind lang behaart. Die wechselständigen Blätter sind klein, rundlich und grob gezähnt, knapp 1–3 cm groß, kahl und nur in der Jugend stellenweise behaart. Die männlichen Kätzchen werden schon im Herbst angelegt; sie bestehen aus Hochblättern, in deren Achseln stets je 3 männliche Blüten mit zwei Hüllblättern und 2–3 geteilten Staubgefäßen sitzen. Auch die weiblichen Blüten wachsen in Gruppen zu je 2–3; ihre Stützblätter differenzieren sich mit den Hochblättern zu einer schmalen dreiteiligen Schuppe, die zur Samenreife papierartig ist und als Flugapparat der Samenverbreitung dient. Weibliche Kätzchen sind kurz zylindrisch und entstehen im April und Mai.

Die Niedrige Birke ist eine Art, die in Nordeuropa und Nordasien (bis ins Altai-Gebirge) vorkommt. Ihre isolierten Vorkommen in Mitteleuropa sind Überbleibsel aus den Zwischeneiszeiten, in denen der Strauch viel weiter nach Süden verbreitet war. Sie wächst vor allem auf Moorböden und in Mooren.

In Nordamerika wächst die ähnliche, an den jungen Blättern dicht behaarte *B. pumila* L. Eine der kleinsten Birken überhaupt ist die zirkumpolar verbreitete Zwergbirke *B. nana* L., die kaum 0,5 m hoch wird. Sie wächst in Bergmooren, auf Bergwiesen oder Tundraflächen in Nordasien, Nordeuropa, auch Grönland, Labrador, Neufundland und in Alaska.

Ebenfalls strauchförmig wächst, wie der Name schon sagt, die Strauchbirke (*B. fruticosa* PALL.), die in den Niederungen Sibiriens ausgedehnte Dickichte bildet.

2–3 m hoher, kesselförmiger Strauch; für botanische Sammlungen; alle „krüppelwüchsigen“ Hochgebirgsbirken sind schutzwürdig.

Papierbirke, Amerikanische Weißbirke

Birkengewächse

Betula papyrifera MARSH.

Betulaceae

Borke, Detail

Obwohl die meisten Birken wegen ihrer weißen „Rinde“ berühmt sind, fällt die Papierbirke durch ihre Färbung besonders auf. Ihre jungen Zweige sind schwarzbraun gefärbt, der Stamm und die starken Äste hingegen reinweiß. Letztere sind glatt und nur mit querliegenden Lentizellen (Öffnungen für den Gasaustausch) verziert. Die Borke besteht aus ganz dünnen Schichten, die sich papierartig abschälen. Die weiße Farbe rührt von Betulinkristallen in den oberen Rindenschichten her. Das Holz enthält leicht brennbare Harze, weshalb auch „nasses“ Birkenholz gut brennt.

Die Papierbirke stammt aus Nordamerika aus dem Gebiet zwischen Labrador und Britisch Kolumbien im Norden und den Staaten Pennsylvania, Michigan, Nebraska und Montana im Süden. Seit 1750 wird sie kultiviert; sie ist sehr winterhart, da sie auch an ihren ursprünglichen Standorten rauher Witterung widerstehen mußte. Die „Rinde“ benutzten die nordamerikanischen Indianer zum Bau von Zelten, zur Herstellung von wasserdichten Gefäßen und zur Bespannung ihrer Kanus.

Die Zweige der Papierbirke sind in der Jugend beflaumt und schwach drüsig, die 4–10 cm großen Blätter sind eiförmig, an der Basis stumpf oder herzförmig eingeschnitten. Aus den weiblichen Kätzchen entwickeln sich zylindrische bis 5 cm lange Zapfen. Auch diese Birke ist ökologisch sehr anpassungsfähig, so daß sie trockene, nasse oder nährstoffarme Böden verträgt. Sie vermehrt sich aus Samen, die sich im zeitigen Frühjahr (März und April) aussäen; Praktiker säen Birkensamen bisweilen auf den Schnee. *B. papyrifera* wird auch als Pfropfunterlage für andere großblättrige Birkenarten verwendet.

Stattlicher Baum, 30, manchmal auch 40 m hoch; für die Gartenarchitektur großer Parkanlagen bedeutsam.

Birkengewächse

Maximowicz-Birke

Betulaceae

Betula maximowicziana REG.

Birken sind sommergrüne, windbestäubende, einhäusige Gehölze mit wechselständigen, einfachen Blättern und eingeschlechtlichen Blüten. Die männlichen Blüten sind zu zwei Staubgefäßen reduziert. Die Staubfäden gabeln sich in zwei Äste, die gemeinsam einen einzigen Staubbeutel tragen. Bei den weiblichen Blüten fehlt die Hülle völlig. Die Stempel haben zwei Narben, der Fruchtknoten ist unvollständig zweikammerig; nur eine Eizelle reift darin zum Samen heran. In den schlanken weiblichen Kätzchen sitzen hinter je einem Deckblatt 3 nackte Blüten. Nur die mittlere hat auch ein Vorblatt, das mit dem Deckblatt zu einer dreilappigen Schuppe verwächst. Zur Reife im Winter zerfällt der zapfenförmige Fruchtstand, wobei die geflügelten Nüsse mit den Tragschuppen davonfliegen.

Die „Zapfen" der Maximowicz-Birke sind zylindrisch, herabhängend, 2–7 cm lang; die Flügel der Samen sind viel breiter als die Frucht. Die Blätter sind 8–14 cm groß, einem Lindenblatt ähnlich und haben 10–12 Aderpaare. Die Art stammt aus Japan und wurde in den Jahren 1888–1893 in die westeuropäischen Gärten eingeführt.

Auch die Amerikanische Gelbbirke, *B. alleghanensis* BRIT., gehört zu den Arten, deren Blätter eine größere Anzahl Aderpaare haben (11). Sie stammt aus dem Gebiet zwischen Neufundland, Minnesota, Georgia und Tennessee, wird seit 1800 gezüchtet und liefert ein wertvolles Holz, das der sogenannten Amerikanischen Birke. Die Rinde dieser Birke ist gelbbraun. Zerriebene Blätter duften aromatisch.

B. alleghanensis ♂

B. alleghanensis

Hohe Bäume bis 30 m; in der Gartenarchitektur geschätzt.

Grünerle

Birkengewächse

Alnus viridis (CHAIX) DC.

Betulaceae

In einigen europäischen Gebirgsmassiven bildet die Grünerle noch oberhalb der Waldgrenze zusammenhängende Krummholzbestände, die physiognomisch den Latschenkiefern weitgehend ähneln. Mancherorts, z. B. in den Karpaten ersetzt sie diese stellenweise völlig. An anderen Stellen, vor allem in tieferen Lagen, wurde sie wahrscheinlich angepflanzt – auch wenn Naturwissenschaftler eine mögliche natürliche Verbreitung von den Gebirgsmassiven aus in Betracht ziehen (sog. dealpine Arten). So wird u. a. auch ihr Vorkommen im Bayerischen Wald, Böhmerwald und Schwarzwald angesprochen.

Die Grünerle ist ein birkenähnlicher Strauch. So ist es kein Wunder, daß sie bei ihrer ersten wissenschaftlichen Beschreibung zu den Birken gestellt wurde; 1805 erkannte DE CANDOLLE, daß es sich um eine Erle handelt. Trotzdem wurde 50 Jahre später von neuem erwogen, sie von den Erlen abzutrennen, vor allem, da sie sich von den anderen Erlen durch ihre Wuchsform weitgehend unterscheidet. Die erste Grünerle wurde um 1820 kultiviert.

Die Grünerle hat eiförmige bis elliptische, wechselständige, sommergrüne Blätter mit hellerer Unter- als Oberseite und normalerweise beflaumten Adern. Die männlichen Kätzchen liegen an und stehen einzeln oder in Gruppen zu je zwei, die weiblichen zu je drei bis fünf. Sie überwintern in Schuppen gehüllt (im Gegensatz zu den übrigen echten Erlen) und treiben gleichzeitig mit den Blättern aus. In Nordamerika wächst eine auffällig ähnliche Erle, die früher mit der europäischen Grünerle oft zu einem einzigen Taxon zusammengefaßt wurde. Sie hat Blätter mit herzförmiger Basis und wird als selbständige Art *A. crispa* STEUDEL geführt.

Krummholziger oder selten aufrecht wachsender, bis 2 m hoher Strauch; wichtiges Gebirgsgehölz.

Birkengewächse

Betulaceae

Schwarzerle

Alnus glutinosa (L.) GAERTN.

Die Schwarzerle gilt als wirtschaftlich nicht besonders wertvoller Baum. Erlenholz ist nämlich spröde und brüchig, wird leicht morsch und verdirbt schnell. Wenn es aber dauernd unter Wasser gehalten wird, verfärbt es sich schnell schwarz, wird hart und ist, ähnlich wie Eichenholz, fast unverwüstlich.

Auch sonst ist die Schwarzerle nützlich: ihre Blätter und Rinde enthalten Gerbstoffe und Anthrachinone. Sie wirken zusammenziehend und stopfend. In der Volksheilkunde werden sie bei fiebrigen Erkältungskrankheiten verabreicht; zur äußeren Anwendung werden zerquetschte Blätter auf Wunden gelegt.

In der europäischen Natur nimmt die Schwarzerle eine wichtige Stellung ein, da sie unter bestimmten ökologischen Bedingungen (z. B. Orte mit hohem bzw. schwankendem Grundwasserspiegel) charakteristische Bestände mit eigenwilligem Aussehen bildet (Erlenbrüche); die Erlen selbst bringen sproßbürtige Zusatzwurzeln, ähnlich den Stelzwurzeln einiger tropischer Gehölze, hervor.

Die Schwarzerle hat wechselständige, sommergrüne, an der Spitze stumpfe bis ausgeschnittene, in der Jugend klebrige Blätter. Die männlichen Kätzchen haben rötliche Tragschuppen, die charakteristisch gebauten weiblichen Kätzchen verholzen in der Fruchtreife und bleiben lange am Baum zurück.

Eine weitere wichtige europäische Erlenart, die Grauerle (*A. incana* [L.] MOENCH), säumt eher Gebirgsflüsse. Sie ist auch gegenüber trockenerem Untergrund tolerant und unterscheidet sich vor allem durch zugespitzte Blätter und länglich eiförmige Zapfen.

20–25 m hohe Bäume mit eiförmiger Krone und typischer Textur; wichtige landschaftbestimmende Gehölze an nassen Standorten, Grauerlen können zur Aufforstung von Kippen und Halden herangezogen werden.

Gemeine Haselnuß

Corylus avellana L.

Corylaceae

Die Haselnuß ist von jeher ein Nutzholz des Menschen, das nicht nur nahrhafte Nüsse, sondern auch ein gut spaltbares, biegsames, elastisches, zähes Holz liefert, aus dem Faßreifen, Korbmacherarbeiten, Stöcke, Griffe usw., aber auch Holzwolle hergestellt wurden. Allerdings ist es wenig dauerhaft und kann nur in trockener Umgebung verwendet werden.

Die Haselnuß ist autochthon über ganz Europa verbreitet, vom 63. Breitengrad im Norden bis nach Armenien im Osten. Während der Nacheiszeit war sie in Europa eines der dominierenden Gehölze im Unterwuchs von Kiefernwäldern, deren Verjüngung sie so verhinderte. Stellenweise mußten die Kiefernwälder reinen Haselnußbeständen weichen.

Die Haselnuß gehört zu den ganz früh blühenden Gehölzen (Februar/März). Die männlichen Blüten wachsen in einfachen, bis 6 cm langen Kätzchen. Hinter jedem Tragblatt sitzt stets eine einzige hüllenlose Blüte mit gespaltenen Staubgefäßen. Die weiblichen Blüten haben eine verkümmerte Hülle und sind zu knospenähnlichen Gebilden zusammengedrängt, aus denen nur die roten Narben herausragen. Die wechselständigen, sommergrünen Blätter sind kurz behaart und häufig asymmetrisch geformt. Die Pflanzen bevorzugen feinkörnige Sandböden, sie sind jedoch ökologisch recht anpassungsfähig und gedeihen sowohl im Schatten als auch in der prallen Sonne. In Kultur werden sie durch Samen, Absenker und Stecklinge vermehrt.

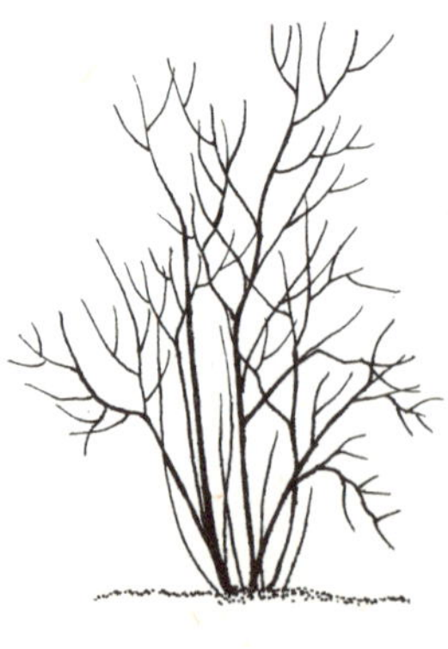

Mehrstämmige Sträucher bis Bäume, 5–7 m; landschaftsbestimmendes Nutzgehölz.

Haselgewächse

Baumhasel

Corylaceae

Corylus colurna L.

Die Heimat der Baumhasel ist Kleinasien, von wo aus sich ihr Areal weiter nach Osten erstreckt. Sie wächst autochthon aber auch in Südosteuropa, besonders in den Bergmassiven des Balkans. Sie verträgt ausgezeichnet heiße Sommer und kühle Winter. Schon seit Ende des 16. Jahrhunderts wird sie in den europäischen und später auch amerikanischen Gärten und Parks gezogen. Wegen des aufrechten, manchmal sogar pyramidenförmigen Wuchses wurde sie oft als Alleebaum gepflanzt. Sie hatte aber auch als Lieferant eines hochwertigen, gleichmäßig rötlichen Holzes eine Bedeutung, das um die Jahrhundertwende zur Furnierung erlesener Möbelstücke verwendet wurde. Aus den Ästen wurden außer Stöcken auch lange Pfeifenrohre hergestellt.

Die Baumhasel unterscheidet sich von der Gemeinen Haselnuß durch den aufrechten Wuchs (kronenbildend) die graue, korkige Borke, die großen, breit eiförmigen, bis 12 cm langen Blätter, welche oberseits kahl, unterseits auf den Adern beflaumt sind, auffällig lange männliche Kätzchen (etwa 12 cm) und vor allem durch die Früchte, da die Nüsse der Baumhasel tiefgeteilte, weit über die Frucht hinausragende Hüllen (sogenannte Strümpfchen) besitzt. Die Nußschale ist stark und läßt sich schwer knacken. Ein besserer Ertrag wird durch eine Gruppenanpflanzung gewährleistet.

Die Baumhasel ist ein anspruchsloses Gehölz. In Kultur läßt sie sich jedoch meist nur aus Samen vermehren. Sie dient auch als Pfropfunterlage für baumförmige ertragreiche Kultursorten der Haselnuß.

Pyramidenförmiger Baum bis 25 m hoch; geeignetes Gehölz für Parks und Alleen.

Hainbuche, Weißbuche

Haselgewächse

Carpinus betulus L.

Corylaceae

Winterzweig

♂

Fruchtender Zweig

Die Hainbuche ist einer der häufigsten Bäume der mitteleuropäischen Laubmischwälder. Ihr natürliches Areal reicht von Mitteleuropa über Kleinasien bis in den Iran. Sie ist eine von etwa 25 in der gemäßigten Zone der Nordhalbkugel wachsenden Hainbuchen-Arten. In Amerika ist die Gattung z. B. durch die Amerikanische Hainbuche (*C. caroliniana* WALT.) vertreten; die meisten übrigen Arten stammen aus Ostasien.

Die Hainbuche ist ein sommergrünes Gehölz mit einer glatten, grauen Borke, mit charakteristischer Zeichnung von dunkleren Streifen auf heller grauem Untergrund. Die Blätter sind wechselständig, einfach, am Rand gezahnt und in jungem Zustand auffällig gerunzelt. Im Herbst verfärben sie sich sattgelb. Die Hainbuche blüht im April an den Vorjahrstrieben. Die hüllenlosen männlichen Blüten besitzen eine unterschiedliche Anzahl gegabelter Staubgefäße und bilden überhängende Kätzchen, die weiblichen Blüten bilden schüttere hängende Blütenstände, deren Achsen sich im Laufe der Fruchtreife verlängern. Die Frucht ist eine Nuß, deren Vorblätter zu einem dreilappigen häutigen Flugapparat heranwachsen.

Als Forstbaum wird die Hainbuche schon seit Jahrhunderten kultiviert. Rückschnitte verträgt sie gut, weshalb sie sich als Hekenpflanze gut eignet. Ihr mattes Holz ist reingrauweiß, ohne dunklen Kern und gehört zu den zähen Harthölzern („hanebüchen"); deswegen dient es hauptsächlich zur Herstellung von Werkzeugen (Hobel, Griffe, Gewindespindeln), für Möbel ist es hingegen ungeeignet.

Mittelhoher Baum bis 20 m breit mit ausladender Krone, Äste im spitzen Winkel abstehend; bedeutender Forstbaum.

Haselgewächse

Europäische Hopfenbuche

Corylaceae

Ostrya carpinifolia SCOP.

Hopfenbuchen sind Bäume mit hartem Holz, was am besten durch das „Eisenholz“ der Amerikanischen Hopfenbuche (*O. virginiana* [MILL.] K. KOCH) belegt wird. Auch die Europäische Hopfenbuche zeichnet sich durch ein wertvolles, sehr hartes und zähes Holz aus. Einst wurde es zur Herstellung hölzerner Zahnräder verwendet. Im Gegensatz zur weißholzigen Hainbuche, der die Hopfenbuche äußerlich ähnelt, ist ihr Holz rötlich. Diese Art stammt aus Südeuropa und dem Mittelmeerraum – sie wächst von Frankreich ostwärts bis zum Libanon. Ihr wissenschaftlicher Gattungsname ist vom altgriechischen Wort für Hartholzbäume abgeleitet. In Kultur wird die Hopfenbuche seit 1724 gehalten.

Die Hopfenbuche ist ein sommergrüner Baum mit wechselständigen, im Umriß eiförmigen, am Rand doppelt gesägten Blättern, die unterseits nur schwach beflaumt oder kahl sind und eine größere Anzahl Aderpaare (11–15) haben. Die männlichen Blüten bilden sehr dicke und lange, hängende Kätzchen, die meist von April bis Mai gleichzeitig mit dem Laubaustrieb aufgehen. Die weiblichen Kätzchen sind kürzer, stehen zunächst aufrecht und tragen je 2 Blüten in den Achseln der abfallenden Tragblätter. Nach der Befruchtung entwickeln sich gerippte Nüßchen, die in ein balgähnliches Gebilde eingeschlossen sind. Der ganze Fruchtstand bildet einen dachartig angeordneten Zapfen, der einem Hopfenzapfen ähnlich sieht. Daher erhielt die Art auch ihren deutschen Namen. Die Früchte reifen im September heran; dies ist auch die günstigste Zeit für Ernte und sofortige Aussaat. Hopfenbuchen sind winterharte Gehölze, im Hinblick auf Boden und Umwelt noch anspruchsloser als Hainbuchen.

Bis 20 m hoher Baum mit breiter, lang ästiger Krone; gut geeignet für alle Parks.

Echte Walnuß

Walnußgewächse

Juglans regia L.

Junglandaceae

Die Walnuß ist nicht nur eine uralte Kulturpflanze, sondern auch ein Gehölz von sehr alter phylogenetischer Herkunft. Fossile Walnußarten wuchsen schon in der Kreidezeit und im Tertiär auf dem Gebiet des heutigen Nordeuropas, von wo sie erst durch die großen Vergletscherungen der Eiszeiten verdrängt wurden. Die Walnußbaumkultur entstand wahrscheinlich irgendwo in Transkaukasien, von wo aus sie in den Mittelmeerraum und letztlich dann auch ins Gebiet nördlich der Alpen vorgedrungen ist. Es ist heute fast unmöglich, in der Natur autochthone „wilde“ Walnußbäume ausfindig zu machen, auch wenn diese höchstwahrscheinlich noch in Griechenland, Kleinasien, im Iran und Afganistan – einigen Fachleuten zufolge sogar im ungarischen Theiß-Gebiet – existieren.

Die Echte Walnuß ist die einzige Nußbaumart mit ganzrandigen Teilblättchen in unpaarig gefiederten Blättern. Die männlichen Blüten mit 3 Hüllblättern und vielen Staubgefäßen wachsen in typischen Kätzchen. Aus den anliegenden, zweistrahligen weiblichen Blüten entwickelt sich die als Nuß bekannte Frucht, eingehüllt in eine fleischige, grüne und bittere Außenhülle, die ein Verwachsungsprodukt aus der Fruchtknotenwand, der Blütenhülle, Vor- und Tragblättern darstellt. Die harte Nußschale besteht aus zwei ablösbaren Hälften, der sogenannte Nußkern ist der Same, der aus zwei dicken, gewundenen, ölhaltigen Keimblättern besteht. Die Nutzung von Früchten und Holz ist allgemein bekannt. Nutzbar sind aber auch die Blätter, die ein Heilmittel (Folium juglandis) liefern, das u. a. Gerbstoffe, ätherische Öle und Chinone enthält. Dies hat zusammenziehende Wirkung und wird innerlich bei Magen- und Darmerkrankungen, äußerlich bei Hauterkrankungen angewendet. Im Altertum war die Walnuß ein Fruchtbarkeitssymbol; aus dem Altgriechischen stammt auch der Gattungsname, der die Nuß mit Jupiters Eichel vergleicht (glans jovis = *Juglans*).

Baum mit durchgängiger oder gegabelter Krone, 10–30 m hoch; historisches Nutzgehölz.

Walnußgewächse

Juglandaceae

Butternuß, Amerikanische Walnuß

Juglans cinerea L.

Der Nützlichkeit der Echten Walnuß steht der hohe ästhetische Wert der Amerikanischen Walnuß gegenüber. Dieses Gehölz eignet sich durch sein Gesamterscheinungsbild für große Baumreihen und Alleen, aber auch für Gruppen in großen Parks. Genauso interessant wie das majestätische Aussehen ist auch jedes Detail an diesem Baum. Die unpaarig gefiederten, aus 11–19 gezähnten Teilblättchen bestehenden Blätter sind oberseits fein beflaumt, unterseits drüsenhaarig. Auch die Früchte sind von oben klebrig beflaumt und wachsen normalerweise in mehrzähligen Trauben. Die Nuß selbst ist länglich eiförmig und hat 4 stärker und 4 weniger stark erhabene, scharfe, unregelmäßige Rippen mit einer Vielzahl kurzer Rippchen und Höcker in den Zwischenräumen. Die beiden Hälften ihrer sehr starken, dicken Schale lassen sich nicht voneinander trennen. Deshalb stellen sie, ebenso wie die Nüsse der folgenden Art, ein beliebtes Material für verschiedenste folkloristische Schmuckstücke, Hals- und Armbänder dar, die aus Querschnitten hergestellt werden.

Die Amerikanische Walnuß stammt aus dem Osten der USA, aus den Staaten von New Brunswick bis Georgia und im Westen bis Dakota und Arkansas. Kultiviert wird sie schon seit 1633. Nur etwa 50 Jahre später setzte die forstliche Nutzung der amerikanischen Schwarznuß (*J. nigra* L.) ein, die auch aus dem Osten der USA stammt. Sie ist von Massachusets bis Florida und im Westen bis Minnesota und Texas verbreitet. Ihre Früchte sind kahl, stehen einzeln, die Nuß ist breit eiförmig, breiter als lang und unregelmäßig gerippt. Auch die Schwarznuß ist ein ausgezeichneter Park- und Alleebaum mit wertvollem Holz.

Junger Trieb mit Blütenständen ♂

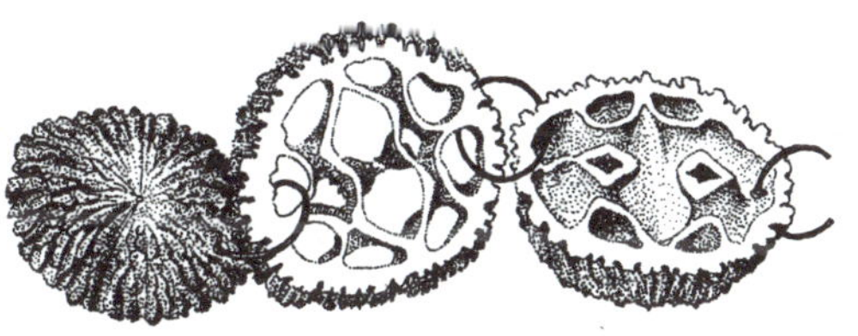

Folkloreschmuck aus Nüssen von *J. nigra*

Amerikanische Walnuß max. 30 m, Schwarznuß bis 50 m hoch; beide für Alleen und große Parkanlagen empfehlenswert.

Kaukasische Flügelnuß

Walnußgewächse

Pterocarya fraxinifolia (LAM.) SPACH

Juglandaceae

Die Vertreter der Gattung *Pterocarya* haben den Höhepunkt in ihrer Entwicklung bereits überschritten; noch im Tertiär wuchsen sie überall auf der Nordhalbkugel. Heute ist von ihrem einstigen „Reich“ nur ein Torso übriggeblieben: 8 Arten, von denen 6 in China, 1 in Japan und 1 in Westasien wachsen. Die im Kaukasus vorkommende Art *P. fraxinifolia* liefert eines der wertvollsten Furnierhölzer (Kaukasischer Nußbaum). Das Furnier hat eine feine, aber sehr ausgeprägte dunkle Zeichnung, die oft herrliche Muster bildet. Um 1782 wurden die ersten Flügelnußsamen aus Persien nach Europa gebracht; aus diesen ersten Importen stammten wohl auch die bekanntesten Flügelnußbäume im englischen Claremont (Surrey) und in Wien, die bereits zu Beginn dieses Jahrhunderts W. J. BEAN erwähnte.

Die Kaukasische Flügelnuß ist ein sommergrüner Baum mit wechselständigen, unpaarig gefiederten, manchmal bis 45 cm langen Blättern, die aus rund 20 länglichen bis lanzettlichen Teilblättern bestehen. Die einhäusigen Blüten entwikkeln sich im Mai und sitzen in verlängerten, hängenden Kätzchen. Die Bäume sind nicht nur durch ihr Gesamterscheinungsbild und ihr Laub dekorativ, sondern hauptsächlich während der Fruchtreife durch die große Zahl der lang herabhängenden Fruchtstände, die kleine einsamige Flügelnüßchen enthalten.

In Kultur wird die Flügelnuß vorwiegend durch Aussaat stratifizierter Samen (ganze Nüsse), im Winter ausnahmsweise auch durch Wurzel- oder Triebstecklinge junger Pflanzen vermehrt.

Ausladender, mehrstämmiger Baum bis 30 m; gartenarchitektonisch wertvolles Gehölz für tiefe, lockere Böden in Wassernähe.

Walnußgewächse

Juglandaceae

Weißer Hickory

Carya ovata (MILL.) KOCH

Die Arten der Familie *Juglandaceae* zeichnen sich vorwiegend durch Hölzer mit guten Eigenschaften aus. Hickory gehört zu den besten und bekanntesten; besonders berühmt wurde es in den Anfängen des Skisports, als Hickory-Skier als die besten galten. Auch die Früchte sind nicht bedeutungslos. Was für die Alte Welt die Früchte der Echten Walnuß bedeuten, das sind in Amerika die ausgezeichnet schmeckenden Pecan-Nüsse (von *C. illinoinensis* [WAGENH] KOCH). Wegen der ebenfalls guten, süßen, eßbaren Hickory-Nüsse wurde der Weiße Hickory schon 1629 in Kultur genommen.

Der Weiße Hickory ist ein sommergrüner Baum mit wechselständigen, unpaarig gefiederten Blättern mit 5–7, an den Rändern gesägten Teilblättern. Jungtriebe und Blattstiele sind kahl oder nur wenig beflaumt, die rauhe Borke ist hellgrau gefärbt. Die einhäusigen Blüten entwickeln sich gleichzeitig mit dem Blattaustrieb oder kurz davor; die männlichen Kätzchen sind achselständig und hängen herab, die weiblichen bilden schüttere Ähren. Die Früchte sind mehr oder weniger kugelige, 3–6 cm große, hellbeige gefärbte, auffällig dünnwandige Steinfrüchte. Die Nußoberfläche ist glatt, die Fruchthülle öffnet sich in der Reife in vier Klappen.

Außer den beiden angeführten Arten enthält die Gattung *Carya* noch weitere 18 Spezies, die größtenteils in Amerika wachsen; 1 stammt aus China und 1 aus Hinterindien. Der Weiße Hickory wächst natürlich im Gebiet zwischen der kanadischen Provinz Quebec und Minnesota, im Süden streift sein Areal die Staaten Florida und Texas. In der Kultur wird er vorwiegend aus Samen gezogen, welche manchmal erst nach 2–3 Jahren keimen.

Stattliche Bäume bis 40 m hoch; Nutzholz, in Europa für dendrologische Sammlungen.

Frucht

Strahlengriffel

Strahlengriffelgewächse

Actinidia kolomikta (RUPR. et MAX.) MAX.

Actinidiaceae

A. arguta, blühender Zweig

Die Früchte der ostasiatischen Strahlengriffel- Arten haben für die dortigen Einwohner die gleiche Bedeutung wie Hagebutten oder schwarze Johannisbeeren für die Europäer: Sie sind ein hervorragender Vitamin C-Lieferant. Die zuckerreichen Beerenfrüchte (Japanische oder Amur-Stachelbeere) enthalten nämlich bis zu 13mal mehr Ascorbinsäure als Zitronen. Jedoch sind nur wenige der ca. 40 Strahlengriffel-Arten winterharte Gehölze. Neben ihrer Bedeutung als Obstlieferant kann man sie sehr gut als Bodenbedecker im Garten verwenden. Die meisten Arten sind reich verzweigte Spreizklimmer und *A. kolomikta* ist nicht nur durch ihre Belaubung, sondern auch durch ihre zahlreichen weißen Blüten dekorativ.

Die Strahlengriffel haben einfache, langstielige, sommergrüne Blätter. Die Arten sind entweder zweihäusig eingeschlechtlich oder haben zwittrige Blüten; diese bilden doldenartige Blütenstände oder wachsen einzeln in den Blattachseln. Männliche Blüten haben eine große Anzahl Staubgefäße mit gelben (*A. kolomikta*) bzw. dunkelroten Staubbeuteln (*A. arguta* [SIEB. et ZUCC.] PLANCH.). An den weiblichen Blüten fallen vor allem die strahlenförmig ausgebreiteten Narben auf. Die beiden erwähnten Strahlengriffelarten gingen früh in die Geschichte der europäischen Obstzucht ein. Beide wurden nämlich von dem bekannten russischen Züchter I. V. MITSCHURIN verwendet, der viele frostharte Sorten veredelt hat, die bis 50 kg Obst pro „Strauch“ bringen können.

A. kolomikta stammt aus der Mandschurei, China und Japan. Um 1855 wurde sie in die europäischen Gärten gebracht; etwa 20 Jahre später (1874) folgte *A. arguta*.

Obstsorten, aber auch die Wildarten lassen sich im Juli durch krautige Stecklinge unter Folie vermehren oder aber aus Holzstecklingen, die im Herbst nach dem Laubabwurf geschnitten werden.

A. kolomikta, fruchtender Zweig

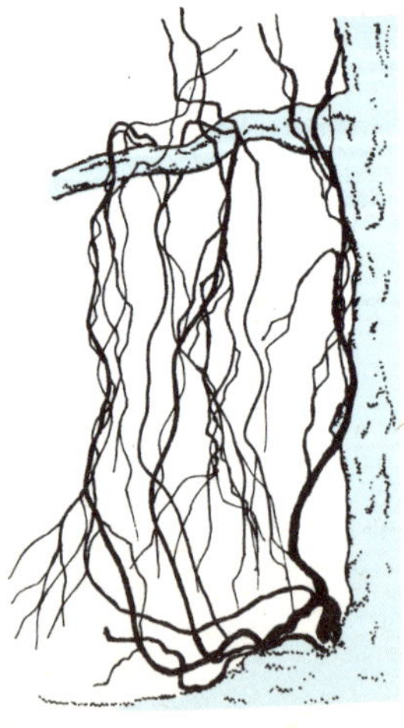

Spreizklimmende Lianen von 7 oder mehr Metern Länge; Obstgehölz, geeignet für Pergolen, besonders günstig für feuchte Böden und Ufer.

Hartheugewächse

Johanniskraut

Hypericaceae

Hypericum calycinum L.

Die meisten Mitteleuropäer stellen sich unter Hartheugewächsen strahlend gelbblühende Kräuter vor. Es gibt in dieser Familie aber auch viele Gehölze, von denen eines das hier abgebildete Johanniskraut ist. Diese ursprünglich kleinasiatische Art wächst wild im Gebiet zwischen Südostbulgarien, der Türkei und Nordanatolien. Es gehört in die Gruppe der großblütigen Hartheugewächse, die zum Großteil im Mittelmeerraum und den Subtropen des Orients wachsen, aber auch in größeren Höhenlagen der südamerikanischen Anden vorkommen.

Das Johanniskraut ist ein kleiner, ausläuferbildender Strauch oder Halbstrauch mit gegenständigen, anliegenden, mehr oder weniger immergrünen Blättern an vierkantigen Trieben. Die Blätter sind lanzettlich, ledrig zäh, ganzrandig, am Ende stumpf zugespitzt. An den Sträuchern fallen bereits die Blütenknospen auf. Diese sind etwa 2,5 cm groß und haben 5 mehrjährig ausdauernde Kelchblätter. Die leuchtend gelben, fünfstrahligen Blüten wachsen und entwickeln sich den ganzen Sommer über von Juli bis September, einzeln oder in Gruppen zu zwei bis drei. Sie sind mit 7–8 cm ziemlich groß. Der Fruchtknoten hat 5 Griffel mit orangebraunen Narben; die Frucht ist eine ca. 3 cm große Kapsel.

Das Johanniskraut ist eine schnellwüchsige, relativ widerstandsfähige Pflanze mit dekorativem Laub und Blüten. Im Laufe der Zeit bildet es Teppiche, welche die Bodenoberfläche vollkommen bedecken. Durch zahlreiche Ableger breitet es sich selbst im Halbschatten unter Bäumen aus und läßt sich auch gut mit Nadelhölzern kombinieren. Vermehrt wird durch Samen oder Stecklinge aus dem Sproßteil (im Juli–August) bzw. durch Teilung der Büsche.

Etwa 40–60 cm hoher, Ausläufer bildender Halbstrauch; ästhetisch wertvoll für jeden Garten.

Französische Tamariske

Tamariskengewächse

Tamarix gallica L.

Tamaricaceae

Bekannt wurden die Tamarisken bereits im Altertum durch die in den Bergen Arabiens und auf der Sinai-Halbinsel beheimatete *T. manifera* BUNGE. Die dünnen Zweige dieser Art werden nämlich von der Schildlaus *Eriococcus manifer* angestochen; der dann austretende Saft gerinnt in der nächtlichen Kühle zu gummiartigen Tröpfchen, die gesammelt und als „Mannazucker" genutzt werden.

In den europäischen Gärten sind auch andere Tamarisken verbreitet. In Südeuropa sind sie besonders artenreich, nördlich der Alpen sind die Klimabedingungen für Tamarisken weniger günstig. Besonders widerstandsfähig ist die ursprünglich wohl mediterrane Französische Tamariske, deren Kultivierung seit 1596 nachweisbar ist. Allerdings steht nicht fest, ob der europäische Mittelmeerraum nicht nur eine sekundäre Heimat der Französischen Tamariske ist. Einige Wissenschaftler nehmen an, daß sie entweder aus Nordafrika oder sogar aus China stammt.

Tamarisken sind entwicklungsmäßig sehr junge Pflanzen, charakteristisch für offene Steppen- und Wüstenformationen. Fossile Tamarisken sind erst aus dem Quartär bekannt.

Die Französische Tamariske hat rutenartige holzige Äste und krautige Zweige, die in Anpassung an extreme Trockenheit von kleinen Schuppenblättern bedeckt sind. Die krautigen Zweige letzter Ordnung (Kurztriebe) fallen im Herbst ganz ab. Die winzigen rosaroten Blüten wachsen in aufrechten, endständigen Ähren. Sie sind radiärsymmetrisch, zwittrig und blühen im Mai, oft noch vor der Laubbildung und nicht selten Ende August ein zweites Mal.

Rutige Sträucher oder Bäume, bis 5 m hoch; zartes, ästhetisch ansprechendes Gehölz, das auch salzige Böden in Städten bzw. in Industrienähe verträgt.

Rechenblumengewächse

Symplocaceae

Saphirbeere

Symplocos paniculata (THUNB.) MIQ.

Die Gattung *Symplocos* ist die einzige der Familie *Symplocaceae* mit engen Verwandtschaftsbindungen zu den Ebenholzgewächsen (*Ebenaceae*), die möglicherweise ihre Vorfahren darstellen und zu den Storaxbaumgewächsen (*Styracaceae*), die von ihnen hergeleitet werden. Die meisten der 300 bis 400 *Symplocos*-Arten wachsen in den Tropen und Subtropen (mit Ausnahme Afrikas). Im Oligozän und Pliozän wuchsen sogar 15 Arten der Gattung in Europa.

In den Klimabedingungen Mittel- und Westeuropas gedeiht die ostasiatische Art *S. paniculata* ganz gut. Natürlich wächst sie im Himalaja, in China und Japan; um 1875 wurde sie nach Europa und bereits Anfang der siebziger Jahre des vorigen Jahrhunderts in die USA gebracht. Eine Art des gemäßigten Nordamerikas (bis Delaware) ist *S. tinctoria* (L.) L'HÉR. Aus ihren Blättern und der Rinde werden gelbe Farbstoffe gewonnen.

S. paniculata hat sommergrüne, länglich elliptische, scharf gesägte, unterseits flaumhaarige Blätter ohne Nebenblättchen. Die kleinen weißen Blüten bilden sich an den Triebenden und in den Blattachseln von Kurztrieben in rispenähnlichen Blütenständen, die an den Weißdorn erinnern. Sie duften recht angenehm. Der wichtigste Schmuck sind aber die auffällig gefärbten Früchte, tief anilinblaue Steinfrüchte mit mehrkammerigen Kernen. Die Färbung der Früchte ist einfach überwältigend und äußerst dekorativ. In Arnold's Arboretum (USA) bekam die Farbe die Bezeichnung „brillant ultramarinblau“. In Kultur vermehrt man die Pflanzen generativ aus Samen, die vor dem völligen Ausreifen gesammelt werden. Alle *Symplocos*-Arten meiden Kalk im Boden.

Unregelmäßiger, dichter Strauch, 2–5 m hoch; attraktiver Zierstrauch und für botanische Sammlungen.

Vierflügeliger Schneeglöckchenbaum

Storaxbaumgewächse

Halesia carolina L.

Styracaceae

Als in den siebziger Jahren des 17. Jahrhunderts in Bekesbourne (Grafschaft Kent, England) STEPHAN HALES zur Welt kam, ahnte niemand, daß er einmal das für seine Zeit hervorragende Werk „Vegetable staticks“ hinterlassen würde und daß sein Name sogar im Gattungsnamen eines hübschen, leider nur wenig gezüchteten Strauchs erhalten bleiben würde. Diesen Namen führte C. v. LINNÉ in seinem Werk „Systema Natura“ 1759 an. Die Typusart nach der C. v. LINNÉ die Gattung benannte, war der Vierflügelige Schneeglöckchenbaum aus dem Südwesten der USA (West-Virginia, Florida, Ost-Texas).

Schneeglöckchenbäume sind stattliche Sträucher und Bäume mit sommergrünen, bis 10 cm langen, gesägten Blättern und auffälligen, hängenden, glockenförmigen Blüten, die im April und Mai in achselständigen Büscheln an den Vorjahrstrieben wachsen. Die vierstrahlige Krone ist cremefarben, selten blaßrosa. Der Schneeglöckchenbaum hat darüber hinaus auffällige, 2–3,5 cm große, 1- bis 3-samige Steinfrüchte mit vier Flügeln (daher das Synonym *H. tetraptera* ELLIS).

Der Vierflügelige Schneeglöckchenbaum ist ein elegantes Gehölz, das auch in Europa gut gedeiht; allerdings verträgt es keine schwankenden Wintertemperaturen. Am häufigsten wird er aus Samen gezogen, nur sporadisch durch Senker oder Stecklinge vermehrt.

5–10 m hoher Strauch oder Baum, in Kultur nur bis 3 m; wenig gehaltenes Gehölz mit effektvollem Aussehen.

Storaxbaumgewächse

Styracaceae

Flügelstorax

Pterostyrax hispida SIEB. et ZUCC.

In den ersten Jahren nach ihrer Entdekkung (1839) und nach der ersten Einführung der Storaxbäume in Europa (*P. corymbosa* 1850, *P. hispida* 1875) wurden diese Gehölze noch für südostasiatische *Halesia*-Arten gehalten. Die Unterschiede sind aber überdeutlich: Storaxbaumgewächse stammen aus China und Japan, ihre Blütenstände sind überhängende, bis 25 cm lange Rispen; die Einzelblüten sind fünfstrahlig.

Storaxbaumgewächse sind stattliche Sträucher bzw. mehrstämmige, kleine Bäume mit sommergrünen, wechselständigen, länglichen, bis 17 cm großen und unterseits beflaumten Blättern. Ihre duftenden Blütenstände wachsen aus kurzen Seitentrieben und erscheinen im Juni. Die weißlichen Kronblätter sind fast frei, nur an der Basis sind sie geringfügig miteinander verwachsen. Die ganzen Blütenstände sind mit sternförmig angeordneten Drüsenhaaren bewachsen. Die Früchte sind austrocknende, längliche, rippig geflügelte, nußartige Steinfrüchte mit 1–2 Samen.

P. hispidus ist ein relativ schnell wachsendes Gehölz, das für halbtrockene, sonnige oder höchstens halbschattige Standorte geeignet ist. Selbst wenn es jahrelang im Schatten anderer Gehölze oder unweit stehender Gewässer leben muß, bekommt ihm beides nicht gut. Auch gegenüber niedrigeren Temperaturen ist der Strauch nicht besonders widerstandsfähig, doch schlägt er nach Frostschäden regelmäßig wieder aus. Er läßt sich gut aus Samen ziehen, die nicht stratifiziert werden müssen, sondern nur den Winter über im Trockenen zu halten sind; vegetativ kann er im Juli durch krautige Stecklinge vermehrt werden.

Der wissenschaftliche Artname *hispidus* („haarig“) ist von den drüsenhaarigen Fruchtständen abgeleitet.

Junger Fruchtstand

Hoher Strauch oder mehrstämmiger Baum bis 15 m; ästhetisch sehr wertvoll.

Lorbeerweide

Weidengewächse

Salix pentandra L.

Salicaceae

♂

Die Lorbeerweide nimmt innerhalb der Gattung *Salix* eine Sonderstellung ein; ihre morphologischen Merkmale unterscheiden sie deutlich von den übrigen „schmalblättrigen“ Weiden. Sie hat breitere, kräftig glänzende Blätter, drüsige Blattstiele und im Herbst lackglänzende rotbraune Triebe. Die Blätter haben vor allem beim Welken, ähnlich wie auch die abgelöste Rinde oder frisch geschnittenes Holz, einen kräftigen Bittermandelduft. Das kommt von Balsamen (Harze und ätherische Öle), die, ähnlich wie bei den Pappeln, vor allem in den treibenden Knospen vorhanden sind. Das ist aber nicht das einzige Merkmal, das die phylogenetische Verbindung der Lorbeerweide mit den Pappeln verrät. Unter anderem sind das auch die größere Staubgefäßzahl und die breiten Stützschuppen der Blüten.

Die Lorbeerweide blüht am spätesten von allen großen Weiden und zwar von Mai bis Juni, wenn sie schon voll belaubt ist. Die männlichen Kätzchen sind etwa 7 cm lang und gelb, die kurzen weiblichen sind grünlich. Befruchtete weibliche Kätzchen verbleiben bis zum Herbst in der Krone; erst dann reifen die Samen. Die winzigen Samen sind lang silbrigweiß beflaumt, so daß die aufplatzenden Kapseln in den Kätzchen Wattebäuschchen ähneln. Der Samen fliegt erst im Winter oder folgenden Frühjahr davon und keimt erst in der neuen Vegetationszeit. Die Keimfähigkeit hält etwa ein halbes Jahr an. Das natürliche Biotop für Lorbeerweiden sind feuchte und moorige Wiesen von den Niederungen bis an die Waldgrenze des Hochgebirges. Sie ist ein europäisches, bis in den Kaukasus verbreitetes Gehölz. Der lateinische Artname dieser Weide soll eigentlich auf die Anzahl der Staubgefäße in der männlichen Blüte hinweisen, doch beträgt sie gerade bei dieser Art 6–12, während 5 nur bei ihrer Kreuzung mit der Bruchweide (*S. fragilis* L.) auftreten, die dann *S.* × *meyeriana* WILLD. genannt wird.

Strauchartig bezweigter Baum, bis 15 m hoch; landschaftsprägendes Element; pharmazeutisch nutzbar (Weidenrinde).

Weidengewächse

Salicaceae

Knackweide, Bruchweide

Salix fragilis L.

Die Bruchweide ist die häufigste europäische schmalblättrige Weide; sie wächst bei uns fast überall. Im Norden reicht sie bis Südskandinavien, im Süden bis in den Mittelmeerraum, ausgenommen die südlichsten Zipfel der Pyrenäenhalbinsel, Siziliens und der Balkanhalbinsel; sie wächst auch in Kleinasien und reicht bis Zentralasien. In ihrem ganzen Areal wird sie aber häufig mit der Silberweide (*S. alba* L.) verwechselt, in Westeuropa auch mit der Kreuzung von Silber- und Bruchweide, der Hohen Weide (*S.* × *rubens* SCHRANK). Dort wo diese beiden Weidenarten ursprünglich verbreitet sind, wachsen Silber- und Bruchweide kaum gemeinsam. Die Bruchweide wächst eher in höheren Lagen an Gebirgs- und Bergvorlandgewässern. Sie verträgt extrem niedere Temperaturen auch in Inversionslagen. Gute Unterscheidungsmerkmale der Bruch- gegenüber der Silberweide sind: kleinerer Wuchs (bis 15 m), mehrstämmig, nahezu aus Wurzeltrieben entstehend, schüttere Krone, graue Triebe, brüchige Zweige (daher der Name *fragilis* = zerbrechlich), die im Bogen oder rechten Winkel abstehen, große Knospen mit antrocknenden Schuppen. Weitere Unterscheidungsmerkmale sind die Knospen, Triebe und Blätter, die bei der Bruchweide kahl sind. Sie blüht vor dem Laubaustrieb (März –April) und hat zwei Nektardrüsen in den weiblichen Blüten. Die Silberweide hingegen hat nur eine Nektardrüse sowie im Herbst vergilbende Blätter. Sie ist ein hoher Baum mit einem einzigen Stamm, behaarten Blättern, gelblichen, spitzwinkelig abstehenden Ästen; die Blätter verfärben sich im Herbst grau.

Bruch-, Silber- und Lorbeerweide sind Lieferanten einer Heildroge, der Weidenrinde (cortex salicis), die wegen ihres Gehaltes an Salicylsäurederivaten innerlich gegen Fieber, Rheumatismus und Neuralgien angewendet wird und bei Erkältungskrankheiten als schweißtreibendes Mittel gilt.

Strauchwüchsiger, ausladender Baum bis 15 m, landschaftsprägendes Gehölz an Wasserläufen; pharmazeutische Bedeutung.

Salweide

Salix caprea L.

S. cinerea

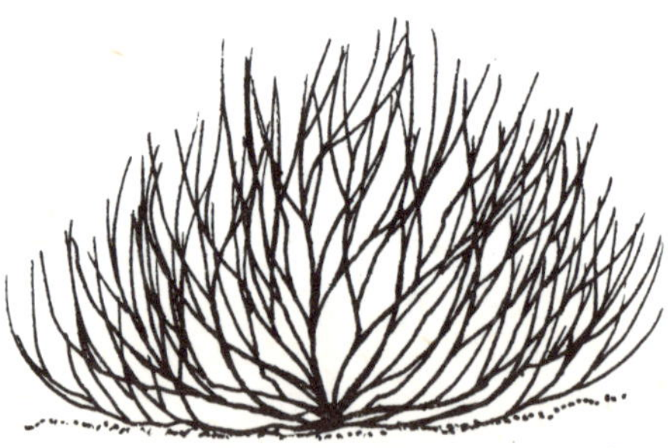

S. caprea

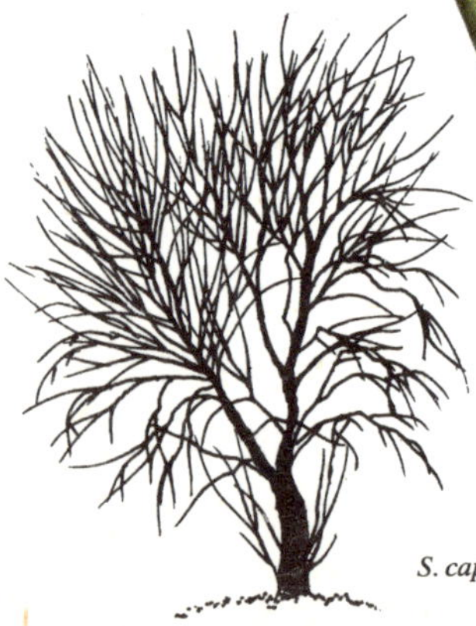

Die Veränderlichkeit von äußeren Merkmalen bei Weiden ist ebenso wie ihre leichte Kreuzbarkeit enorm groß. Das gilt in erster Linie für die schmalblättrigen Weidenarten, aber auch für die breitblättrige Salweide. Ihre geographische Veränderlichkeit ist gering; ähnliche Abweichungen in Größe, Blattform, Triebfärbung oder Behaarung kommen im ganzen Areal vor. Eine für ihre späte Blüte bekannte nördliche Form wird jedoch auch als selbständige Art (*S. coaetanea* FLOD.) abgetrennt. Von den ähnlichen osteuropäischen Formen unterscheidet sie sich durch die dicht behaarte Blattunterseite und haarige Stempel.

Die Salweide ist über fast ganz Europa bis Nordostasien und den Nordiran verbreitet. Sie geht bis über die Baumgrenze hinauf (in den Karpaten 1780 m) und oft besetzt sie Sekundärstandorte wie Böschungen, Dämme oder Sandgruben. Tolerant gegenüber Trockenheit und Nässe blüht sie als wichtige Bienenweide im zeitigen Frühjahr (März). Ihre Kätzchen sind kurz, breit und nicht herabhängend, deren Spindeln sind fest.

Obwohl sich fast alle Weidenarten mit Sicherheit aus Holzstecklingen ziehen lassen (je stärker der Steckling, desto besser), schlägt die Salweide keine Wurzeln; nur einige Klone kann man auf diese Weise vermehren.

In Niederungen, Teichlandschaften u. ä. wächst zahlreich die ähnliche Grauweide (*S. cinerea* L.), eine ausgeprägt säureliebende Art. Gute Unterscheidungsmerkmale sind die Polsterform der Sträucher und das Vorhandensein von „Holzleisten“ an Zweigen unter der jungen Rinde, welche bei der Salweide fehlen.

Hoher Strauch bzw. niedriger Baum bis 10 m; wichtige Bienenweide und landschaftsbestimmendes Gehölz.

Weidengewächse

Salicaceae

Netzweide

Salix reticulata L.

Die Netzweide ist ein Beispiel für die ganz extreme Anpassung einer Holzpflanze an ihren Lebensraum. Sie hat sich ihrer Hochgebirgsumwelt perfekt angepaßt und ist zirkumpolar in Europa, Nordasien und Nordamerika verbreitet. Das Areal umfaßt allerdings noch zahlreiche isolierte Vorkommen in Gebirgen, die weit südlich des zusammenhängenden Verbreitungsgebietes im Polarraum liegen. So wächst sie z. B. in Europa in den Alpen, den Karpaten und auf dem Nordbalkan. Überall ist sie aber an einen nährstoffreichen Untergrund gebunden, z. B. an Kalkstein oder leicht verwitterte Gesteine wie z. B. Mylonite, die ihr ausreichend viel Nährstoffe liefern.

In ihren morphologischen Merkmalen variiert diese Weide kaum. Sie unterscheidet sich äußerlich stark von allen übrigen Weidenarten. Neben dem gekrümmten, kriechenden Wuchs wird sie vor allem durch die rundlichen, lederigen und in der Nervatur tief gefurchten Blätter charakterisiert. Der Artname *reticulata* (= genetzt) bezieht sich auf diese Blatteigenschaft. Ein weiteres Merkmal ist der recht lange Blattstiel, während die Blätter anderer Weiden fast ungestielt sind. Auch der Blütenansatz ist anders: Während fast alle Weiden Blüten aus Seitenknospen treiben, sitzen die Netzweidenkätzchen an den Spitzen der belaubten Triebe. Sie öffnen sich gleichzeitig mit den Blättern, doch gehen die Blüten erst nach vollständiger Belaubung auf. Die männlichen Kätzchen sind kräftig, hell rostfarben gefärbt und haben pro Blüte nur 2 Staubgefäße, die weiblichen sind schmal. Netzweiden blühen je nach Lage von Juni bis August. Aus Holzschnittlingen lassen sie sich gut ziehen. Die Netzweide ist ein beliebtes Gehölz für Steingärten, das schon seit 1789 in Kultur ist.

Blühender Zweigdetail

Zwergstrauch, kaum 10 cm hoch; botanisch sehr interessant.

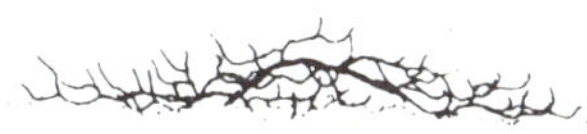

Silberpappel

Weidengewächse

Populus alba L.

Salicaceae

Die „weißen" Pappeln bilden innerhalb der Gattung *Populus* eine eigene Sektion, die sich in zwei Gruppen weiter unterteilt: Espen und Echte Silberpappeln. Letztere haben an den Kurztrieben kleine, elliptische, gelappt bis gezähnte Blätter und an den Langtrieben wesentlich größere Blätter, die drei bis fünf dreieckige Lappen haben. Beim Austrieb sind alle Blätter beflaumt, später sind die an den Kurztrieben ganz kahl, die an den Langtrieben nur oberseits unbehaart und unten auffällig weiß befilzt. Die Blattstiele haben einen runden, nicht abgeplatteten Querschnitt. Das gemeinsame Merkmal aller „weißen" Pappeln ist der glatte, ungefurchte Stamm, der bis ins hohe Alter hellgrau bleibt.

Alle Pappeln sind schnell wachsende, zweihäusige Gehölze, d. h. es entstehen nur männliche oder weibliche Exemplare, die man aber in Kultur leicht vegetativ vermehren und als Klone erhalten kann. Männliche und weibliche Blüten haben an der Basis einen schrägen, drüsigen Kelch und sind zu kätzchenförmigen Blütenständen vereinigt. Die männlichen Kätzchen der Silberpappel sind ziemlich dick und 3–7 cm lang; die Blüten tragen 6–8 Staubgefäße mit roten Staubbeuteln. Die weiblichen Kätzchen sind kürzer. Ihre Tragblätter sind rostfarben und wenig bewimpert; sie haben zwei rote Griffel und zwei gelbe Narben. Wie die meisten Pappeln blüht *P. alba* im zeitigen Frühjahr (März und April). Heute ist die Silberpappel gleichmäßig über ganz Europa verbreitet, doch liegt ihr Entwicklungsschwerpunkt eher in Südeuropa und dem Mittelmeerraum einschließlich Nordafrika. Nach Einführung in die USA (Jahr unbekannt) hat sie sich dort eingebürgert.

Etwa 30 m hoher Baum mit mächtiger, breit ausladender Krone von oft 25 m Durchmesser; wichtiges landschaftsbestimmendes Gehölz.

Weidengewächse

Salicaceae

Zitterpappel, Espe

Populus tremula L.

Die Gruppe der Espen hat im Gegensatz zu den übrigen Weißen Pappeln an den Kurz- und Langtrieben gleichgeformte Blätter, deren Stiele seitlich stark zusammengedrückt sind. Diese Abflachung des relativ langen Stiels ist die Ursache für das unablässige Zittern der Blätter, selbst beim geringsten Lufthauch („zittern wie Espenlaub").

Von allen in Europa autochthon vorkommenden Pappeln besitzt die Espe das größte Areal. Mit Ausnahme des südlichsten Spaniens wächst sie in ganz Europa bis über den 70. Breitengrad hinaus sowohl im Tiefland als auch im Gebirge (in den Alpen bis 2000 m) in feuchter (Ufer) als auch trockener Umgebung (Sandböden, ungarische Puszta). Sie ist eine äußerst widerstandsfähige Pionierpflanze, die gemeinsam mit der Birke und einigen Weiden als eines der ersten Gehölze auf nackten Böden, Schneisen oder Geländedurchstichen erscheint und so den Beginn zu einer künftigen Bewaldung anzeigt. Da sie ein lichtbedürftiges Gehölz ist, weicht sie in geschlossenen Beständen an die Ränder aus, von wo sie durch intensive vegetative Vermehrung (Wurzel- und Wassertriebe) weiter expandiert. Die Espe wächst ziemlich schnell, aber schon im Alter von 30–40 Jahren ist ihr Kernholz oft von Fäulnis befallen, was sie für eine praktische Nutzung wertlos macht.

Von allen europäischen Pappeln blüht die Espe zuletzt (Ende März bis Anfang April); sie ist deshalb nicht so stark von Spätfrösten bedroht. Daher produziert sie auch alljährlich überreich viel Samen. Die männlichen Kätzchen sind bis 10 cm lang mit silbrig behaarten Tragblättern; die weiblichen sind kürzer, ihre Narben und Staubgefäße sind rötlich.

Etwa 30 m hoher Baum mit unregelmäßiger Krone, oft ausgedehnte Bestände bildend; landschaftsgestaltendes Pioniergehölz.

Schwarzpappel

Populus nigra L.

Salicaceae

Die Schwarzpappel gehört, gemeinsam mit den übrigen sogenannten „schwarzen“ Pappeln, in die Sektion *Aigeiros*. Ihr Charaktermerkmal sind die beiderseits glatten, grünen Blätter mit transparentem Rand und plattem Stiel. Schwarzpappeln sind autochthon in ganz Mittel- und Südeuropa verbreitet, berühren Mittelasien, eine schmale Zone in Nordafrika und wachsen auch in Nordamerika. Ihr natürliches Biotop sind Auen, Fluß- und Bachanschwemmungen zwischen etwa dem 30. und 50. Breitengrad, in Nordamerika geht ihre Südgrenze weiter nach Süden. Schwarzpappeln sind ökologisch weniger anpassungsfähig; auch ihre Variationsbreite ist nicht besonders groß. Willig ist sie (spontan und in Kultur) mit anderen Pappelarten und -bastarden kreuzbar.

Die europäische Schwarzpappel ist der einzige Vertreter dieser Sektion auf dem eurasischen Kontinent. Sie hat kleine Blätter mit langausgezogener Spitze. Jüngere Zweige sind mit rautenförmigen, blühende Bäume eher mit herzförmigen Blättern belaubt. Die Jahrestriebe sind rund. In der Jugend wächst die Schwarzpappel langsam, später rascher und wird 80–100 Jahre alt, doch wird sie meist bereits mit 40–50 Jahren gefällt. Die Knospen enthalten ein harntreibendes Naturheilmittel (gemmae populi).

Obwohl die Schwarzpappel ein sehr wertvolles, landschaftsformendes Gehölz ist, ging sie im 20. Jahrhundert stark zurück und wurde in vielen Ländern durch verschiedene schnellwüchsige Pappelhybriden ersetzt. Von den älteren wird vor allem die Pyramidenpappel, *P. nigra* 'Italica' häufig gepflanzt. Sie existiert als männlicher Klon und stammt keineswegs aus Italien, sondern aus Mittelasien. Bekannt ist sie seit 1750, in den USA wird sie seit 1784 vermehrt.

P. nigra

Rautenförmiges Blatt von jungem Zweig

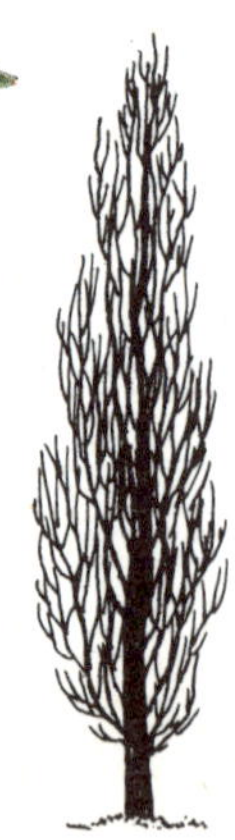

P. nigra 'Italica'

Stattlicher Baum mit unregelmäßiger, breit ausladender Krone, 30–40 m; die Pyramidenpappel ist spitz, 30–35 m hoch.

Weidengewächse

Salicaceae

Balsampappel

Populus balsamifera L.

P. balsamifera ist ein Vertreter der amerikanischen Balsampappelsektion *Tacamahaca.* Charakteristisch für diese Pappeln ist die starke Harzabscheidung an den Knospen. Das tritt besonders stark in der Zeit des Ausschlagens, also in einer intensiven Knospenwachstumsphase zutage. In dieser Zeit duften diese Pappeln stark. Ihre Knospen sind ziemlich klebrig und liefern ein Naturheilmittel (gemmae populi), das äußerlich zur Wundbehandlung und in Rheumabädern, innerlich harntreibend und zur Harnwegedesinfektion angewendet wird. Pappelbalsam wird auch in der Imkerei verwendet (Kittharz, Propolis).

Balsampappeln wachsen in Nordamerika, Ostasien und Sibirien von den Subtropen bis zur Nordlandtundra, in Auenwäldern, Halbwüsten und Hochgebirgen.

P. balsamifera wuchs ursprünglich in einem großen Gebiet von Labrador bis Alaska im Norden (parallel zur nördlichen Baumgrenze) bis ins Gebiet der Staaten New York, Michigan, Nebraska, Nevada und Oregon im Süden, namentlich auf Anschwemmungen in Flußnähe. Kultiviert wird sie seit 1689, aber erst im 20. Jahrhundert gewann sie garten- und forstwirtschaftlich an größerer Bedeutung. Der Baum wächst sehr schnell und wird etwa 100 Jahre alt. Charakteristische Merkmale dieser Art sind runde Äste und kahle Jungtriebe sowie Blattstiele. Die Borke ist rauh, an alten Stämmen grob gefurcht; die Blattoberseite ist dunkelgrün, die Unterseite weißlich, das Blatt selbst ledrig und am Rand undurchsichtig.

Schnellwüchsiger Baum, bis 30 m hoch; verbreitetes Forstgehölz, pharmazeutisch bedeutsam.

Rhododendron dauricum L.

Heidekrautgewächse

Ericaceae

Den allgemeinen Vorstellungen nach sind Rhododendren nur hohe immergrüne Sträucher, doch ist die 1100–1300 Arten umfassende Gattung Rhododendron sehr vielfältig und enthält auch viele Pflanzen mit ganz anderen Eigenschaften. Der Gattungsname wird LINNÉ zugeschrieben; er entspricht der altgriechischen Bezeichnung für Oleander und ist bereits aus den Schriften von DIOSCORIDES und PLINIUS bekannt. Obwohl für diese Pflanzen im Lauf der Zeit auch andere Namen vorgeschlagen wurden, hat sich der Name *Rhododendron* eingebürgert und bezeichnet heute auch solche Arten, die früher in der selbständigen Gattung *Azalea* geführt wurden.

R. dauricum wächst in einem Großteil Sibiriens bis nach Fernost und in die Mongolei in Höhen von 300 bis 1500 m. Der Strauch hat sommergrüne, elliptische, an beiden Enden gerundete, etwa 4 cm lange, auf der Unterseite dicht beschuppte Blätter. Er ist ein gutes Beispiel für die Untergattung der schuppenblättrigen Rhododendren *(Lepidotae),* deren Blätter einen aus Schuppen bestehenden Balg haben. Die rosa- bis hellpurpurfarbenen Blüten entstehen zeitig im Frühjahr, vor dem Blattaustrieb (manchmal schon im März). Sie wachsen in Gruppen zu je 1–3; sie lassen sich gut in Vasen (als „Barbarazweige“) zum Blühen bringen. 1780 wurde *R. dauricum* aus Sibirien nach England gebracht. In der Zierpflanzenzucht wurde er nicht nur selbst, sondern auch als Elternart bei der Suche nach neuen Sorten verwendet. Durch Kreuzung mit der Art *R. ciliatum* HOOK. fil. aus Sikkim zog D. DAVIS in England um 1855 den halbimmergrünen Bastard *R.* × *praecox* CARR., der erstmalig 1861 in der Königlichen Gartenbaugesellschaft der Öffentlichkeit vorgeführt wurde.

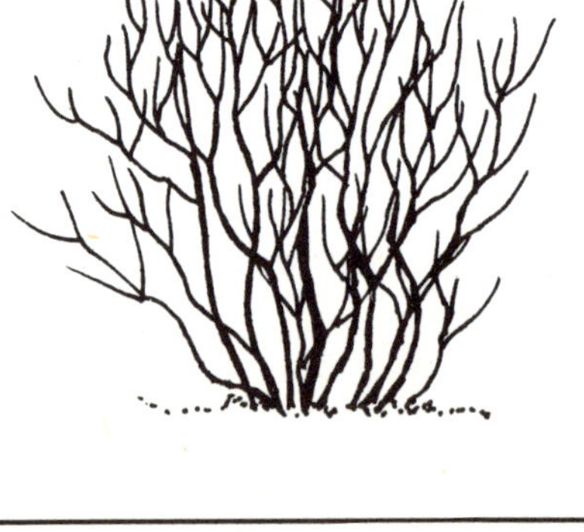

Aufrechter, lockerer Strauch, 1–2 m hoch; winterharter Rhododendron, auch für kleine Gärten geeignet.

Heidekrautgewächse

Ericaceae

Smirnows Rhododendron

Rhododendron smirnowii TRAUTV.

Smirnows Rhododendron ist eine von 9 Arten dieser Gattung, die im Westteil des eurasischen Kontinents wachsen; im Hinblick auf den Artenreichtum ist das nur ein Bruchteil. Rhododendren fehlen heute kaum in einem europäischen Garten. Gerade Smirnows Rhododendron ist die Art, die an der Widerstandsfähigkeit vieler Zuchtsorten großen Anteil hat. Ursprünglich wuchs er nur an wenigen Standorten im Südkaukasus. Gemeinsam mit *R. ungernii* TRAUTV. wächst er in den zerklüfteten Felsen an der grusinisch-türkischen Grenze an Stellen mit ständig feuchtem Klima und Jahresniederschlägen bis 2500 mm. Beide Arten wurden in den Jahren 1885 und 1886 entdeckt.

Smirnows Rhododendron ist ein immergrüner Strauch, dessen auffälligstes Merkmal die dichte Befilzung von Jungtrieben und Blättern ist. An den jungen Blättern ist dieser Filz mehlweiß, an älteren rostfarben. Oberseits sind die stumpf zugespitzten, 6–12 cm langen Blätter ledrig dunkelgrün und verstreut behaart. Die lockeren, aus 10–12 Einzelblüten bestehenden Blütenstände haben eine rosaviolette Krone; die Kronenform ist trichterartig mit fünfzipfeligen Kronblättern mit gekraustem Rand. Smirnows Rhododendron blüht in der zweiten Maihälfte, jedoch blühen erst ältere Exemplare zuverlässig.

Obwohl die natürlichen Bedingungen für das Gedeihen von *R. smirnowii* sehr extrem sind, ist diese Art sehr anpassungsfähig. Sie ist winterhart und gegenüber Industrieabgasen sehr resistent (wie die meisten Gehölze mit behaartem Laub) und verträgt Trockenheit. Deshalb hat er auch eine wichtige Rolle bei der Hybridisierung von Kultur-Rhododendren gespielt.

Immergrüner Strauch, 1,5–2 m hoch; auch für Stadtparks geeignet.

Heidekrautgewächse

Immergrüne Rhododendron-Hybriden

Rhododendron-Hybriden

Ericaceae

Die Entstehungsgeschichte der immergrünen Kultur-Rhododendren ist sehr bunt; an den meisten heutigen Sorten sind normalerweise mehrere Ausgangsarten beteiligt. Die Rhododendren werden meist anhand ihrer Behaarung in 3 Gruppen unterteilt: geschuppt *(Lepidotae)*, behaarte *(Villosae)* und geflockte *(Floccacae)*. Die meisten in den europäischen und nordamerikanischen Gärten, vor allem in den kühleren Gegenden gezogenen Sorten stammen aus der Gruppe der *Floccacae*. Alle sind großblütig, großblättrig und immergrün.

Bedeutungsvoll für die Anfänge der europäischen Rhododendron-Zuchten war die Einführung nordamerikanischer Arten nach England durch COLLINS sowie die Sammelergebnisse französischer, holländischer und russischer Expeditionen durch Amerika und Asien im Laufe des 18. Jahrhunderts. Zuchtzentrum wurde England, da die dortigen Klimaverhältnisse am günstigsten waren. Die zielbewußte Zucht nahm ihren Ausgang im Königlichen Botanischen Garten in Kew. Während des 19. Jahrhunderts drang die Zucht als Modeerscheinung auch in die Gärten der Adelsresidenzen vor. Das erste Ergebnis einer absichtlichen Kreuzung (1817) war wohl eine Rhododendron-Hybride (manchmal auch als 'Hybridum' bezeichnet) von HERBERT in Spofforth, deren Eltern der immergrüne *R. maximum* L. und der sommergrüne *R. viscosum* (L.) TORR. waren. Eine zweite Welle folgte nach erfolgreichen Chinaexpeditionen von der Mitte des 19. Jahrhunderts an bis in die ersten Jahrzehnte des 20. Jahrhunderts. Historische Verdienste um die Veredelung wirklich winterharter Sorten hat sich die Familie SEIDEL aus Grüngräbchen (Sachsen) erworben. Ihre etwa 40 weißen bis dunkelvioletten Sorten wurden zur Grundlage von Rhododendron-Züchtungen, die heute sogar in Südschweden gedeihen.

Immergrüne Ziersträucher, 2–5 m hoch.

Heidekrautgewächse

Rhododendron molle – Hybriden

Ericaceae

Rhododendron molle (BL.) G. DON

Die Rhododendron-Gruppe, die auf ihren vorwiegend sommergrünen Blättern eine aus Einzel- oder Drüsenhaaren bestehende Behaarung hat, heißt *Villosae* (= behaart). Sie werden aber auch Alpenrosen oder Azaleen genannt. Letzterer ist ein traditioneller Name aus einer Zeit, als die heutige Gattung *Rhododendron* noch in 2 Gattungen unterteilt war; die sommergrünen Arten zählten zur Gattung *Azalea* (griechisch azalos = trocken, verdorrt – wohl deshalb, weil die Azaleen im Winter vertrocknet aussehen).

Die bekanntesten Freiland-Azaleen haben ursprünglich gelbe, selten weiße Blüten mit einem großen gelben bzw. orangefarbenen Fleck. Sie stammen aus Ostasien, Osteuropa und Nordamerika. Seit 1792 wird der osteuropäisch-kaukasische Gelbe Rhododendron (*R. luteum* SWEET) kultiviert, 1823 wurde aus China der gelbblütige sommergrüne *R. molle* eingeführt, 1861 kam aus Japan der lachsrote *R. japonicum* (A. GRAY) SURING hinzu. Damit waren die Voraussetzungen für das Farbfeuerwerk der bis heute beliebtesten Kreuzungen geschaffen, die allerdings in der Gartenbaupraxis verschieden benannt werden. Am häufigsten ist von der Kreuzungsgruppe 'Azalea mollis' die Rede, die für ihre bunten Pastellfarben bekannt ist. Sie entstammen den Kreuzungen zwischen *R. molle* und *R. japonicum*. Ihr Urheber war F. DE CONINCK aus Gent (Belgien). Gent wurde zur Heimatstadt weiterer Zuchtlinien, welche die sogenannten „Genter Azaleen“ entstehen ließen. Daran hatten sowohl amerikanische Arten wie auch der erwähnte *R. luteum* ihren Anteil, ein Strauch mit intensiv duftenden Blüten und einer Blütezeit Ende Mai.

R. luteum, Früchte

Sommergrüne Ziersträucher, 1–2 m hoch.

R. luteum, Blüte

Enkianthus

Heidekrautgewächse

Enkianthus campanulatus (MIQ.) NICHOLS

Ericaceae

Bereits der Anblick eines blühenden *E. campanulatus* verrät, daß es sich um ein Gehölz aus dem Fernen Osten handelt. Der blühende Strauch wirkt äußerst fein, gleichsam hauchzart. Aus seiner Heimat Japan wurde er 1880 nach England gebracht. Der Gattungsname ist vom griechischen egkyein = schwanger, üppig, auffällig und anthos = Blüte abgeleitet. Einige Enkianthus-Arten haben tatsächlich auffällig üppige Blütenstände, die wie eine einzige Blüte aussehen. Die Heimat der etwa 10 weiteren Arten sind, außer Japan, Nordostasien und der Himalaja. Alle wurden erst um die Wende des 19. zum 20. Jahrhundert nach Europa eingeführt, doch wurde *E. campanulatus* schon viel früher in japanischen Gärten gezogen.

Es sind mittelhohe Sträucher mit sommergrünen Blättern und quirlständig wachsenden Zweigen. Die wechselständigen Blätter sind meist an den Zweigenden zusammengedrängt, haben einen kurzen Stiel und einen gesägten Rand. Ihre elliptischen bis rautenförmigen Spreiten sind 3–7 cm groß und beiderseits auf den Adern anliegend behaart. Die Blüten haben eine glockenförmige, 5-zipfelige, bis 12 mm lange, gelborangefarbene, rotgeäderte Krone. Sie bilden herabhängende Doldentrauben an ca. 2 cm langen Stielchen. Die Blütezeit ist im Mai, nach dem Blattaustrieb. Die Früchte sind fünfkammerige Kapseln. Der Strauch läßt sich gut aus Samen vermehren (im Winter unter Glas in einem Torf-Sand-Gemisch); durch krautige Stecklinge im August oder Senker aus Jahrestrieben ist eine vegetative Vermehrung möglich. Die Art wächst besonders gut auf sauren Humusböden.

Hoher Strauch oder (in freier Natur) kleiner Baum; in Kultur nur 2–5 m, geeignet für botanische Torfmoor-Sammlungen und als Nadelholz-Unterwuchs.

Lindengewächse

Tiliaceae

Winterlinde

Tilia cordata MILL.

Die Linden werden in die Ordnung der Malvenartigen (*Malvales*) eingereiht, zu denen auch der bisher älteste Fund eines Bedecktsamers gehört, nämlich *Furcula* aus der Trias. Die ältesten bekannten Fossilien von Linden stammen aus dem unteren Pliozän, also aus einer etwa 20 Millionen Jahre zurückliegenden Zeit. Vielleicht ist auch diese Altertümlichkeit einer der Gründe, daß diese majestätischen, in der Blüte duftenden Bäume so viel besungen und überall von Menschen in Ehren gehalten wurden.

Die Winterlinde ist ein stattlicher Baum mit verhältnismäßig kleinen (4–7 cm), langgestielten, scharf gesägten Blättern, deren Spreite asymmetrisch herzförmig ist. Die Oberseite ist kahl, dunkelgrün, die Unterseite blaugrün. In den Aderachseln sitzen Büschel aus rostfarbigen Härchen. Die Blütenstände (Scheindolden) enthalten 3–16 Blüten. Der Blütenstiel ist von der Basis an mit einem Deckblatt verwachsen, das für den ganzen späteren Fruchtstand einen Flugapparat darstellt. Die Blüten sind fünfstrahlig gebaut, die Kronblätter gelblich weiß, die dünnwandigen Nüßchen rund. Die Winterlinde wächst in lichten Laubwäldern auf Geröll- und Auenböden vom Tiefland bis in die Berge fast überall in Europa. Sie wird seit Jahrhunderten kultiviert. Eine verwandte europäische, eher in wärmeren Gebieten wachsende Art ist die Sommerlinde (*T. platyphyllos* SCOP.), welche sich durch größere und feinere Blätter unterscheidet, die auch auf der Unterseite grün sind; ihre Nüßchen haben eine harte Fruchthülle. Sie blüht als eine der ersten Linden bereits im Juni, die Winterlinde hingegen erst 3–4 Wochen später.

T. platyphyllos, blühender Zweig

Stattliche Bäume von 20–40 m; charakteristisches europäisches Gehölz; Bedeutung für die Pharmazie, Imkerei und das Schnitzerei-Handwerk.

T. platyphyllos, Winterzweig

Holländische Linde

Lindengewächse

Tilia × *vulgaris* HAYNE

Tiliaceae

Die Gattung *Tilia* umfaßt etwa 40 in der gemäßigten Zone der Nordhalbkugel wachsende Arten, die aber gut miteinander bastardieren, so daß die Gesamtzahl der bisher beschriebenen Linden weitaus größer ist. Es ist gar nicht so einfach, heute in europäischen Wäldern oder Alleen eine echte Winter- oder Sommerlinde zu finden. Genau wie andere haben sich diese beiden Lindenarten sehr leicht und häufig gekreuzt, so daß große Hybridenschwärme entstanden sind, die recht fruchtbar, jedoch in ihren Merkmalen sehr veränderlich sind. Ihre Blattgröße nimmt meist eine Mittelstellung ein (6–10 cm), die Oberseiten sind dunkelgrün, glanzlos, die Unterseiten oft lebhaft grün, in anderen Fällen blaßgrau, der Rand ist scharf gesägt und die Form breit eiförmig. Die Blüten wachsen in Gruppen von 5–10 in hängenden Scheindolden; ihre Früchte haben eine harte Hülle und enthalten 1–3 Samen. Die verschiedenen Populationen der hybriden Holländischen Linde blühen zu verschiedenen Zeiten von Mitte Juni bis Ende Juli.

Die europäischen Linden, wie Winter- und Sommerlinde sowie ihr Bastard *T.* × *europaea* L., enthalten in ihren Blüten (flos tiliae) Spuren von ätherischen Ölen, Gerbstoffen, Schleimstoffen, Zuckern und etwa 10 verschiedene Glykoside, darunter das Flavonglykosid Tilirosid. Die Lindenblüte gehört zu den beliebtesten Mitteln der Volksheilkunde. Jahrhundertelang wurde sie bei Erkältungskrankheiten angewendet. Die indirekt fördernd auf die Schweißsekretion wirkenden Stoffe sind wahrscheinlich die Glykoside. Lindenblüte wird auch in offizinalen Rezepturen bei Erkrankungen der oberen Atemwege verordnet.

Stattliche Bäume, bis 40 m hoch; vielseitige Verwendung, Weichholz für Schnitzarbeit und Drechslerei, wichtige Bienenweide.

Amerikanische Linde

Tilia americana L.

Die Amerikanische Linde wurde erst 1752 für die Wissenschaft entdeckt. Ursprünglich wuchs sie in Ost- und Zentral-Nordamerika von Kanada bis Virginia und im Westen bis zur Linie Norddakota–Kansas–Texas.

Sie ist ein stattlicher Baum mit auffällig großen (10, sogar bis 20 cm), breit eiförmigen, zugespitzten und an der Basis herzförmigen Blättern. Der Rand der Spreite ist tief spitz gesägt; die Blattstiele sind mit 3–5 cm relativ kurz. Die Blattoberseite ist dunkler, die Unterseite heller grün bis blaßgrau gefärbt. Auch die Blüten sind mit einem Durchmesser von 1,5 cm recht groß. Sie wachsen in 6–15zähligen Scheindolden mit einem großen „Flugblatt". Die Blütezeit ist im Juli. Die Früchte sind kugelig, ellipsoid oder gestaucht kugelig, dickwandig und ungerippt. Von den übrigen amerikanischen Lindenarten (z. B. *T. michauxii* NUTT., *T. heterophylla* C. KOCH) unterscheidet sich *T. americana* durch die kahlen Blätter.

Im allgemeinen vermehrt man Linden am besten aus Samen; die Früchte reifen schon Ende Juli und im August heran; isoliert wachsende Exemplare bringen aber sterile Samen hervor! Der Samen muß nach vorheriger Wässerung stratifiziert werden und sollte im Frühjahr bzw. nach längerer Stratifikation erst im 2.Jahr ausgesät werden. Starkwüchsige Arten wie etwa die Amerikanische Linde kann man auch auf die Sommerlinde okulieren oder pfropfen. Linden gedeihen gut auf jedem nährstoffreichen, nicht allzu trokkenen Boden; gegenüber höherem Grundwasserspiegel sind sie tolerant.

Großer Baum mit ausladender Krone, 25–40 m hoch; geeignet für große Parks, Alleen und dendrologische Sammlungen.

Silberlinde

Tilia tomentosa MOENCH

Die Silberlinde hat silbrig befilzte Blattunterseiten, Blattstiele, Jungtriebe und Zweige. Diese starke und kräftige Behaarung ist eines der Merkmale für die ökologische Anpassung an Hitze und Trockenheit, wie es bei vielen Pflanzen auftritt. Ursprünglich wuchs die Silberlinde in Südosteuropa, auf dem Balkan, in Südwestrußland und Kleinasien, vor allem in Hügellandschaften mit lichten Laubwäldern. Seit 1767 wird sie in Westeuropa angepflanzt und zwar anfänglich nur als ein exotisch aussehendes Parkgehölz. In der 2. Hälfte des 20. Jahrhunderts hat sie sich jedoch besonders in Städten mit starker Luftverschmutzung bewährt, auch wenn sie andererseits im Winter unter dem Streuen von Salz leidet.

Die Silberlinde ist ein stattlicher, regelmäßig beästeter Baum mit sommergrünen, wechselständigen Blättern, deren Stiele etwa so lang bzw. kürzer als die halbe Spreite sind. Die ähnliche Trauerlinde, *T. petiolaris* DC. hat Blattstiele, die länger als die halbe Spreite sind. Deren Blätter sind dadurch im Wind beweglicher und damit wird der oszillierende Farbeffekt des Blattwerks größer. Die Blütenstände der Silberlinde enthalten 7–10 herabhängende Einzelblüten, und die Früchte haben eine schwach gerippte Oberfläche. Sie blüht in der 2. Julihälfte, also später als andere europäische Lindenarten. Für die Pharmazeutik ist sie ungeeignet. Die Art vermehrt sich gut aus Samen bzw. durch Pfropfung auf nicht befilzte europäische Linden. Ihre Krone ist kompakter als bei anderen Linden, oft sogar mit einer Tendenz, zur Pyramidenform.

T. petiolaris, Blütenstand

Stattlicher Baum, 15–30 m hoch; industriefest, gut geeignet für Stadtparks.

Buchsbaumgewächse

Buxaceae

Buchsbaum

Buxus sempervirens L.

Buchsbaumgewächse sind ein relativ junger Entwicklungszweig im Pflanzenreich. Fossilfunde sind zwar schon aus dem französischen Pliozän bekannt, reichere Funde stammen aber erst aus den Zwischeneiszeitablagerungen des Quartärs. Heute gibt es etwa 45 Buchsbaumarten, die von Mittelamerika und den Antillen über die Madeiren, den gesamten Mittelmeerraum, Kaukasus und Himalaja bis nach Ostasien verbreitet sind. Sie wachsen aber auch im tropischen Afrika.

In Südeuropa ist der Buchsbaum im atlantischen Teil beheimatet. Seit jeher begleitet er die Menschheit als Zuchtgehölz, auch wenn er anfänglich keineswegs für Zierzwecke gezüchtet wurde: er liefert nämlich das härteste europäische Holz, das sowohl für die Herstellung von Musikinstrumenten (Klarinetten) als auch für Schnitzarbeiten (Intarsien) geeignet ist. Die Blätter enthalten Alkaloide (Buxin), ätherische Öle und Gerbstoffe; sie wirken als mildes, fiebersenkendes Mittel und wurden früher auch als Chininersatz angewendet.

Der Buchsbaum ist ein immergrüner aufrechter Strauch. Seine gegenständigen, lang eiförmigen Blätter haben einen nach unten gekrümmten Rand; sie sind 15–25 mm lang, hart, lederig glänzend und unbehaart. Viele Kultursorten unterscheiden sich in Laubfarbe und -charakter (z. B. 'Marginata', 'Aureo-variegata'). Der Buchsbaum blüht im März und April. Seine kleinen Blüten wachsen büschelweise in Blattachseln; in der Büschelmitte befindet sich eine weibliche Blüte, an den Seiten mehrere männliche. Die männlichen Blüten sind zweistrahlig, gelbgrün und etwa 2 mm lang, die weiblichen dreistrahlig und weißlich. Die Frucht ist eine dreikammerige Kapsel mit drei Spitzen, den Stempelüberresten.

Reifer Fruchtstand, Samenkapsel und Samen

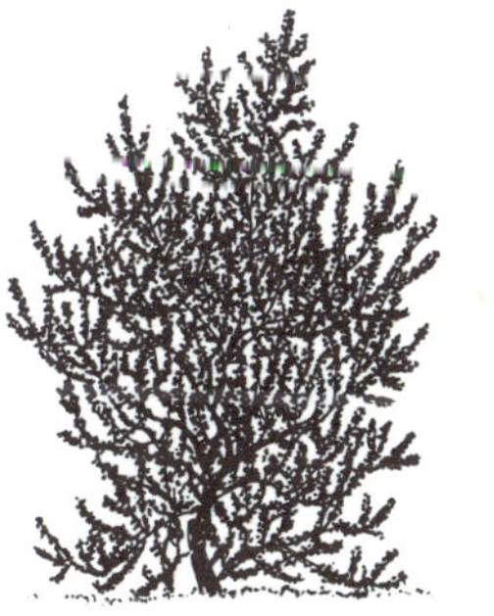

Kompakter Strauch, 1–3 m hoch (Kultursorten niedriger und höher); geeignet für Hecken und Wandbedeckungen.

Gemeiner Seidelbast, Kellerhals

Seidelbastgewächse

Daphne mezereum L.

Thymelaeaceae

Fruchtender Zweig

Die etwa 50 Seidelbastarten gehören zu der Flora der Alten Welt, (Eurasien und Nordafrika). Der Gemeine Seidelbast wächst vom arktischen Europa über den ganzen Kontinent bis nach Westsibirien und in den Kaukasus; leider ist er vielerorts bereits sehr selten geworden, er gehört zu den vom Aussterben bedrohten Arten. In Deutschland steht er unter Naturschutz. Eigentlich sollte seine Giftigkeit einen hinreichend natürlichen Schutz darstellen. Er verschwindet aber, da sich seine Umwelt wandelt und bestehende Vorkommen ausgegraben werden. Der Seidelbast enthält in den Früchten das giftige Mezerein; zu Vergiftungen kommt es vor allem bei Kindern, wenn sie die farblich verlockenden Früchte essen. Der Genuß ruft ein starkes Brennen im Mund hervor, anschließend folgen heftige Magenschmerzen, Durchfall und starkes Erbrechen. Sofortige ärztliche Hilfe ist notwendig, doch halten die Beschwerden auch nach erfolgreicher Behandlung noch lange an. Bei empfindlichen Personen kann schon die Berührung Blasen auf der Haut hervorrufen.

Der Gemeine Seidelbast, ein sommergrünes Gehölz der Laubwälder und subalpinen Hochstaudenfluren bevorzugt kalkhaltige Böden. Attraktiv wirkt er insbesondere durch seine frühen, sich manchmal schon im Februar öffnenden, aromatisch duftenden Blüten. Ihretwegen wird er auch kultiviert. Eine erste Erwähnung stammt zwar erst aus dem Jahr 1561, doch wurde er in den europäischen Klostergärten sicher schon früher gezüchtet und zwar auch in der weißblütigen Form. Seine orangeroten Steinfrüchte reifen im frühen Sommer heran. Aus ihnen läßt er sich nach Stratifikation auch am besten vermehren.

Ein selten über 1 m hoher Strauch von kesselförmigem Aussehen; im Hinblick auf die Giftigkeit ist seine Anpflanzung in Gärten problematisch.

Rosengewächse

Wachsrose, Gelbe Rose

Rosaceae

Rosa foetida J. HERRMANN

Die Gelbe Rose steht symbolisch für die Rosen des Nahen Ostens und ihre Zucht ist wohl genauso alt wie die Zentren der Zivilisation in dieser Region. Die Zeit, seit der sie den Menschen begleitet, reicht also weit vor das Datum ihrer Einführung nach Westeuropa zurück (wahrscheinlich 1590–1600). Gezogen werden nicht nur die ursprünglichen einfachen und reingelb blühenden Sträucher, sondern bereits sehr lange werden zwei besondere Linien vermehrt: gelbe gefülltblütige ('Persian Yellow') und einfache Rosen mit zweifarbigen Blüten, bei denen die Kronblattinnenseite ziegel- oder dunkel samtrot ist, die Außenseite aber kräftig gelb ('Austrian Cooper Brier'). Manchmal erscheinen an einzelnen Zweigen sogar sogenannte Sektorialchimären, d.h. Blüten, bei denen z.B. 2 Blätter völlig gelb, 2 rot und das letzte ist farblich genau in zwei Hälften geteilt.

Aus der Gelben Rose wurden viele gelbe Gartenrosen gezüchtet. Das ist besonders das Verdienst des französischen Rosenzüchters PERNET-DUCHER, der 1900 die Kultursorte 'Soleil d'Or' in den Handel gebracht hat, die einzige fruchtbare, gelbblütige Sorte, die durch Kreuzung von *R. foetida* und der Form 'Ant. Ducher' entstanden ist. Zu Ehren des Züchters wird die ganze daraus entstandene Rosengruppe „Pernet-Rosen" genannt.

Die Gelbe Rose ist ein lockerer Strauch mit aufstrebenden, im Bogen gekrümmten Zweigen (möglicherweise ein einstiges Klettergehölz) und hakenförmigen bzw. gekrümmten Stacheln sowie unpaarig gefiederten, siebenzählig gefiederten Blättern. Sie blüht im Juni, ihre Blüten riechen jedoch tatsächlich nicht besonders angenehm (lat. foetidus = stinkend). Die gefülltblütige Linie 'Persian Yellow' ist steril; bei Regenwetter "verblüht" sie schon in den Knospen.

R. foetida 'Persian Yellow', Blüte

R. foetida 'Bicolor'

Etwa 2 m hoher Strauch; alte historische Rose von hohem Schmuckwert.

Pimpinell-Rose

Rosengewächse

Rosa spinosissima L.

Rosaceae

Die Pimpinell-Rose ist eine ökologisch sehr anpassungsfähige Art. Das geht sowohl aus ihrer Verbreitung als auch den Bedingungen hervor, unter denen sie natürlich vorkommt. Sie bedarf einer hohen Luftfeuchtigkeit und verträgt keine tiefen Temperaturen (ssp. *pimpinellifolia* [L.]SOÓ). Sie kommt im atlantisch beeinflußten Westeuropa vor. In Mittel- und Osteuropa ist sie hingegen ausgesprochen wärme- und trockenheitsliebend und stellt ein Element (ssp. *spinosissima*) der Spitzeichen-Gesellschaften und Steppenformationen mit Pfriemengras, Storchschnabel und ähnlichen Pflanzen dar. Allem Anschein nach unterscheiden sich beide ökologischen Rassen auch durch die Blütenfarbe: die sogenannten „Schottischen Rosen", d. h. die ozeanische Population, sind normalerweise rosablütig, die Blüten der kontinentalen sind weiß gefärbt.

Die Pimpinell-Rose ist ein rutenwüchsiger, reichlich Ausläufer bildender Strauch, der besonders an der Basis von Trieben und Zweigen dicht borstig bestachelt ist (lat.: *spinosissima* = die dornigste). An den Zweigen wachsen sommergrüne, wechselständige, unpaarig gefiederte Blätter mit rundlichen Teilblättern und fünfstrahligen Einzelblüten. Diese erscheinen bereits Anfang Mai. Die große Anzahl von Staubgefäßen erweckt den Anschein, als ob die weißen Blüten eher cremegelb seien. Die Früchte reifen zu fleischigen Hagebutten heran, die ungewöhnlich schwarzviolett gefärbt sind. Die ganzrandigen Kelchblattspitzen dieser Rose sind ausdauernd; sie krönen die Hagebutte.

Die Pimpinell-Rose wird anscheinend schon seit 1600, möglicherweise noch länger gezogen. In der neueren Zeit hat die Firma KORDES eine ganze Reihe von Gartenrosensorten daraus gezüchtet (z. B. 'Frühlingsduft').

Hagebutten

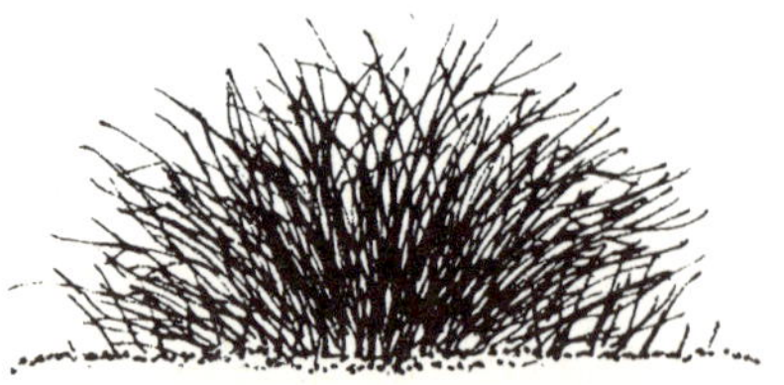

Etwa 1 m hoher rutenwüchsiger Strauch, der Ausläufer bildet und sich so stark ausbreitet; nutzbar für Landschaftsgestaltung, Straßenböschungen, niedrige Zäune etc.

Rosengewächse

Rosaceae

Roxbourgh-Rose

Rosa roxbourghii TRATT.

Die Roxbourgh-Rose wurde nicht aus freier Natur, sondern aus dem Botanischen Garten von Kalkutta beschrieben (1820), wohin sie wahrscheinlich aus China gelangte. Allerdings handelte es sich um ein gefülltblütiges Exemplar. Erst rund 100 Jahre später haben zwei Expeditionen auch Exemplare mit einfachen Blüten gefunden: WILSONS Expedition in West-Sechuan (1908) und die von VEITCH organisierte Expedition auf den Berg Mt. Omei (1904). Nach Europa gelangte diese Rose etwa 1908.

Das Aussehen von *R. roxbourghii* ist untypisch für eine Rose. Sie ist ein echter Strauch ohne die Andeutung eines Lianencharakters. Weiterhin ist sie sparrig verzweigt, ältere Äste und Stämme haben eine Rinde, die ähnlich wie Platanenborke abschilfert. Die abblätternde Rindenschicht ist bräunlich und rollt sich röhrenförmig zusammen. Die sommergrünen, wechselständigen Blätter sind mit einer Vielzahl kleiner Teilblätter unpaarig gefiedert. Daher lautete ein Synonym auch *R. microphylla* ROXB. ex LINDL. (lat.: kleinblättrig). Die Pflanzen blühen Ende Juni. Die Blüten sind einfach, fünfstrahlig, doch sind die Hagebutten eine wirkliche Kuriosität unter den Rosen. Sie sind stachelig und wenn sie nicht von den Kelchblättern gekrönt wären, sähen sie wie kleine grüne Früchte der Roßkastanie aus. Die eigentlichen Früchte sind winzige, etwa 3–5 mm große Nüßchen.

Die Roxbourgh-Rose gehört zu den selten gehaltenen Arten, auch wenn sie in warmen Gegenden mancher Länder (z. B. im Süden der USA) ein beliebter Strauch ist. Mitteleuropäische Winter verträgt sie, ohne Schaden zu nehmen.

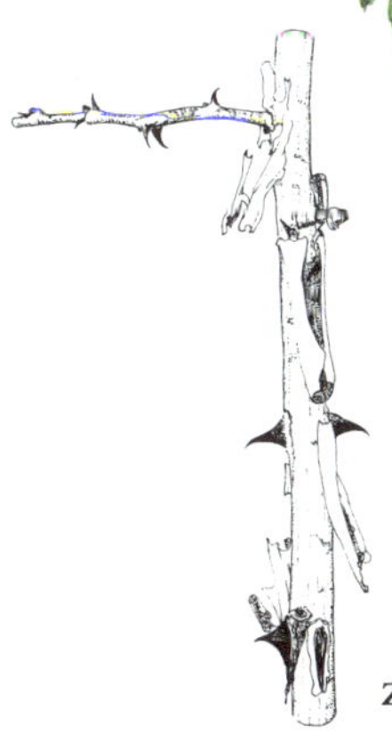

Zweig mit abschilfernder Borke

Kompakte, bestachelte Sträucher bis 2,5 m hoch; für botanische Sammlungen bedeutsam.

Rosengewächse

Büschelrose, Vielblütige Rose

Rosa multiflora THUNB.

Rosaceae

R. arvensis, Blüte

R. multiflora, Blüte

Die Büschelrose hat in der Geschichte der Kulturrosen eine ganz besonders wichtige Rolle gespielt. Das belegt ebenso das aus dem Griechischen stammende Synonym des Artnamens: *R. polyantha* (wie lat.: *multiflora* = vielblütig). Diesen Namen trägt bis heute eine große Gartenrosengruppe, die sich durch Vielblütigkeit auszeichnet.

R. multiflora wurde von THUNBERG schon 1784 aus Japan beschrieben, die Einführung der Vildart fand aber erst zwischen 1868 und 1875 statt. Bis dahin waren in Europa nur gefülltblütige Formen dieser Rose bekannt. Dabei handelt es sich um Nachkommen von Pflanzen, die in Japan, Korea und China schon seit Jahrhunderten gezüchtet wurden.

Die Büschelrose zeigt am besten den Lianencharakter der Rosen. Sie bildet rankenartige Triebe mit hakig gekrümmten Stacheln zum Festhalten an der Unterlage (Baum, Felsen), die in einem Jahr bis zu 4 m lang werden. Ein besonders auffälliges Merkmal der Büschelrose sind die kammartig gefiederten Nebenblätter, eine Eigenschaft, die über viele Generationen bei den meisten Gartenrosensorten erhalten blieb. Die gefiederten Blätter sind siebenzählig. Die Stempel der Blüte verwachsen zu einer hohen Säule, welche die Staubgefäße überragt und besonders an den reifenden Hagebutten auffällt.

Die einzige verwandte amerikanische Art ist die Prärierose, *R. setigera* MICHX. In Europa wachsen von der Atlantikküste über Mitteleuropa bis zum Balkan *R. arvensis* HUDS., die Kriechende Rose, ein Element warmer Wälder und am Mittelmeer die immergrüne *R. sempervirens* L.

Strauch mit langen, lianenartigen Trieben (4–5 m); ohne Unterstützung mit bogenförmig abwärts gekrümmten Ästen, 2–3 m hoch.

Rosengewächse

Rosaceae

Rosa sericea

Rosa sericea LINDL.

Charakteristisch für die Rosengewächse sind die fünfstrahlig radiärsymmetrischen Blüten, doch gibt es in dieser Familie auch zahlreiche Ausnahmen. Eine davon sind Rosen, deren vierstrahlige Blüten wie ein Malteserkreuz aussehen. Sie haben nicht nur vier Kron-, sondern auch vier Kelchblätter. Diese Eigenschaften hat auch *R. sericea,* die 1822 im Himalaja entdeckt wurde. Ihre gefiederten Blätter haben eine größere Anzahl Teilblättchen (11), sie hat weiße Blüten und rote Hagebutten, mit stielartig gestreckter und verdickter Basis.

Auf der chinesischen Seite des Himalajas bis in die Provinzen Sechuan und Hu-peh wachsen einige weitere, ähnliche Rosenarten mit vierzähligen Blüten, die verschiedene Naturforscher ebenfalls für *R. sericea* halten. Die wichtigste davon ist die Mt. Omi- oder Stacheldraht-Rose (*R. omeiensis* ROLFE), die nach dem Fundort auf dem Mount Omeï so benannt wurde. Entdeckt wurde sie 1886 von dem Missionar FABER, doch erst WILSONS Chinaexpedition hat sie 1901 mitgebracht. Ihre Blätter bestehen ebenfalls aus einer großen Anzahl Teilblätter (13); die Hagebuttenbasis ist fleischig-stielig. Ihre bekannteste und am häufigsten gezogene Varietät ist *R. omeiensis* var. *pteracantha* (FRANCH.) REHD. et WILS. Das ist eine Form mit außergewöhnlichen Stacheln: Sie sind lang herablaufend, leistenförmig zusammengedrückt und leuchten weinrot an den jungen Jahrestrieben. Zwischen ihnen sitzen dichte Borstenstacheln. Diese Rose wächst natürlich in Höhenlagen um 3000 m und verträgt daher europäische Winter ausgezeichnet. Sie gehört zu den besonders attraktiven Gartengehölzen und wurde auch mit Father Hugo's Rose (*R. hugonis* HEMSL.) gekreuzt; diese Bastarde werden in Europa häufiger als die ursprünglichen Arten gezogen.

Winterzweig von *R. omeiensis* var. *pteracantha*

Hagebutten

Etwa 3 m hoher sparrig-breiter Strauch; gärtnerisch wertvoll.

Father Hugo's Rose

Rosengewächse

Rosa hugonis HEMSL.

Rosaceae

Eine gelbe Blütenfarbe ist bei Rosen nicht besonders häufig. Am kräftigsten gefärbt ist die persische Gelbe Rose (*R. foetida* J. HERRMANN); heller gelb sind die ostasiatischen Rosen, deren wichtigster Vertreter *R. hugonis* ist. Im Jahre 1899 sandte Pater HUGH SCALLEN (Ende des vorigen Jahrhunderts in Westchina wirkender Missionar, unter dem Namen Father Hugo bekannt) von einer seiner Missionsreisen Samen einer eigenartigen gelbblütigen Rose, die seine Aufmerksamkeit erweckt hatte, an den Botanischen Garten in Kew (England); die neue Rosenart wurde nach ihrem Sammler benannt. Father Hugo's Rose stammt aus Westchina (in West-Sechuan wächst sie in 1300–1600 m Höhe) und ist die einzige gelbblühende westchinesische Rosenart. Die asiatischen gelben Rosen lassen sich allerdings nur schwierig unterscheiden: *R. hugonis* hat einfach gezähnte, drüsenlose, kahle Teilblätter, die jungen Triebe sind an der Basis beborstet, die Stacheln an den Zweigen gerade. Die nordchinesische *R. xanthina* LINDL. mit der sie in Europa oft verwechselt wird, hat Triebe ohne Borsten; ihre Teilblätter sind nur in der Jugend behaart. Die westasiatische *R. hemisphaerica* J. HERRM. hat im Unterschied zu den vorigen hakige Stacheln.

Father Hugo's Rose ist nicht nur während der Blüte ein dekorativer Strauch, dessen Blüten einzeln wachsen und sich Anfang Mai am ganzen Strauch fast gleichzeitig öffnen, sondern auch in der Fruchtreife: die tiefroten Hagebutten haben eine andeutungsweise verlängerte Basis. *R. hugonis* ist eigentlich das ganze Jahr schön, denn auch die Strauchtextur und die sommergrünen vielzähligen Fiederblätter mit ihren kleinen Teilblättern wirken interessant.

Hoher Strauch (2,5–5 m) mit aufrechten Ästen; geeignete Solitärpflanze für große Gärten und Parks.

Essig-Rose

Rosa gallica L.

Die Essig-Rose kann man bei einer Höhe von 30–50 cm kaum für einen Strauch halten. Von der Größe einmal abgesehen, hat sie aber alle Merkmale eines Gehölzes. Der Wuchstyp dieser Rose, deren Areal von Frankreich bis zum Ural reicht, ist ein gutes Beispiel für eine Überlebensstrategie bei Rosengewächsen. Die Essig-Rose wächst nämlich an warmen, sonnigen Standorten und in Steppen, wo sie mit Kräutern und nur selten mit anderen Gehölzen konkurriert. Daher muß sie nicht mit höheren Gewächsen um einen Platz an der Sonne kämpfen, sondern kann sich der schwächeren Konkurrenz von Gräsern und Kräutern anpassen. Daher bildet sie unterirdisch zahlreiche Ausläufer, während oberirdisch nur schütter verzweigte oder unverzweigte Triebe zu sehen sind, die nicht älter als 2–3 Jahre werden. Die unterirdischen Ausläufer haben nicht den Charakter von Wurzeln, sondern von Sprossen, also oberirdischen Organen.

Die Essig-Rose ist mit ihren typisch fünfzähligen Blättern und 8 cm großen roten Blüten eine alte Heilpflanze (früher *R. officinalis*). Sie begleitet den Menschen als Kultur- und Kultpflanze von jeher. Sie ist die Stammutter vieler Kulturrosen, darunter Damaszener-Rosen, Zentifolien, Moosrosen, Bourbonen-Rosen – die Zahl der verschiedenen Kultursorten betrug in der ersten Hälfte des 19. Jahrhunderts mehrere hundert. Bedeutend war z.B. die Rosensammlung der Kaiserin JOSEPHINE in ihrem Garten in Malmaison (Frankreich). Einkreuzungen der Essig-Rose lassen sich in verschiedenen Rosensorten leicht erkennen: stets machen sie sich durch Blüten mit längeren, rot drüsenborstigen Blütenstielen bemerkbar, wie z.B. an einer der ältesten Kreuzungen, der Weißen Rose (*Rosa* × *alba* L.).

R. × *alba*, Blüte

Krautähnlicher Strauch, 25–100 cm hoch mit einem dichten Netz unterirdischer Ausläufer; in der Geschichte der Rosenzucht bedeutende Art.

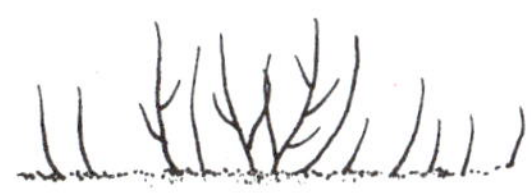

Hundsrose

Rosengewächse

Rosa canina L.

Rosaceae

Einer der verbreitetsten europäischen Sträucher ist die Hundsrose. Hinter diesem Begriff verbirgt sich eine größere Anzahl von Arten. Diese sind sehr nahe miteinander verwandt, sie variieren leicht und lassen sich deshalb nur schwer trennen. So unterschied der Begründer unserer heutigen binomischen Nomenklatur und modernen Systematik, C. v. LINNÉ, nur 10 Arten, während über ein Jahrhundert später der französische Botaniker GANDOGER behauptete, in Europa wüchsen fast 5000 Rosenarten. Besonders die Rosen aus der Verwandtschaft von *R. canina* bereiten den Botanikern taxonomische Probleme. Unterscheidungsmerkmale werden in der Blattmorphologie (Behaarung), in den Drüsen von Blättern und Blütenstielen und in der Charakteristik der Blattzähnung gesucht; weniger häufig werden Form und Größe der Hagebutten, Stempelform, Blütenduft bzw. -farbe oder Stachelform mit herangezogen.

Es ist eine verbreitete Ansicht, daß Hundsrosen echte vielästige Sträucher seien. Rosen wurden aber eigentlich erst nach der Entwaldung der Landschaft durch den Menschen sekundär Sträucher. Ursprünglich waren sie Bewohner von Wäldern und Waldrändern, und da sie Licht lieben, kletterten sie hoch in die Baumkronen hinauf. Die europäischen Hundsrosen sind also eigentlich Lianen. Zum Festhalten dienen ihnen nicht nur kurze Zweige, sondern vor allem die hakig gekrümmten Stacheln.

Die Hagebutten dieser Art sind ein billiger, leicht zugänglicher Vitamin C-Lieferant. Lange Zeit war die Hundsrose fast die einzige Unterlage für die Zucht von großblütigen Beetrosen.

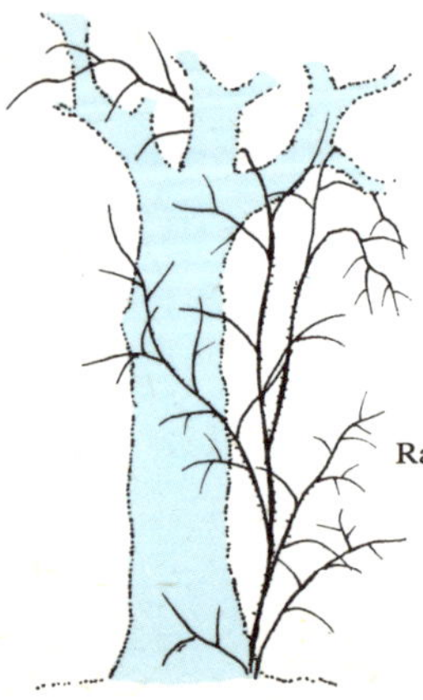

Rankend

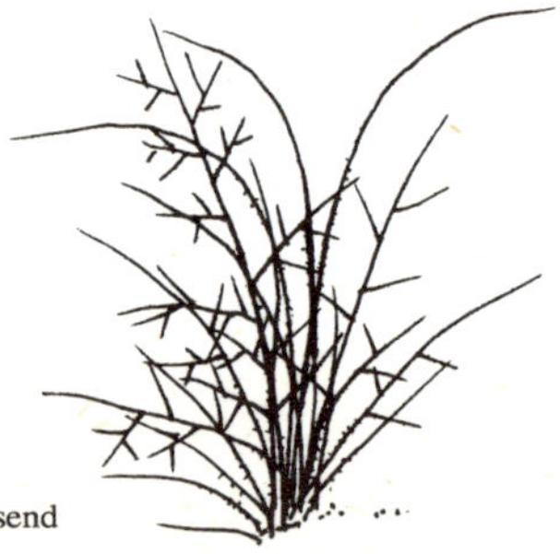

Freiwachsend

Stützliane, die in Baumkronen hinaufwächst oder springbrunnenförmiger Strauch, 1,5–3 m hoch.

Runzel-Rose, Kartoffel-Rose

Rosa rugosa THUNB.

In langjähriger, zielstrebiger Zucht hat der Mensch verschiedene wilde Rosen zu edlen, grazilen Pflanzen umgeformt. Bei der Kartoffel-Rose war das überflüssig, da sie eine der schönsten wilden Rosen überhaupt ist. Sie ist mächtig im Wuchs, vital in den harten Blättern, fein im Duft und der Farbe der Blüten. Sie stammt aus dem Fernen Osten (Nordchina, Korea, Japan, von der Insel Sachalin und der Halbinsel Kamtschatka). Gewiß wurde sie in den alten Kulturländern Korea, Japan und China schon lange vor der Ankunft der Europäer gezüchtet, als Datum der Einführung nach Europa wird trotzdem erst 1845 angegeben.

Alle Vorzüge der Kartoffel-Rose, darunter auch Größe und Vitamin C-Reichtum der Hagebutten, führten letzten Endes dazu, daß auch diese Rose zur Veredlung und Kreuzung mit vielen anderen Wildarten und Zuchtsorten herangezogen wurde. Heute gehören Kreuzungen der Kartoffel-Rose sogar zu den modischsten Gartenrosensorten.

R. rugosa ist auch die einzige dicht bestachelte Art mit auffällig behaarten Stacheln, sie hat daneben feste Blätter und wohl auch die größten Blüten (8–10 cm). Wie alle Rosen ist sie in der Blütenfarbe veränderlich: bekannt sind weiß, rosa und dunkelrot blühende Sträucher, mit einfachen und gefüllten Blüten. Die Blüte beginnt im Juni und dauert fast den ganzen Sommer über an, so daß man an einem einzigen Zweig sowohl reifende Hagebutten als auch sich öffnende Blütenknospen sehen kann.

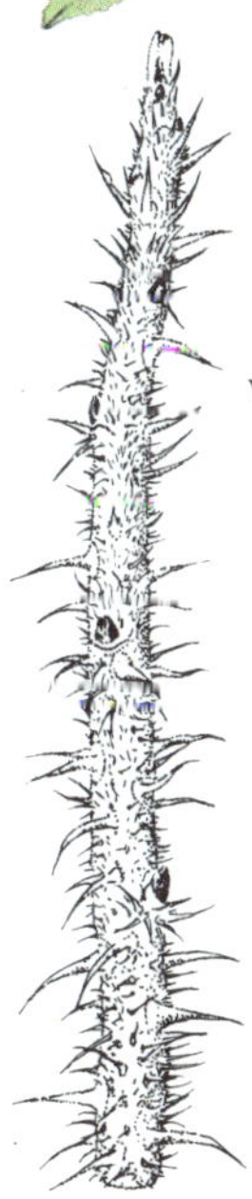

Winterzweig

Stachel, vergrößert

Ein 1–2 m hoher, aufrechter, wenig ästiger Strauch, durch unterirdische Ausläufer größere Gemeinschaften bildend; gute Bedeckung für Straßen- und Wegränder, Vitamin C-Lieferant.

Alpen-Heckenrose, Gebirgs-Rose

Rosengewächse

Rosa pendulina L.

Rosaceae

Ein Synonym von *R. pendulina* ist *R. alpina* L. Der erste Name bezieht sich auf die herabhängenden reifenden Hagebutten, der zweite auf ihren Standort. Die Alpen-Heckenrose ist eine europäische, meist in Bergwäldern wachsende Art, die als subalpines Element in Flußtälern und Schluchten, aber auch in tiefere Lagen herabgeht. Sie wächst von den Pyrenäen bis zum Kaukasus, oft auf humusbedecktem Geröll. An das Leben in dieser Umgebung hat sich die Rose ausgezeichnet angepaßt. Alljährlich bildet sie zahlreiche Ausläufer, mit denen sie nicht nur ihre Stellung festigt, sondern auch innerhalb von ein paar Jahren von einem weniger günstigen Standort in eine bessere Umgebung wandern kann. Nach einem Erdrutsch oder wenn ein Uferstück mit Ausläufern vom Hochwasser mitgerissen wird, fassen die Rosen sofort wieder Fuß.

Die Alpen-Heckenrose ist fast unbestachelt; nur die Basis der Jungtriebe ist dicht stachelig beborstet. Einige Populationen besitzen aber auch bestachelte Blütenzweige. Die unpaarig gefiederten Blätter haben eine größere Anzahl Teilblätter (5–9). *R. pendulina* blüht als eine der ersten Rosen im Mai dunkelrot. Die ungeteilten Kelchzipfel richten sich nach dem Verblühen binnen weniger Tage auf.

Mit anderen Rosen kreuzt sich die Alpenrose sehr leicht; die entstehende Nachkommenschaft ist normalerweise fruchtbar. Seit Jahrhunderten wird diese Rose in Gärten gehalten, auch wenn ihr Expansionsdrang gelegentlich störend wirkt.

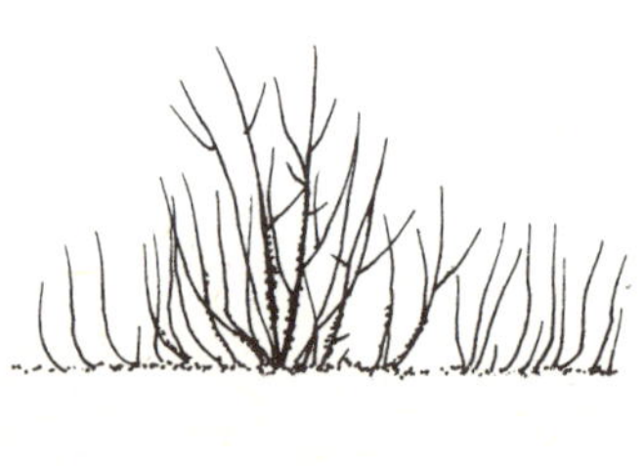

1–2 m hoher rutenwüchsiger Strauch; geeignet zur Bedeckung schattiger Hänge.

Rosengewächse

Rosaceae

Blutrote Rose

Rosa moyesii HEMSLEY et WILSON

In der breiten Formen- und Farbenskala der wilden Rosen repräsentiert *R. moyesii* eine ostasiatische Linie, deren kennzeichnendes Merkmal die ganzrandigen (ungeteilten), sich nach dem Verblühen auf den Hagebutten aufrichtenden Kelchblattspitzen und die paarigen, unter den Nebenblättern sitzenden Stacheln sind. *R. moyesii* und die verwandten ostasiatischen Arten *R. davidii* CRÉP., *R. setipoda* HEMSLEY et WILSON und *R. multibracteata* HEMSLEY et WILSON sind ursprünglich ebenso Lianen wie z.B. die europäische Hundsrose (*R. canina* L.). Erst nach der Entwaldung der Landschaften wurden sie zu mächtigen Sträuchern.

R. moyesii ist ein hoher Strauch mit sommergrünen, wechselständigen, unpaarig gefiederten Blättern. Die normalerweise satt dunkelroten Blüten wachsen in reichen Blütenständen; die Blütenstiele sind ziemlich dicht mit Drüsenhaaren besetzt. Blütemonate sind Juni und Juli. Nach dem Zerreiben duften die Blütenstiele nach Terpentin. Ein wichtiges, wahrscheinlich erbdominantes Merkmal dieser Rose (der einzigen in der Gattung) sind die roten Staubfäden. Die Früchte sind in flaschenförmigen, drüsenbehaarten Hagebutten entstehende Nüßchen. *R. moyesii* wurde 1903 von A. E. PRATT in Westchina, im Vorland von Tibet entdeckt. Die ersten blühenden Exemplare wurden in Europa 1908 gezeigt. Ihren Namen erhielt sie zu Ehren des in Westchina wirkenden Missionars J. MOYES.

Die eng verwandte *R. davidii* unterscheidet sich durch auffallend große Stacheln an Stämmen und Zweigen. Auch sie stammt aus Westchina (Sechuan) und wurde durch WILSONS Expedition entdeckt und nach Europa gebracht.

4–5 m hohe Sträucher, im Schatten lianenwüchsig.

Hagebutten von *R. moyesii*

Winterzweig von *R. davidii*

Blüte von *R. davidii*

R. moyesii

Trauben-Prunkspiere

Rosengewächse

Exochorda racemosa (LINDL.)REHD.

Rosaceae

Bisher wurden vier Prunkspierenarten beschrieben: *E. racemosa* aus Ostchina, *E. giraldii* HESSE aus Nordwestchina, *E. serratifolia* S. MOORE aus Korea und schließlich *E. korolkowii* LAVALL. aus Turkestan. Das natürliche Verbreitungsgebiet der Gattung *Exochorda* reicht also von Zentralasien bis zur koreanischen Halbinsel. Als erste Art wurde *E. racemosa* 1849 in amerikanische und europäische Gärten gebracht; dann folgte *E. korolkowii* 1878, *E. giraldii* 1897 und erst nach 1918 *E. serratifolia.*

An den Prunkspieren sind vor allem die großen weißen Blüten dekorativ, deretwegen sie gezogen werden. Die Kronblätter sind 2,5–4 cm breit und leicht gewellt. Die traubenartigen Blütenstände mit 6–10, nicht gerade angenehm duftenden Blüten, ja der ganze belaubte Strauch wirken sehr duftig und graziös. Blütezeit ist im Mai. Gerade wegen der Bauart des Blütenstandes wurde die Prunkspiere früher mit der Gattung Felsenbirne *(Amelanchier)* in Verbindung gebracht. Die Früchte sind auffällige Kapseln, die bis zum nächsten Jahr am Strauch verbleiben.

Die Kreuzung zwischen den beiden ältesten bekannten Prunkspieren *E. racemosa* und *E. korolkowii* ist eine großblütige Prunkspiere, die nach 1900 entstanden ist und *E.* × *macrantha* (LEMOINE) SCHNEID. genannt wird. Prunkspieren gedeihen und blühen dort, wo sie genügend Raum und Licht bekommen; sie vermehren sich auch in Europa aus Samen.

Breitausladende, lockere Sträucher, 2–4 m hoch; geeignet für Gruppenanpflanzungen in größeren Gärten und Stadtparks.

Rosengewächse

Schneeballblättrige Blasenspiere, Knackbusch

Rosaceae

Physocarpus opulifolius (L.)MAX.

Die Gattung umfaßt 13 nordamerikanische Arten, allesamt sind sommergrüne Sträucher. Nur eine einzige – *P. amurensis* (MAXIM.) MAXIM. – stammt aus Ostasien. Von allen ist wohl der Knackbusch am verbreitetsten. Er wird etwa seit 1687 kultiviert; zuerst im Bereich seiner Heimat, also auf dem Gebiet zwischen den Staaten Tennessee und Virginia im Süden und der kanadischen Provinz Quebec im Norden. Nach Europa gelangte er erst später, in Mitteleuropa erschien er am Anfang des 19. Jahrhunderts. Wegen der leichten Zucht, Widerstandsfähigkeit und guten Vermehrung (am besten aus Winterstecklingen, auch aus krautigen Sommerstecklingen wie bei den Spiersträuchern) fand er auch in der Forstwirtschaft Verwendung: in Fasanerien und Wildschutzpflanzungen dient er heute als allgemein verbreitetes, niederwüchsiges Deckgehölz.

P. opulifolius hat wechselständige, bis 7 cm große, gezähnte und fünflappige Blätter, die weitgehend den Blättern vom Gemeinen Schneeball ähneln. Die Blüten (Juni) bilden dichte vielzählige Blütenstände von schnee- bis cremeweißer Farbe mit rötlichen Staubgefäßen. Ihr Bau erinnert an die Blütenstände der Spieren; immerhin wurde *P. opulifolius* von LINNÉ noch in die Gattung *Spiraea* eingereiht. Die Früchte sind kahle, weit aus dem Kelch ragende Bälge. Der Strauch verträgt auch stärkere Luftverschmutzung und wächst fast in jedem Boden und in jeder Lage, sowohl im Schatten unter den Kronen hoher Bäume wie auch in der prallen Sonne.

1–3 m hoher, dicht rutenwüchsiger Strauch; gutes Meliorationsgehölz für weniger fruchtbare Böden, Dämme und Eisenbahndurchstiche.

Karpaten-Spierstrauch

Rosengewächse

Spiraea media F. W. SCHMIDT

Rosaceae

Diese Spierstrauch-Art wächst wild in den Bergen Süd-Osteuropas und kommt in anderen Unterarten im kontinentalen Asien bis in den Nordosten (Sachalin und die nördlichen Inseln Japans) vor. Die Nominat-Unterart wächst eher an sonnigen, warmen Lokalitäten (z. B. auf Felsblößen im Karpatenbogen). Die Haltung des Karpaten-Spierstrauchs in westeuropäischen Gärten begann im Jahr 1789. Er eignet sich gut zur Bedeckung trockener, felsiger Hänge; durch seine luftige Gestalt lockert er aber auch die schroffen Formen der modernen Architektur auf. Seine rundlichen, nicht blühenden Äste stehen aufrecht, während die blühenden im Bogen gekrümmt sind. Sie tragen zahlreiche kleine, elliptische, recht veränderliche, von linear bis breit dreieckige Blätter. Diese sind von der Basis bis zur Mitte ganzrandig, an der Spitze eingeschnitten gezahnt bis dreigelappt, nur an den blühenden Zweigen gelegentlich ganzrandig. Die reichen Blütenstände (bis zu 20 Blüten) sind länglich-kugelförmig an 2 cm langen Blütenstielen. Die Einzelblüten sind klein (ca.6 mm), normalerweise weiß (d.h. farblos, da die weiße Farbe der Blüten durch Lichtbrechung zustande kommt) und erscheinen im Frühjahr, vorwiegend im April und Mai. Die Staubgefäße ragen weit aus den Blüten hervor; die Balgfrüchte sind kahl. Spiersträucher dieser Art-Gruppe lassen sich zuverlässig durch krautige Sommerstecklinge (bereits ab April) oder Teilung der Sträucher vermehren. Sie wachsen auf jedem Boden, selbst in der prallen Sonne; in zu trockenen Böden leiden sie schnell an einem stoffwechselbedingten Vergilben.

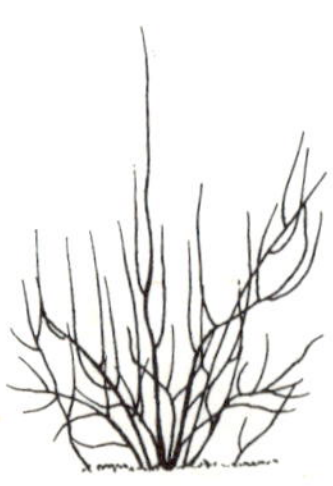

Niedriger, halbaufgerichteter, manchmal flächig wüchsiger Strauch, 1–1,5 m hoch.

Rosengewächse

Weiden-Spierstrauch

Rosaceae

Spiraea salicifolia L.

Obwohl der Weiden-Spierstrauch ein häufiges Florenelement vieler mitteleuropäischer Länder ist, hat es den Anschein, als ob dieser sich gut vegetativ und generativ vermehrende Strauch eher aus Asien stammt. Er wächst autochthon von den gemäßigten bis nördlichen Zonen Japans weiter nach Westen. Als die letzten ursprünglichen Standorte werden seine osteuropäischen Vorkommen angesehen; für die weitere Ausbreitung hat wahrscheinlich der Mensch gesorgt. Erste Erwähnungen seiner Kultivierung stammen aus dem Jahr 1586; er verwildert leicht und ist so heute über ganz Europa einschließlich der Britischen Inseln (z. B. Nordwales) verbreitet. Der Strauch ist gegenüber einem hohen Grundwasserspiegel tolerant, während die übrigen Spiersträucher eher Trockenheit bevorzugen. Da er ein großes, kräftiges Netz von bodenfestigenden Wurzeln und Wurzelausläufern bildet, wird der Weiden-Spierstrauch in Seen- und Teichlandschaften als Meliorationsgehölz zur Uferbefestigung an Wasserläufen genutzt. Hier reißt die Strömung dann hin und wieder ganze Büsche los und sorgt für eine Verbreitung stromabwärts. So wurde der Weiden-Spierstrauch Bestandteil der feuchten Erlen- und Weidengesellschaften.

Er ist ein zarter Strauch mit dünnen Zweigen und weidenähnlich gestreckten, am Rand gezähnten Blättern. Seine schmal pyramidenförmigen, bis 15 cm hohen, normalerweise rosafarbenen Blütenstände aus kleinen fünfstrahligen Einzelblüten erscheinen von Juni bis August. Im Herbst entstehen kleine Balgfrüchte.

Der sehr ähnliche, ebenfalls häufig in Parks gezogene *S. douglasii* HOOK. aus Nordamerika hat grober gezähnte, unterseits filzige Blätter.

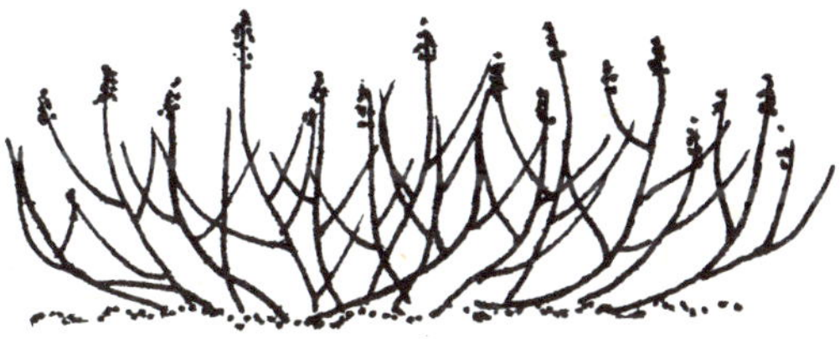

1–2 m hoher rutenwüchsiger Strauch, polykormonbildend; geeignet zur Festigung nasser Böden.

Vanhouttes Spierstrauch

Rosengewächse

Spiraea × *vanhouttei* (BRIOT)ZAB.

Rosaceae

Auf der Nordhalbkugel (in Amerika bis Mexiko, in Eurasien bis zum Himalaja) wachsen über 80 Spierstrauch-Arten; trotzdem ist die durch den Menschen hervorgebrachte Hybride *S.* × *vanhouttei* eine der am weitesten verbreiteten. Diese Kreuzung entstand um die Mitte des vorigen Jahrhunderts bei der Firma BILLIARD in Fontenay (Frankreich). Ihre Beliebtheit wuchs vor allem während des 20. Jahrhunderts, so daß es heute in Europa kaum eine Stadt gibt, in der sie nicht zu finden ist.

Diese Popularität rührt vor allem von dem unerhörten Blütenreichtum dieses Spierstrauches her: von Ende Mai bis gelegentlich Ende Juni sind an den Sträuchern kaum die Blätter zu sehen, da die ganzen Äste von zunächst flachen, später halbkugeligen strahlendweißen Blütenständen eingehüllt sind. Es steht nicht genau fest, welcher der beiden Eltern (*S. cantoniensis* LOUR. aus China und Japan, *S. trilobata* L. aus Nordchina, Turkestan und Südsibirien) dieser Kreuzung mehr vererbte; die bläulich grüne Farbe der Blattunterseiten und die größere Winterhärte berechtigen zu der Annahme, daß *S. trilobata* der einflußreichere Elter war.

Vanhouttes Spierstrauch ist ein anspruchloses Gehölz, das am besten in sonniger Lage und auf ausreichend kalkhaltigem Boden blüht. Stadtklima verträgt er gut. Am besten vermehrt man ihn zwischen Mai und Juni aus krautigen Stecklingen.

1,5–2 m hoher rutenwüchsiger Strauch; geeignet für Gruppenanpflanzungen und niedrige ungeformte Hecken.

Rosengewächse

Ebereschen-Fiederspiere

Rosaceae

Sorbaria sorbifolia (L.)A. BRAUN

Die Fiederspieren galten lange als Mitglieder der Gattung *Spiraea,* doch unterscheiden sie sich von diesen vor allem durch die einfach gefiederten, manchmal bis 30 cm langen Blätter mit gesägten Teilblättern. Die rund 7 Arten der Gattung *Sorbaria* stammen aus Ostasien. Am häufigsten wird die Ebereschen-Fiederspiere gezogen, die 1759 in die Kultur eingebracht wurde. Ihre Heimat liegt in Nordasien vom Ural bis nach Japan. Sie ist ein rutenwüchsiger, aufrechter Strauch mit Blättern aus maximal 23 elliptischen, lang zugespitzten, etwa 10 cm langen Teilblättern, die stets etwa 20 Aderpaare aufweisen. Die kleinen, weißen Blüten sind in auffällig großen, bis 25 cm hohen, endständigen Rispen zusammengerückt. Sie blühen im Juli auf. Da sich Fiederspieren im Laufe der Zeit zu großen Polykormonen ausdehnen, ist der Anblick solcher „Bestände“ sehr dekorativ. Obwohl sie recht winterhart sind, erleiden sie bei schwankenden Wintertemperaturen Frostschäden, doch regenerieren sie sich schnell aus den Wurzeln. Sie sind Gehölze, die sich auf allen Bodenarten als Bedeckung eignen.

Am leichtesten vermehrt man sie durch Teilung oder aus krautigen Stecklingen. Die stattlichen Exemplare entstehen auf tiefgründigen, nährstoffreichen und feuchten Böden.

Weniger häufig wird in Parks der bis 5 m hohe *S. arborea* SCHNEID. oder der nur 50 cm hohe *S. grandiflora* (SWEET) MAXIM., ein enger Verwandter der Ebereschen-Fiederspiere, gezogen.

Aufstrebender, bis 2 m hoher Strauch von krautigem Aussehen; anspruchsloser Bodendecker.

Fächer-Zwergmispel

Rosengewächse

Cotoneaster horizontalis DECAISNE

Rosaceae

C. dammeri, Zweigdetail

Die niederliegenden, an den Boden gedrückten Zwergmispeln werden in der heutigen Gartenarchitektur als Bodenbedecker auf größeren Flächen, Hängen, Geländestufen und -unebenheiten verwendet. Bei dichter Gruppenpflanzung bringen sie schon im ersten Jahr einen effektvoll dichten Teppich hervor. Diese verbreiteten Ziersträucher verdankt die europäische und amerikanische Gartenkultur Entdeckungsreisen durch Ostasien, vor allem nach China, die erst gegen Ende des vorigen Jahrhunderts unternommen wurden. So gelangte die Fächer-Zwergmispel erst 1880 aus Westchina nach Europa.

Sie ist ein halbimmergrüner Strauch mit lange an den Zweigen verbleibenden Blättern (oft bis Januar, in milden Wintern bis in die neue Saison). Die Äste neigen sich bald bogig herab und breiten sich dann fast waagrecht (griech.: = horizontal) aus bzw. schmiegen sich in etwa 20 cm Höhe dem Gelände an. Die Seitenzweige sind regelmäßig zweiseitig verteilt und tragen wechselständige, oberseits dunkelgrün glänzende, etwa 1 cm große Blätter und Blüten mit aufstrebenden, lachsrosafarbenen Kronblättern, die einzeln oder zu zweit in kleinen Blütenständen sitzen. Die lange am Strauch verbleibenden roten Früchte enthalten 3 Samen (Nüßchen). Der eng verwandte westchinesische *C. adpressus* BOIS., der oft nur als Form von *C. horizontalis* angesehen wird, schmiegt sich mit seinen Ästen und Stämmchen völlig dem Boden an; seine Blattränder sind gewellt.

Nicht weniger beachtenswert ist eine weitere chinesische Zwergmispel, *C. dammeri* SCHNEID. Sie hat flach ausgebreitete weiße Blütenkronen und fast 3 cm große Blätter. In den letzten Jahren wird sie ganz besonders als Bodendecker für große Flächen bevorzugt.

An den Boden gedrückte, niederliegende oder waagrecht über dem Boden wachsende Kleinsträucher bis 50 cm; verbreitete Bodendecker.

Rosengewächse

Gemeine Zwergmispel

Rosaceae

Cotoneaster integerrimus MED.

Auch wenn die meisten Zwergmispeln recht exotisch erscheinen (zahlreiche Arten stammen aus dem Fernosten), ist die Gemeine Zwergmispel ein echter Europäer. Sie ist sogar die einzige auf den Britischen Inseln autochthone Zwergmispel. In Kultur wird sie seit 1656 gehalten. Besonders gut eignet sie sich für trockene Hänge, Terrassen und felsige bzw. steinige Böden. Darüber hinaus ist sie wie die meisten Zwergmispeln eine viel besuchte Bienenweide.

Die Gemeine Zwergmispel hat ausgebreitete, niederliegende und auch aufrechte Äste, die in der Jugend gelbgrün befilzt, später kahl und rotbraun gefärbt sind. Sie tragen die wechselständigen, sommergrünen, 1–4 cm großen, gerundet elliptischen, am Ende zugespitzten, ganzrandigen Blätter, die eine Filzbehaarung am Rande und an der Unterseite aufweisen. Die Blüten entstehen im Mai, in schütteren, 1–4zähligen Rispendolden auf filzig behaarten Stielen. Die Blüten sind fünfstrahlig, ihre Kelchblätter ausdauernd und nicht abfallend, die Kronblätter weißlich bis dunkelrosa, die Zahl der Staubgefäße etwa 20. Die roten Früchte sind rundlich, leicht abgeplattet und bis 7 mm groß.

Natürliche Biotope der Gemeinen Zwergmispel sind sonnige, felsige Standorte (vor allem auf Kalk), lichte Wälder und Waldsteppen sowie die Gesellschaften der Waldraine und trockenen Nadelwälder.

Fruchtender Zweig

Niederliegender oder auch aufstrebender, schütterer Strauch, 1–2 m hoch; geeignet zur Landschaftsgestaltung an trockenen, sonnigen Stellen.

Deutsche Mispel

Rosengewächse

Mespilus germanica L.

Rosaceae

Die Deutsche Mispel trägt zwar den Artnamen „deutsche" (lat.: = *germanica*), doch verdankt sie diesen Zusatz erst ihrer zweiten Heimat, den mitteleuropäischen, insbesondere deutschen Klostergärten, wo sie das ganze Mittelalter hindurch gezogen wurde. Über die Alpen war sie nämlich durch römische Legionäre schon viel früher mitgebracht worden. Die Römer hielten Mispeln bereits seit dem 2. Jahrhundert v.Chr.; deren Kultur hatten sie von den Griechen übernommen, bei denen die Mispel schon im 8. Jahrhundert v.Chr. bekannt war. Nach Griechenland war die Mispel aus Kleinasien gelangt, das auch nur als Randgebiet des natürlichen Verbreitungsareal anzusehen ist.

Mispeln, vor allem wilde Mispeln, sind recht dornige Gehölze mit befilzten jungen Zweigen, die sommergrüne, wechselständige, kurzgestielte, 7–12 cm lange, gesägte oder fast ganzrandige Blätter tragen. Diese sind auf der Oberseite mattgrün und schütter, unterseits dichter behaart. Die 4 cm großen, weißen Blüten öffnen sich Anfang Juni. Sie stehen normalerweise einzeln oder in Gruppen von zwei bis drei an Kurztrieben, haben einen fünfstrahligen, ausdauernden, filzig behaarten Kelch, 5 Kronblätter und etwa 40 Staubgefäße. Die etwa 4 cm große, charakteristische Frucht hat eine birnenähnliche Form und wird von dem ausdauernden, vertrockneten Kelch gekrönt. Das Fruchtfleisch ist erst nach dem Frost genießbar und hat dann einen angenehm säuerlichen Geschmack. Daher wird die Mispel auch zur Marmeladenherstellung verwendet.

Strauchwüchsiger Baum, bis 5 m hoch; historisches Obstgehölz.

Rosengewächse

Rosaceae

Europäischer Feuerdorn

Pyracantha coccinea ROEMER

Feuerdorne sind immergrüne Gehölze, deren Blätter mehr als eine Vegetationszeit ausdauern. Ihre fünfstrahligen Blüten haben 5 Stempel.

Der Europäische Feuerdorn, ein modischer Zierstrauch der heutigen Gärten, hat zähe, gekerbt bis gesägte, etwa 4 cm lange Blätter mit kurzen Stielen. Die krummwüchsigen Äste und Zweige tragen 2–3 cm lange, spitze Dornen. Die schmutzig weißen Blüten öffnen sich Ende Mai bis Anfang Juni in vielzähligen etwa 4 cm großen Doldenrispen. Aus den befruchteten Blüten entwickeln sich ca. 6 mm große Früchte mit 5 Samen (Nüßchen). Seit 1629 wird der Feuerdorn wegen dieser Früchte, welche zur Marmeladenherstellung dienen, kultiviert. Ihre den Früchten der Ebereschen ähnliche Orangefärbung im Kontrast mit dem glänzenden Dunkelgrün der Blätter ist der größte Schmuck des Feuerdorns. Die Früchte bleiben meist so lange am Strauch, bis sie von den Vögeln gefressen werden. Gerade wegen dieses herbstlichen Farbeffektes erlebte *P. coccinea* im 20. Jahrhundert eine Renaissance, da er ein geeignetes Schmuckelement zu den nüchternen modernen Architekturformen darstellt. Der Feuerdorn verträgt einen Schnitt; seine Triebe werden oft auch an Gebäudewänden hochgeleitet, die so in den Herbstmonaten ein schönes Aussehen erhalten. Leider hat sich in den achtziger Jahren dieses Jahrhunderts vor allem in Mitteleuropa eine Pilzerkrankung der Früchte ausgebreitet, durch die der optische Effekt völlig unterdrückt wird. Auch jähe Temperaturänderungen (z. B. ein Temperatursturz um 30° im Winter 1978/79) führten zu Massenerfrierungen. Der Feuerdorn stammt nämlich aus dem warmen Mittelmeerraum, 5 andere Arten vorwiegend aus China.

2–5 m hoher, immergrüner Strauch; geeignet für Hecken und Gebäudebepflanzungen.

Eingriffeliger Weißdorn

Rosengewächse

Crataegus monogyna JACQ.

Rosaceae

C. oxyacantha, Fruchtstand

Die europäischen Weißdorn-Arten mit ihren tief gelappten, recht veränderlichen Blättern lassen sich nur schwer auseinanderhalten. Fast in jeder Population kann man abweichende Pflanzen finden. In der Garten-Literatur tauchen am häufigsten zwei Namen auf: Eingriffeliger Weißdorn *(C. monogyna)* und Zweigriffeliger Weißdorn (*C. oxyacantha* L. em. JACQ.).

Der Eingriffelige Weißdorn ist ein stattlicher Strauch mit in der Jugend befilzten, später kahlen, rotbraunen Zweigen, an denen etwa 1 cm lange stechende Dornen sitzen. Die Spreite der wechselständigen Blätter hat einen eiförmigen bzw. umgekehrt eiförmigen, an der Basis keilförmigen Umriß; sie ist gekerbt und mit 3–9 unregelmäßig tief eingeschnittenen Buchten tief gelappt. Die an kahlen Stielen sitzenden Blüten bilden im Mai üppige Trugdolden. Die Kronblätter sind etwa 6 mm groß, es sind ca. 20 Staubgefäße vorhanden, dafür hat der Stempel nur eine Narbe (selten 2). Die roten Früchte reifen im September und Oktober heran. Die Weißdorne aus der Gruppe *C. oxyacantha* sind ein häufiges Element der Weiden- und Waldlichtungsgesellschaften. Sie kommen in fast ganz Europa vor. Alle liefern ein Naturheilmittel (flos crataegi et folium crataegi cum flore). Die Blüten enthalten das Glykosid Querzitin und Querzitinaglykogen, Flavone und Spuren ätherischer Öle; weitere Inhaltsstoffe sitzen in den Blättern (Triterpenoidsäuren, Sterole usw.). Weißdorn-Auszüge werden unter ärztlicher Aufsicht zur Senkung des Blutdrucks und bei Herzrhythmusstörungen angewendet.

Der Zweigriffelige Weißdorn unterscheidet sich vor allem durch die Anzahl der Narben (2) und die Blattform.

Sparrige, undurchdringliche, 2–5 m hohe Sträucher; baumwüchsige Kulturformen 5–8 m; wichtiges Gehölz in offenen Pflanzengesellschaften; pharmazeutischer Nutzwert.

Rosengewächse

Hahnendorn, Hahnensporn-Weißdorn

Rosaceae

Crataegus crus-galli L.

Die systematische Zuordnung der Weißdorne, die durch eine große Veränderlichkeit der morphologischen Merkmale gekennzeichnet sind, ist innerhalb der Gattung *Crataegus* unterschiedlich schwer. Etwas einfacher ist sie in der Gruppe mit ungelappten Blättern, zu der auch der amerikanische Hahnensporn-Weißdorn gehört. Diese Art ist ein hoher Strauch mit völlig unbehaarten Blättern und Ästen. An seinen Zweigen sitzen auffällige, bis 6 cm lange scharfe Dorne, woher der Name Hahnensporn stammt. Diese Assoziation fand sowohl im wissenschaftlichen, als auch im verschiedenen volkstümlichen Namen ihren Niederschlag. Die sommergrünen, wechselständigen Blätter haben kurze Stiele und sind keilförmig bis oval. Die Blätter sind wie bei den meisten Weißdornen sowohl innerhalb einer Population als auch an einem Einzelexemplar sehr unterschiedlich. Extreme Abweichungen wurden sogar wissenschaftlich beschrieben und werden in der Kultur als Varianten oder Kulturformen erhalten (z. B. die sehr schmalblättrige 'Salicifolia'). Die Blattkonsistenz des Hahnensporn-Weißdorns ist auffällig zäh, fast ledrig. Der Ende Mai entstehende Blütenstand ist locker, halbkugelig und vielblütig, aus mindestens 10 Einzelblüten zusammengesetzt. Die in der Reife rotbraunen, mehligen Früchte bleiben bis tief in den Winter an den Sträuchern hängen.

Der Hahnensporn-Weißdorn wächst in Nordamerika von der kanadischen Provinz Quebec über Nord-Carolina bis nach Kansas. In Kultur wird er seit 1656 gehalten, 1691 wurde er nach England gebracht. Er hat sich als ausgesprochenes Parkgehölz gut bewährt, da er sowohl durch Kronentextur als auch die herbstliche scharlachrote Färbung der Blätter und die lang ausdauernden Früchte dekorativ wirkt.

Hoher, sparriger Strauch oder Baum bis 10 m; für hohe Hecken geeignet.

Eberesche, Echte Vogelbeere

Rosengewächse

Sorbus aucuparia L.

Rosaceae

Blütenstand

S. aucuparia, 'Dulcis', Teilblatt

S. domestica, Blatt

S. domestica, Früchte

Die Eberesche ist ein typisches europäisches Gehölz mit einem großen, bis tief nach Sibirien reichenden Areal. Sie ist sehr anpassungsfähig, was ihre Anwesenheit in verschiedenen Biotopen und Ökosystemen, von den Auwäldern der Niederungen bis in die Hochgebirgsformationen beweist. Sie wächst sowohl auf warmen trockenen Hängen und Felsfluren als auch in feuchten Torfmooren, in zusammenhängenden dichten Beständen ebenso wie in offenen Gesellschaften. Darüber hinaus existiert sie seit Jahrhunderten besonders in Bergvorländern synanthrop als Alleebaum. Süßfruchtige Kultursorten ('Dulcis', 'Moravica') werden als Obst gezüchtet; ihre Vorfahren wurden um 1820 bei der Ortschaft Ostružná (Tschechoslowakei) entdeckt. In Nordamerika ist die Eberesche stellenweise bereits verwildert.

Die Eberesche ist ein aufrecht wachsender Baum mit in der Jugend befilzten, später kahlen Ästen und wechselständigen, unpaarig gefiederten Blättern, deren Teilblätter ringsum gezähnt sind; bei den süßfruchtigen Sorten der Eberesche sind sie nur im Vorderdrittel gezähnt. Die kleinen Blüten bilden doldenrispige Blütenstände (in tieferen Lagen ab Mai, in den Bergen später); aus den befruchteten Blüten entwickeln sich orangerote Früchte. Diese werden als Naturheilmittel im August und September gesammelt, sie enthalten neben der schwach giftigen Parasorbinsäure Zucker, Pektine, Vitamine und das Carotinoid Sorbusin. Ihre Wirkung ist leicht abführend und harntreibend.

Aus dem Mittelmeerraum und Südosteuropa stammt der verwandte Speierling (*S. domestica* L.) mit birnenförmigen, gelbroten, zuckerhaltigen Früchten, die zur Herstellung von Marmelade und Apfelwein dienen.

Baum, 15–20 m hoch; im Bergvorland landschaftsbestimmend, einige Sorten sind Obstgehölze.

Rosengewächse

Els-Vogelbeere, Elsbeere

Rosaceae

Sorbus torminalis (L.) CRANTZ

Zu den *Sorbus*-Arten mit ungefiederten Blättern zählt dic Elsbeere. Ihre sommergrünen Blätter stehen wechselständig, sind gleichmäßig grün, in der Jugend unterseits etwas flaumig befilzt und verkahlen später mit Ausnahme der Adern. Die Spreitenform erinnert entfernt an Ahornblätter: im Umriß breit eirund, dabei ausgeprägt mit 3–4 spitzen, ungleichmäßig gesägten Lappenpaaren, wobei das Paar an der Blattbasis weit absteht. Die kleinen Blüten bilden aufrechte, langstielige und dadurch schütter wirkende Doldenrispen. Sie blühen im Mai, gleichzeitig mit dem Laubaustrieb bzw. kurz danach. Die bis 1,5 cm großen Früchte sind gelbrot, in der Reife braun und schmecken sauer.

Die Elsbeere ist ein wärmeliebendes, europäisches Gehölz, das im Norden und in den Alpen fchlt; ihr Areal reicht bis Kleinasien und Nordafrika. Sie wächst in Laubwäldern, Spitzeichenformationen und Waldsteppen, hauptsächlich auf Kalk.

Wo in Mitteleuropa Elsbeeren gemeinsam mit Mehlbeeren vorkommen, kann man selten auch die natürliche Kreuzung von beiden, *S.* × *latifolia* (LAM.) PERS. mit einem intermediärem Charakter in Habitus, Blatt- und Fruchtform antreffen.

Die Elsbeere wird etwa seit 1750 gezüchtet, doch hat es den Anschein, als ob sie sich schon viel länger in Kultur befände, und zwar nicht wegen ihrer Früchte, sondern wegen ihres Gesamtscharakters und der zierenden, sattgelben Färbung des Herbstlaubes.

Baum mit niedrig angesetzter Krone, 20–25 m hoch; geeigneter Parkbaum für wärmere Gegenden.

Mehlbeere, Mehl-Vogelbeere

Sorbus aria (L.) CRANTZ

Rosaceae

Mehlbeeren stellen eine eigene Gruppe unter den Ebereschen dar. Ihr Hauptmerkmal sind die einfachen, oberseits dunkelgrünen, unterseits mehlweiß befilzten Blätter. An ihren Früchten bleiben außerdem die Kelchblattspitzen zurück.

Die wichtigste europäische Mehlbeere ist *S. aria,* ein hoher Strauch bzw. strauchwüchsiger Baum mit anfänglich weiß befilzten, später kahlen Ästen, an denen spitz eiförmige bis rundliche, 9 × 14 cm große Blätter wachsen. Diese sind unten deutlich weißlich befilzt, am Rand zweifach gesägt und flach gelappt; auf der Spreite haben sie eine größere Anzahl Nebenadern. Die Mehlbeere trägt im Mai und Juni kleine, in Doldenrispen stehende Blüten; Rispen und Kelche sind weiß befilzt. Die orangeroten Früchte haben ein mehliges Fleisch (dt.Name). Eng verwandt sind z.B. die Griechische Mehlbeere, *S. graeca* (SPACH) HEDL. em. DÜLL, mit breit elliptischen, weniger stark geäderten und unten nur schwach befilzten Blättern sowie die Österreichische Mehlbeere *S. austriaca* (S. BECK) HEDL., deren Blätter ebenfalls im Grundriß eiförmig bis elliptisch und unterseits weiß befilzt, dafür aber bis zu einem Viertel der Spreite gelappt sind.

Die Mehlbeere ist ein wärmeliebendes europäisches Gehölz, das besonders in trockenwarmen Biotopen in den Gesellschaften der Spitzeichenbestände, vor allem auf Kalk vorkommt. Wie auch andere Gehölze mit stark behaarten Blättern verträgt sie Stadt- und Industrieluft gut, soweit es sich nicht um insgesamt kühle Lagen handelt. Die Belaubung wirkt sehr attraktiv, vor allem bei Wind, wenn sich ständig die weißen Blattunterseiten zeigen.

Strauchwüchsiger niedriger Baum bzw. großer Strauch, 5–8 m hoch; geeignet für Landschaftsgestaltung und Stadtparks.

Rosengewächse

Rosaceae

Japanische Scheinquitte

Chaenomeles speciosa (SWEET)NAKAI

Als 1796 die erste Scheinquitte nach England gebracht wurde, gewann die europäische Gartenkultur eine neue, farblich sehr attraktive Art, die auch in Europa vollkommen winterhart ist. Die richtige systematische Einordnung bereitete den Botanikern lange Zeit Schwierigkeiten. Die Scheinquitte wurde zunächst für eine Birne (*Pyrus japonica* LOISEL, 1803), dann für einen Apfelbaum (*Malus japonica,* 1807) und schließlich für eine Quitte (*Cydonia japonica,* LOISEL 1817) gehalten. Der Artname *japonica* unterstreicht, daß der Strauch aus Japan eingeführt wurde, wo diese Art bereits eine jahrhundertealte Kulturpflanze war, die aus China stammt. Der richtige Artname bereitete den Gartenpraktikern große Schwierigkeiten, weil 1869 eine verwandte Scheinquitte aus Japan eingeführt wurde, die ursprünglich ebenfalls als *Pyrus japonica* THUNB. beschrieben worden war. Diese Art trägt heute den Namen *Chaenomeles japonica* (THUNB.) LINDL.ex SPACH, während die früher importierte *Ch. speciosa* heißt.

Ch. speciosa ist ein hoher, reichverzweigter, dorniger Strauch mit scharf gesägten Blättern und glatten Ästen. Er trägt 3–5 cm große, rosafarbene oder ziegelrote Blüten in Büscheln an blattfreien Kurztrieben; sie öffnen sich gleichzeitig mit dem Laubaustrieb oder noch davor. Demgegenüber ist *Ch. japonica* ein niedriger, rutenwüchsiger Strauch mit grob gekerbten, breit eirunden Blättern und rauhen Zweigen. Er blüht gleichfalls ziegelrot, allerdings meist erst nach der Belaubung. Scheinquittenfrüchte sind gelblich grüne, quittenähnliche Früchte, die in der Reife aufplatzen; dieser Eigenschaft verdanken sie ihren Namen: griech.: chainein = spalten, griech.: meles = Apfel, Frucht.

Etwa 1–3 m hoher, breit ausladender Strauch von hohem Zierwert in der Blütezeit (*Ch. speciosa*); rutenwüchsiger Kleinstrauch bis 1 m (*Ch. japonica*).

Echte Quitte

Rosengewächse

Cydonia oblonga MILL.

Rosaceae

Die Echte Quitte stammt ursprünglich wohl aus Zentralasien (von Iran bis Turkestan), doch läßt sich ihr natürliches Areal heute nicht mehr genau abgrenzen, da es sich um eine uralte Kulturpflanze handelt. Im Mittelmeerraum, ja sogar in Südengland wird sie seit Menschengedenken gezogen. Der Gattungsname *Cydonia* ist von der Stadt Cydon (heute Canea) auf Kreta abgeleitet, in deren Umgebung Quitten gezüchtet wurden. *C. oblonga* hat sommergrüne, eiförmige, bis 10 cm lange, unterseits dicht behaarte Blätter mit befilzten Stielen. Im Herbst verfärben sie sich sattgelb. Die bis 5 cm großen Blüten öffnen sich im Mai gleichzeitig mit dem Blattaustrieb, häufiger aber erst später. Sie sind fünfstrahlig und duftend; die Frucht ist eine in der Reife gelbe, aromatisch riechende und auf der Oberfläche befilzte Kernfrucht in zwei verschiedenen Formen: birnenförmig (ssp. *pyriformis* MEDIC. oder apfelförmig ssp. *maliformis* MILL.). Kreuzungen zwischen den Gattungen *Cydonia* und *Pyrus* heißen *Pyronia.*

Früher war es Sitte, duftende Quittenfrüchte zwischen die Wäsche zu legen, da ihr lang anhaltender angenehmer Duft die Textilien durchdrang und im gewissen Maß auch die Insekten abhielt. In Ländern, in denen Quitten ausreifen, wird Quittenmarmelade hergestellt bzw. die Früchte getrocknet. Der Samen wurde jahrhundertelang als Naturheilmittel benutzt. Er enthält bis zu 22% Schleimstoffe. Diese wirken bei Magen- und Darmerkrankungen als sanftes Abführmittel und zur Hustenlinderung; Aufgüsse aus Quittensamen dienen als Gurgelmittel oder in einer Mischung mit Glyzerin zur Behandlung von aufgesprungener Haut.

Kleiner Baum bis 8 m mit ausladender Krone; altes Obstgehölz, geringe Bedeutung für die Pharmazie.

Holzapfel, Wildapfel

Malus sylvestris MILL.

Apfelbäume gelten als älteste Obstbäume. Dies ist zumindest für Europa und die Kaukasusregion zutreffend. Dafür sprechen Pflanzenüberreste, die in jungsteinzeitlichen Pfahlbauten gefunden wurden. Es wird angenommen, daß es sich damals noch nicht um veredelte oder bereits damals nach Europa eingeführte mittelasiatische Äpfel gehandelt hat, sondern um das europäische Waldgehölz *M. sylvestris.* Erst später, etwa seit dem 2. Jahrtausend v. Chr. erscheinen in Europa verbesserte Apfelsorten, die von einer absichtlichen Auswahl, möglicherweise auch von einem Einfluß weiterer, bereits eingeführter Arten zeugen. Heute ist es recht schwer, den Anteil der ursprünglichen, natürlichen Apfelarten an der Entstehung der Kulturapfelbäume (*M. domestica* BORKH.) abzuschätzen, ähnlich wie auch die „wilden" Formen anderer, schon sehr lange in Kultur gehaltener Pflanzen unbekannt sind. Die Anzahl der gezüchteten Apfelsorten ist sehr hoch. Diese werden ausschließlich vegetativ durch Pfropfung herausgezüchtet, einige bereits vor mehreren Jahrhunderten.

Heute läßt sich kaum sagen, ob ein in freier Natur in einem Laubwald gefundener *M. sylvestris* noch eine ursprüngliche Pflanze oder einfach verwildert ist – auch das liegt an dem jahrtausendealten Zusammenleben von Apfelbaum und Mensch. Der Wildapfel hat fast kahle Blätter (ggf. auf den Adern schwach behaart), Blütenstiele und Kelche. Seine Zweige sind meist dornig. Die Kernfrüchte sind etwa 2 cm groß, selten größer, mit einem erfrischenden, jedoch leicht bitteren Geschmack.

Mittelhoher Baum von 10–15 m mit unregelmäßiger Krone; historische Bedeutung, hypothetischer Vorfahre des Kultur-Apfels.

Purpur-Apfel

Rosengewächse

Malus × *purpurea* (BARBIER)REHD.

Rosaceae

Wegen ihrer schmackhaften und bekömmlichen Früchte züchtet der Mensch schon seit Jahrtausenden Apfelbäume. Sehr viel später kam ihm auch der hohe ästhetische Wert der Pflanzen als Zierbäume zum Bewußtsein, nämlich als eine Reihe wilder asiatischer Apfelbäume nach Europa gelangte (die ersten Ende des 18. Jahrhunderts, viele erst im 20. Jahrhundert). Da sie in vielen Merkmalen variierten und sich untereinander gut kreuzen ließen, wurde aus dem „Zierapfelbaum" ein wertvolles Gartengehölz. So wurde auch der nicht besonders hohe Purpur-Apfel gezüchtet. Er entstand irgendwann vor 1900 durch Kreuzung des alten europäischen und westasiatischen Paradiesapfels *M. sylvestris* var. *paradisiaca* (L.)BAIL. bzw. von *M. pumila* var. *niedzwetzkyana* (DIEK.) SCHNEID. (1893 aus Südwestsibirien und dem Kaukasus beschrieben) mit dem dunkelroten *M.* × *atrosanguinea* (SPAETH) SCHNEID. Dieser ist selbst eine Kreuzung aus chinesischen und japanischen Apfelbäumen. Von seinen Eltern hat der Purpur-Apfel nicht nur die Blütenfarbe, sondern auch die purpurrote Färbung der jungen Blätter und Zweige geerbt.

Der Purpur-Apfel ist ein niedriger Baum mit sommergrünen, wechselständigen, einfachen gesägten Blättern. Er hat fünfstrahlige einfache Blüten an langen purpurfarbenen Stielen und kleine Früchte mit normalerweise abfallenden Kelchen. Da der Purpur-Apfel – wie die meisten hybridogenen Arten – ziemlich veränderlich ist, wurden im Lauf seiner 80jährigen Existenz schon viele Kultursorten herausselektiert, die sich in Farbe und Ton der Blüten und sogar in der Blütezeit, meist von April bis Juni, unterscheiden. Die Sorte 'Aldenhamensis' blüht manchmal im September und Oktober.

Niedriger, strauchartig in die Breite verzweigter Baum mit kugeliger Krone, ca. 3–5 m hoch; farblich ausdrucksstarkes Ziergehölz, für alle Gartenarten geeignet.

Rosengewächse

Holzbirne, Wildbirne

Rosaceae

Pyrus pyraster (L.)BURGSDORF

Die Birnen, namentlich die europäischen, sind im Bewußtsein der meisten Menschen ein schmackhaftes, süßes Obst, eventuell noch ein Gartengehölz. Weit weniger stellen sich unter der Birne einen majestätischen und meist langlebigen Baum in der freien Natur vor. Die Geschichte der Kulturbirnen ist dabei genauso kompliziert wie die anderer Obstbäume. Die systematische Botanik hat die europäischen Wildbirnen lange zu der polyhybriden Art *P. communis* L.em. GAERTN. gestellt. An der Entstehung der Kulturbirne war nämlich eine größere Anzahl – mindestens fünf – wilder Birnenarten beteiligt. Daher wird noch heute gelegentlich eine verwilderte Kulturbirne mit der häufigsten europäischen wilden Birne, der Wild- oder Holzbirne, *P. pyraster* verwechselt.

Diese ist eine verbreitete europäische Art, die von der Pyrenäenhalbinsel bis auf die Krim wächst. Von kleinfruchtigen, verwilderten Kulturbirnen unterscheidet sie sich vor allem durch Blattform und -größe: ihre stets rundliche Spreite mißt etwa 22–30 × 23–38 mm. Die Blattspreite von *P. communis* ist hingegen breit elliptisch, und sehr veränderlich und mißt 22–59 × 38–83 mm. Die fleischige Frucht der Holzbirne ist klein, fast kugelig und langgestielt; bei den verwechselbaren verwilderten Kulturbirnen hat die Kernfrucht eine deutliche Birnenform behalten und sitzt an einem kürzeren Stiel. Ein gutes Unterscheidungsmerkmal ist auch das Vorhandensein von Dornen – verkürzten, in einer scharfen Spitze endenden Sprossen. Sie kommen bei der Holzbirne vor, während sie bei verwilderten Exemplaren von *P. communis* fehlen.

Kulturbirnen werden zwar schon seit Jahrtausenden gezüchtet, doch hat die Holzbirne bisher noch keinen Eingang in Parks und Gartenanlagen gefunden.

Sommergrüner Baum mit hoch angesetzter Krone, bis 20 m; wächst mancherorts in Buschformationen und hat dann auch eher Strauchcharakter.

Weidenblättrige Birne

Rosengewächse

Pyrus salicifolia PALLAS

Rosaceae

Silbrig behaarte Blattunterseiten

Die Weidenblättrige Birne läßt sich auf den ersten Blick leicht mit einem Feuerdorn oder einer silbrigen Weidenart verwechseln. Erst die nähere Untersuchung und vor allem natürlich die ersten Blüten oder Früchte klären den Irrtum auf. Sie ist eine echte, wenn auch kuriose Birne.

Die Heimat der Weidenblättrigen Birne ist die transkaukasische Küste des Kaspischen Meeres, des Kaukasus und Anatoliens, also ein nicht besonders großes Gebiet. Da sie aber süße, wenn auch kleine Früchte besitzt, wurde sie durch den Menschen vor allem nach Südosteuropa weiter ausgebreitet. Als Parkbaum bzw. Schaustück in botanischen Gärten wird sie seit etwa 1780 gehalten.

Die Weidenblättrige Birne ist ein typisches ostkaukasisches Gehölz aus trockenen Gebieten, in denen die Jahresniederschlagsmenge bei nur etwa 200 mm liegt. Sie ist ein Bestandteil von Waldsteppenformationen, Steppen und Halbwüsten, Eichen- und Wacholderbeständen wie auch rein trockenheitsliebender Vegetation mit Christusdorn und Kreuzdorn. Im Kaukasus wächst sie in Höhen von 300 bis 1800 m, in Anatolien auch über 1900 m. Die Weidenblättrige Birne hat bis 9 cm lange, linear-lanzettliche, in der Jugend silbrig befilzte Blätter. Die kleinblütigen Blütenstände sind ebenfalls dicht befilzt; Blütezeit ist im Mai. Diese Birne hat schon MITSCHURIN zu seinen Zuchtversuchen herangezogen und bis heute wird sie von mehreren europäischen Zuchtanstalten beobachtet und genutzt. Den wohl größten Versuch, diese Birne einzuführen, unternahm in den sechziger Jahren unseres Jahrhunderts die Tschechoslowakische Akademie der Wissenschaften (Průhonice). Vermehrt wird der Baum durch Samen, Wurzeltriebe oder Standardpfropfmethoden.

Nicht besonders hoher Baum (5–10 m) mit tief angesetzter Krone und manchmal auch überhängenden Ästen; bedeutend für die Obstzucht, als kontrastvoller silberblättriger Baum auch für städtische Anlagen empfehlenswert. Trockenheitsresistent!

Rosengewächse

Kupfer-Felsenbirne, Kanadische Felsenbirne

Rosaceae

Amelanchier lamarckii F.G.SCHROEDER

Die Kanadische Felsenbirne stammt, wie der Name sagt, aus dem Ost- und Zentralteil Nordamerikas von Kanada und Neufundland bis in den Süden der USA (Georgia, Louisiana). Ihr ansprechendes Aussehen hat schon früh die amerikanischen Gärtner gefesselt und so wird sie schon seit 1623 gepflanzt; nach England kam sie 1746.

Die Felsenbirnen – einschließlich der Kanadischen – sind schüttere oder lockere, dadurch luftig wirkende Gehölze. Dieser Effekt wird hauptsächlich in der Blütezeit noch gesteigert. Das kommt durch die fünfstrahligen, lang gestielten Blüten mit ihren langen, schmal lanzettlichen Kronblättern. Diese stehen in aufrechten oder auch halb herabhängenden, endständigen Trauben zusammen. Die Kanadische Felsenbirne blüht im April und Mai noch vor dem Blattaustrieb. Ihre sommergrünen Blätter stehen wechselständig, sind eirund, ungeteilt und sind in der Vegetationszeit gleichmäßig grün, im Herbst kräftig gelb bis rotorange gefärbt. Die Früchte sind eßbare Kernfrüchte.

In Mittel- und Südeuropa wächst die eher strauchförmige Gemeine Felsenbirne (*A. ovalis* MED.). Wie die meisten Felsenbirnen gedeiht sie bevorzugt an warmen und trockenen Orten, vor allem auf südexponierten Kalksteinhängen. Ihre Kronblätter sind an der Außenseite behaart, die der Kanadischen Felsenbirne hingegen kahl. Die Frucht der Gemeinen Felsenbirne ist eine blauschwarze, süß schmeckende Kernfrucht.

Felsenbirnen lassen sich gut aus Samen vermehren, gelegentlich werden sie auch auf Weißdorn- oder Vogelbeerunterlagen gepfropft.

Herbstfärbung

A. ovalis, Fruchtstand

A. ovalis, Blütenstand

Die Kanadische Felsenbirne ist ein strauchwüchsiger 10–20 m hoher Baum, die Gemeine Felsenbirne ein aufrechter Strauch über 2 m; ihr Zierwert in Anlagen ist beträchtlich, vor allem im Kontrast zu dunklen Nadelgehölzgruppen.

Himbeere und Brombeere

Rosengewächse

Rubus idaeus L., *Rubus fruticosus* L. agg.

Rosaceae

R. idaeus, fruchtender Zweig

R. fruticosus,
Zweig mit Blüten und Früchten

Himbeeren und Brombeeren sind Halbsträucher oder niederliegende Lianen mit sommergrünen oder halbimmergrünen Blättern. Sie haben Rutencharakter, doch sind die einzelnen Ruten nur kurzlebig, meist mit Stacheln besetzt.

Die Himbeere hat aufrechte holzige Ruten und dreizählig, seltener fünfzählig gefiederte, oberseits schwach beflaumte, unterseits weiß befilzte Blätter. Die Blüten bilden befilzte end- oder achselständige Trauben. Sie sind klein, weiß, regelmäßig fünfstrahlig und zwittrig; ihre Kronblätter sind kleiner als die Kelchblätter. Die Früchte sind winzige Steinfrüchte, die in eine Sammelfrucht zusammenstehen. Die Himbeere ist eine zirkumpolar verbreitete, in Wäldern auf Lichtungen und Schneisen vom Tiefland bis in die Berge vorkommende Art.

Bei den Brombeeren sind zwei Sproßtypen vorhanden: holzige, nicht blühende, oft im Bogen abwärts geneigte bis kriechende Langtriebe und blühende Kurztriebe, die aus den Langtrieben aufrecht herauswachsen und normalerweise krautig sind. Brombeerblätter sind drei- bis fünfzählig gefiedert mit Teilblättern von verschiedener Form und Größe sowie in verschiedenen Grüntönen. Der Blütenstand ist eine Rispe mit zahlreichen weißen, rosafarbenen oder auch violetten Blüten an kahlen, behaarten, drüsigen oder bestachelten Stielchen. Die winzigen Steinfrüchte bilden die Brombeere, eine Sammelfrucht. Die Brombeeren sind in allen erwähnten Merkmalen äußerst variabel und kreuzen sich auch leicht in der Natur. Daher ist ihre Bestimmung und Systematik äußerst schwierig. Normalerweise werden sie mit dem Namen der Sammelart, *R. fruticosus* agg. bezeichnet. Diese Benennung hat aber nur Orientierungscharakter, denn die Zahl der beschriebenen Arten geht in die Hunderte.

R. fruticosus

R. idaeus

Himbeeren sind rutenwüchsige bis 2 m hohe Sträucher, Brombeeren hingegen mehr oder weniger bogig gekrümmte Halbsträucher oder lianenartig kriechende Gehölze mit über 2 m langen Trieben; wichtige Waldfrüchte der Lichtungen und Säume, Brombeeren sind darüber hinaus synanthrope Pflanzen.

Rosengewächse

Zimt-Himbeere

Rosaceae

Rubus odoratus L.

Die Zimt-Himbeere ist zusammen mit der ebenfalls nordamerikanischen *R. deliciosus* TORR. eine der hübschesten *Rubus*-Arten. Viele dieser Arten können als synanthrope Pflanzen bezeichnet werden, sie verdanken ihre heutige Verbreitung dem Menschen und seiner Landschaftsgestaltung. Zwar wird die Zimt-Himbeere schon seit 350 Jahren kultiviert, doch wurde sie durch den Menschen nicht verschleppt. Die Zimt-Himbeere stammt aus dem Osten Nordamerikas und zwar aus dem Gebiet zwischen Neuschottland und den Staaten Michigan, Tennessee und Georgia. Gezogen wird sie in den USA seit 1635, in England seit 1770.

Sie gehört zu den Rutensträuchern, da ihre Triebe mehr oder weniger stachellos und aufstrebend sind; ihre Rinde schilfert ab. Die sommergrünen, im Umriß herzförmigen Blätter sind fünfzählig gefingert, 10–30 cm groß, gleichmäßig grün und behaart. Die Blüten öffnen sich Ende Juni und im Juli (örtlich bedingt auch erst im August). Sie sind purpurrot gefärbt, 3–5 cm groß, duften und wachsen in reichen Blütenständen. Die etwa 2 cm großen Sammelfrüchte sind rot.

Die Zimt-Himbeere stellt keine hohen Ansprüche an Boden und Lage. Sie läßt sich gut aus Samen oder besser noch aus krautigen Stecklingen der Seitentriebe vermehren; gut bewurzeln auch Wurzelstecklinge im November und Dezember. Bepflanzte Flächen wachsen schnell zu, denn sie bildet größere Polykormone und ist so ein geeigneter Bodendecker mit äußerst attraktiven Blüten.

2–3 m hoher, rutenwüchsiger Strauch; anspruchsloses Ziergehölz.

Strauch-Fingerkraut

Rosengewächse

Potentilla fruticosa L.

Rosaceae

Die Unterscheidung von Standorten, an denen das Strauch-Fingerkraut ursprünglich vorkam und solche, wo es nur verwildert vorkommt, ist äußerst schwierig. Heute wächst diese Art eigentlich überall auf der Nordhalbkugel: in Nordamerika von Alaska und Labrador bis nach New Jersey, Kalifornien, Arizona und in den Bergen von New Mexico; in Eurasien in den Pyrenäen, den Alpen, dem Kaukasus, Ural und Himalaja sowie in tieferen Lagen und Mittelgebirgen von Irland bis nach Japan. Da es aber etwa seit 1700 in Kultur gehalten wird, ist es wahrscheinlich, daß es an viele Orte nur durch menschliches Zutun gelangt ist.

Das Strauch-Fingerkraut ist eine der wenigen holzigen Potentilla-Arten (krautige gibt es über 300). Es ist ein dichter Kleinstrauch mit gefiederten Blättern aus 3–7 lang elliptischen Teilblättern von veränderlicher Form, Behaarung und Farbe. Die bis 3 cm großen Blüten öffnen sich ab Mai den ganzen Sommer über bis zum September; sie können weiß, rötlich angehaucht, hell bis dunkel goldgelb, aber auch rot sein. Auch der Habitus der vielen Zuchtsorten unterscheidet sich, so daß breit ausladende Sträucher ("Ochroleuca"), niederliegende ("Mandshurica") oder starr aufrechte Sträucher ("Jackman") vorkommen können. Das Strauch-Fingerkraut ist eins der ganz anspruchslosen Gartengehölze, das am besten in praller Sonne auf jedem Boden blüht, in dem es mit seinen ziemlich tiefreichenden Wurzeln ausreichend viel Feuchtigkeit und Nährstoffe findet. Daher verträgt es gut Trockenheit. Vermehren kann man es zu Sommerbeginn aus krautigen Stecklingen.

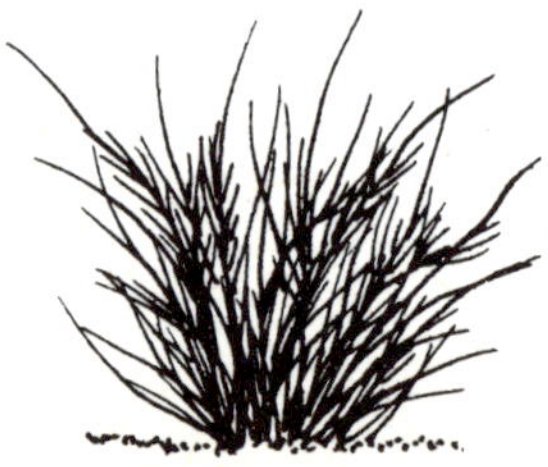

Niedriger, kaum 1 m hoher, kompakter, rutenwüchsiger Strauch; geeignet für Einfassungen, Gruppen- und Flächenpflanzungen sowie niedrige geformte oder freiwachsende Hecken.

Rosengewächse

Kerrie, Japanisches Goldröschen

Rosaceae

Kerria japonica (THUNB.)DC.

Noch im 19. Jahrhundert galt das Goldröschen als eine merkwürdige gelbblütige Brombeere der Gattung *Rubus*. Heute steht es in einer selbständigen Gattung, die ihren Namen zu Ehren von WILLIAM KERR erhalten hat, der zu Beginn des 19. Jahrhunderts im Botanischen Garten von Kew (England) gewirkt und sich besonders um die Einführung vieler Gehölze aus China verdient gemacht hat. In europäischer Kultur wird das Japanische Goldröschen seit 150 Jahren gehalten (es kam um 1834 aus China), doch schon lange vorher war es in Japan als Zierpflanze bekannt. Daher erhielt es auch den englischen Trivialnamen „japanese rose" (= Japanische Rose). Auch wenn die Art ein sommergrüner Strauch ist, wirkt sie doch fast das ganze Jahr über dekorativ. Sie hat kräftig grüne Äste und Jahrestriebe, denen auch strenge Winter nichts anhaben. Im Zusammenspiel mit anderen Gehölzen, die farbige Zweige besitzen (z. B. Weißer Hartriegel, verschiedene Weidenarten), kann sie jeden Garten angenehm beleben.

Die Blätter des Japanischen Goldröschens sind grob gesägt, lang zugespitzt und in der Draufsicht an der Nervatur auffällig gerunzelt. Ein ähnliches Blatt hat die verwandte Scheinkerrie *Rhodotypos scandens* (THUNB.) MAK. Die einzelnen Blüten sind endständig und gehen normalerweise im Mai auf; manchmal folgt noch eine zweite Blüte im Herbst. Die Frucht ist ein braunschwarzes Nüßchen. Häufiger als die Wildart wird eine gefülltblütige Kulturform ('Pleniflora') angeboten.

Goldröschen bilden reichlich Ableger, so daß die beste Vermehrungsmethode die Teilung ist. Häufiger Schnitt unterstützt Wachstum und Aussehen; am besten gedeiht sie in voller Sonne auf einem ausreichend kalkhaltigen Boden.

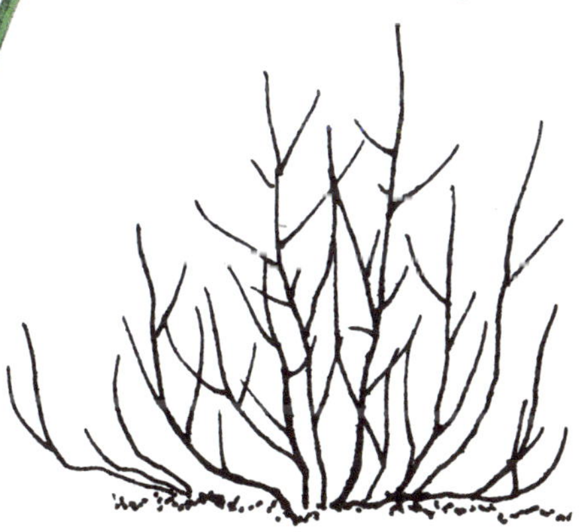

1–2 m hoher, zahlreiche Ableger bildender Strauch; gut geeignet für Gruppenpflanzungen.

Scheinkerrie

Rosengewächse

Rhodotypos scandens (THUNB.)MAKINO

Rosaceae

Ein Synonym dieses Gehölzes lautet *R. tetrapetala* MAK. und charakterisiert gut den Unterschied der Scheinkerrie zu den meisten übrigen Pflanzen der Familie: seine Blüten sind vierstrahlig, bei den übrigen Rosengewächsen sind sie hingegen normalerweise nach der Zahl 5 organisiert. Ein weiteres Synonym, *R. kerrioides* SIEB. et ZUCC. weist auf die auffällige Ähnlichkeit der Blätter mit denen der Goldröschen hin. Der Gattungsname *Rhodotypos* ist letzlich auch eine Assoziation (griech.: rhodon = Rose; typos = Bild, Gestalt).

Rhodotypos ist eine monotypische Gattung, deren einzige Art, *R. scandens* aus der japanischen Provinz Bitchu stammt, von wo sie um 1866 nach Europa gebracht wurde. Zwar ist sie auch von anderen Orten in Ostasien bekannt (so aus China), ursprünglich wächst sie wahrscheinlich aber nur in Japan, von wo aus sie durch den Menschen verbreitet wurde. Die Scheinkerrie ist nämlich ein sehr feingliedriger, dekorativer Strauch, der eher durch die ausgeprägte Blattextur als durch die einzelnen, 4–6 cm großen, reinweißen, nach und nach von Juni bis Juli aufgehenden Blüten auffällt. Von den Goldröschen sowie von den meisten übrigen Rosengewächsen unterscheidet er sich vor allem dadurch, daß nicht nur die Blätter, sondern auch die Seitenäste gegenständig wachsen. Nach dem Verblühen erscheinen die zierenden, glänzend schwarzen, trockenen, erbsengroßen Früchte, die noch weit in den Winter am Strauch verbleiben. Die Scheinkerrie läßt sich aus Samen vermehren, die auch in Europa heranreifen; vegetative Vermehrung erfolgt durch krautige Sommerstecklinge.

Ein anspruchsloser, sich fast allen Licht-, Klima- und Bodenbedingungen anpassender Strauch. Nur in besonders strengen Wintern kann er bis zum Boden erfrieren, doch treibt er immer wieder aus.

Mittelhoher, 1,5–2,5 m hoher Strauch; geeignet für Gruppenpflanzungen.

Rosengewächse

Schwarzdorn, Schlehe

Rosaceae

Prunus spinosa L.

Die Schlehe, ein von den Britischen Inseln fast über ganz Europa bis nach Nordwestasien verbreitetes Gehölz, ist ein ausladender, dicht bezweigter, dorniger Strauch, dessen untere Äste manchmal niederliegen, ja sogar wurzeln, während die aufrechten Äste sehr zäh sind. Die Seitenzweige enden oft in einer dornigen Spitze (umgewandelte Kurztriebe, Sproßdornen). Schlehen haben nicht besonders große, wechselständige, sommergrüne Blätter, die an den Sträuchern erst nach der Blüte, je nach Lage, Ende März bis Anfang Mai, erscheinen. Ihre Spreite hat eine keilförmige Basis und ist länglich umgekehrt eiförmig, kerbzähnig, oberseits kahl und auf der Unterseite behaart. Die weißen Blüten stehen einzeln oder in kleinen Büscheln; sie sind fünfstrahlig und haben etwa 20 Staubgefäße. Die Schlehe besitzt eine blauschwarze, bereifte, runde Steinfrucht mit grünlichem Fleisch und saurem (zusammenziehendem) Geschmack.

Schlehenblüten und -blätter sind ein in der europäischen Volksheilkunde beliebtes Mittel; sie wirken sanft abführend und harntreibend. Die Früchte enthalten u.a. Zucker, Vitamin C und Gerbstoffe, sie werden bei Magenleiden angewendet. Aus frischen Früchten wird Obstwein und Likör hergestellt. Die Schlehe hat keinen Eingang in Gärten und Parks gefunden, doch wurden im Laufe der Zeit auch gefülltblütige Schlehen ('Plena') sowie rosa blühende Exemplare mit in der Jugend roten Blättern ('Purpurea') entdeckt und selten auch gezogen.

1–3 (–5) m hoher Strauch, der zusammenhängende Bestände bildet und sich expansiv auf Brachflächen ausbreitet.

Vogelkirsche, Süßkirsche

Rosengewächse

Cerasus avium (L.)MOENCH

Rosaceae

Die Vogelkirsche ist ein anmutig wirkender Baum. Gleich, ob sie in einem Waldbestand oder frei wächst, hat sie immer einen gut ausgebildeten Gipfelsproß, der die Basis für die hohe, schnell wachsende Krone abgibt. Ihre Heimat ist wahrscheinlich das große Areal von Westsibirien bis an die europäischen Atlantikküsten einschließlich der Britischen Inseln. Im Norden reicht sie heute bis zum 61. Breitengrad. Wie bei jedem seit Jahrtausenden an den Menschen gebundenen Obstgehölz läßt sich kaum noch ein autochthones Vorkommen bestimmen. Immerhin bestätigen archäologische Funde die Anwesenheit von Kirschen in Europa schon in der Jungsteinzeit; an ihrer Verbreitung in alle Teile der Welt hatten jedoch viel früher als der Mensch die Vögel einen maßgeblichen Anteil.

Eine erste schriftliche Erwähnung von Kulturkirschen (veredelte Sorten) stammt aus Kleinasien vom Ende des 4. Jahrhunderts v. Chr. Wahrscheinlich werden schon seit dieser Zeit zwei Linien bis auf den heutigen Tag gezüchtet: weiche Herzkirschen (ssp. *juliana* [L.]JANCHEN) und harte Knorpelkirschen (ssp. *duracina* [L.]JANCHEN). Alle sind jedoch aus einer einzigen Wildart, *C. avium* hervorgegangen.

Obwohl Süß- und Sauerkirschen Gehölze von ähnlichem Aussehen, Blüten und Früchten sind, unterscheiden sie sich doch in einigen morphologischen Eigenschaften eindeutig: Sauerkirschen entwickeln sich im April bis Mai und wachsen in Dolden, an deren Basis ein oder mehrere grüne Blätter sitzen, während die Blütendolden der Süßkirschen blattfrei sind. Süßkirschenblätter sind unterseits in der Jugend beflaumt, Sauerkirschenblätter kahl.

Baum mit pyramidenförmiger Krone, 20–25 m hoch; altes Obstgehölz.

Zwetsche, Pflaume

Prunus domestica L.

Die Art *P. domestica* wird in fünf Unterarten eingeteilt: ssp. *domestica* (Zwetsche), ssp. *italica* (BORKH.) GAMS mit den Varietäten var. *subrotunda* BECHSTEIN (Edel-Pflaume) und var. *claudiana* PERS. (Reineclaude) sowie die ssp. *syriaca* (BORKH.) JANCHEN (Mirabelle); zwei weitere Unterarten, die heute kaum verbreitet sind, sind die Ziparte (ssp. *prisca* BERTSCH) und die Spilling (ssp. *pomariorum* BOUTIGNY), diese sind alte und recht primitive Kulturpflanzen. Die gemeinsamen Eltern von *P. domestica* waren die europäische Schlehe (*P. spinosa* L.) und die kaukasische Pflaume (*P. divaricata* LEDEB.). Diese wurde im Kaukasus bereits von den Ureinwohnern gezogen und hat sich dort bis zum heutigen Tag gehalten. An den Hängen des Kaukasus entstehen heute noch immer natürliche Kreuzungen beider Wildarten; dieses Gebirge muß man als eines der möglichen Entstehungsgebiete der Pflaumen in Betracht ziehen. Von hier aus sind dann Pflaumen und Zwetschen einerseits nach Zentralasien, andererseits etwa um das 5. Jahrhundert v. Chr. über Syrien und Kleinasien ans Mittelmeer gelangt. Nach Zentraleuropa kamen sie mit den römischen Legionären, in Mittelalter und Neuzeit haben sich die Pflaumenlinien in der Kultur weiter differenziert und stabilisiert. Die europäischen Pflaumen haben sich durch Veredelung zur Hybridogenart *P. domestica* entwikkelt, die kaukasischen kamen erneut mit *P. divaricata* und Schlehen in Berührung, die ostasiatischen und amerikanischen Pflaumen und Zwetschen hatten sogar völlig andere Eltern (*P. ussuriensis* in Asien, *P. nigra* AIT. und *P. americana* MARSH. in Amerika) Nordamerikanische Pflaumen haben Blütengruppen von je 3–5 und in den Früchten einen glatten Stein, während an den Pflaumen der Alten Welt die Blüten einzeln oder zu zweit heranwachsen und ihre Steine gerunzelt sind.

Baum mit niedrig angesetzter Krone, 5–10 m hoch; historisches Obstgehölz.

Sauerkirsche, Weichselkirsche

Rosengewächse

Cerasus vulgaris MILL.

Rosaceae

Die Sauerkirsche ist ein sommergrüner Baum mit einfachen, kahlen Blättern und schütteren Dolden aus weißen Blüten; an den Doldenbasen finden sich meist grüne Blätter. Von der ähnlichen Süßkirsche unterscheidet sie sich auch im Gesamtbild, in dem feine, normalerweise dünne, herabhängende Endzweige überwiegen. Es ist nicht bekannt, wie die ursprüngliche wilde Sauerkirsche ausgesehen hat. Verschiedenen Ansichten zufolge ist die Sauerkirsche eine uralte hybridogene Art, deren Eltern die Vogelkirsche (*C. avium* L.) und die strauchwüchsige Steppen-Kirsche (*C. fruticosa* PALLAS) gewesen sein könnten. Entsprechend ist auch der Entstehungsort dieser hypothetischen Hybriden unbekannt. Sauerkirschen verwildern jedoch leicht; daher werden als ihre ursprüngliche Heimat die Gebiete angesehen, in denen sie am häufigsten in der freien Natur gefunden werden: der Südteil der europäischen UdSSR, im Kaukasus, in Kleinasien und Südosteuropa. Auch die Hypothese über die Entstehung des Gattungsnamens ist nicht uninteressant: das Wort *Cerasus* bezieht sich auf die antike Stadt Kerasunt an der kleinasiatischen Küste, in deren Umgebung reichlich Süß- und vielleicht auch Sauerkirschen wuchsen. Im Altertum dominierte das griechische Wort „kerasos" als Bezeichnung für Süßkirschen, da deren Kultur älter ist als die der Sauerkirschen. Für das Vordringen der Sauerkirsche über die Alpen haben die Römer gesorgt; in ihren Lagern und Siedlungen an Rhein und Saale haben die Archäologen Sauerkirschkerne gefunden. Nach Nordamerika wurden die ersten Süß- und Sauerkirschen bereits ab 1625 gebracht.

Baum mit niedrig angesetzter, rundlicher Krone und weichen Ästen, 5–10 m hoch; Obstgehölz.

Rosengewächse

Rosaceae

Japanische Kirsche

Prunus serrulata LINDL.

Von den echten Sauer- und Süßkirschen unterscheidet sich die Japanische Kirsche vor allem durch die aufgerichteten Kelchblattspitzen; bei Süß- und Sauerkirschen sind diese umgestülpt. Ihre Blüten sitzen in Trauben und entwickeln sich meist gleichzeitig mit dem Laub oder kurz davor, während die Süß- und Sauerkirschen fast immer vor dem Blattaustrieb blühen. Die Japanische Kirsche hat kahle oder nur schwach beflaumte Blätter und Zweige. Die 6–16 cm langen Blätter sind breit oval und lang zugespitzt, am Rand sind sie gleichmäßig zweifach gesägt, dünn und glänzend. Die Blüten wachsen in Gruppen von drei bis fünf und sind bei den Wildformen weiß oder rosafarben; die Kultursorten sind normalerweise gefülltblütig und haben sattere Farben. Sie öffnen sich, je nach Sorte, zwischen April und Juni, sind geruchlos und etwa 3–4 cm groß. Die Steinfrüchte sind rot bis schwarz.

Wilde Arten dieser Artgruppe stammen aus China, Korea und Japan und stellen neben Chrysanthemen und Pfingstrosen die Symbolpflanzen Ostasiens dar; sie gehören darüber hinaus zu den ältesten Kulturpflanzen dieser Region. Aus diesem Grunde sind Japanische Kirschbäume mit einfachen Blüten ungeheuer selten; selbst LINDLEY beschrieb diese Art nach einem vollblütigen, weiß blühenden Baum. Erst nach 1900 wurde die einfachblütige *P. serrulata* var. *spontanea* (MAXIM.) WILS. eingeführt. Später folgten noch zwei weitere, während vollblütige Sorten in Europa bereits seit dem 19. Jahrhundert gezogen werden.

Hohe Sträucher oder kleine Bäume bis 20 m (je nach Sorte), die in der Regel nur 20–25 Jahre alt werden.

Aprikose

Rosengewächse

Armeniaca vulgaris LAMK.

Rosaceae

„Mala armeniaca" – armenische Äpfel – das war der alte lateinische Name der Aprikosen, der sich nicht nur im wissenschaftlichen botanischen Namen (*Armeniaca*) wiederspiegelt, sondern auch Hinweis auf die lange überlieferte Hypothese der transkaukasischen (armenischen) Herkunft dieses Gehölzes gibt.

Aprikosen waren aber schon 2000 Jahre v. Chr. in China bekannt, daher muß China als ihre Heimat angesehen werden. Das natürliche Verbreitungsgebiet reicht von Nordchina bis in die Gebirge Tien-schan und das Dzungurische Alatau, doch ist es nicht zusammenhängend: die zentralasiatischen und nordchinesischen Fundorte sind über 4500 km voneinander entfernt.

Aus China gelangten die Aprikosen über Zentralasien, Iran und Kleinasien zu Beginn des 1. Jahrhunderts nach Rom. Die Römer haben die ersten Aprikosengärten in Südeuropa angelegt. Nach ihnen zogen auch die Araber Aprikosen heran. Nach Mitteleuropa gelangten sie erst im 17. und 18. Jahrhundert, nach Amerika erst 1720. Kultursorten von Aprikosen werden nicht nur von *A. vulgaris* gezüchtet, sondern im Fernosten auch von *A. manshurica* (MAXIM.) KOEHNE und der japanischen *A. mume* SIEB. et ZUCC. In den Gebirgen von Tien-schan, Pamir und Altai verwendeten die Vorfahren der heutigen Tadschiken Aprikosen als Süßmittel; sie waren ihre einzige Zuckerquelle. Das getrocknete Fruchtfleisch enthält bis zu 85% Zucker, lieferte Vitamin C und Carotin sowie das Provitamin A. Die alten Sorten dieser Gebirgsaprikosen hatten Früchte, die nicht abfielen, sondern direkt an den Bäumen eintrockneten.

Die Aprikose hat sommergrüne, langgestielte, kahle Blätter mit einfachen, eiförmigen, kerbzähnigen Spreiten. Die blaß rosafarbenen Blüten entwickeln sich vor den Blättern. Die Früchte sind nahezu kugelige, kurz beflaumte Steinfrüchte mit einer seitlichen Furche.

Fruchtkern

Baum mit halbkugeliger Krone, bis 10 m hoch; altes Obstgehölz.

Rosengewächse

Rosaceae

Pfirsich

Persica vulgaris MILL.

Ursprüngliche „wilde" Pfirsichbäume dürften sich heute gewiß nicht mehr finden lassen, doch liegt ihr Ursprung ganz bestimmt in China. Die chinesischen Gärtner kannten den Pfirsichbaum gesichert schon vor 4000 Jahren und nannten seine Früchte „sing". Von dort gelangte der Pfirsich wahrscheinlich nach Persien; daher galt diese Region lange Zeit als seine Heimat. Davon zeugen griechische Quellen: vom Kriegszug Alexanders des Großen stammen erste Nachrichten darüber und im 1. Jahrhundert v.Chr. kannte das alte Rom den Pfirsich bereits unter dem Namen „Mala persica" – persische Äpfel; aus dieser Bezeichnung entstand dann, ähnlich wie bei den Aprikosen, der wissenschaftliche Name *Persica.* Die Pfirsiche, anfangs ein Luxusobst, wurden im Römischen Reich bald häufig angebaut und gelangten mit den römischen Legionären über die Alpen nach Gallien. Dafür sprechen Funde von Pfirsichkernen bei archäologischen Ausgrabungen. Ein weiterer Förderer war angeblich KARL DER GROSSE und die Mönche in den Klostergärten seiner Zeit hatten schon eigene veredelte Pfirsiche. Im 10. und 11. Jahrhundert überschritt der Pfirsichbaum den Ärmelkanal. Im 17. Jahrhundert wurde er über den Atlantik (und andere Ozeane) gebracht. In Kalifornien und Texas fand er sehr günstige Klimabedingungen und eifrige Züchter vor. Daher standen die USA lange an der Spitze der Weltpfirsichproduktion.

Pfirsichbäume haben normalerweise lebhaft grune junge Zweige, die auf der Sonnenseite einen rötlichen Ton haben. Die sommergrünen, einfachen Blätter haben einen kurzen Stiel und sind breit lanzettlich mit scharf gesägter Spreite. Die ansitzenden Blüten wachsen einzeln oder zu zweit an Kurztrieben. Ihre Kronblätter sind rot, bei einigen Sorten weißlich oder rosafarben. Die Frucht ist eine runde, 5–8 cm große, samtig befilzte Steinfrucht mit gefurchtem Stein. Bei der Nektarine (ssp. *laevis* [DC.] JANCHEN) ist die Frucht unbehaart.

Fruchtkern

Niedrige Bäume mit kesselförmiger Krone bis 8 m; wichtiges Obstgehölz.

Zwerg-Mandel

Rosengewächse

Prunus tenella BATSCH

Rosaceae

Die Zwerg-Mandel ist ein im Gartenbau beliebtes, niederwüchsiges, zeitig im Frühjahr (März bis April) blühendes Gehölz. Sie ist ein Kleinstrauch, der ursprünglich in den offenen Steppenformationen der Donauniederung, in Süd- und Zentralrußland vorkommt und dessen Verbreitung bis Transkaukasien und Sibirien reicht. Trotz seines Wärmebedürfnisses wächst er auch in klimatisch günstigen Lagen der nördlicheren Breiten. Er breitet sich vegetativ aus, indem er größere Polykormone bildet; seine Wurzelausläufer vermögen sogar starkes Mauerwerk zu durchdringen oder Felsspalten aufzusprengen. Vermehren läßt er sich aus Samen, die nach einer Stratifikation gut keimen.

Die Zwerg-Mandel hat einfache, wechselständige, sommergrüne Blätter und radiärsymmetrische, fünfstrahlige Blüten. Von den nahe verwandten *Prunus*-Arten mit fleischigen Früchten unterscheidet sie sich vor allem durch die austrocknenden Früchte mit dicht behaarter äußerer und lederiger mittlerer Fruchthülle, die in der Reife aufplatzen und den Steinkern freigeben. Etwa 40 Mandelarten wachsen vom Mittelmeergebiet bis nach Zentralchina. Eine davon ist der Mandelbaum (*Prunus dulcis* [MILL.] D.A. WEBB), der den Menschen als Kulturpflanze seit jeher begleitet. Er stammt wohl aus dem östlichen Mittelmeergebiet (Syrien) und Zentralasien, kultiviert gedeiht er aber unter geeigneten Bedingungen fast überall. Im Laufe der Jahrtausende wurden zwei Linien (biochemische Rassen) selektiert, die süße Mandel (var. *dulcis* [LUDW.] FOCKE) und die Bittermandel (var. *amara* [DC.] BUCHHEIM). Bittermandeln enthalten bis zu 5,3% des giftigen Glykosids Amygdalin, 20% Eiweiß und 45% Öle. Süße Mandeln enthalten kein Amygdalin und werden bevorzugt in der Nahrungsmittelindustrie verwendet.

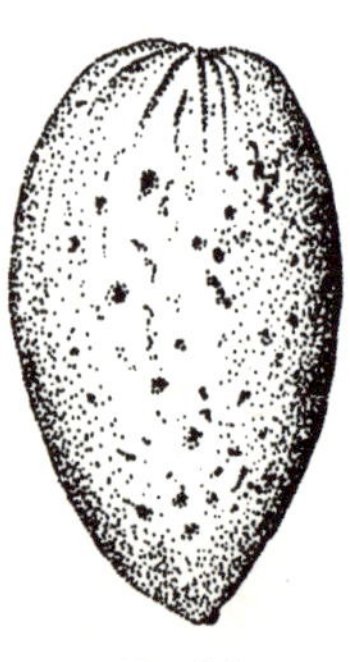

P. dulcis, Fruchtkern

P. dulcis

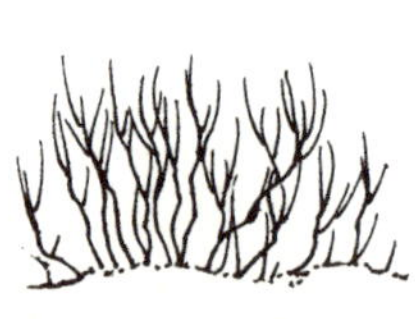

P. tenella

Die Zwerg-Mandel ist ein kaum 1 m hoher rutenwüchsiger Kleinstrauch; geeignet für trockene Standorte; der Mandelbaum ist ein etwa 8 m hoher Baum.

Rosengewächse

Gewöhnliche Traubenkirsche

Rosaceae

Padus avium MILL.

Traubenkirschen sind den Pflaumen ähnliche Gehölze, doch sind bei ihnen die Blüten und Früchte zu üppigen Trauben geordnet, während die Pflaumenblüten einzeln oder in kleinen Büscheln an den Enden von seitlichen Kurztrieben wachsen.

P. avium ist der Hauptvertreter der Traubenkirschen in der Alten Welt. Sie wächst in Auwäldern, feuchten Hainen und Ufergalerien von der Tiefebene bis in die Gebirge und von den Britischen Inseln bis in den Fernen Osten, im Norden noch über den Polarkreis hinaus; als alte Kulturpflanze begleitet sie den Menschen seit jeher. Sie ist ein sehr widerstandsfähiges, anspruchsloses Gehölz von hohem ästhetischem, aber geringem Nutzwert. Sie hat aufrechte oder überhängende, glänzend rotbraune Äste, sommergrüne, wechselständige, einfache Blätter mit 2–3 Drüsen am Stiel und matter, umgekehrt eiförmiger, jäh zugespitzter Spreite und fein gesägtem Rand. Junge Blätter riechen beim Zerreiben nach Bittermandeln. Blütezeit ist im Mai. Die Blütentrauben werden bis zu 15 cm lang, sie sind überhängend und duften. Die Frucht ist eine schwarzrote, bittere Steinfrucht mit gefurchtem Stein; der Blütenkelch ist an ihnen nicht mehr auszumachen, da er abfällt.

In der Neuen Welt wächst u.a. die Späte Traubenkirsche, *P. serotina* (EHRH.) BORKH. wild. Ihre Heimat ist das Gebiet von Neuschottland bis Florida, im Westen bis nach Dakota, Texas und Arizona. Kultiviert wird sie seit 1629. Sie blüht fast einen Monat später als die europäische Traubenkirsche (Name!). Ihre lang eiförmigen Blätter sind glänzend grün; an den eßbaren schwarzen Früchten läßt sich der ausdauernde Kelch noch erkennen. Sie werden zur Geschmacksabrundung von Spirituosen verwendet.

Fruchtstand

P. serotina, Blütenstand

P. serotina, Fruchtstand

Die Gewöhnliche Traubenkirsche ist ein bis 15 m hoher Baum, die amerikanische Späte Traubenkirsche kann bis 30 m hoch werden.

Lorbeerkirsche, Kirschlorbeer

Rosengewächse

Prunus laurocerasus L.

Rosaceae

Die Lorbeerkirsche ist ein wärmeliebendes, ursprünglich in Südosteuropa und Kleinasien wachsendes Gehölz. Charakteristisch für diese Art sind die auffälligen, dunkelvioletten bis schwarzen Früchte, aus deren Samen sie sich gut vermehren läßt. Gegenüber mittelkalten Temperaturen ist sie resistent, sofern es im Winter nicht zu starken Temperaturschwankungen kommt; nach Erfrierungen treibt sie aber wieder aus.

Die immergrüne Lorbeerkirsche hat den Botanikern eine Reihe von Schwierigkeiten bereitet. Einige reihen sie in die Gattung *Padus* ein, andere in die Großgattung *Prunus,* wieder andere in die selbständige Gattung *Laurocerasus.* Die ledrigen Blätter dieses Gehölzes ähneln tatsächlich ein wenig denen des Lorbeerbaumes (Gattung *Laurus*). Gerade die Blätter sind aber das veränderlichste Organ der Lorbeerkirsche und auf Grund der verschiedenen Blattformen wurden mehrere Varietäten und Arten beschrieben; gesägte Blätter hat z.B. die Portugiesische Lorbeerkirsche (*Prunus lusitanica* L.), ganzrandige, jedoch ziemlich schmale Blätter hat eine balkanische Varietät, die um 1889 auf dem Schipkapaß in Bulgarien entdeckt wurde, wo sie in etwa 1600 m Höhe wächst. Die Lorbeerkirsche wird schon seit dem 16. Jahrhundert (1576) kultiviert, da sie eine Heilpflanze ist: Aus den getrockneten Blättern wird durch Fermentierung bis heute das Aqua laurocerasi gewonnen, ein Ersatz für Bittermandelwasser. Es enthält 0,1% Zyanwasserstoff, davon liegt ein Viertel frei vor. Weitere Wirksubstanzen sind Glykoside, Enzyme und Gerbstoffe.

Ausladender Strauch (aus Stecklingen gezogen) oder kleiner Baum (aus Samen) bis 6 m hoch; geeignetes Unterholz zu Baumgruppen, gefällige Wandbedeckung.

Gewürzstrauchgewächse

Echter Gewürzstrauch

Calycanthaceae

Calycanthus floridus L.

Der Gewürzstrauch ist ein außergewöhnlich gut riechender Strauch; in seinen Geweben sitzen nämlich zahlreiche Drüsenzellen, die ätherische Öle absondern. Am stärksten duften die alten, vertrockneten Zweige. Sie riechen nach Zerreiben und Zerbrechen zwischen den Fingern angenehm nach Sesquiterpenölen, welche dem Geruch von Eukalyptusöl ähneln.
Auch die zwittrigen Blüten duften – und zwar erdbeerartig. Sie sind in ihrem Aufbau beachtenswert. Alle Teile sind zu einer Spirale angeordnet und die Blütenhüllblätter sind wie eine Krone gefärbt. Beides sind primitive Merkmale. Der Blütenkonstruktion verdankt die Gattung wohl auch ihren wissenschaftlichen Namen: er ist aus den griechischen Worten „kalyx" (= Kelch) und „anthos" (= Blüte) zusammengesetzt. Hochspezialisiert ist hingegen der Blütenboden, der kranzförmig vertieft und von etwa 30 Staubgefäßen umstanden ist. Im inneren des Blütenbodens sitzen etwa 20 Samenanlagen mit einem Fruchtblatt, die nach dem Fleischigwerden des Blütenbodens eine beerenartige Sammelfrucht bilden. Im Blütenbau und anderen anatomischen Merkmalen kommen die Gewürzsträucher den Magnolien nahe, doch unterscheiden sie sich biochemisch von ihnen. In dieser Hinsicht stehen sie wieder den Rosen- und den Schmetterlingsblütengewächsen nahe, mit denen sie möglicherweise gemeinsame Vorfahren besitzen.
C. floridus ist eine Art, die aus dem Osten der USA, ursprünglich in einem Gebiet zwischen Virginia und Florida, stammt. Nach Europa wurde der Strauch um 1726 gebracht (England). Am meisten wird der Gewürzstrauch aus Samen vermehrt. Wegen der Empfindlichkeit gegenüber sehr niedrigen Temperaturen empfielt sich bei der Pflanzung eine geschützte Lage auf einem durchlässigen und nährstoffreichen Boden.

Samen und Samenfrucht

Ausladender, krummästiger, 1,5–3 m hoher Strauch; für botanische Sammlungen.

Stachelbeere

Stachelbeergewächse

Ribes uva-crispa L. ssp. *grossularia* (L.)RCHB.

Grossulariaceae

Die meisten Vertreter der großen Gattung *Ribes* mit ihren über 150 sommergrünen und immergrünen Gehölzarten kommen in der gemäßigten Zone der Nordhalbkugel vor. Lediglich in den Anden auf dem südamerikanischen Kontinent kommen auch auf der Südhalbkugel welche vor. Die Gattung wird meist in mehrere Untergattungen eingeteilt, von denen die Untergattung *Grossularia,* in die auch die Stachelbeere gehört, die größten Unterschiede zu den übrigen aufweist.

Die Stachelbeere ist ein niedriger, kesselartig verzweigter Strauch, an dessen Ästen an Kurztrieben 3–5 lappige Blätter stehen, in deren Achseln 2–5teilige, kräftige Stacheln wachsen. Die Einzelblüten stehen in den Achseln breiter Tragblätter, die Blütezeit ist im April. Die Früchte (Beeren) sind charakteristisch beborstet. Die Heimat der wilden Stachelbeere sind die Westukraine und der Kaukasus, doch wächst sie verwildert fast überall in Europa, am Mittelmeer sogar noch in höheren Lagen. Kulturstachelbeeren werden bereits im 12. Jahrhundert als „groseillier“ in einem französischen Psalmbuch erwähnt. In Mitteleuropa begann ihre Zucht zu Anfang des 16. Jahrhunderts, die erste Abbildung findet sich im Herbarium von L. FUCHS aus dem Jahr 1545. Den größten Anteil an der Ausbreitung der Stachelbeerkulturen haben die Engländer. Aus England gelangte die Pflanze zuerst nach Frankreich, Belgien, Holland und Deutschland. Die Kultur von hochstämmigen Stachelbeeren kam in Böhmen auf, von wo aus sie sich als Kuriosität nach Deutschland und weiter in Europa verbreitet hat. Heute liegt die Zahl der Kultursorten bei annähernd 2000. Stachelbeeren enthalten etwa 1% Zucker und sind reich an Zitronensäure; wegen ihrer Verwendung zur Obstweinherstellung wird sie auch „Rebe des Nordens“ genannt.

Niedrige, vom Boden an ausladende Sträucher, 0,5–1,5 m hoch; altes Obstgehölz.

Stachelbeergewächse

Grossulariaceae

Sumpfstachelbeere

Ribes lacustre (PERS.)POIRET

Zur Untergattung *Grossularoides* innerhalb der Gattung *Ribes* werden die amerikanischen Stachelbeeren gezählt, die in ihrem Aussehen weitgehend den europäischen ähneln.

R. lacustre hat mit den europäischen Stachelbeeren vor allem die Stachelbewehrung gemeinsam. Sie ist bei ihr sogar noch weit stärker ausgeprägt. Ihre Äste haben außer den großen Stacheln auch noch ziemlich viele Borstenstacheln, die jede Berührung unangenehm machen. Zumal an jungen Pflanzen sind diese in ihrem leuchtenden Rotbraun aber sehr dekorativ. Die Blüten wachsen im Gegensatz zu den europäischen Stachelbeeren in 5–9 cm langen, normalerweise vielblütigen (12–20), grünen bis purpurfarbenen Trauben heran. Die purpurroten Beeren sind drüsig beborstet. Die Heimat von *R. lacustre* sind Bruchlandschaften mit feuchten Böden und Sümpfen von Neufundland bis nach Alaska im Norden und nach Pennsylvania, Michigan, Minnesota, Colorado und Nord-Kalifornien im Süden, also ein sehr großes Gebiet. In Kultur genommen wurde *R. lacustre* bereits 1812. Von den verwandten Arten hat *R. horridum* RUPR. et MAXIM. noch weit stärker bestachelte Zweige, während *R. montigenum* MC. CLATCHIE weniger bestachelt ist. Die erste stammt aus Nordostasien, die zweite aus dem pazifischen Nordamerika. Sie werden von manchen Botanikern noch zur Großart *R. lacustre* gezählt.

Stachelbeeren lassen sich gut aus Samen vermehren oder aus Holzstecklingen ziehen, denen man zur besseren Handhabung die Stacheln abschneidet. Noch besser funktioniert das sogenannte Häufeln, bei dem Erde auf niedergedrückte Astbasen gehäuft wird, die nach Bewurzelung vom Mutterstrauch abgetrennt werden.

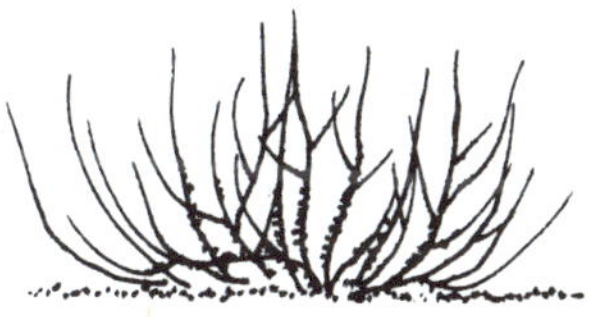

Niedriger, dicht über dem Boden breit verzweigter, stacheliger Strauch bis 1 m; für Sammlungen; das Gehölz kann als Bodendecker an nassen Standorten dienen.

Alpenjohannisbeere

Stachelbeergewächse

Ribes alpinum L.

Grossulariaceae

Die *Ribes*-Untergattung *Berisia* umfaßt die zweihäusigen, stachellosen Johannisbeeren, deren Blüten in aufrechten Trauben stehen. Dazu zählen vorwiegend die Johannisbeeren der Alten Welt, die zum größten Teil aus Ostasien stammen.

Die Alpenjohannisbeere ist ein ausladender Strauch mit unbestachelten, grauschwarzen Ästen, die wechselständige, 3–5lappige, kahle oder unterseits beflaumte Blätter tragen. Die Trauben aus eingeschlechtlichen Blüten sind bei männlichen Exemplaren vielblütig, bei weiblichen Sträuchern unscheinbar, kaum 2–5blütig. Sie blühen im April und später, oft erst nach der Entwicklung der meisten Blätter. Die Kronblätter sind goldgelb, die reifen Beeren rot, ihr Geschmack ist fade.

Gehalten wird die Johannisbeere schon lange; ihre Kultur läßt sich seit Ende des 16. Jahrhunderts (1588) nachweisen. In der gegenwärtigen Gartenarchitektur werden vegetativ vermehrte männliche Exemplare dieser europäischen Art bevorzugt, da sie etwas effektvoller als die weiblichen aussehen. Ihre Hauptverbreitung fand die Alpenjohannisbeere als Unterpflanzung in alten Parks und zur Bedeckung schattiger Hänge, wo sie bei dichter Pflanzung Teppiche bildet. In Kultur wird gelegentlich auch die Zwergsorte 'Pumilum', die stutzblättrige 'Laciniatum' und die goldblättrige 'Aureum' gehalten. Diese lassen sich aus krautigen Stecklingen im Mai und Juni vermehren, die übrigen Johannisbeeren hingegen aus Holzstecklingen im September.

Die Alpenjohannisbeere ist nicht mit *R. alpestre* WALL. aus der Untergattung *Grossularia,* also einer Stachelbeere zu verwechseln!

1 m hoher, selten bereits vom Erdboden an verzweigter Strauch; in der Gartenarchitektur als Bodendecker und niedrige Heckenpflanze genutzt.

Stachelbeergewächse

Gold-Johannisbeere

Grossulariaceae

Ribes aureum PURSH

Die echten Johannisbeeren gehören in die Untergattung *Ribesia*: Sie haben Zwitterblüten, die normalerweise in Trauben wachsen sowie stachellose Äste und gegliederte Blattstiele. Bis auf zwei Ausnahmen sind die Blüten der echten Johannisbeerarten nicht besonders attraktiv: diese Ausnahmen sind die Blut- und die Gold-Johannisbeere.

Die Gold-Johannisbeere ist wohl gerade wegen der Blüten der effektvollste Strauch der ganzen Gattung. Diese wachsen zu fünf bis fünfzehn in gerade abstehenden Trauben. Sie haben kurze Stiele und intensiv duftende Blüten. Der Blütenduft an milden Frühjahrsabenden erinnert an den Geruch von Gewürznelken. Die zylindrischen Blüten haben eine bis 12 mm lange Röhre. Die Kron- und Kelchblätter sind gelb gefärbt, wobei die Kelchblätter allerdings etwas dunkler sind und manchmal einen rötlichen Hauch tragen. Blütezeit ist im April. Die Beeren ändern beim Heranreifen ihre Farbe von gelb über rot bis schließlich fast schwarz; gelb bleiben sie nur bei der Kultursorte 'Chrysococcum'.

Die Gold-Johannisbeere wurde in Nordamerika entdeckt, wo sie wild im Westen der USA zwischen Washington, Montana, New Mexico und Kalifornien wächst. Kultiviert wird sie seit Anfang des 19. Jahrhunderts. Sie fand breite Verwendung im Gartenbau: als Hecke (auch geformt) und ausgezeichnete Pfropfunterlage für hochstämmige Johannisbeer- und Stachelbeerarten. Sie gedeiht auf nahezu jedem Boden und ist ökologisch sehr anpassungsfähig. Vermehren läßt sie sich durch Holzstecklinge (September) oder durch Wurzelballenteilung.

2–2,5 m hoher, aufstrebender Strauch mit regelmäßiger Wurzelausläuferbildung, die sogar zur Polykormonentwicklung führt; Gehölz mit großer Verbreitung im Zier- und Obstgartenbau.

Blut-Johannisbeere

Stachelbeergewächse

Ribes sanguineum PURSH

Grossulariaceae

Ähnlich wie die vorige Art ist auch die Blut-Johannisbeere eine sehr effektvoll blühende Art, die sehr gut ausgebildete und gefärbte Kelch- und Kronblätter besitzt. Sie wurde um 1793 von A. MENZIES auf einer Expedition entdeckt. Der Beginn ihrer Kultivierung liegt um das Jahr 1818 (in England durch die Royal Horticultural Society wahrscheinlich 1826). Bis dahin wuchs sie wild an der Westküste von Britisch Kolumbien bis nach Mittel-Kalifornien.

Die sommergrünen und wechselständigen Blätter sind unterseits, wenigstens an den Adern, weißlich befilzt; sie wachsen an jungen Jahrestrieben, die nach dem Ausschlagen eine kurze Zeit auffällig nach Harz duften. Effektvoller als dieser vergängliche Duft sind allerdings die hellroten (bei einigen später gezüchteten Kultursorten dunkelroten oder weißen) Blüten in abstehenden, später herabhängenden, üppigen Trauben. Sie blühen zeitig auf, ab Mitte April bis in den Mai. Die Früchte sind weniger auffällig, blauschwarz gefärbt und bereift.

Die Blut-Johannisbeere gedeiht in jedem Garten, in der Sonne oder im Halbschatten, doch erfrieren in strengen Wintern leicht die Triebspitzen. Nach Erfrierungen empfielt sich ein tiefer Rückschnitt; danach treibt diese Johannisbeere bald wieder aus. Die Wildart läßt sich gut aus Samen vermehren, die farbigen Kultursorten werden aus Holzstecklingen (September) oder Senkern, d.h. durch Bewurzeln von zum Boden hinabgebogenen Ästen, vegetativ vermehrt.

Höherer (2–4 m), aufrecht wachsender Strauch mit trichterförmiger Form; für Gruppenpflanzungen geeignet.

Stachelbeergewächse

Grossulariaceae

Schwarze Johannisbeere

Ribes nigrum L.

In der Untergattung *Ribesia* gibt es mehrere „Schwarze Johannisbeeren“: die kalifornische *R. bracteosum* DOUGL., die ostamerikanische *R. americanum* MILL. und die eurasische *R. nigrum.*

Die Schwarze Johannisbeere wächst von Europa über Zentralasien bis in den Himalaja, in feuchten Wäldern und Gebüschen von der Tiefebene bis in die Gebirge. Heute lassen sich ursprüngliche Populationen und verwilderte Pflanzen nur schwierig unterscheiden, denn es handelt sich um eine alte Zier-, Obst- und Heilpflanze. Für die Volksheilkunde werden vor allem die Blätter gesammelt. Ein Aufguß aus diesen wirkt harn- und schweißtreibend, stopfend und entzündungshemmend. Die vitaminreichen Früchte enthalten besonders viel Vitamin C und organische Säuren. Ein Aufguß aus ihnen wird bei Husten und Heiserkeit als Gurgelmittel verwendet. Aus den Beeren wird auch Johannisbeerlikör, u. a. der berühmte französische Cassis, gebrannt.

Die jungen Zweige der Schwarzen Johannisbeere sind behaart, die 3–5lappigen Blätter sind dicht gesägt und unterseits drüsig behaart; bei Zerreiben riechen sie aromatisch. Die Blüten wachsen in schütteren, hängenden Trauben an langen Stielen. Die Kelchblätter sind während der Blüte zurückgestülpt, die linearen Kronblätter purpurfarben angehaucht. Blütezeit ist von April bis Anfang Mai. Die Früchte sind schwarze Beeren. Die Vermehrung erfolgt durch Samen oder bei Kultursorten aus Holzstecklingen.

Vor etwa 100 Jahren wurden in Westeuropa Kreuzungen zwischen Stachelbeere und Schwarzer Johannisbeere in den Handel gebracht. Die Früchte sind nicht beborstet, dunkel gefärbt und wachsen nicht in Trauben, sondern einzeln. Heute erlebt diese Kreuzung ihre Renaissance und wird unter der Handelsbezeichnung „Josta“ vertrieben.

Aufrecht wachsender, stachelloser Strauch, 1–2 m hoch; Obstgehölz mit pharmazeutischer Bedeutung.

Felsen-Johannisbeere

Stachelbeergewächse

Ribes petraeum WULFEN

Grossulariaceae

In den Gebirgen Mittel- und Westeuropas, aber auch in den Karpaten, im Kaukasus und in Sibirien wächst ein vielgestaltiger Komplex von Johannisbeerarten, der unter dem Namen *R. petraeum* zusammengefaßt wird. Dazu gehören in den europäischen Gebirgen nicht besonders häufige Gehölze. Dieser stachellose Strauch mit kahlen Jungtrieben und einer abschilfernden Borke an den älteren Ästen hat 5–9 cm große Blätter von rundlichem bis eiförmigem Grundriß und Stiele, die genauso lang sind wie die Spreite. Die Blätter selbst sind 3–5lappig, grob zweifach gezähnt, am Rand und auf der Unterseite beflaumt. Die Blüten wachsen im Mai in schütteren Trauben, die manchmal aufgerichtet sein können, meist aber herabhängen. Die Kronblätter sind breit schaufelförmig. Die Früchte sind saure, rote Beeren.

Die Felsen-Johannisbeere wächst in schattigen Bergwäldern, in Felsspalten und auf Geröllhalden bis in die Subalpinstufe. Häufig wird sie als „verwilderte" rote Johannisbeere angesehen. Ihre Population in den einzelnen europäischen Gebirgszügen werden als geographische Rassen angesehen.

In botanischen Gärten und Parks wird die Felsen-Johannisbeere seit Ende des 18. Jahrhunderts gehalten. Sie gehört zwar weder zu den ästhetisch effektvollen Gehölzen noch zu den vorteilhaften Bodendeckern, doch ist sie Bestandteil moderner botanischer Sammlungen.

Je nach Standort, aufrechter oder niederliegender Strauch, höchstens 1,5 m hoch; für botanische Sammlungen und für die Landschaftsgestaltung nutzbar.

Hortensiengewächse

Hydrangeaceae

Kletter-Hortensie

Hydrangea anomala D. DON ssp. *petiolaris* (SIEB. et ZUCC.)MC CLINTOCK

Die Kletter-Hortensie ist wohl die größte aller *Hydrangea*-Arten. Trotzdem entging sie lange der Aufmerksamkeit der Gärtner und ist erst 1865 in nordamerikanische Gärten gekommen; nach England gelangte sie sogar erst 1878. Sie ist ein sommergrünes, rankendes oder niederliegendes Gehölz aus China und Japan mit langstieligen, gegenständigen Blättern. Wie die übrigen Hortensien hat sie kleine, in Dolden zusammenstehende Blüten. Die Blüten in der Doldenmitte sind zwittrig, 4–5strahlig, mit kleinen Kelch- und Kronblättern. An der Doldenperipherie wachsen zwar auffällige, jedoch sterile, normalerweise vierstrahlige, bis 3 cm große Blüten mit vergrößerten, weißlichen, papierartig zähen Kelchblättern, die lange am Blütenstand zurückbleiben. Sie blühen meist Ende Juni und im Juli auf. Die Früchte sind Kapseln mit winzigen Samen.

Das interessanteste an der Kletter-Hortensie sind die zahlreichen sproßbürtigen Zusatzwurzeln (Haftwurzeln), mit denen sich Stämme und Äste fest an einer Felsunterlage oder Baumborke verankern. Die Borke der alten Stämme und Äste schilfert charakteristisch ab und rollt sich ein.

Außer durch Aussaat läßt sie sich von Juni bis August gut aus krautigen Stecklingen vermehren, gegebenenfalls auch durch Absenken von niederliegenden Sprossen. Optimale Bedingungen für diese Hortensie bieten feuchte Humusböden im Halbschatten oder in der prallen Sonne.

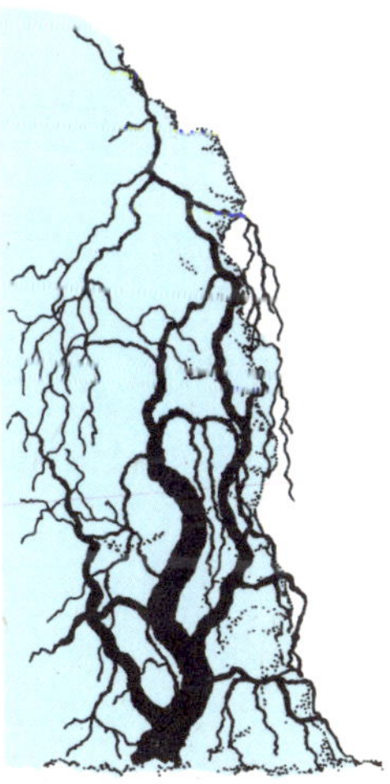

Je nach Beschaffenheit des Bodens werden die Sprosse (Stämme, Äste) 5–25 m lang; geeignetes Gehölz zur Bedeckung von Felsen, Lauben, alten Mauern und Hängen.

Bretschneiders Hortensie

Hortensiengewächse

Hydrangea heteromalla D. DON

Hydrangeaceae

In den Bergen der Umgebung von Peking entdeckte Dr. BRETSCHNEIDER eine hohe, ausladende Hortensie, die zunächst Peking-Hortensie, später Bretschneiders Hortensie genannt wurde. 1882 wurde sie nach Europa gebracht.

Bretschneiders Hortensie ist ein breit ausladender Strauch, dessen Äste und Zweige eine rostbraune Borke haben, die in Plättchen abschilfert. Die Blätter sind annähernd 10 cm lang, gesägt, auf der Oberseite kahl, unterseits beflaumt oder fast kahl. Die flachen, nur schwach gewölbten Blütendolden sind etwa 15 cm groß. In der Doldenmitte sitzen die kleinen, weißen, fertilen Zwitterblüten, unregelmäßig verteilt am Doldenrand die großen, sterilen Blüten. Die Art blüht im Juni und Juli, doch verbleiben die Blütenstände einschließlich der sterilen, vertrockneten Blüten noch weit bis in den Winter am Strauch.

Eine große Beliebtheit als Gartenpflanze genießt die Echte Hortensie (*H. macrophylla* [THUNB.] SER.). Dieser bis 4 m hohe Strauch stammt ursprünglich aus Japan und China; THUNBERG hat ihn zuerst für eine Schneeballart (Gattung *Viburnum*) gehalten. Die Echte Hortensie ist eine alte fernöstliche Kulturpflanze, die sowohl in Europa als auch in Amerika eine große Verbreitung erlangt hat, auch wenn sie hier meist nur als Topfpflanze gezogen wird. In Kultur kommen vorwiegend Pflanzen mit lauter sterilen Blüten, die oft in kräftigen Farben gehalten sind; z. B. 'Coerulea' tiefblau, 'Mme. E. Mouilliere' weiß und 'Westfalen' rot.

Bretschneiders Hortensie und die Echte Hortensie gedeihen gut in mittelschweren, kalkfreien, sauren Böden, am besten in der Sonne oder im Halbschatten.

H. macrophylla, Blütenstand

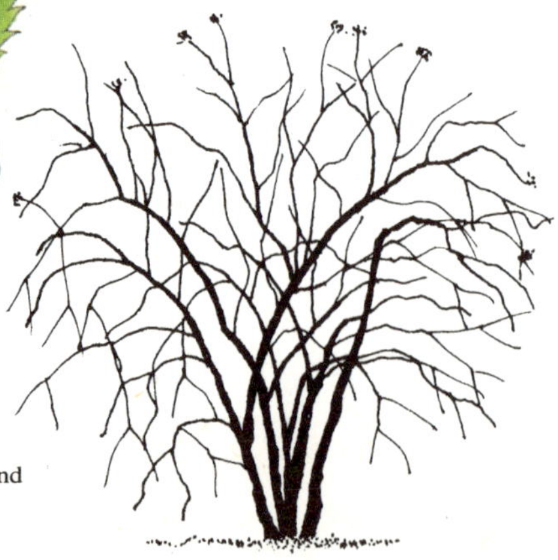

Bretschneiders Hortensie ist ein 3–4 m hoher Strauch mit halbkugeliger Gestalt; für öffentliche Parks und größere Gärten geeignet.

Hortensiengewächse

Hydrangeaceae

Sargents Hortensie

Hydrangea aspera D. DON ssp. *sargentiana* (REHD.)MC CINTOCK

Zu Beginn des 20. Jahrhunderts sammelte in Westchina eine Expedition vom Arnold's Arboretum und der Harward-Universität aus den USA unter der Leitung von E. H. WILSON Pflanzen. Diese Expedition war eine der erfolgreichsten in der neueren Geschichte botanischer Entdeckungen. Ihr verdankt die Wissenschaft viele bisher unbekannte Pflanzen. Eine davon ist Sargents Hortensie, die WILSON in der westchinesischen Provinz Hupeh fand und 1907 zur Beschreibung an die Harward-Universität schickte, wo sie zu Ehren von Prof. CH. S. SARGENT benannt wurde.

Dank ihres interessanten Aussehens war Sargents Hortensie als „Modeneuheit" selbst in den bedeutendsten dendrologischen Institutionen begehrt: Im englischen Kew blühte sie erstmalig schon 1911, im böhmischen Průhonice wurde sie sogar bereits seit 1910 gezogen.

Sargents Hortensie ist ein aufrecht wachsender, wenig verzweigter Strauch mit kahlen Ästen und rauh behaarten Zweigen. Auf der Ober- und vor allem auf der Unterseite sind auch die bis 25 cm großen, länglich-eiförmigen Blätter dicht und rauh behaart. Die Blüten sind zu dichten, flachen Schirmrispen organisiert, in deren Zentrum violette, fertile Zwitterblüten, an den Rändern hingegen vergrößerte, sterile Blüten mit weißen Kronblättern sitzen. Sie öffnen sich im Hochsommer (Juli und August). Die Früchte sind mehrkammerige Kapseln mit geflügelten Samen.

2–3 m hoher Strauch; hoher ästhetischer Wert das ganze Jahr über, geeignet zur Belebung moderner Architektur und für Innenhöfe.

Borke, Detail

Großer Pfeifenstrauch, Falscher Jasmin

Pfeifenstrauchgewächse

Philadelphus coronarius L.

Philadelphaceae

Der Große Pfeifenstrauch ist der bekannteste Vertreter der artenreichen, für die Nordhalbkugel typischen Gattung *Philadelphus*, deren Arten sowohl in Nordamerika als auch in Eurasien (Südeuropa, Kaukasus, Himalaja und Ostasien) wachsen. Sie hat eine ähnliche Verbreitung wie die eng verwandte Gattung *Deutzia*, von der sie sich aber durch vierstrahlige Blüten, eine größere Anzahl Staubgefäße (20–40) und einfach behaarte Blätter unterscheidet. Deutzien haben hingegen fünfstrahlige Blüten, nur etwa 10 Staubgefäße und Drüsenhaare.

Der Große Pfeifenstrauch stammt aus Südosteuropa und Kleinasien. Bereits seit Jahrhunderten wird er als Zierpflanze kultiviert (in England mindestens seit dem 16. Jahrhundert). Er ist der bekannteste Pfeifenstrauch, wenn auch im Laufe der Zeit viele später eingeführte asiatische und amerikanische Arten sowie Kreuzungen eine größere Beliebtheit erlangt haben. Besonders die französische Firma LEMOINE in Nancy hat sich durch Zucht und Kreuzung von Pfeifensträuchern hervorgetan. Dort entstanden auch die bekannten *Philadelphus* × *lemoinei*-Hybriden, eine Kreuzung zwischen den Arten *P. coronarius* und *P. microphyllus* A. GRAY aus Colorado und Arizona.

Der Große Pfeifenstrauch ist ein schnellwüchsiger, aufrechter Strauch (1,5 m lange Wassertriebe sind keine Seltenheit) mit gegenständigen, grob gesägten, mehr oder weniger kahlen, nur in den Nervachseln auf der Unterseite behaarten Blättern und mit Trauben aus bis zu 10 Blüten an den Spitzen der Seitenzweige. Die Blüten sind etwa 3 cm groß und duften intensiv. Der Große Pfeifenstrauch blüht Ende Mai und im Juni (andere Arten bis August). Die Frucht ist eine Kapsel, Kultursorten sind oft gefülltblütig. Ein kalkliebendes Gehölz, das oft von Bohnenblattläusen (*Aphis fabae*) heimgesucht wird.

Aufrechter, bis 4 m hoher Strauch; häufig in allen Gärten und Anlagen.

Pfeifenstrauchgewächse

Philadelphaceae

Gekerbte Deutzie, Rauhe Deutzie

Deutzia scabra THUNB.

Deutzien sind schnellwüchsige Sträucher von hohem ästhetischem Wert, die ein wenig im Schatten der Pfeifensträucher (Gattung *Philadelphus*) stehen. Sie sind ähnlich aufrecht wachsend, in der Regel aber etwas niedriger als die Pfeifensträucher. Sie haben gegenständige, kurzstielige, eiförmige bis länglich-lanzettliche, gesägte Blätter, die sich rauhhaarig anfühlen. An älteren Ästen und Stämmchen schilfert die Rinde auffällig in kleinen Plättchen ab; dieses Merkmal ist besonders im Winter auffällig.

Zu den widerstandsfähigeren, am meisten gehaltenen Deutzien gehört *D. scabra,* deren bis 8 cm lange Blätter kerbzähnig, mattgrün gefärbt und auf Ober- und Unterseite drüsenbehaart sind. Ihre aufrecht stehenden Blütenrispen sind etwa 10 cm hoch und bestehen aus kleinen, weißlichen Blüten mit einem Hauch von lachsrosa. Sie blühen im Frühsommer, von Mitte Juni bis Mitte Juli, also nach dem Großen Pfeifenstrauch. Die Blüten sind fünfstrahlig, doch werden viele gefülltblütige Sorten kultiviert. Die Frucht ist eine Kapsel.

Die Rauhe Deutzie ist eine von etwa 50 Arten der Gattung. Sie wurde in China entdeckt und 1822 nach Europa eingeführt. Außer in China wächst sie noch in Japan. Eine weitere verbreitete Art, die Zierliche Deutzie (*D. gracilis* SIEB. et ZUCC.) stammt ebenfalls aus dem ozeanischen Ostasien.

Deutzien gedeihen am besten in feuchterem Boden und praller Sonne. Bei einem regelmäßigen Verjüngungsschnitt blühen sie besser; sie können gut aus Stecklingen vermehrt werden.

Aufrecht wachsende Sträucher bis 2,5 m; für alle Gartenarten geeignet.

Johannisbrotgewächse

Dreidornige Gleditschie, Dorngleditschie

Gleditsia triacanthos L. *Caesalpiniaceae*

Die Dreidornige Gleditschie ist eine von 12 Arten einer Gattung, die ihren Namen zu Ehren von J. G. GLEDITSCH (1714–1786), einem Direktor des Berliner Botanischen Gartens, erhielt. Die Gattung ist in Nord- und Südamerika, Zentral- und Ostasien sowie im tropischen Afrika verbreitet – also in geographisch und ökologisch sehr unterschiedlichen Regionen. Die Dreidornige Gleditschie ist ein stattlicher Baum, dessen auffälligstes Merkmal braunrote, oft dreifach verzweigte Dornen sind (griech.: triacanthos = dreidornig). Die Blätter sind 1-2fach unpaarig gefiedert (an Kurz- und Langtrieben verschieden) und haben normalerweise über 20 zugespitzte, bis 3,5 cm lange Teilblättchen. Manchmal sitzen an den Blättern bis 24 Teilblattpaare. Die kurzstieligen Blüten wachsen in schmalen, etwa 7 cm langen Trauben; sie haben eine unauffällige gelbgrüne Farbe und blühen im Juni und Juli. Viel auffälliger als die Blüten sind die Früchte, manchmal 30–45 cm lange, leicht sichelförmig gekrümmte, platte, braunrot gefärbte Hülsen mit süßem Fleisch und linsenartig abgeplatteten Samen.

Die Dreidornige Gleditschie wuchs ursprünglich in Nordamerika im Gebiet der Staaten Pennsylvania, Nebraska, Texas und Missouri. In Kultur wird sie seit 1700 gehalten, bisweilen in ganzen Forsten und großen Alleen. Das Klima Mitteleuropas und Großbritanniens verträgt sie zwar sehr gut, keimfähige Samen bringt sie aber nur in wirklich warmen Landstrichen, wie z. B. in Südfrankreich hervor.

Reife Hülsen

Stattliche, bis 45 m hohe Bäume; dekoratives Gehölz für Gruppenpflanzungen in großen Anlagen.

Johannisbrotgewächse

Caesalpiniaceae

Geweihbaum

Gymnocladus dioicus (L.)K.KOCH

Dies ist ein im Sommer und Winter beachtenswerter Baum. Während der Vegetationsperiode stechen vor allem seine gewaltigen, 35 cm großen, gefiederten Blätter hervor, die wiederum aus mehreren gefiederten Teilblattpaaren bestehen. Die Teilblättchen zweiter Ordnung sind zugespitzt elliptisch und an der Basis gerundet. Die Blätter fallen als Ganzes ab. Da Zweige höherer Ordnungen normalerweise fehlen, ragen im Winter die relativ starken Äste knüppelartig in die Gegend. Dieser Eigenschaft verdankt der Baum seinen Namen (griech.: gymnos = nackt; klados = Ast).

Die Blüten sind zwittrig oder eingeschlechtlich, d. h. es gibt männliche, weibliche und Zwitterblüten. Sie wachsen in endständigen Rispen; weibliche Blütenstände sind bis 25 cm lang, männliche kleiner und kompakter. Die Blüten sind grünlich weiß und erscheinen bereits im April. An kühleren Standorten (z. B. in Mitteleuropa) kommt der Baum jedoch in manchen Jahren überhaupt nicht zur Blüte. Die Früchte sind längliche, bis 25 cm lange und 6 cm breite Hülsen; das Holz ist hart.

Die Gattung *Gymnocladus* hat nur zwei rezente Arten. *G. dioicus* aus Nordamerika wächst auf dem Gebiet der Staaten New York, Pennsylvania, Minnesota, Nebraska, Oklahoma und Tennessee und wird in Amerika seit 1748 kultiviert. Obwohl der Kronenbau diesen Baum zur Anpflanzung bei modernen Gebäuden geeignet erscheinen läßt, gehört er nicht zu den häufig angepflanzten Gehölzen. Die zweite Art, *G. chinensis* aus China, verträgt keine niedrigen Temperaturen und wird bei uns daher fast nicht gezogen.

Reife Hülse

Stattliche, ausladende Bäume bis 30 m Höhe.

Kanadischer Judasbaum

Johannisbrotgewächse

Cercis canadensis L.

Caesalpiniaceae

Judasbäume sind phylogenetisch sehr alte Gehölze: ihre Überreste sind bereits aus der Kreidezeit und dem unteren Oligozän Frankreichs sowie dem Miozän der UdSSR, Japans und Nordamerikas bekannt.

Es sind Sträucher oder Bäume mit einfachen, ganzrandigen Blättern und einer handförmigen Nervatur. Ihre Blüten stehen in Gruppen zu je 5–8 zusammen; sie sind ähnlich wie die Schmetterlingsblüten gebaut: bilateral-symmetrisch mit einer Schmetterlingskrone, mit ungleich großen Kronblättern, von denen die 3 oberen kleiner sind. Die Blüten wachsen manchmal aus den Ästen, ja sogar direkt am Stamm. Dieses Phänomen nennt man Kauliflorie; es ist z. B. für die Art *C. siliquastrum* L. charakteristisch. Die Früchte sind achselständige, längliche, geflügelte, bis 8 cm lange Hülsen.

Der Kanadische Judasbaum stammt aus Nordamerika, aus einem Gebiet zwischen den Staaten New Jersey und Florida im Osten und Montana und New Mexiko im Westen, der Artname ist daher nicht besonders zutreffend. Er wird schon sehr lange kultiviert (etwa seit 1641) und zählt zu den schönsten nordamerikanischen Bäumen.

Bereits viel länger wird der Judasbaum, *C. siliquastrum* L., von Menschenhand kultiviert. Von ihm sagt die Legende, daß Judas sich wegen seines Verrats an Christus an einem solchen Baum erhängt habe.

Die Judasbäume gehören in Mittel- und Westeuropa zu den nicht besonders häufig gezogenen Gehölzen; winterhart ist nur *C. canadensis,* die übrigen erfrieren leicht; sie brauchen geschützte Lagen, wärmere Böden und eine Winterabdekkung der Wurzeln.

12–15 m hohe Bäume; selten gehaltene Gehölze von effektvollem Aussehen.

Schmetterlingsblütengewächse

Pagodenbaum, Japanischer Schnurbaum

Fabaceae

Sophora japonica L.

Schnurbäume sind größtenteils sommergrüne Sträucher und Bäume, doch unter den annähernd 20, sowohl in Asien als auch in Nordamerika verbreiteten Arten gibt es auch einige immergrüne. Allgemein gehören sie zu den ästhetisch effektvollen, auffälligen Gehölzen. Vor allem *S. japonica* wird wegen seiner späten Blütezeit geschätzt. Der Gattungsname ist eigenartigerweise von dem arabischen Begriff „sophira", der Bäume mit erbsenähnlichen Blüten bezeichnet, abgeleitet. Den Artnamen *japonica* erhielt dieser Baum ungerechtfertigt, da er nämlich ursprünglich aus China und Korea stammt; allerdings gehört er zu den alten japanischen Zier- und Kulturgehölzen. Nach Amerika wurde er 1747 gebracht, nach England 1753. Die ältesten lebenden Bäume von 1760 werden noch zu Beginn unseres Jahrhunderts aus den Botanischen Gärten in Kew (England) und dem Schönbrunner Park (Wien) erwähnt.

Der Japanische Schnurbaum hat unpaarig gefiederte Blätter mit 7–17 länglich-elliptischen Teilblättern und kleine weißliche Blüten in großen, endständigen, herabhängenden Rispen. Er blüht im Spätsommer (August bis September) und erinnert im Aussehen an Akazien, hat allerdings eine dichtere Krone. Nach einem heißen Sommer blüht er früher auf, nach einem kühlen manchmal nur zögernd. Die ersten Blüten erscheinen erst an 30–40 Jahre alten Bäumen. Die Frucht ist eine gestielte, bis 8 cm lange Hülse.

Das Gewebe des Schnurbaums enthält zwar das dem Vitamin P verwandte Glykosid Rutin, ist aber zumindest giftverdächtig, denn es enthält auch das giftige Cytisin.

Bäume mit breit ausladender Krone, 12–25 m hoch; ein ausgezeichnetes Gehölz für Stadtparks, Alleen usw., bisher auch gegenüber belasteter Stadtluft widerstandsfähig.

Mandschurische Maackie

Schmetterlingsblütengewächse

Maackia amurensis RUPR. et MAXIM. *Fabaceae*

Maackien sind bis auf den heutigen Tag Seltenheiten in den europäischen Gärten und Parks, auch wenn es sich nicht um Gehölze mit übertriebenen ökologischen Anforderungen handelt. Sie wachsen auf jedem Lehmsandboden, z. B. auf Schwemmböden, wenn auch ziemlich langsam.

Die Maackien stammen aus Ostasien. Die Heimat von *M. amurensis* ist, wie der Name verrät, das Amurgebiet und vor allem die Mandschurei. In freier Natur hat dieser hohe Baum sommergrüne, unpaarig gefiederte, etwa 20 cm lange Blätter, die aus kurzstieligen, mehr oder weniger gegenständigen, ganzrandigen Teilblättchen bestehen. Die weißgrünen Blüten sind nicht groß, bilden aber im Bogen aufrecht stehende, endständige, manchmal rispig verzweigte Trauben. Maackien blühen meist im Hochsommer (Juli). Die Früchte sind linear gestreckte, aufplatzende Hüllen. Vermehren lassen sie sich aus Samen, die vor der Aussaat längere Zeit in lauwarmem Wasser vorgequollen werden müssen oder aus etwa 10 cm langen Wurzelstecklingen, die im Winter abgetrennt und im April gesteckt werden.

Die Maackien erhielten ihren Namen zu Ehren des russischen Naturwissenschaftlers RICHARD MAACK (1825–1886). Sie gehören größtenteils erst zur dritten Welle der aus Ostasien eingeführten Gehölze. Die chinesischen, koreanischen und japanischen Arten der Gattung wurden erst in den ersten Jahrzehnten des 20. Jahrhunderts nach Europa gebracht, *M. amurensis* gehört aber noch zu den „Neubürgern" aus der zweiten Hälfte des 19. Jahrhunderts; die Art kam 1864 nach Mitteleuropa.

Kleine Bäume, in Europa bisher nur rund 6 m hoch, in Beschreibungen chinesischer Arten werden 5–23 m angegeben; für dendrologische Sammlungen bedeutsam.

Schmetterlingsblütengewächse

Gemeiner Bastard-Indigostrauch

Fabaceae

Amorpha fruticosa L.

A. fruticosa, ein nordamerikanischer Strauch aus dem Gebiet der Staaten Connecticut und Minnesota im Norden bis nach Louisiana und Florida im Süden wurde schon 1724 nach England gebracht und gehört heute zu den meistgenutzten Sträuchern zur Bepflanzung unfruchtbarer Böden, Hänge und Geröllhalden (z.B. Ungarn, Südslowakei). Luftverschmutzung verträgt er gut, so daß er auch in unmittelbarer Nähe staubentwickelnder Zement- und Stahlwerke angepflanzt werden kann; auch wird er zur Grünstreifenbepflanzung an Autobahnen herangezogen. Wie viele Schmetterlingsblütler reichert er Stickstoff im Boden an. Er hat ein kräftiges Wurzelsystem, mit dessen Hilfe er gut mit ungünstigen Bedingungen fertig wird. Fast alle Arten lassen sich sowohl aus Samen als auch vegetativ vermehren, da fast jedes Sproßstück (Holzsteckling) im Boden schnell Wurzeln schlägt.

Der Gemeine Bastard-Indigostrauch ist ein dekorativer, oft aber nur in den oberen Partien belaubter, sommergrüner Strauch mit wechselständigen, unpaarig gefiederten Blättern, deren Form locker ist; dennoch ist das Gesamtbild des Strauches wenig anziehend. Attraktiv sind allerdings die zu dichten Ährenrispen organisierten Blüten, die nach und nach aufgehen. Die Blüten, deren „Schmetterlingskrone“ bis auf die blauviolette Fahne reduziert ist, gehen im Juni auf. Aus den frischen Blüten ragen die Staubgefäße mit den goldfarbenen Staubbeuteln weit her aus. Die Früchte sind klein, an der Basis gekrümmte, wenigsamige Hülsen. Der Gemeine Bastard-Indigostrauch ist eine für die Imkerei wichtige Pflanze, eine reiche Nektarweide, die aber wenig Honig liefert.

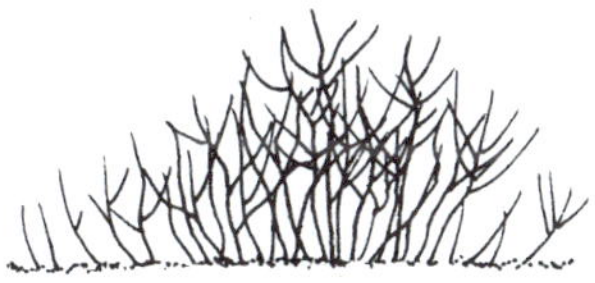

Lockerer, schütter bezweigter Strauch, 2 bis 4 m hoch; geeignet für Bepflanzungen von größeren Gebieten mit Landschaftsschäden. Giftverdächtig!

Gemeiner Blasenstrauch

Schmetterlingsblütengewächse

Colutea arborescens L.

Fabaceae

Der Gemeine Blasenstrauch ist, von gewissen Temperaturansprüchen abgesehen, ein sehr anpassungsfähiges und vor allem fruchtbares Gehölz. Daher wurde er vor allem gegen Ende des 19. Jahrhunderts zur Bepflanzung so extremer Standorte wie etwa der Bahndämme in England herangezogen. Darin ähnelt er der Robinie, die sich hauptsächlich wegen der Anpflanzung an neu gebauten Bahnlinien über Europa verbreitet hat. Der Gemeine Blasenstrauch ist ein typisches Mittelmeergehölz; er wächst auch in Nordafrika. In Mitteleuropa wird er schon seit 1570 wegen seiner sehr dekorativen Früchte in Kultur gehalten, im Mittelmeerraum gewiß noch länger.

Der Gemeine Blasenstrauch ist ein sommergrüner, dornenloser Strauch mit unpaarig gefiederten Blättern aus ganzrandigen Teilblättchen. Die gelblichen Blüten bilden schüttere, achselständige Trauben. Das effektvollste sind jedoch die balgartig aufgeblähten Früchte, nicht platzende, pergamenthäutige Hülsen, die vertrocknen und weit bis in den Winter am Strauch verbleiben, solange bis der Wind sie abreißt und davonträgt.

C. arborescens ist ein anspruchsloser Strauch, der einschließlich verschmutzter Luft außer Schatten nahezu alles erträgt. In strengeren Wintern erfriert er zwar, doch regeneriert er immer wieder vollkommen. Bisher wurden auch einige Gartensorten gezüchtet, die durch Okulieren oder Pfropfen auf die ursprüngliche Art vermehrt werden. Diese stellt auch eine geeignete Pfropfunterlage für andere Fabaceengattungen dar.

Lockerer Strauch, 1–4 m hoch; geeignet für weniger fruchtbare Böden.

Schmetterlingsblütengewächse

Fabaceae

Falsche Akazie, Robinie

Robinia pseudoacacia L.

Paris konnte sich lange Jahre mit einem interessanten Naturdenkmal rühmen: im Jardin des Plantes wuchs eine Robinie, die noch aus einem der ersten Importe nordamerikanischer Gehölze nach Europa stammte. Sie wurde zwischen 1630 und 1638 gepflanzt und war zur Wende vom 19. zum 20. Jahrhundert noch am Leben, obwohl Robinien eigentlich nicht besonders langlebig sind.

Wohl kaum ein anderes nordamerikanisches Gehölz hält den Vergleich mit dem Erfolg der Robinien außerhalb ihrer Heimat aus. Sie stammt aus den Südstaaten der USA (Virginia, Carolina, Georgia), doch wächst sie auch in Pennsylvania, Indiana und Iowa. Nach den ersten Anpflanzungen in Europa, die aus Ziergründen erfolgten, wurde die Robinie in mehreren Wellen als Forstbaum genutzt. Heute wächst sie wohl in allen europäischen Staaten (in Norwegen z.B. bis zum 63. Breitengrad, andernorts in Lagen von 600–700 m). In Ungarn wurden große Pußtaflächen mit der Robinie aufgeforstet, ja sie wurde zum ungarischen Nationalbaum. Die Robinienanpflanzungen erreichten ihren Höhepunkt um die Jahrhundertwende. Seit den dreißiger Jahren ist das Interesse an diesem Gehölz in Europa jedoch abgeflaut, auch wenn seine Bedeutung für Melioration (Bodenfestigung) und Imkerei immer noch groß ist.

Die Robinie ist ein Baum mit wechselständigen, unpaarig gefiederten Blättern, die sich bei Hitze oder Regen längs der Achse einklappen. Die Blütenstände duften intensiv süß. Die Robinienrinde enthält das gewebezerstörende und nervenlähmende Eiweiß Robin; es agglutiniert auch rote Blutkörperchen. Seltener wird die rosablütige *R. viscosa* VENT. aus Alabama/USA gezüchtet; sie ist seit 1791 in Europa.

R. viscosa, Blütenstand

Bis 25 m hoher Baum mit lockerer Krone; lange Zeit bedeutsames Fortsgehölz.

Chinesischer Blauregen, Glyzine

Schmetterlingsblütengewächse

Wisteria sinensis (SIMS.)DC.

Fabaceae

W. floribunda

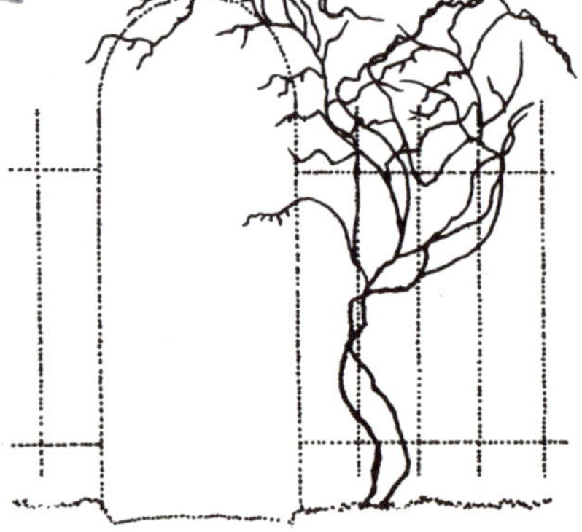

Ganz besonders schöne Lianengewächse, die man erfolgreich überall in der gemäßigten Zone der Nordhalbkugel halten kann, sind die *Wisteria*-Arten. Etwa 9 wachsen vorwiegend in Ostasien, China und Japan und vor allem in Japan haben sie eine außerordentliche Beliebtheit erlangt. Ihrer Zucht wird dort fast genauso viel Sorgfalt wie den Bonsai-Kulturen oder den Ikebana-Arrangements gewidmet. Wisterien sind aber auch besonders mit Nordamerika verbunden. Zum einen stammt *W. macrostachys* (TORR. et A. GRAY) NUTT. ex TORR. et A. GRAY hierher, zum anderen aber trägt die ganze Gattung ihren Namen zu Ehren des Anatomieprofessors an der Universität von Pennsylvania, CASPAR WISTER, der von 1761–1818 lebte.

Der wichtigste Effekt des Blauregens beruht in seiner Belaubung. Die sommergrünen Blätter stehen wechselständig und bestehen aus maximal 13, im ausgewachsenen Stadium fast kahlen Teilblättchen. Auf geeignetem Boden bilden diese Blätter schattige Lauben oder bedecken Fassaden und Mauern. In der Blütezeit (April und Mai), Kultursorten und andere Arten auch bis in den September, liefern die Blauregen zusätzlich ein ganz außergewöhnlich hübsches Bild. Der wilde Chinesische Blauregen hatte blauviolette Blüten in 15–40 cm langen, hängenden Trauben. Im Laufe der langen Kultur wurden viele Kultursorten mit Blüten von reinem Weiß bis zu rotvioletter Farbe selektiert oder zielbewußt veredelt. Der Chinesische Blauregen ist ein chinesischer Endemit. Er wurde wahrscheinlich schon über Jahrtausende in den Gärten von Schanghai und anderen chinesischen Kulturzentren kultiviert. Die verwandte japanische Art *W. floribunda* (WILLD.) DC., die ebenfalls häufig gezogen wird, hat Blätter mit einer größeren Anzahl Teilblätter (bis 19); ihre Blütenstände öffnen sich nach und nach von der Basis zur Spitze.

Schlinggehölz mit 9 und mehr Meter langen Trieben; charakteristisches Element asiatischer Gärten.

Schmetterlingsblütengewächse

Gaspeldorn, Heckensame, Stechginster

Fabaceae

Ulex europaeus L.

Der Stechginster ist ein typisches westeuropäisches Gehölz, das große, zusammenhängende und wegen seiner Stacheligkeit fast undurchdringliche Bestände bildet. Er gehört aber – wie viele Schmetterlingsblütler – zu den sehr dekorativen Gehölzen. Auch wenn die Strauchtextur das ganze Jahr über interessant ist, bleibt der Ziereffekt im April und Mai, wenn der Stechginster mit gelben Blüten übersät ist, am größten. Einzelne Blüten erscheinen aber fast das ganze Jahr über an den Sträuchern. Der Stechginster wurde im Mittelmeerraum schon von alters her gezogen und ist auch in die Gärten Mitteleuropas und Nordamerikas vorgedrungen, wo er sowohl an der Atlantikküste als auch in der Umgebung von Vancouver heimisch geworden ist.

Stechginster sind sparrige, rutenwüchsige Sträucher mit abstehend behaarten, dunkelgrünen Ästen und Kurztrieb-Dornen. Die unteren Blätter sind dreizählig, die oberen einfach, oft nur dornig oder schuppig ausgebildet. Die Blüten wachsen in Gruppen von zwei bis drei oder einzeln an Kurztrieben (Brachyblasten) in den Achseln von Blättern oder Stacheln. Es sind typische Schmetterlingsblüten. Die Frucht ist eine behaarte Hülse mit 2–4 Samen.

Die Pflanze enthält das giftige Alkaloid Cytisin. Sie gedeiht auf leichten und sandigen Böden mit minimalem Kalkgehalt oder auf Heideflächen, stets in der vollen Sonne. Außerhalb des natürlichen Verbreitungsareals frieren die Triebe bis zum Boden zurück, doch treiben sie immer wieder neu aus. Die Vermehrung erfolgt durch Samen, bei Kultursorten durch Stecklinge.

Etwa 1–2 m hoher, sparriger, stacheliger Strauch; in warmen oder ozeanischen Gebieten gut für niedrige, undurchdringliche Hecken geeignet. Giftig!

Gemeiner Goldregen

Schmetterlingsblütengewächse

Laburnum anagyroides MED.

Fabaceae

Der Gemeine Goldregen wuchs ursprünglich wohl nur an der Mittelmeerküste, von wo aus er nach der letzten Eiszeit spontan in die wärmeren Teile Mitteleuropas (z. B. Moselgebiet) vorgedrungen ist. Wegen des schönen Aussehens der blühenden Sträucher wurde er bereis seit dem späten Mittelalter in den südeuropäischen Gärten gezogen. Etwa seit 1560 geschieht dies auch nördlich der Alpen, in England sowie noch später auch in den Vereinigten Staaten von Amerika.

Die Schönheit des Goldregens hat aber auch ihre Schattenseite: die ganze Pflanze ist für den Mensch sehr giftig. Alle Pflanzenteile enthalten das Alkaloid Cytisin, ein krampfauslösendes Gift, welches das Vasomotorik- und das Atemzentrum reizt. Bei Kindern führen bereits 2 Samen zur Vergiftung. Angaben zufolge ist auch die Milch von Ziegen, die Goldregen geweidet haben, gelegentlich giftig. Die Vergiftung äußert sich nach 15–60 Minuten; sie wird von heftigem, in der Schlußphase blutigem Erbrechen, Durchfällen und Muskelzucken begleitet. Der Tod kann nach einer bis mehreren Stunden eintreten, der Zustand des Vergifteten ist stets sehr ernst.

Der Goldregen hat hängende junge Äste mit dreizählig gefiederten (wie Klee), auf der Unterseite anliegend behaarten Blättern. Die sich Ende April und Mai öffnenden Blüten wachsen manchmal bis zu 30 Stück in 10–15 cm langen, herabhängenden Trauben; einige neuere Kultursorten haben sogar noch längere Blütenstände. Die Früchte sind bis 5 cm große, anfänglich seidig behaarte, später schwarz werdende Hülsen, die von Kindern mit Erbsenschoten verwechselt werden können! Die Hülsen bleiben manchmal noch bis weit in den Winter an den Sträuchern. Goldregen gedeiht auf leichten, kalkreichen Böden und verträgt keinen tiefen Rückschnitt.

Hoher, aufrechter Strauch oder kleiner Baum bis 7 m, mit hängenden jungen Zweigen; ausgezeichneter Gartenzierstrauch, nicht in der Nähe von Kinderspielplätzen. Giftig!

Schmetterlingsblütengewächse

Besenginster

Fabaceae

Sarothamnus scoparius (L.)KOCH

Der Besenginster ist ein ursprünglich süd- und westeuropäisches, mit seinem Areal bis nach Mitteleuropa reichendes Gehölz. Das genaue Gebiet seines natürlichen Vorkommens läßt sich kaum noch genau feststellen, da er seit Jahrhunderten in Kultur ist und sich überall vollkommen naturalisiert hat. Die heutigen mitteleuropäischen Populationen sind allerdings gegenüber tiefen Temperaturen und vor allem jähen Temperaturwechseln ziemlich empfindlich, so daß kaum eine den 30 Grad-Temperatursturz zur Jahreswende 1978/79 überlebt hat. Das spricht eher für einen wärmeliebenden Charakter (bzw. für die Herkunft aus ozeanischen Gebieten mit weniger stark schwankender Temperatur).

Der Besenginster ist ein sommergrüner Strauch mit starkem Wurzelsystem und unterteilten Knöllchen. Seine vierkantigen Äste sind normalerweise grün, vertrocknet werden sie schwarz. Die kleinen Blätter sind wechselständig, kurz gestielt und mit 1–2 cm langen Teilblättchen, dreizählig gefiedert. Die Blätter an den Triebenden sind jedoch einfach, ungeteilt. Die Blüten wachsen im Mai und Juni einzeln oder paarweise an Kurztrieben. Die Früchte sind Hülsen, deren beide Hälften sich nach dem Aufplatzen krümmen. Der Besenginster wächst in größeren Kolonien auf trockenen Hang- und Weideflächen, vor allem auf sauren Silikatböden. In den Alpen fehlt er. Die Pflanze ist ein Bestandteil der Lichtungsgesellschaften. Häufig wurde sie in Fasanerien angepflanzt; wegen der festigenden Fähigkeit der Wurzeln dient sie zur Befestigung von Geländedurchstichen und Böschungen an Verkehrswegen. Der Besenginster enthält Alkaloide, die bereits in kleinen Mengen Vergiftungssymptome hervorrufen können.

0,5–1 m hoher rutenbüscheliger Strauch; zur Bodenfestigung geeignet. Giftig!

Essigbaum, Kolben-Sumach

Sumachgewächse

Rhus typhina L.

Anacardiaceae

Die Großgattung *Rhus* umfaßt etwa 150 Arten, die in den subtropischen und gemäßigten Zonen beider Halbkugeln wachsen. Die Gattung wird häufig in *Rhus* und *Toxicodendron* unterteilt. Die Sumacharten tragen normalerweise ihre Blüten in endständigen Rispen an den Zweigenden, haben rote Früchte und sind mehr oder weniger ungiftig (auch wenn sich, vor allem bei Berührung, Allergien nicht ausschließen lassen). Die Vertreter der Gattung *Toxicodendron* haben achselständige Blütenstände, weißliche Früchte und enthalten giftige, milchweiße Säfte.

Der Essigbaum ist ein Gehölz mit braun befilzten, jungen Ästen, die bis zu 50 cm lange, unpaarig gefiederte Blätter mit maximal 15 Teilblattpaaren tragen. Die lang zugespitzten, gekerbten Teilblättchen werden bis 12 cm lang und sind auf der Unterseite weich behaart. Die dicht zusammengedrängten, endständigen Blütenrispen sind unregelmäßig pyramidenförmig und bestehen immer aus Blüten eines einzigen Geschlechtes. Der Essigbaum ist folglich zweihäusig. Die männlichen Blütenstände sind locker und gelbgrün gefärbt, die kompakteren, weiblichen sind dunkelrot und bleiben lange am Strauch. Blütezeit ist im Juni und Juli. Die Art stammt aus Nordamerika, aus dem Gebiet zwischen den kanadischen Provinzen Quebec und Ontario bis zu den Staaten Georgia, Indiana und Iowa im Süden. In Kultur wird er etwa seit 1629 gehalten. Vor allem die weiblichen Exemplare sind außergewöhnlich dekorative Gehölze mit einer kräftigen Rotfärbung des Laubs im Herbst. Männliche Exemplare werden manchmal unter dem Namen „*R. viridiflora*" verkauft.

Hohe Sträucher oder kleine Bäume, 5–10 m hoch, die sich expansiv durch unterirdische Triebe vegetativ ausbreiten; Kronentextur und Laubfärbung sind gartenarchitektonisch wirkungsvoll.

Sumachgewächse

Anacardiaceae

Perückenstrauch

Cotinus coggygria SCOP.

Der deutsche Name charakterisiert das Aussehen dieser Gehölzart nach der Reife sehr gut. Sie ist vom westlichen Mittelmeer und Mitteleuropa bis weit in den Osten Eurasiens an den chinesischen Himalaja verbreitet. In Mitteleuropa gilt der Perückenstrauch als zwischeneiszeitliches Florenrelikt. Er hat sommergrüne, ungeteilte, glattrandige, breit rundlich eiförmige Blätter mit erhabener Nervatur. Ihre Ränder sind transparent gesäumt, die Farbe ist grün bereift (die oft gezogene Form 'Purpurea' hat purpurrote Blätter). Die langstieligen Blüten bilden üppige, wie aufgebläht erscheinende, endständige Rispen, doch reifen nur wenige Blüten zur Frucht heran. Die übrigen fallen ab, doch ihre langen Stiele sowie die Fruchtstiele und Seitenzweige des Blütenstandes mit ihrer silbrigen Behaarung umhüllen den ganzen Blütenstand so, daß er wie eine Rauchwolke oder eine Perücke aussieht. Besonders kontrastreich ist der Blick in die Krone der erwähnten rotblättrigen Kultursorte, in der Wolken aus Watte zu schweben scheinen. Nach der Fruchtreife brechen die ganzen Fruchtstände ab und dienen als Flugapparat.

Das Holz des Perückenstrauches ist in der Schreinerei geschätzt (gelbes Fisetholz), die Blätter enthalten Gerbstoffe. Der Perückenstrauch gedeiht auf jedem Boden; vermehren läßt er sich aus Samen, Wurzelstecklingen im Herbst oder krautigen Stecklingen im Juni, an denen man die austretende Milch erst eintrocknen lassen muß.

C. coggygria 'Purpurea', Zweig

Aufrechter Strauch mit rundlicher Krone bis 5 m; für die Gartenarchitektur wertvoll. Allergien möglich!

Götterbaum

Bittereschengewächse

Ailanthus altissima (MILL.)SWINGLE

Simaroubaceae

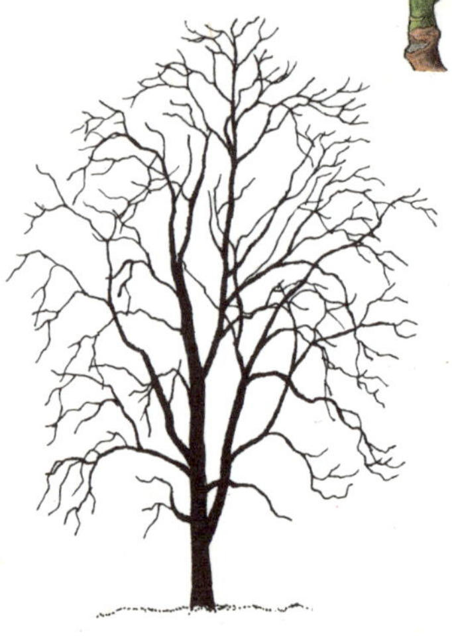

Besonders in den abgasbelasteten Ballungsräumen und Industriegebieten sieht man häufig den Götterbaum, den PETER COLLINSON vor über 230 Jahren (genauer gesagt 1751) als Samen erstmals aus China nach Europa gebracht hat. Dieser ist nämlich eines der wenigen Gehölze, die sogar noch auf einem staubigen Fabrikhof gedeihen oder direkt neben einem Schornstein wachsen können. Dabei stammt dieser Baum aus Regionen mit außerordentlich sauberer Luft, doch ist seine Widerstandskraft wirklich ganz außergewöhnlich. Der Gattungsname ist von der volkstümlichen Bezeichnung der Art *A. moluccana* abgeleitet, die auf indonesisch „ailanto" heißt und „Himmelsbaum" bedeutet.

Die große Anpassungsfähigkeit des Götterbaums an veränderte Lebensbedingungen zeigt sich nicht nur in seiner Industriefestigkeit, sondern auch in seiner großen Vermehrungsfähigkeit und der sich daraus ergebenden schnellen Einbürgerung in naturnahen Lebensräumen. So wurde er nicht nur in Europa, sondern auch in Amerika heimisch, wohin er 1784 gebracht wurde.

Der Götterbaum ist ein stattlicher Baum mit behaarten jungen Zweigen und sommergrünen, unpaarig gefiederten und bis 1 m langen Blättern. Diese haben eine große Zahl von paarigen Teilblättern mit fein gezahntem, drüsigem Rand. Der Inhalt dieser Drüsen kann bei empfindlicheren Personen Hautallergien hervorrufen. An den Bäumen fallen auch die großen, bis 20 cm langen Blütenstände auf; es sind aufrechte Rispen aus kleinen, grünlichgelben, stark riechenden Zwitterblüten. Die Blütezeit ist Ende Juni. Die Früchte sind längliche, geflügelte Nüßchen.

Bäume 15–20 m hoch, mit freier Kronentextur; immissionsharter Zierbaum.

Rautengewächse

Amur-Korkbaum

Rutaceae

Phellodendron amurense RUPR.

Der Anblick der korkreichen Borke sowie der Name verraten, wie der Mensch diesen Baum nutzt. Die griechischen Worte phellos (= Kork) und dendron (= Baum) sind als Gattungsname gerade für den Amur-Korkbaum sehr treffend. Auch der Artname ist zutreffend: der Baum stammt wirklich aus dem Amurgebiet, aus der Mandschurei und den umliegenden Gebieten Nordchinas. Aus Ostasien stammen auch die übrigen, etwa 8 Arten der Gattung *Phellodendron.* Wirtschaftlich genutzt wird vor allem der Amur-Korkbaum, dessen Borke grob gemahlen und zu Korkprodukten gepreßt wird.

Der Korkbaum ist ein dekorativer Baum, der nicht nur durch seine ausladende Krone majestätisch wirkt, sondern auch durch die langen, gegenständigen, unpaarig gefiederten, sommergrünen Blätter, welche transparent punktiert sind, auffällt. Die kleinen Blüten sind unscheinbar gelbgrünlich gefärbt, doch bilden sie reiche endständige Rispen. Sie sind funktionell eingeschlechtlich (d. h. sie besitzen zwar sowohl Staubgefäße als auch Stempel, doch schließt die Funktion des einen Geschlechts das andere durch Abort oder Sterilität aus), die Korkbäume selbst sind dadurch zweihäusig. Die Blüten stellen im Juni eine gute Honigweide für Bienen dar. Die Früchte sind kleine schwarze Steinfrüchte und bleiben lange am Baum hängen. Wie viele andere Rautengewächse enthalten auch die Korkbäume verschiedene spezielle Stoffe wie z. B. die Glykoside Felamurin und Amurensin, das Alkaloid Berberin und weitere. In Kultur werden sie fast ausschließlich aus Samen gezogen, nur in Ausnahmen aus Wurzelstecklingen. Sie gedeihen gut in feuchten, tieferen Böden und benötigen ausreichend viel Platz.

Breit ausladender Baum bis 15 m hoch; geeignetes Gehölz zur gartenarchitektonischen Gestaltung großer Parkflächen.

Kleeblatt-Lederstrauch

Rautengewächse

Ptelea trifoliata L.

Rutaceae

Die Rückkehr des Kleeblatt-Lederstrauches nach Europa kommt einer langen Odyssee gleich. Einst, im Eozän, wuchsen seine Vorfahren auch in Mitteleuropa (z. B. in Böhmen). Große klimatische und geomorphologische Umwälzungen führten dazu, daß die Kleeblatt-Ledersträucher nur auf dem Gebiet Nordamerikas überlebten. *P. trifoliata* wächst natürlich in Südkanada und an der Ostküste der USA. Hier wurde der Strauch Anfang des 18. Jahrhunderts entdeckt und über England nach Mitteleuropa gebracht. Bald wurde er in ganz Europa heimisch, wo er in Parks und Gärten häufig gepflanzt wurde, auch wenn seine Blüten nicht besonders attraktiv wirken.

Er blüht im Juni; die zweihäusig getrenntgeschlechtlichen Blüten sind recht klein, 4- bis 5strahlig gebaut, gelblichweiß gefärbt und bilden üppige Doldenblütenstände. Aus den befruchteten weiblichen Blüten entwickeln sich rundliche, platte Nüßchen mit breitem Hautsaum, die wie Ulmenfrüchte aussehen. Wegen dieser Ähnlichkeit erhielt die Gattung auch ihren wissenschaftlichen Namen: das Wort „ptelea" bezeichnet im Altgriechischen die Ulmen.

Die sommergrünen Blätter sind langgestielt, dreizählig gefiedert (lat.: trifoliata) und ähneln dadurch großen Kleeblättern. Betrachtet man sie gegen das Licht, sind sie transparent punktiert. Das ist auch ein gutes Erkennungsmerkmal (typisch für die Familie *Rutaceae*) für nicht blühende Pflanzen, denn der ungiftige Kleeblatt-Lederstrauch könnte mit dem giftigen Goldregen (*Laburnum anagyroides* MED.) verwechselt werden.

Reifende Früchte

Ausladender Strauch oder kleinerer Baum mit kugeliger Krone, bis 8 m hoch.

Pimpernußgewächse

Staphyleaceae

Klappernuß, Gemeine Pimpernuß

Staphylea pinnata L.

Pimpernüsse sind sommergrüne Sträucher oder kleine Bäume mit unpaarig gefiederten Blättern. Sie werden zwar oft in Verwandtschaftsbeziehung zu den Familien der Baumwürger- (*Celastraceae*) und Stechpalmengewächse (*Aquifoliaceae*) gestellt, doch nehmen sie eher eine isolierte phylogenetische Stellung ein. Es sind wahrscheinlich entwicklungsmäßig junge Pflanzen, da ihre fossilen Vorfahren erst aus dem Ende des Miozän und dem Pliozän bekannt sind.

Die Gattung *Staphylea* umfaßt zwischen 12 und 25 ausschließlich in der nördlichen gemäßigten Zone wachsende Arten. In Süd- und Mitteleuropa (bis Kleinasien) wächst in trockenen Laubwäldern und auf buschbestandenen Hängen und Felsen von der Tiefebene bis ins Bergvorland die Pimpernuß. Sie ist ein stattlicher Strauch mit langgestielten, unpaarig gefiederten Blättern aus 2–3 Teilblattpaaren; die Teilblätter sind lang zugespitzt, scharf gesägt und lebhaft grün gefärbt. Im Herbst werden die Blätter fest und unelastisch. Die Blüten entwickeln sich in achselständigen Doldentrauben mit langer Spindel, die zuletzt an langen Stielen abwärts hängen. Sie sind zwitterig, radiärsymmetrisch, fünfstrahlig, mit gelbweißer Krone. Die Früchte sind große aufgeblähte, häutige Kapseln mit einigen sehr harten Samen. Form und Härte lassen eine Nutzung durch den Menschen zu: aus ihnen werden traditionell Rosenkränze und in jüngerer Zeit auch Folkloreschmuck hergestellt. Das Holz ist ein geschätztes Schnitzmaterial. Angebaut wird die Pimpernuß erst seit Ende des 16. Jahrhunderts. Sie vermehrt sich gut aus stratifizierten Samen. Optimal gedeiht sie auf feuchteren Böden in der Sonne, auch wenn sie den Halbschatten geschlossener Bestände verträgt.

Aufstrebender, bis 5 m hoher Strauch; für alle Gartentypen geeignet.

Spitzahorn

Acer platanoides L.

Aceraceae

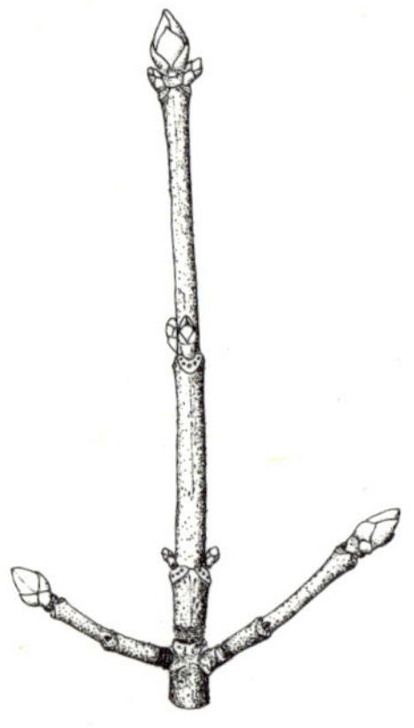

A. pseudoplatanus,
Winterzweig

In den Mischwäldern Kontinentaleuropas, insbesondere in Waldbeständen auf Geröllgrund, ist der Spitzahorn in seinem natürlichen Biotop. Da es sich um einen ansehnlichen, aber auch wirtschaftlich bedeutenden Baum handelt (aus Ahornholz werden Möbelfurniere und Musikinstrumente hergestellt), wurde der Spitzahorn jedoch schon vor Jahrhunderten auch außerhalb seines eigentlichen Areals verbreitet. Zuerst kam er wohl nach England, später auch nach Nordamerika.

Die sommergrünen, gegenständigen Blätter sind handförmig, in 3–7 spitz gezähnte Lappen geteilt. Zunächst sind die Spitzahornblätter beiderseits gleich grün gefärbt, im Herbst verfärben sie sich orange bis rot. Jungtriebe und Blattstiele scheiden bei Verletzung eine milchweiße Flüssigkeit aus. Die vielblütigen Dolden sind meist aufgerichtet. Die Flügel der paarigen Schließfrüchte stehen fast waagerecht ab.

In Berg- und Geröllwäldern (Linden-Ahornwälder und Rotbuchenbestände) wächst der Bergahorn (*A. pseudoplatanus* L.), der sich durch die, wie bei der Platane, schuppenförmig abschilfernde Borke, Blätter mit stumpf gezähnten Lappen und lange, nickende Blütenstände unterscheidet. Die Nüßchen in den geflügelten Doppelfrüchten bilden zueinander einen spitzeren Winkel als beim Spitzahorn.

Diese beiden wichtigsten europäischen Ahornarten sind ökologisch sehr anpassungsfähig, so daß sie auch außerhalb des Waldes und entfernt von ihrem natürlichen Verbreitungsgebiet schon seit Jahrhunderten kultiviert werden. Dank ihrer großen Veränderlichkeit wurden vom Menschen eine größere Anzahl Kultursorten gezüchtet, die sich vor allem durch ihre Blattfärbung unterscheiden.

A. pseudoplatanus,
Fruchtstand

Stattliche, bis 30 m hohe Bäume; bedeutend in naturnahen Wäldern und für die Gartenarchitektur.

Ahorngewächse

Aceraceae

Maßholder, Feldahorn

Acer campestre L.

Während der lateinische Name (lat.: campestre = zum Feld gehörend) und die deutsche Bezeichnung Feldahorn andeuten, daß dieser Baum in erster Linie ein Feldgehölz ist, so erinnert der englische Name „hedge maple“ an seine häufige Verwendung als Heckenpflanze. In Wirklichkeit ist der Feldahorn jedoch kein Feldbaum, sondern wächst in lichten Buchen- und Eichen-Hainbuchenwäldern, aber auch in wärmeren Spitzeichenwäldern oder in Eschen-Auwäldern von der Tiefebene bis ins Bergvorland. Selbstverständlich erscheint er mancherorts auch in sekundär offenen Formationen an Rainen und auf Weideflächen. Seine Verwendung als Hecke ist schon sehr alt, da der Feldahorn sehr gut Rückschnitte verträgt. Berühmt war eine hohe geformte Wand aus Feldahorn im Park von Schönbrunn bei Wien. In freier Natur wächst der Feldahorn fast in ganz Europa und Westasien.

Charakteristisch für den Feldahorn sind die Korkwülste an einigen jungen Zweigen, ähnlich wie bei der Feld-Ulme (*Ulmus minor* MILL. em. RICHENS). Feldahornblätter sind sommergrün, gegenständig und 3–5teilig stumpf bis rundlich gelappt. Im Herbst verfärben sie sich gelb bis rot. Die nur etwa 3 mm langen Blüten erscheinen in 10–20zähligen Rispen; Kelch und Krone sind gelbgrün. Der Feldahorn blüht als letzte europäische Ahornart nach dem Blattaustrieb im Mai. Die Früchte sind typische geflügelte Schließfrüchte, die fast waagerecht zueinander stehen. Das Holz ist das festeste und härteste aller Ahornarten; aus ihm werden z. B. Blasinstrumente hergestellt.

Winterzweig

Baum mit ausladender Krone bis 20 m, oft auch nur hoher Strauch.

Eschenahorn

Ahorngewächse

Acer negundo L.

Aceraceae

Die Blätter des Eschenahorns ähneln dem normalen Ahornlaub überhaupt nicht. Zwar sind auch sie sommergrün und gegenständig, dafür aber 3–7zählig unpaarig gefiedert, mit kurz gestielten, gestreckt eiförmigen, zugespitzten Teilblättern von 5–13 cm Länge und mit unregelmäßig gezähntem Rand. Sehr häufig werden sogar buntblättrige Kultursorten gezogen, was eine Bestimmung noch schwieriger macht. Erst zur Fruchtreife wird klar, daß es sich wirklich um einen Ahorn handelt. Auch die jungen Zweige sind recht eigenartig, meist gelbgrün, entweder glänzend oder auffällig wachsbereift. Die Blüten des Eschenahorns stehen in den Blattachseln. Sie wachsen an langen Stielen, die männlichen in dichten, endständigen Büscheln, die weiblichen in überhängenden Trauben. Die Früchte sind die für Ahorne typischen Doppelschließfrüchte mit jedoch nicht besonders breiten Flügeln, die in einem ziemlich spitzen Winkel zueinander stehen.

A. negundo stammt aus Nordamerika von einem Gebiet zwischen Ontario, Texas und Florida; die größten Bestände befanden sich einst im Tal des Mississippi. Aus diesem Ahorn wurde in Amerika, ähnlich wie aus dem kanadischen Zuckerahorn (*A. saccharum* MARSHALL) Zucker gewonnen. Bereits 1688 wurde der Baum in Fulham (England) in Kultur genommen.

Auch der ostasiatische (Japan, Zentralchina) Nikoahorn (*A. nikoense* MAXIM.) hat keine ahornähnlichen Blätter. Sie sind, wie beim Klee, dreizählig gefiedert; die Früchte sind auffällig behaart. Der Nikoahorn gehört zu den ästhetisch herausragenden Gehölzen; eingeführt wurde er 1881.

Der Eschenahorn ist ein bis zu 20 m hoher Baum, der Nikoahorn ist eher strauchwüchsig, mit mehreren 7–12 m hohen Stämmen.

Ahorngewächse

Tatarischer Ahorn

Aceraceae

Acer tataricum L.

In den lichten Wäldern des subtropischen Südeuropas und Kleinasiens wächst der Tatarische Ahorn noch ursprünglich. Nach Westeuropa wurde er 1759 gebracht und kam bald auch außerhalb der botanischen Gärten zur Geltung. Er ist ein bewundernswert kälteresistentes Gehölz mit interessantem Kronenbau, das im Laufe des Jahres mehrmals sein Aussehen ändert. Die Blätter sind kaum gelappt, manchmal fast einfach; nur an der Basis sind in der Regel zwei Lappen angedeutet. Sie sind gegenständig, etwa 4 cm groß, eirund und grob doppelt gesägt. Die Blüten öffnen sich im Mai und Juni in herabhängenden, gestielten Rispen und haben weißliche Kronblätter. Während der Blüte sieht dadurch der ganze Baum heller aus. Aus den befruchteten Blüten entwickeln sich typische, anfangs grüne Doppelfrüchte, deren Oberkanten aber bald karminrot gefärbt sind. Dadurch ändert der Tatarische Ahorn erneut Aussehen und Farbe. Zur letzten Veränderung kommt es im Herbst, wenn sich das Laub gelb oder rötlich färbt und schließlich abfällt.

In Parks wird seit 1860 der sehr ähnliche Amur-Ahorn (*A. ginnala* MAXIM.) gehalten, bei dessen Blättern an der Basis fast immer zwei Seitenlappen ausgebildet sind. Er verfärbt sich im Herbst als einer der ersten (schon Mitte September) typisch karminrot. Der Baum stammt aus Mittel- und Nordchina, der Mandschurei und Japan.

„Tatarische Ahorne“ sind niedrige, in der Regel mehrstämmig strauchwüchsige Bäume von 7–10 m Höhe; gärtnerisch wertvoll.

A. ginnala, Fruchtstand

Silberahorn

Ahorngewächse

Acer saccharinum L.

Aceraceae

Den Namen Silberahorn hat *A. saccharinum* zurecht verdient. Die Unterseite seiner sommergrünen, gegenständigen, scharf schmal und tief gelappten Blätter ist silbrigweiß (in der Jugend behaart), die Oberseite dunkler grün. Beim geringsten Windstoß wechseln die bis 15 m breiten Silberahornkronen daher ständig Farbe und Aussehen. Auch im Herbst faszinieren sie durch ihre Färbung. Die Blätter bleiben lange am Baum, doch fallen sie dann oft über Nacht alle auf einmal ab und unter der majestätischen Krone liegt auf dem Boden ein silbrig-goldener ringförmiger Teppich.

Die vielblütigen, aus Seitenknospen entspringenden Blütenstände bestehen aus kurz gestielten, kronenlosen, grünen Blüten mit herausragenden Frucht- und Staubblättern. Die Blütezeit liegt vor dem Blattaustrieb, meist im März.

Der Silberahorn stammt aus dem Osten Nordamerikas von Quebec und Minnesota bis nach Florida, Nebraska und Oklahoma. In Kultur wird er seit 1725 gehalten, vor allem in Parks und großen Gärten. In einigen Ländern wurde er als Alleebaum gepflanzt, doch sind seine Kronen für Straßenbäume zu breit. Er vermehrt sich aus den 2–3 Monate nach dem Verblühen heranreifenden und sofort keimenden Samen. Wegen der ähnlichen Namen wird *A. saccharinum* häufig mit dem kanadischen Zuckerahorn *A. saccharum* MARSHALL verwechselt; dieser blüht aber endständig an belaubten Kurztrieben.

Stattlicher, oft mehrstämmiger Baum mit breiter Krone, bis 40 m hoch.

Rotahorn

Acer rubrum L.

Wäre nicht die kräftige Blütenfarbe, könnte man den Rotahorn mit dem ähnlichen Silberahorn verwechseln. Die auffällige rote Färbung der zeitig im Frühjahr sprießenden Blüten (März bis April) macht ihn aber zu einem der schönsten Ahorne; zudem ist er ein Gehölz von hohem ästhetischem Wert für die Gartenarchitektur.

Die Blätter sind 3–5lappig, weniger tief und scharf geteilt als beim Silberahorn. Sie sind dunkelgrün, glänzend, unterseits hellgrau und an den Adern behaart; ihre Stiele sind häufig rot.

Der Rotahorn stammt aus Nordamerika vom Gebiet zwischen Neufundland und Florida; im Westen reicht sein Areal bis in die Staaten Minnesota, Iowa, Oklahoma und Texas. In Europa (England) wird er seit der Mitte des 17. Jahrhunderts gezogen und hat schnell eine große Beliebtheit erlangt. Für seine kräftige Herbstfärbung des Laubes, in dem sich gelbe, scharlach- und braunrote Blätter finden, ist er berühmt.

Im Laufe der Zeit wurden auch bei diesem Ahorn verschiedene Varietäten bekannt oder gezielt gezüchtet und als Kultursorten erhalten. Z. B. ist die Form 'Pallidiflora' gelbblütig und wiederlegt so die typische Eigenschaft des „Rotahorns".

Den Rotahorn kann man aus Samen vermehren, Kultursorten am besten durch Pfropfen oder Okulieren von „schlafenden Augen". Rotahorne gedeihen gut auf feuchten bis mäßig nassen Böden.

Bis 40 m hoher stattlicher Baum; gärtnerisch bisher nur in botanischen Sammlungen.

Gemeine Roßkastanie

Roßkastaniengewächse

Aesculus hippocastanum L.

Hippocastanaceae

Winterzweig

Ursprünglich wuchsen die Roßkastanien nur in einem winzigen Gebiet in den Berg- und Vorgebirgslandschaften des Balkans: in Griechenland im Gebiet von Epirus, dem Pindus-Gebirge, am Ostrand Thessaliens und dem benachbarten Teil Mazedoniens. Das natürliche Verbreitungsgebiet berührte auch Südalbanien und in einem kleinen Ausläufer sogar das Gebiet Jugoslawiens. Ein kleiner isolierter Arealteil liegt noch in Nordbulgarien. An sämtlichen anderen Standorten ist die Gemeine Roßkastanie nur ein verwildertes oder eingebürgertes Gehölz. In der zweiten Hälfte des 16. Jahrhunderts wurde sie bereits in Istanbul gezogen, das bis zu seiner Eroberung durch die Türken ein Eingangstor für zahlreiche Pflanzenimporte war. Von dort wurde die Roßkastanie an CLUSIUS, einem bedeutenden Botaniker seiner Zeit, nach Wien gesandt (1576 oder 1577). Bald darauf, besonders im 17. Jahrhundert, eroberte sich die Roßkastanie die europäischen Schloßparks, Alleen und Gartenlokale.

Sie ist ein Baum mit schuppiger Borke, braun befilzten jungen Zweigen und großen, auffallend klebrigen Winterknospen. Die handförmig geteilten Blätter sind 5–7zählig an langen (bis 27 cm) Stielen. Die durchschnittliche Spreitengröße ist 23 × 35 cm. Die aufrechten, pyramidenförmigen, aus Wickeln zusammengesetzten Blütentrauben bestehen aus maximal 90 Einzelblüten und öffnen sich im Laufe des Mai von unten nach oben. Die Blüten sind radiärsymmetrisch, 4- bis 5strahlig, wobei die fünfstrahligen wohl ursprünglicher sind. Die Früchte, gestachelte Kapseln, enthalten 1–3 große Samen, die „Kastanien".

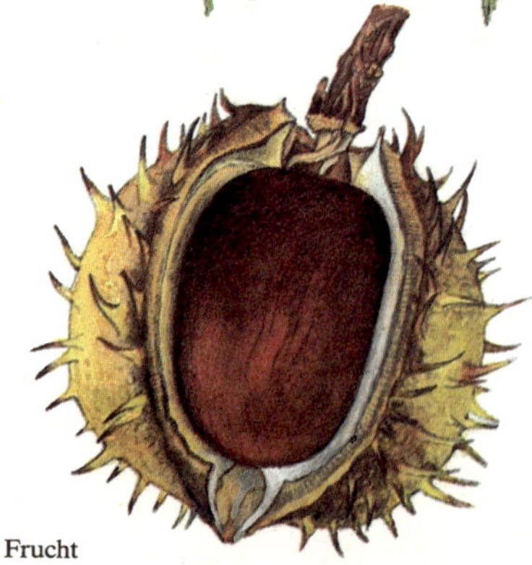

Frucht

15–25 m hoher stattlicher Baum mit typischer Asttextur.

Roßkastaniengewächse

Kleinblütige Roßkastanie, Strauch-Roßkastanie

Hippocastanaceae — *Aesculus parviflora* WALT.

Die Strauch-Roßkastanie stellt ein Extrem der breiten Formenskala innerhalb der Gattung *Aesculus* dar. Die Winterknospen dieser Kastanie enthalten kein Harz und sind folglich nicht klebrig. Der verjüngte Teil der Kronblätter ist länger als der Kelch. Im Hinblick auf ihren Wuchs ist diese Kastanie eine der zierlichen, strauchwüchsigen Arten, die aber größere „Gruppen“, Polykormone, bilden kann und sich unter günstigen Bedingungen sogar expansiv ausbreitet.

Die schütter stehenden, nicht besonders kleinen Blüten öffnen sich in der zweiten Julihälfte in 35 cm langen Rispen. Die Achsen der Blütenstände bleiben regelmäßig bis ins nächste Jahr an den Sträuchern zurück, und zwar so lange, bis eine neue Blütengeneration erscheint, also mindestens bis Juni. Die Samen reifen in glatten, birnenförmigen Kapseln, die im Vergleich mit den Kapseln der Gemeinen Roßkastanie recht dünnwandig sind. Die Blätter der Strauch-Roßkastanie sind 5–7zählig handförmig gefingert; ihre Teilblätter mit dem regelmäßig gezähnten Rand können 25 cm lang werden.

Die Heimat der Strauch-Roßkastanie ist das Gebiet zwischen Süd-Carolina, Alabama und Florida in den USA. Nach Europa wurde sie 1785 durch JOHN FRASER eingeführt, doch bringt sie außerhalb ihrer Heimat nur selten Samen hervor, auch wenn sie hinreichend winterhart ist.

Ausläufer bildender Strauch mit maximal 4 m hohen Stämmen; gutes Deckgehölz.

Taubenbaum, Taschentuchbaum

Taubenbaumgewächse

Davidia involucrata BAILL.

Davidiaceae

Die Verwandtschaft mit den Gehölzen aus der Ordnung der Hartriegelartigen *(Cornales)* wird hier deutlich sichtbar. Das bestätigt auch der Anblick eines blühenden Taubenbaumes und sein Vergleich mit einem blühenden Blumen-Hartriegel. Beide Gehölze haben verkleinerte Blütenstände von unauffälliger Farbe, während die Funktion der optischen Anlockung von den vergrößerten und kräftig gefärbten Hochblättern übernommen wird. Eine Eigenschaft der Blütenstände des Taubenbaumes ist nicht nur die Asymmetrie dieser Hochblätter, sondern auch, daß die kugeligen Blütenköpfchen aus einer Vielzahl männlicher Blüten und nur einer einzigen Zwitterblüte bestehen. Die eigentlichen Blüten sind mehr oder weniger hüllenlos, haben also weder Kelch noch Krone; die rein männlichen besitzen 1–7 Staubgefäße. Der ganze Blütenstand wirkt ähnlich wie Christbaumschmuck, wobei die größeren Hochblätter bis 18 cm groß werden können. Die Früchte sind birnenförmige, etwa 3 cm große, grüne, 3–5samige Steinfrüchte. Die sommergrünen Blätter sind wechselständig und grob gesägt.

Den ersten Taubenbaum hat P. DAVID, nach dem die Gattung ihren Namen erhalten hat, 1869 in China nahe Mu-pin (West-Sechuan) entdeckt. Die ersten 37 Samen wurden 1897 nach Europa gesandt, wovon nur ein einziger aufgegangen ist. Der erste in Europa gewachsene Taubenbaum ist in Les Barres (Frankreich) im Mai 1906 bei der Firma VILMORIN zur Blüte gekommen; nach dieser wurde auch eine der gezüchteten Varietäten benannt (*D. involucrata* var. *vilmoriniana* [DODE] WANGER). Nach England gelangte der Baum 1903–1904. Kein einziges außerhalb der Heimat wachsendes Exemplar ist somit älter als 100 Jahre.

Frucht

Dichter Baum, 15–20 m hoch; ästhetisch besonders wertvolles, aber selten gehaltenes Gehölz.

Hartriegelwächse

Kornelkirsche, Herlitze, Gelber Hartriegel

Cornaceae

Cornus mas L.

Vor der Einführung fremdländischer, frühblühender Sträucher (z. B. *Hamamelis mollis, Viburnum farreri*) hielten die Hartriegel- und Seidelbastarten neben den Salweiden und Haselsträuchern jahrtausendelang die Spitze unter den Frühlingsboten. Die Hartriegel sind davon die effektvollsten und halten als einzige dem Vergleich mit der Zaubernuß stand. Die sich vor dem Blattaustrieb entwickelnden vierstrahligen Blüten haben 4 winzige Kelchzipfel, 4 freie gelbe Kronblätter und zahlreiche Staubgefäße mit gelben Staubbeuteln. Sie sind zu reichblütigen (14–25) Dolden organisiert. Die Früchte sind sattrot gefärbte, faßförmige, etwa 15 mm lange Steinfrüchte mit süßsaurem, leicht zusammenziehendem Geschmack. Sie enthalten 8–9% Zucker sowie 2–3% freie Säuren, vor allem Apfelsäure. Aus ihnen werden Marmeladen, Kompotte und Obstweine hergestellt. Das feste Holz diente z.B. zur Herstellung von Zahnrädern in Mühlwerken, die Borke mit ihrem 7–16%igen Lohgehalt zum Gerben.

Der Gelbe Hartriegel wächst auf sonnigen, buschbestandenen Hängen, insbesondere in den Spitzeichengesellschaften warmer Gebiete, häufig auf Kalk. Er ist ein vorwiegend südeuropäisches Gehölz, dessen Nordgrenze etwa auf der Linie Südbelgien, Luxemburg, Mitteldeutschland, Galizien und Südrußland liegt. Er wächst auch auf der Krim, im Kaukasus und Kleinasien, wird aber auch in Südschweden und bereits seit Jahrhunderten in England gezogen. Ein ursprüngliches Hartriegelvorkommen in Mitteleuropa wird bezweifelt, da es sich um ein altes Obstgehölz handelt, dessen fossile Reste bereits in den Pfahlbauten der Jungsteinzeit gefunden wurden.

Reife Früchte

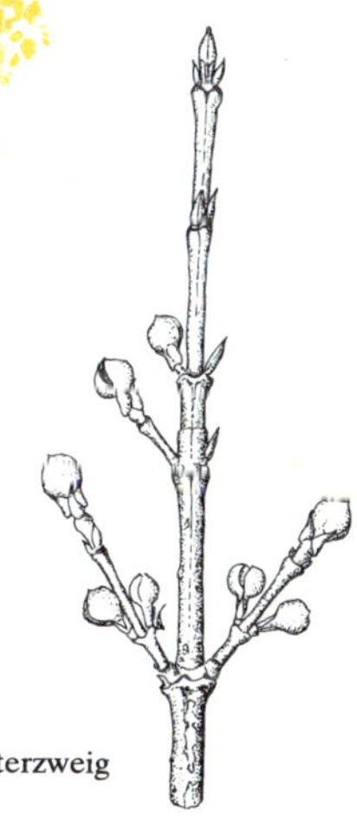

Winterzweig

Hoher, ausladend verzweigter Strauch oder kleiner Baum, 5–8 m hoch.

Blumen-Hartriegel

Hartriegelgewächse

Cornus florida L.

Cornaceae

Seinen wissenschaftlichen Artnamen und verschiedene volkstümliche Namen verdankt der Blumen-Hartriegel seinen auffälligen Blüten, derentwegen er zweifellos schon seit 1730 kultiviert wird. Bis dahin wuchs er autochthon auf dem Gebiet der Staaten von Massachusets bis nach Florida im Osten der USA. Die Westgrenze seiner natürlichen Verbreitung war die Linie zwischen dem kanadischen Ontario und Texas bzw. Ost-Mexiko.

Die Blüten aller Hartriegel sind vierstrahlig radiärsymmetrisch und bilden endständige Blütenköpfchen. Die Hochblätter des Blumen-Hartriegels sind aber auffällig vergrößert, jedes bis zu 5 cm groß. Sie stehen zu viert, sind am Ende ausgeschnitten oder umgekehrt zugespitzt, kronenblattartig rosa, rot oder weiß gefärbt. Sie entstehen bereits im Herbst und schützen die Anlage des künftigen Blütenstandes den ganzen Winter über; die Blüte ist im Mai. Der Blumen-Hartriegel ist ein typischer sogenannter „großblütiger" Hartriegel, zu denen auch der ostasiatische *C. kousa* HANCE und der nordamerikanische *C. nuttalii* ANDUB. zählen. Alle diese Hartriegel stellen ziemlich hohe Ansprüche; sie benötigen tiefe und nährstoffreiche Böden. Man vermehrt sie, vor allem die farbigen oder nickendblütigen Kultursorten, durch Okulieren im März. Das Holz des Blumen-Hartriegels ist hellbraun oder rötlich, dicht, hart und schwer. Er läßt sich nur schlecht bearbeiten und dient hauptsächlich zu Drechslerarbeiten.

Herbstfärbung

Hohe Sträucher oder niedrige Bäume 5–8 m; die Gartensorte 'Pendula' hat hängende Äste.

Hartriegelgewächse

Blutroter Hartriegel

Cornaceae

Cornus sanguinea L.

Die Hartriegelgewächse haben nicht nur zu den Familien der Hortensien- *(Hydrangeaceae)* und Geißblattgewächse *(Caprifoliaceae)* phylogenetische Bindungen, sondern werden auch u.a. mit den Doldengewächsen *(Apiaceae)* und Araliengewächsen *(Araliaceae)* in einer gemeinsamen Ordnung *Apiales* zusammengefaßt. Viele anatomische Eigenschaften rechtfertigen es, die Hartriegelgewächse als eine völlig selbständige Entwicklungslinie aufzufassen, was viele Botaniker zur Teilung der großen Gattung *Cornus* in mehrere kleinere veranlaßte. Die wichtigsten Gründe für diese Teilung waren Bau des Blütenstandes, Form von Früchten und Steinen und nicht zuletzt auch biochemische Unterschiede. So wurde auch die Gattung *Swida* begründet, zu denen z. B. *C. sanguinea* und *C. alba* L. gerechnet werden. Beide Arten haben ausgeprägt purpurrote Äste (am deutlichsten im Winter und Vorfrühling) und unterscheiden sich vor allem in der Farbe der Früchte, die bei *C. sanguinea* bläulich, beim Weißen Hartriegel, *C. alba,* weißlich sind. Die erste ist eine Sammelart, deren Angehörige sich vor allem in der Form der Blätter unterscheiden. *C. sanguinea* ist ein Gehölz mit breiter ökologischer Anpassungsfähigkeit. Er wächst sowohl im feuchten Tiefland als auch im Bergvorland auf sonnigen Hängen und Weideflächen oder in den Bergen bis 900 m. Der Blutrote Hartriegel ist, mit Ausnahme des hohen Nordens, über einen Großteil Europas von Portugal bis Mittelrußland verbreitet. Der häufig gezogene *C. alba* stammt aus Sibirien, der Mandschurei und Korea; er ist seit 1741 in Zucht. In den USA wächst der verwandte *C. sericea* L., deren Kultursorte 'Flaviramea' im Winter kräftig gelb gefärbte Äste hat. Gemeinsame Anpflanzungen dieser Hartriegelarten wirken auch im Winter sehr dekorativ.

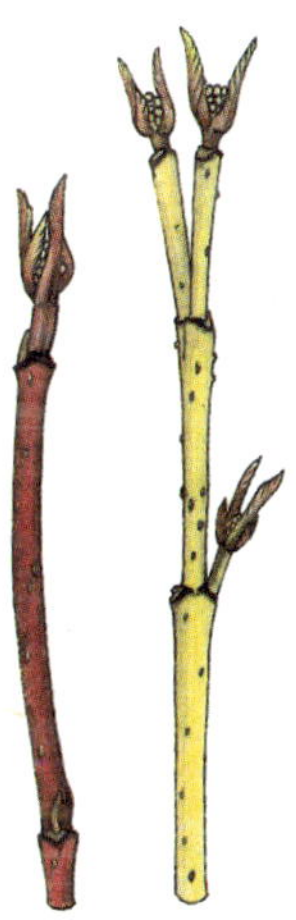

Winterzweig von *C. alba* (links) und *C. sericea* 'Flaviramea' (rechts)

Bis 3 m hohe Stäucher, auf feuchtem Untergrund große Gruppen bildend.

C. alba, Fruchtstand

Gemeiner Efeu

Hedera helix L.

Araliengewächse

Araliaceae

Fertiler, fruchtender Zweig

Steriler Zweig mit Haftwurzeln

Der Gemeine Efeu gilt allgemein als ein Tertiärrelikt; Fossilien zufolge war die Gattung *Hedera* auf der Nordhalbkugel früher stärker vertreten, wie z. B. oligozäne Abdrücke aus Frankreich beweisen. Er gehört zu den Araliengewächsen, einer Familie, die vorwiegend tropische und subtropische Gehölze bzw. Krautpflanzen umfaßt. Die Gattung *Hedera* ist eine Ausnahme; ihre 6 Arten wachsen in der gemäßigten Zone Europas und Asiens. Hier reicht sie weit nach Norden, in Norwegen z. B. bis zum 60.Breitengrad. Efeu wächst sowohl in schattigen mesophilen Laubmischwäldern als auch in warmen Spitzeichenwäldern.

Der Gemeine Efeu enthält eine Reihe von Stoffen, vor allem Saponine (Hederin), derentwegen er als Heilpflanze genutzt wird. Sie beeinflussen den Tonus der Blutgefäße und die Herztätigkeit, wirken abtötend auf Parasiten und äußerlich desinfizierend. Sie sind stets nur unter ärztlicher Aufsicht anzuwenden, da frische Blätter zu Hautreizungen und Vergiftungen führen können.

H. helix ist in Europa beheimatet. Es ist ein immergrüner Wurzelkletterer mit einer ausgeprägten sogenannten Heterophyllie: Die Blätter der sterilen Triebe sind handförmig 3–5fingerig geteilt, während an den blühenden Trieben einfache, ungeteilte, ganzrandige, länglich zugespitzte Blätter sitzen. Die starke Veränderlichkeit des Efeulaubs führte zur Züchtung von einigen Dutzend buntblättriger bzw. gekrauster Kultursorten. Die radiärsymmetrischen, grünen Zwitterblüten sitzen in endständigen Dolden zusammen. Blütezeit ist im September, die Früchte sind dunkle Beeren.

Rankende, holzige Liane mit Haftwurzeln; die Sproßlänge ist von der Unterlage abhängig und kann 30 m erreichen.

Araliengewächse

Araliaceae

Baumaralie

Aralia spinosa L.

Aralien sind Gehölze, die in jeder Umgebung exotisch aussehen. Die meisten Arten stammen aus den Tropen, vor allem aus der indomalaiischen Region, ähnlich wie auch viele andere Pflanzen aus der Familie *Araliaceae*. Sie sind eine entwicklungsmäßig alte Familie unter den höheren Pflanzen, insbesondere den Gehölzen.

A. spinosa ist ein baumwüchsiger Strauch mit wenig verzweigten und mit dicken Dornen bewehrten Sprossen, die normalerweise erst in der Gipfelregion einen Busch aus flächig angeordneten, wechselständigen, sommergrünen Blättern tragen. Diese Blätter sind auch ihr größter Schmuck. Sie sind bis 80 cm lang, 1–3fach fiederblättrig geteilt, mit bis zu 25 cm langen Stielen. Die oft gehaltene ostasiatische *A. elata* (MIQ.) SEEM. hat Blätter mit ansitzenden Teilblättchen, während sie bei *A. spinosa* kurz gestielt sind.

Die kleinen Blüten sitzen in Dolden, die wiederum große, halbkugelige Rispen bilden. Sie blühen recht lange während des Hochsommers, Ende Juli und August. Die Früchte sind schwarze, beerenförmige Steinfrüchte mit 2–5 Steinen.

A. spinosa stammt aus Nordamerika vom Gebiet zwischen Süd-Pennsylvania, Indiana und Ost-Iowa bis nach Florida und Ost-Texas; gezogen wird sie seit 1688. *A. elata* ist erfahrungsgemäß für die niedrigen europäischen Temperaturen widerstandsfähiger. Aus ihr wurden auch mehrere Kultursorten gezüchtet. Aralien vertragen Sonne und auch Halbschatten, Beschattung bekommt vor allem jungen Pflanzen.

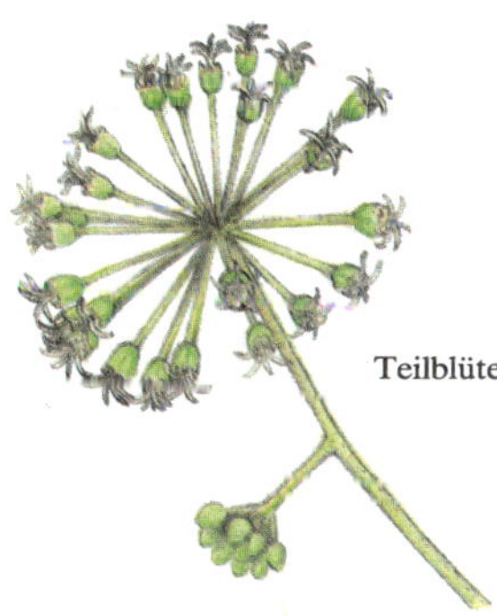

Teilblütenstand, vergrößert

7–15 m hohe, gartenwüchsige Sträucher mit „palmenartigem" Aussehen; kurioses Gehölz, für moderne Architekturformen geeignet, ansonsten für Sammlungen.

Stechpalme, Hülse, Hulst

Stechpalmengewächse

Ilex aquifolium L.

Aquifoliaceae

Blatt von
'Argenteo-Marginata'

Stechpalmen sind meist immergrüne Sträucher bzw. Bäume der gemäßigten und tropischen Zonen beider Hemisphären. Bislang werden in dieser annähernd kosmopolitischen Gattung mehr als 400 Arten unterschieden. Von dieser großen Anzahl ist wohl die Stechpalme am stärksten ins allgemeine Bewußtsein eingegangen, nicht nur wegen ihrer weitgehenden Winterhärte, die es erlaubt, dieses sehr dekorative Gehölz auch in Gebieten mit rauhem Klima zu ziehen, sondern vor allem deshalb, weil sie in England und anderen englischsprachigen Ländern zu einem traditionellen Weihnachtssymbol geworden ist. Die Heimat der Stechpalme sind West- und Südeuropa (in Gebieten mit ozeanischem Klima geht sie bis an die Nordgrenze der gemäßigten Zone), Nordafrika, der Kaukasus und Transkaukasien, der Nordiran und einige Gebiete in China. Sie wächst vorwiegend in Laubwäldern und -gebüschen und geht hoch in die Berge hinauf. In die USA gelangte sie wahrscheinlich schon mit den ersten englischen Siedlern.

Die Stechpalme wirkt vor allem durch ihre harten, immergrünen, an den Rändern stachelig gezähnten Blätter dekorativ. Blattform und -farbe sind sehr variabel, so daß die meisten Kultursorten von solchen Abweichungen stammen. Weite Verbreitung hat z. B. die buntblättrige Kultursorte 'Argenteo-marginata'. Die achselständigen, vierstrahligen, angenehm duftenden, weißen Blüten öffnen sich im Mai und Juni; ab September färben sich die Früchte allmählich rot. Es sind Steinfrüchte mit ausdauerndem Kelch und vier Steinen, die dichtgedrängt an den Zweigen stehen und weit bis ins neue Jahr aushalten.

Auf der Südhalbkugel konkurriert *I. paraguariensis* ST.-HIL. mit der Beliebtheit der Stechpalme. Aus ihren Blättern wird der berühmte Matetee hergestellt.

5–15 m, ausnahmsweise auch 25 m hoher Baum mit schmal pyramidenförmiger Krone.

Baumwürgergewächse

Celastraceae

Baumwürger

Celastrus scandens L.

Die meisten der 150 *Celastrus*-Arten wachsen in Ostafrika und Australien. *C. scandens* stammt aber aus Nordamerika, wo das Gehölz von Kanada bis nach Süddakota und Neumexiko vorkommt. In Kultur wird es seit 1736 gehalten. Diese holzige Liane wird für eine der schönsten Kletterpflanzen Nordamerikas gehalten. Eine naturgemäße Vorbedingung für die dekorative herbstliche Fruchtreife ist die Pflanzung von beiden Geschlechtern der zweihäusigen Art. Nur so ist gewährleistet, daß eine Befruchtung der weiblichen Pflanzen erfolgt. *C. scandens* ist eine Liane mit wechselständigen, sommergrünen, kerbzähnigen Blättern und kleinen gelbgrünen, fünfstrahligen Blüten, die im Juni in endständigen Rispen erscheinen. An den weiblichen Exemplaren reifen nach der Befruchtung leuchtend gelbe Früchte (dreikammerige Kapseln) heran, die Samen mit einem leuchtend roten Samenmantel (Arillus) enthalten.

C. scandens ist ein nicht alltägliches, vor allem auf feuchten Böden üppig wachsendes Gehölz. In Uferwäldern klettert es hoch in die Bäume hinauf und bildet dort einen dichten Bewuchs. Wenn es an Nadelhölzern emporklettert, bringt es diese zum Absterben, da es ihnen das Licht nimmt. Die Art läßt sich gut aus Samen ziehen; seltener wird sie aus Wurzelstecklingen vermehrt. Sie hat ein tiefreichendes Wurzelsystem, das zur Befestigung von Ufern beiträgt. In Gärten läßt sie sich zur Bepflanzung von Pergolen und Lauben oder an Drähten bzw. Spalieren, zur Bedeckung von Wänden und Gebäuden verwenden.

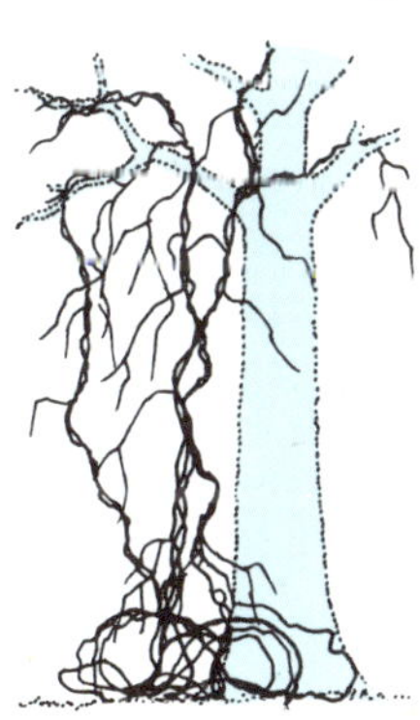

Windend kletternde Liane, die eine Stütze benötigt; Sproßlänge bis über 10 m.

Samen mit Arillus nach Abfallen der gelben Kapselwand

Europäisches Pfaffenhütchen,

Gemeiner Spindelstrauch

Baumwürgergewächse

Euonymus europaeus L.

Celastraceae

Die Pfaffenhütchen sind unscheinbare Gehölze, doch sind sie wichtige Vertreter ökologisch unterschiedlichster Pflanzengesellschaften. Sie wachsen als Unterholz in Laub- und Mischwäldern, sogar in ausgesprochen wärmeliebenden Waldsteppenformationen; genau so gut gedeihen sie in feuchten Auen. Auch in entwaldeten Landschaften gehören sie zu den häufigen Gehölzen. Hier überwuchern sie oft Feldraine, wachsen auch an Wegen, in Gärten und Parks.

Das Pfaffenhütchen ist ein Strauch mit in der Jugend grünen, rundlichen, später braunen, vierkantigen oder sogar geflügelten Zweigen. Die gegenständigen, bis 10 cm langen Blätter haben einfache, gestreckt lanzettliche Spreiten. Die blattachselbürtigen Blütenstände bestehen aus 3–9 blaßgrünen, meist zweigeschlechtlichen Blüten. Die Früchte sind vierkantige Kapseln, deren Samen von einem orangefarbenen Samenmantel umgeben sind. Das Holz des Pfaffenhütchens, das gelblich, dicht und hart ist, wird vielseitig verwendet. Es diente zur Herstellung von Werkzeug, in der Schnitzerei und für Einlegearbeiten; auch wurden aus ihm Pfeifenrohre gemacht. Kurioserweise hat Spindelstrauchholz nahezu eine Monopolstellung als Zahnstochermaterial (vor allem in Süd- und Mitteleuropa). Weiterhin diente es zur Herstellung von Schuhmacherstiften und Malerwinkeln.

E. europaeus wächst in ganz Europa von Großbritannien über den Mittelteil des europäischen Rußlands hinaus, im Norden bis Südskandinavien, im Süden bis nach Kleinasien und an die Südküste des Kaspischen Meeres. Eine andere europäische Art, das Warzen-Pfaffenhütchen *E. verrucosus* SCOP. ist vor allem an seiner dicht braunschwarz bewarzten Borke der Jungtriebe erkennbar. Es ist ein wärmeliebendes, eher osteuropäisches Gehölz, dessen Areal noch nach Italien und auf den Balkan, im Osten bis zum Ural reicht.

2–3 m hoher Strauch, ausnahmsweise kleiner Baum bis 5 m.

Baumwürgergewächse

Celastraceae

Japanisches Pfaffenhütchen, Spindelbaum

Euonymus sachalinensis (F. SCHMIDT)MAXIM.

Spindelbäume sind sehr alte Gehölze; daher wachsen sie auch auf dem ganzen Erdball, auch wenn die meisten aus Ostasien, namentlich aus China bekannt sind. Eine Art stammt aus Australien, in Südamerika und dem größten Teil des afrikanischen Kontinents sind sie nicht vertreten. Die Spindelbäume werden in zwei Untergattungen, *Euonymus* und *Kalonymus* unterteilt, die sich auf den ersten Blick schon durch die Knospenlänge unterscheiden. Die Knospen der ersten sind kleiner und eiförmig, die charakteristischen Früchte sind nur ganz selten geflügelt (vergl. *E. europaeus*), die Knospen der zweiten sind auffällig groß und lang zugespitzt, die Früchte sind normalerweise geflügelt.

Der Spindelbaum und das südeuropäische Breitblättrige Pfaffenhütchen *E. latifolius* (L.) MILL. sind typische Vertreter der Untergattung *Kalonymus*. *E. sachalinensis* wurde von der Insel Sachalin beschrieben, doch wächst er auch in Japan, auf der koreanischen Halbinsel und in Nordchina. Er ist ein vitales Gehölz mit verkehrt eiförmigen, gegenständigen, 8–12 cm großen, glattstieligen Blättern, fünfstrahligen Blüten und nur angedeuteten Flügeln an den dunkelroten Früchten. Auch außerhalb seines natürlichen Verbreitungsareals wächst er gut, akklimatisiert sich rasch und verjüngt sich auf natürliche Weise. Nach Europa wurde er 1892 gebracht.

E. latifolius wächst natürlich in Südeuropa und Kleinasien und wird seit 1730 auch außerhalb seines Areals in Gärten gehalten. Es ähnelt dem Spindelbaum von der Insel Sachalin weitgehend, welcher ursprünglich nur als seine Varietät angesehen wurde.

Fruchtstand

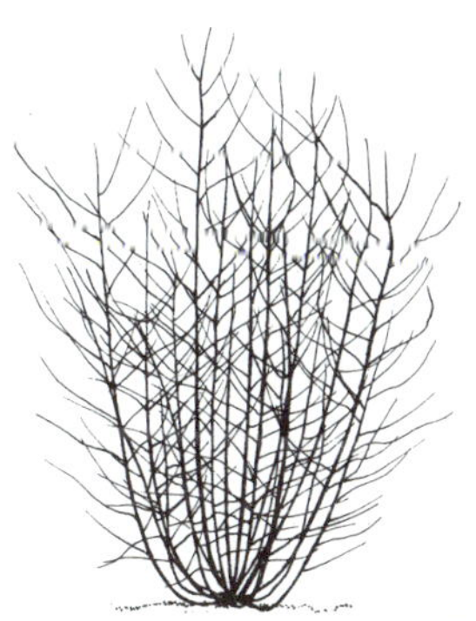

Stattliche Sträucher, 2–4 m hoch; geeignet für freiwachsende Hecken.

Echter Kreuzdorn, Purgier-Kreuzdorn

Kreuzdorngewächse

Rhamnus catharticus L.

Rhamnaceae

Die Kreuzdornarten der Gattung *Rhamnus* (etwa 150, vorwiegend ostasiatische Arten) haben schuppenbedeckte Knospen und vierstrahlige, eingeschlechtliche Blüten, die meist im Juni erscheinen und sind unvollkommen zweihäusig. Die sommergrünen Blätter mit 3–4 Nebenaderpaaren stehen mehr oder weniger wechselständig und sind am Rand fein gesägt. Die Zweige enden manchmal in scharfen Sproßdornen.

Die Heimat des Echten Kreuzdorns ist Europa sowie die angrenzenden Gebiete Westasiens und Nordafrikas. Da es sich um eine Heilpflanze handelt, wird der Kreuzdorn schon seit Menschengedenken kultiviert und wurde auch von Einwanderern nach Nordamerika gebracht, wo er sich voll eingebürgert hat. In Europa wächst er auf sonnigen Steinhängen, in Gebüschen, in lichten Wäldern, aber auch an Bachufern.

Die Naturheilkunde verwendet Blüten und vor allem Früchte des Kreuzdorns als mildes Abführmittel mit schwächerer Wirkung als die Rinde des Faulbaums. Die Früchte werden auch als Färbemittel verwendet: ihr Saft liefert nach Zugabe von Alaun ein sattes Grün. Trotzdem färbt sich beim Kauen reifer Früchte der Speichel blau bis dunkelbraun, während er sich beim Zerkauen der verwandten Faulbaumfrüchte grünbraun färbt.

Der Kreuzdorn ist weder durch sein Aussehen noch durch sonstige Eigenarten besonders attraktiv. In der Gartenarchitektur wird er kaum genutzt, doch ist er geeignet zur Gestaltung von Feldgehölzen.

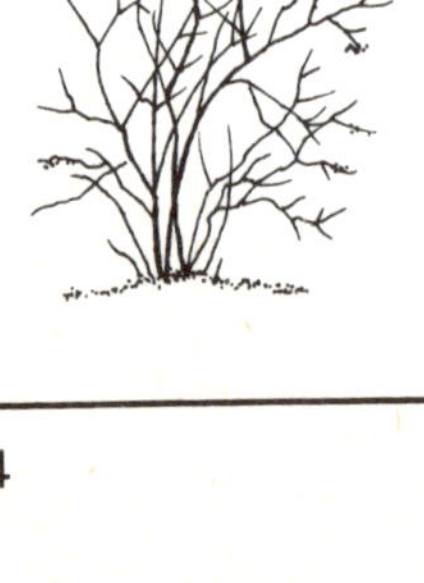

3 (–5) m hoher, unregelmäßig verzweigter Strauch.

Kreuzdorngewächse

Rhamnaceae

Faulbaum

Frangula alnus MILL.

Der Faulbaum wird von vielen Botanikern mit dem Kreuzdorn zu einer einzigen Gattung *Rhamnus* zusammengefaßt, doch unterscheidet er sich von diesem in einigen Merkmalen, wie z. B. durch kahle Knospen und radiärsymmetrische, fünfstrahlige Zwitterblüten, die Ende Mai und Juni blühen. Die schwarze Steinfrucht enthält drei einsamige Steine. Die meisten Faulbaumarten stammen aus Amerika.

F. alnus ist in Europa, Westasien und Nordafrika zu Hause und gehört ins Unterholz von Laub- und Nadelwäldern, Waldrändern, Uferdickungen, Auen- und Riedbeständen sowohl in der Tiefebene als auch in den Bergen. Manchmal besiedelt er spontan Waldlichtungen und wird so in den Forsten zu einem lästigen Gehölz. Der Faulbaum hat wechselständige, ganzrandige Blätter mit 6–8 Nebenaderpaaren.

Der Faulbaum ist ein altes, bis heute in der Naturheilkunde genutztes Gehölz. Als Droge dient die getrocknete Rinde der jungen Zweige. Sie enthält 7% Anthrazenderivate, Flavone, Gerbstoffe, Wachse, Mineralstoffe, Spuren von 6 zyklischen Stickstoffverbindungen usw. Diese Droge ist ein sehr wirkungsvolles Abführmittel, doch darf sie nicht in frischem Zustand eingenommen werden! Vor Anwendung muß sie erst ein Jahr lang gelagert oder 1 Stunde lang auf 100 °C erwärmt werden, sonst ruft sie Erbrechen hervor. Sporadisch wurden auch Faulbaumfrüchte angewendet, deren Wirkung jedoch noch rund zehnmal stärker ist.

In Nordamerika besitzt *F. purshiana* (DC.) J. G. COOPER ähnliche Eigenschaften.

3–7 m hohe, unregelmäßig verzweigte Sträucher; bedeutsam für Landschaftsgestaltung und Pharmazie.

Weinrebe, Echter Weinstock

Weinrebengewächse

Vitis vinifera L.

Vitaceae

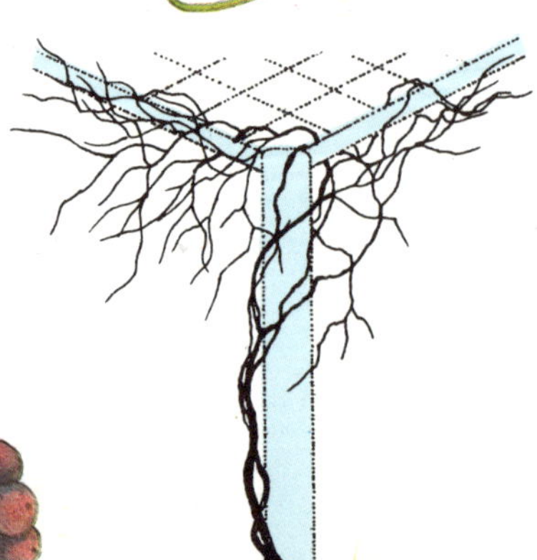

Die Gattung *Vitis* umfaßt rund 60, vorwiegend in der gemäßigten Zone der Nordhalbkugel wachsende Arten. Sie sind Klettergehölze mit Blattranken, die immer gegenüber den wechselständigen, langstieligen, gelappten Blättern wachsen. Diese Ranken wachsen nach einem ganz bestimmten Schema: gegenüber jedem dritten Blatt fehlen sie. Die regelmäßigen Blüten bilden dichte Rispen; Blütemonate sind Mai und Juni. Die Kelche sind fünflappig, die Kronblätter gelbgrün; mit dem Aufblühen fallen sie ab. Die Frucht ist eine Beere.

Es ist recht schwierig, den Ursprung einer Pflanze ausfindig zu machen, die schon so lange die Menschheit begleitet. Mutmaßlich stammt sie aus dem Kaukasusgebiet, anderen Meinungen zufolge ist die Heimat der wilden Rebe auf der Pyrenäenhalbinsel oder in Turkestan zu suchen. Relikte und Abdrücke von Reben aus verschiedenen geologischen Schichten beweisen, daß diese Pflanzen im Tertiär auch viel weiter nördlich wuchsen als heute. Als Stammutter der Kulturreben gilt allgemein die Wilde Weinrebe, *V. vinifera* ssp. *sylvestris* (GMEL.) BEGER, während die Kulturreben in die Unterart ssp. *vinifera* eingereiht werden.

Kulturreben haben immer Zwitterblüten; wilde Reben sind zweihäusig, eingeschlechtlich, bringen also männliche und weibliche Pflanzen hervor. Die Trauben, richtiger gesagt ihre Beeren, sind bei den wilden Reben dreisamig, während Kulturreben immer höchstens zweisamige Beeren, haben. Im Laufe der Jahrtausende wurden bisher zwischen 2000 und 5000 Rebenkultursorten herausgezüchtet.

Klettergehölz mit Blattranken und mit viele Meter langen Sprossen; in Kultur meist als Kurzform gehalten.

Weinrebengewächse

Vitaceae

Coignet-Rebe

Vitis coignetiae PEDLIAT ex PLANCH.

Beruht der Ruhm der echten Weinrebe auf ihren Früchten, so verdankt die Coignet-Rebe ihre Beliebtheit den außerordentlich großen Blättern mit hohem Deckeffekt. Sie ist eine der härtesten Reben, selbst in inversen Tallagen frostresistent. Ihr Wuchs ist sehr kräftig; vor dem Blattfall im Herbst verfärbt sich ihr Laub kräftig scharlachrot, weswegen sie den Gärtnernamen „Crimson Glory Vine" erhielt. In dieser Rebe ist der Name einer Mme.COIGNET aus Lyon verewigt, doch stammt sie ursprünglich aus Japan und wird erst seit 1875 in Europa gehalten.

Die bis 25 cm großen Blätter der Coignet-Rebe sind nicht oder nur schwach gelappt, eiförmig, grob gezähnt und unterseits flockig braun befilzt. Sie blüht im Juni. Die Blütenstände unterscheiden sich nicht sonderlich von denen anderer Reben, die kleinen Früchte eignen sich jedoch nicht zum Verzehr. Lange haben Naturforscher eine Erklärung für die Herkunft der Ranken gesucht, mit denen sich die Reben an der Unterlage festhalten. Aufgrund einer Hypothese von ALBERTUS MAGNUS aus dem 13. Jahrhundert nehmen sie an, daß die Ranken umgebildete Blütenstände sind. Zu dieser Umbildung konnte es bei einem Umschwung zu einem feuchten und kühlen Klima kommen, in dem Wälder dominieren. Die lichtliebenden Reben konnten nur überleben, indem sie in die Baumkronen hinaufkletterten; die Blütenstände der unteren Stockwerke hatten dadurch keine Chance zu reifen; aus ihnen entwickelten sich Ranken.

In feuchter Umgebung kommt, ähnlich wie die Coignet-Rebe, auch die kleinblättrige nordamerikanische *V. riparia* MICHX. aus den Gebüschen der Bach- und Flußauwälder zu Geltung.

V. riparia, Blatt

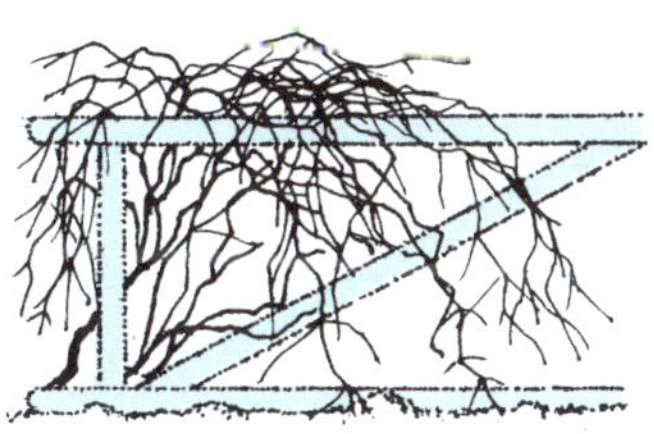

Rankende Liane mit langen, verflochtenen Trieben und Sprossen, manchmal viele Meter lang.

Fünfblättrige Zaunrebe, Wilder Wein

Weinrebengewächse

Parthenocissus quinquefolia (L.)PLANCH.

Vitaceae

P. tricuspidata, Blätter im Herbst

Die Lianen der Gattung *Parthenocissus* sind zwar Reben und doch wieder nicht – die Zugehörigkeit zur Familie der *Vitaceae* sowie eine Reihe gemeinsamer morphologischer Eigenschaften weisen zwar darauf hin, doch lehnt die Praxis diese Bezeichnung ab. So wird die Zaunrebe im Volksmund häufig als „Wilder Wein" bezeichnet, da sie nicht viel Nutzen bringt. Trotzdem leistet die Fünfblättrige Zaunrebe dem Menschen gute Dienste. Sie ist ein ausgezeichneter Decker für Zäune, Böschungen und Lauben. Ihre wechselständigen, sommergrünen Blätter sind fünfzählig gefiedert, mit gestreckt spindelförmigen, bis 10 cm langen Teilblättern, die sich im Herbst normalerweise dunkelrot verfärben. Die 5–8armigen Ranken sind wahrscheinlich umgebildete Zweige. Findet die Zaunrebe keine Klettermöglichkeit, wächst sie auch als guter Bodendecker, besonders an Dämmen und Aufschüttungen; an solchen Stellen findet man sie auch oft verwildert. Sie stammt aus Nordamerika vom Gebiet zwischen Neufundland, Florida, Ohio und Illinois; kultiviert wird sie seit 1622.

Die radiärsymmetrischen Blüten sind zu blattachselbürtigen Rispen organisiert; die Früchte sind kleine, bereifte, blauschwarze Beeren.

An Mauern, Zäunen und Hauswänden wird in Europa seit 1862 die Dreiblättrige Zaunrebe *P. tricuspidata* (SIEB.et ZUCC.) PLANCH. mit ungeteilten, hochglänzenden, sich im Herbst kräftig rotfärbenden Blättern gepflanzt; ihre Ranken besitzen zu Saugnäpfen umgestaltete Enden („selbstkletternd"). Sie stammt aus Japan und Zentralchina.

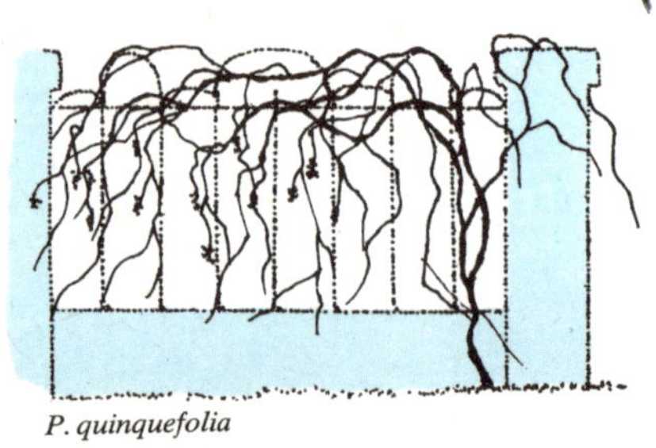

P. quinquefolia

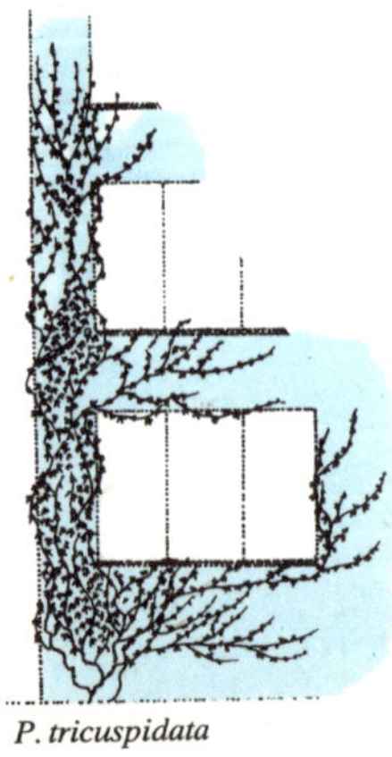

P. tricuspidata

Windende, klimmende oder selbstkletternde Lianen; Länge vom Bodentyp abhängig.

Ölbaumgewächse

Oleaceae

Gemeiner Flieder

Syringa vulgaris L.

Flieder sind größtenteils sommergrüne Gehölze, deren ca. 30 Arten vorwiegend in Asien, einige auch in Südosteuropa wachsen. Am meisten wird wohl der Gemeine Flieder in Gärten und Parks gepflanzt: in England schon über 300 Jahre, in Westeuropa bereits seit 1563. In Südosteuropa (Bulgarien, Serbien, Mazedonien) und Kleinasien, wo die Art ein ursprüngliches Florenelement darstellt, wurde dieser auffällige Strauch schon früher gezogen; daher läßt sich sein gesamtes ursprüngliches Areal nur sehr schwer eingrenzen. Die ältesten Kulturflieder unterschieden sich kaum von den Wildformen. Sie zeichneten sich durch reiche Wurzeltriebe aus, so daß ganze Gebüsche aus einem einzigen Individuum bestehen können. Wegen des angenehmen Dufts haben sich die Flieder auch bald im europäischen und amerikanischen Gartenbau durchgesetzt; vor allem in Frankreich waren sie sehr beliebt.

Zu den klassischen Fliederblütenfarben gehört Lila, doch wurden durch Kreuzungen und Selektion Sorten von Blau über Rot bis Weiß hervorgebracht; das allermodernste sind heute gelbblütige Flieder. Diese Kultursorten werden meist durch Pfropfung vermehrt. Der Gemeine Flieder, seine Sorten und Kreuzungen blühen im ersten Maidrittel, erst dann folgen weitere, vor allem asiatische Fliederarten. Als einer der letzten blüht der nicht gerade angenehm duftende *S. amurensis* RUPR. aus Fernost.

S. amurensis, Blütenstand

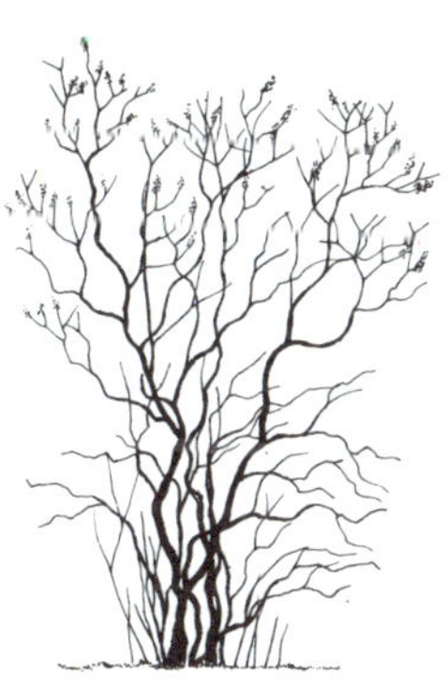

S. vulgaris

S. amurensis

Hohe Sträucher (4–5 m) oder niedrige Bäume.

Hängende Forsythie, Goldweide

Ölbaumgewächse

Forsythia suspensa (THUNB.)VAHL

Oleaceae

F. × intermedia

Die ostasiatischen Forsythien sind heute als Frühlingsboten fast überall in Europa nicht mehr wegzudenken. Die erste wissenschaftlich beschriebene Forsythie war *F. suspensa;* in seinem Werk „Flora japonica" hat sie THUNBERG als *Syringa suspensa* aufgeführt. Sowohl in die Gattung *Syringa* als auch in die japanische Flora geriet sie durch einen Irrtum des Autors. Sie stammt nämlich aus China, doch wurde sie bereits lange in Japan gezogen. In Europa erschien sie erstmalig um 1833 (Holland), 17 Jahre später blühte sie bereits in England. Damals kannten die Engländer schon eine andere chinesische Art, die Dunkelgrüne Forsythie *F. viridissima* LINDL. Dann wurden Forsythien schnell (sie vermehren sich gut aus Stecklingen und Senkern) in vielen Gärten und Ländern gezüchtet, so auch in Bern und Göttingen. Diese beiden Städte werden auch als die Wiege einer sehr häufigen Kreuzung aus den beiden erwähnten Forsythien genannt, des Bastards *F.* × *intermedia* ZABEL.

F. suspensa ist ein Strauch mit langen, bogig überhängenden Zweigen. Sie hat sommergrüne, meist dreifiederige Blätter und hohle Sprosse. Die vierstrahligen Blüten wachsen vor dem Blattaustrieb an den Vorjahrstrieben in den Achseln von Kurztrieben zu je 1–3. Sie sind zwitterig, mit kleinem Kelch und tief geteilter, glockenförmig gespreizter Krone. Blütemonate sind März und April. Die Frucht ist eine Kapsel. Bei *F.* × *intermedia* und *F. viridissima* sind die aufstrebenden Zweige mit quer geteiltem Mark gefüllt; die erste hat sowohl einfache als auch dreilappige Blätter, die zweite besitzt nur einfache.

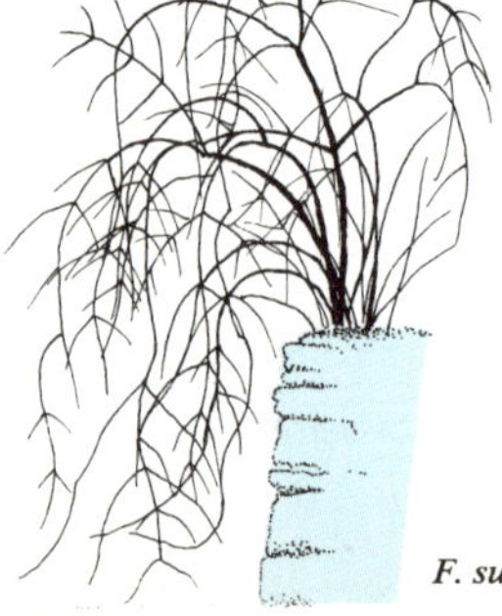

F. suspensa

Sträucher, 2–4 m hoch; anspruchslose Gehölze mit günstiger Blütezeit.

Ölbaumgewächse

Gemeine Esche

Oleaceae

Fraxinus excelsior L.

Die Gemeine Esche gehört zu den charakteristischen Gehölzen einiger europäischer Wälder: der nässeliebenden Pappel- und Ulmen-Eichenwälder, Eschen-Pappel-Auwälder, der Erlenbrüche und Bachuferbestände. Die Esche ist aber anpassungsfähig genug, daß sie aus den Auwäldern auch in andere Gesellschaften überwechselt, z. B. in die Wälder der Schutt- und Blockhalden. Wegen ihrer anmutigen Wuchsform und des geschätzten Holzes wurde sie auch außerhalb der Wälder gepflanzt; über den Ruinen längst untergegangener Ansiedlungen sind die Eschenbestände oft das einzige Zeugnis ehemaliger Besiedlung.

Eschen sind mächtige, spät ausschlagende Gehölze mit rundlichen Zweigen und auffällig samtig schwarz behaarten Winterknospen. Die unpaarig gefiederten, sommergrünen Blätter sind gegenständig und tragen 4–7 Paare ansitzender, scharf gezähnter Teilblättchen. Ihre Blüten sind hüllenlos, entweder zwittrig oder in männliche und zweizählige weibliche unterschieden. Die rein weiblichen Blüten besitzen manchmal eine verkümmerte, vierstrahlige Blütenhülle. Blütezeit ist April und Mai, normalerweise vor dem Laubaustrieb. Die Flügelnüßchen entstehen bald nach der Befruchtung, doch bleiben sie bis zum Herbst am Baum.

Die Blätter enthalten Zucker, ätherische Öle, Flavonglykoside und weitere Stoffe. Als Aufgüsse wirken sie harntreibend und abführend (Sennesblätterersatz), gegen Nierenleiden und Rheumatismus. Die Rinde wurde früher als Chininersatz eingenommen. Eschenholz zeichnet sich vor allem durch hohe Elastizität und Biegsamkeit aus. Aus ihm wurden Kutschen, die Karosserien der ersten Automobile, aber auch die ersten Skier hergestellt.

30–40 m hoher Baum mit breiter (solitär) oder hochangesetzter, schmaler Krone (im Bestand); wichtiges landschaftsbestimmendes Gehölz.

Winterzweig

Fruchtstand

Blumen-Esche, Manna-Esche

Ölbaumgewächse

Fraxinus ornus L.

Oleaceae

Die unscheinbaren, hüllenlosen Blüten der Gemeinen Esche und anderer Arten entgingen allgemein der menschlichen Aufmerksamkeit und so erhielt diese Eschenart einen Namen, der sich auf ihre Blüten bezieht, denn bei dieser sind Zwitterblüten mit vierteiligen Kelchen (ca. 1 mm groß) und 2 bis 4 weißen, bis zu 15 mm langen linearen Kronblättern ausgebildet. In den großen, üppigen Blütenständen potenziert sich dieser Effekt noch, so daß die blühende Blumen-Esche Ende Mai wie eine weiße Wolke aussieht. Die Blütenstände überflügeln sogar für kurze Zeit die bereits vorhandenen, sommergrünen, fiederteiligen, gegenständigen Blätter (manchmal auffällig bis 30 cm lang) mit einer geringeren Teilblattzahl (3–4 Paare) als bei der Gemeinen Esche. Im Winter sind die bläulich bis silbergrau befilzten Knospen ein gutes Unterscheidungsmerkmal.

Die Blumen- oder Manna-Esche ist ein südeuropäisches, bis nach Kleinasien reichendes Gehölz, das auch in den wärmsten Gebieten Mitteleuropas wächst. Kultiviert wird sie mindestens seit dem 18. Jahrhundert, in die USA wurde sie angeblich sogar schon um 1700 gebracht.

Die Bezeichnung „Manna“ verweist darauf, daß aus dem Baum ein so bezeichnetes Naturheilmittel gewonnen wurde. Dies ist der an der Luft getrocknete, durch Einkerben des Stammes gewonnene Saft. Er diente wegen des süßen Geschmacks und der milden Abführwirkung hauptsächlich in der Kinderheilkunde. Man sollte es nicht mit dem arabischen Manna der Tamariske *Tamarix manifera* BUNGE verwechseln; das biblische Manna der Israeliten beim Auszug aus Ägypten stellte wohl die Flechte *Sphaerothallia esculenta* dar, das mittelalterliche Manna war für die Europäer der süße Samen des Wasserschwadens *Glyceria fluitans* (L.) R. BR.

Winterzweig

Mittelhoher Baum (bis 20 m) mit kugeliger Krone; in warmen Gebieten gartenarchitektonisch nutzbar.

Amerikanische Esche, Rote Esche

Fraxinus pennsylvanica MARSHALL

Während in Europa nur zwei Eschenarten heimisch sind, wachsen in anderen Teilen der Nordhalbkugel sehr viel mehr Arten. In dem Gebiet nördlich von Mexiko wachsen 15–17 einander recht ähnliche, verwandte Eschenarten, von denen die sogenannte Rote und Weiße Esche die größte Bedeutung haben.

F. pennsylvanica wächst autochthon von dem Gebiet Neuschottlands über Manitoba nach Süden bis in die Staaten Georgia, Alabama und Missouri. Sie ist eine sehr variable Art, deren wichtigste Erkennungsmerkmale beflaumte Zweige, Blattstiele und Blattunterseiten sind. Die fiederteiligen Blätter haben 7 bis 9 kurzstielige, gestreckt lanzettliche und kerbzähnige oder ganzrandige Fiederblättchen; die Blattunterseite ist papillenfrei. Die Winterknospen sind rotbraun befilzt, die Hauptknospe spitz, die Seitenknospen rundlich. Die Bäume sind zweihäusig, auch wenn sich in Ausnahmen an manchen Exemplaren zweigeschlechtliche Blüten finden. Die Flügel reichen etwa bis zur Hälfte des Samens.

F. americana L. hat flaumlose Zweige und Blätter, letztere haben an der Unterseite Papillen. Die Winterknospen sind stumpf gerundet, die Seitenknospen dreikantig zugespitzt. Der Flügel läuft nicht am Samen herab. Diese Weiße Esche wächst in dem Gebiet von Neuschottland und Minnesota bis nach Florida und Texas. In Kultur ist sie seit 1724, *F. pennsylvanica* seit 1783.

Diese beiden wichtigen amerikanischen Eschen sind eng miteinander verwandt. Sie umfassen eine ganze Reihe innerartlicher Taxa. Beide Arten werden aus Samen gezogen, ihre Kulturformen wie z. B. *F. pennsylvanica* 'Aucubaefolia' mit gescheckten Blättern durch Pfropfung vermehrt.

F. americana, Blätter

F. pennsylvanica ist ein schlanker Baum bis 20 m, *F. americana* ist ausladender bis 40 m.

F. americana, Winterzweig

Winterjasmin

Ölbaumgewächse

Jasminum nudiflorum LINDL.

Oleaceae

Die Jasmin-Arten sind in erster Linie wegen ihrer duftenden ätherischen Öle bekannt, die in der Kosmetik, aber auch zum Parfümieren von Tees verwendet werden. Dazu dienen vor allem die Blüten der ost- und südasiatischen Arten *J. sambac* (L.)AIT., *J. grandiflorum* L., *J. odoratissimum* L. und des iranischen *J. officinale* L. Die Gattung *Jasminum* ist aber ziemlich artenreich – rund 200 wachsen in den Tropen und Subtropen der Alten Welt, aber auch in Australien, Mikronesien, im Mittelmeerraum, ja eine sogar in Peru.

Wärmeliebende Jasmine sind aber auch in die weiter nördlich gelegenen europäischen und amerikanischen Gärten vorgedrungen. Der erste war wohl *J. fruticans* L., ein um 1570 importierter, immergrüner oder halbimmergrüner Strauch mit wechselständigen Blättern. Zum Ende des 18. Jahrhunderts folgten weitere Arten. Selbstverständlich gilt das nicht für den echten Weißen Jasmin *(J. officinale)* aus dem Nahen Osten, der schon seit Menschengedenken Kulturpflanze ist. Relativ widerstandsfähig und vor allem wegen der Blütezeit (von Dezember bis März) interessant ist der gelbe Winterjasmin *(J. nudiflorum)*, ein sommergrüner, rutig wachsender Strauch mit grünen, kantigen Zweigen und gegenständigen, dreizählig gefiederten Blättern. Er stammt aus China und wird etwa seit 1844 in Europa gehalten. Wegen seiner geringen Winterhärte empfiehlt sich eine Abdeckung der Wurzeln und eine gut geschützte Lage an einer Süd- oder Südwestwand. Er treibt jedoch auch nach tiefem Zurückfrieren wieder aus.

Bogig verzweigtes, ohne Unterlage niederliegendes Gehölz mit bis zu 3 m langen Trieben; winterblühendes Ziergehölz.

Ölbaumgewächse

Rainweide, Gemeiner Liguster

Oleaceae

Ligustrum vulgare L.

Liguster sind sommergrüne, seltener auch immergrüne oder halbimmergrüne Sträucher mit gegenständigen, normalerweise ledrigen, ganzrandigen Blättern an kurzen Stielen. Ihre Zwitterblüten sind in endständigen Blütenständen zusammengerückt, die wie kleine Fliederrispen aussehen. Die Blüten sind vierstrahlig, meist lang röhrenförmig verwachsen. Nach der Blüte (Juni bis Juli) entwickeln sich aus ihnen schwärzliche Beeren.

Der Gemeine Liguster ist ein wärmeliebendes, auf sonnigen, vorwiegend auf Kalkstein liegenden Hängen in der Gesellschaft der Spitzeichenformation oder in Gebüschen und auf Weiden gemeinsam mit Berberitzen wachsendes Gehölz. Es ist überall in den wärmeren Landstrichen Europas einschließlich Großbritanniens, aber auch in Nordafrika anzutreffen. Die meisten übrigen Arten (ca. 50) stammen aus Ost- und Südostasien sowie Australien.

Im Gewebe des Gemeinen Ligusters wurde das Glykosid Ligustrin festgestellt. In den USA wurden vor Jahren Vergiftungsfälle von Pferden nach dem Verzehr einer größeren Ligustermenge verzeichnet und es ist nicht ausgeschlossen, daß vor allem die Beeren auch kleinen Kindern gefährlich werden können. Den Vögeln schaden sie nicht; sie sorgen daher auch am meisten für die Verbreitung in der Landschaft. In Kultur vermehrt man den Gemeinen Liguster am besten aus krautigen Sommerstecklingen, die ohnehin beim Heckenschnitt anfallen. Der Gemeine Liguster ist wohl wirklich das beste Gehölz für Hecken, vor allem für geformte Hecken. Vielleicht haben ihn deshalb schon die ersten Siedler mit in die Neue Welt genommen. Heute gilt er in den Oststaaten der USA als eingebürgert.

Frei wachsend 2–5 m hoher Strauch; anspruchsloses Gehölz für geformte Hecken. Giftverdächtig!

Schmalblättrige Ölweide

Ölweidengewächse

Elaeagnus angustifolia L.

Elaeagnaceae

Die Schmalblättrige Ölweide ist eine uralte, vor allem im Kaukasus und Zentralasien gezogene Kulturpflanze. Zwar ist sie heute kein Obstgehölz mit großer Bedeutung mehr, doch hat sie früher eine wichtige Rolle gespielt. Im Zeitalter des Karawanenverkehrs diente sie auf den Zügen durch die asiatischen Wüsten und Halbwüsten als wichtige Nahrung. Die Früchte enthalten nämlich etwa 10% Eiweiß, Glukose, Fruktose und Mineralstoffe, die Blätter Vitamin C. Auf die Reisen wurden getrocknete Früchte mitgeführt (mit Oliven oder Datteln vergleichbar), die den Transport aushielten, ohne zu verderben. Aus dem mehligen Fruchtfleisch wurden Suppen und Breie zubereitet sowie Lebkuchen gebacken. Die Früchte dienten auch zur Herstellung von verdauungsregulierenden Naturheilmitteln und zur Alkoholdestillation. Aus dem Holz wurden in dieser sonst waldlosen Region Werkzeuge und Musikinstrumente hergestellt, die Blüten werden bis auf den heutigen Tag in der Kosmetik, das Gummiharz der Stämme in der Textilherstellung genutzt.

Die Schmalblättrige Ölweide ist ein nicht besonders hoher Baum mit wechselständigen, grausilbrig-grünen Blättern und winzigen, in den Blattachseln wachsenden Blüten. Die vierstrahligen Blüten duften intensiv, für manchen sogar aufdringlich. Die Früchte sind Nüsse in einer fleischigen Scheinfrucht. Das natürliche Verbreitungsgebiet der Schmalblättrigen Ölweide reicht von Südeuropa bis nach China und in den Himalaja; in Westeuropa und England wird sie seit dem 16. Jahrhundert gezogen. Sie ist nicht nur trockenheits-, sondern auch kälteresistent, sogar industriefest und gegenüber Salz im Boden tolerant; Früchte trägt sie von früher Jugend an (4–6 Jahre) und wird 60–80, vereinzelt sogar 100 Jahre alt.

Hoher, starkstämmiger Strauch oder kleiner Baum, 7–10 m; altes Obstgehölz, in der Gartenarchitektur nutzbar (silbriges Laub).

Ölweidengewächse

Elaeagnaceae

Sanddorn

Hippophaë rhamnoides L.

Der Wert des Sanddorns übersteigt bei weitem die landläufige Vorstellung von diesem Strauch. In einigen Ländern, insbesondere an der deutschen Ostseeküste, kommt die außerordentliche Festigungskraft seiner Wurzeln in den Dünengebieten zur Geltung, anderswo dient er als willkommenes gartenarchitektonisches Element (deutsche und polnische Garten- und Parkanlagen); auch werden die Naturheil- und Geschmackseigenschaften seiner Früchte genutzt.

Der Sanddorn ist ein stark wuchernder Strauch mit sommergrünen, linearen, silbriggrünen, wechselständigen Blättern. Äste und Zweige sind dornenbewehrt. Der Sanddorn ist zweihäusig und trägt Blüten in kurzen Trauben an den Vorjahrstrieben; die Spindel des weiblichen Blütenstands kann sich letzten Endes zu einem Sproßdorn oder Kurztrieb umwandeln, die männlichen Blütenstände fallen ab. Die zweistrahligen Blüten sind ohne Kronblätter, die Früchte leuchtend orangefarbene Beeren, zu deren regelmäßiger Entstehung Pflanzen beider Geschlechter in unmittelbarer Nachbarschaft gepflanzt werden müssen.

Die Früchte enthalten organische Säuren, das Glykosid Querzitin und eine große Menge Vitamin C (5 g frische Früchte enthalten etwa den Vitamin C-Tagesbedarf eines Erwachsenen) sowie Provitamin A. Den höchsten Vitamin C-Gehalt haben die Früchte im September.

In der Gartenarchitektur wird sich nicht nur die silbrige Belaubung und die Strauchtextur der Wildart zunutze gemacht, sondern auch moderne groß- und vielblütige Sorten gepflanzt. Der Sanddorn stammt aus Europa und Asien; er wächst u.a. im Altaigebirge, Nord- und Westchina und dem Nordwest-Himalaja. Vermehren läßt er sich aus Samen oder Stecklingen.

Aufrechter Strauch (gelegentlich kleiner Baum), 3 (–10) m hoch.

Chinesischer Schmetterlingsstrauch, Sommerflieder

Buddleja davidii FRANCHET

Buddlejaceae

B. alternifolia, Blütenstand

Der Chinesische Schmetterlingsstrauch ist wohl die bekannteste *Buddleja*-Art, was man schon an den vielen Populärnamen, wie z.B. „Sommerflieder", „Himalajaflieder" u.ä. sieht. Der Vergleich mit dem Flieder kommt nicht nur wegen der gegenständigen Blätter, sondern vor allem wegen der Blütenrispen zustande, deren Farbe normalerweise fliederblau ist. Im Gegensatz zum Flieder blüht der Strauch aber im Hochsommer, Ende Juli und August, häufig noch im September. Direkte Verwandtschaftsbeziehungen zwischen den Gattungen *Buddleja* und *Syringa* bestehen nicht, wenn es sich auch um einander nahestehende Entwicklungslinien handelt.

B. davidii wächst in Mittel- und Westchina in Höhen um 3000 m, wo der Strauch 1887 entdeckt wurde. Die Gattung erhielt den Namen *Buddleja* zu Ehren des englischen Botanikers Rev. ADAM BUDDLE aus Essex. Etwa 100 *Buddleja*-Arten wachsen größtenteils im tropischen und subtropischen Amerika, in Asien sowie Südafrika.

Außer dem Chinesischen Schmetterlingsstrauch, der lilarote Blüten mit orangefarbener Mündung sowie gegenständige Blätter hat, wird auch die unser Klima besser vertragende *B. alternifolia* MAX. gezogen, die wechselständige Blätter und an den Vorjahrstrieben bläuliche Blüten in kurzen, dichten Rispen trägt. Als einer der schönsten Sträucher blüht sie schon Mitte Juni.

Den Chinesischen Schmetterlingsstrauch kann man ausgezeichnet aus Kraut-und Holzstecklingen ziehen; nach einem Zurückfrieren treibt er rasch wieder aus den Wurzeln.

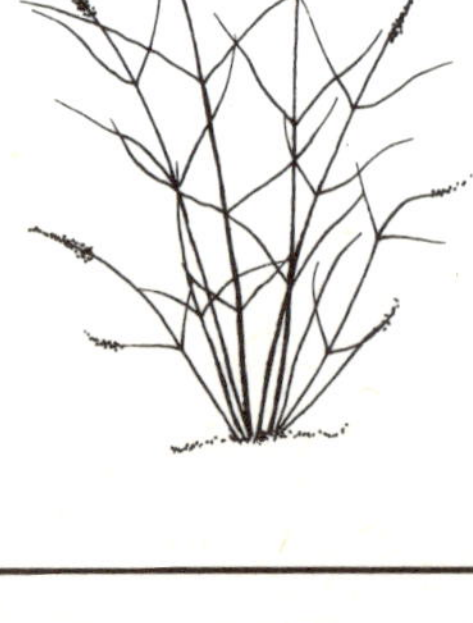

2 (−5) m hoher, aufrechter, ausläuferbildender Strauch *(B. davidii)* oder niedriger Strauch mit bogig gekrümmten Ästen *(B. alternifolia)*; geeignet für Gruppenanpflanzungen in Gärten und Parks.

Geißblattgewächse

Caprifoliaceae

Schwarzer Holunder

Sambucus nigra L.

Der Schwarze Holunder ist ein sagenumwobenes Gehölz, das in vielen Ländern eine uralte Kult- und Heilpflanze ist. Einst wuchs ein Holunderbusch vor jedem Bauernhaus und wurde über Generationen hinweg gepflegt. Er hat sich beim Menschen „eingelebt“ und ist zu einem festen, ausgesprochen synanthropen Bestandteil von Ruderalgesellschaften geworden. Als sein ursprüngliches Biotop gelten nitrophile krautreiche Wälder, feuchte Eschenbestände und erst sekundär die Feldraine der entwaldeten Landschaft. Gegenwärtig breitet sich der Schwarze Holunder stark aus. Auf speziellen Anbauflächen werden auch großfrüchtige Holundersorten gezüchtet, die in der Konservenindustrie Verwendung finden. Der Fruchtsaft lindert Migräne und neuralgische Zustände, Blütenaufgüsse werden bei fiebrigen Erkältungskrankheiten der Atemwege empfohlen. Die Naturheilkunde verwendete auch frische Blätter als Wundauflage. Die Blütenaufgüsse steigern das Schwitzvermögen und werden als harntreibend therapeutisch eingesetzt.

Bei besonders empfindlichen Personen können nach dem Verzehr einer größeren Beerenmenge Vergiftungssymptome auftreten; es wird angenommen, daß einige biochemische Sippen mit abweichenden Inhaltsstoffen existieren, die dann schwach toxisch wirken können.

Der Schwarze Holunder ist ein verbreitetes, in der zweiten Junihälfte blühendes, europäisches Gehölz, dessen Areal bis nach Nordafrika und Westasien reicht. Er hat unpaarig gefiederte, gegenständige, sommergrüne Blätter und tellerförmig flache, weiße Blütendolden.

Hoher Strauch oder kleiner Baum (7–9 m) mit bogenförmig gekrümmten Ästen, im Schatten bis in die Wipfelregion wachsend.

Geißblattgewächse

Roter Holunder, Berg-Holunder, Trauben-Holunder

Sambucus racemosa L. *Caprifoliaceae*

Der Rote Holunder unterscheidet sich vom Schwarzen Holunder nicht nur durch die rote Färbung der Früchte. In erster Linie unterscheidet er sich durch den Bau der Blütenstände. Er besitzt Doldenrispen, die meist aus drei Paaren sich zur Spitze verkürzenden Armen bestehen. Diese tragen an ihren Enden grünlichgelbe, radiärsymmetrische, schwach nach Mehl duftende Blüten. Ihre Krone ist nur 4 mm groß und fällt bald ab. Aus den befruchteten Blüten entwickeln sich leuchtend rote Früchte, 3–6samige Steinfrüchte, die früh im Jahr heranreifen. In einigen Landschaften sind die Früchte des Roten Holunders schon in der ersten Julihälfte leuchtend rot ausgefärbt und weithin sichtbar. Ein gutes Unterscheidungsmerkmal der beiden Holunderarten während der Vegetationspause ist die Farbe des Marks – beim Schwarzen Holunder ist es weiß, beim Roten Holunder zimtbraun.

Der Rote Holunder ist weniger häufig als der Schwarze. Er ist eine Pflanze aus den Wäldern und Felsfluren des Berg- und Bergvorlandes, eine charakteristische Art der Waldlichtungs-Gesellschaften sowie der Holunder-Salweidengesellschaften im subozeanischen Europa und Westasien. In Kultur wird er bereits seit 1596 gehalten. Bekannt sind auch stutzblättrige („laciniate") und buntblättrige („variegate") Kultursorten. Die Samen enthalten ein Amygdalglykosid und können bei empfindlichen Personen zu Vergiftungen führen.

Als in der zweiten Hälfte unseres Jahrhunderts in einem Großteil Europas auch die Landbevölkerung auf fossile Brennstoffe überwechselte und das Reisigsammeln und somit die Auslichtung der Strauchschicht der Wälder aufhörte, kam es zu einer starken Ausbreitung des Roten Holunders auch in tieferen Lagen.

2–3 m hoher, unregelmäßig verzweigter Strauch mit bogenförmigen Ästen.

Geißblattgewächse

Caprifoliaceae

Gemeiner Schneeball

Viburnum opulus L.

Fast in ganz Europa, z.T. auch in Nordafrika wächst an Feldrainen, in Gebüschen und an Waldrändern von Rot- und Hainbuchenbeständen bzw. in den Weidengebüschen an Bächen, Flüßchen und Gräben der Gemeine Schneeball.

Es ist ein sommergrüner Strauch (manchmal sogar kleiner Baum) mit gegenständigen, ahornblattähnlich gelappten Blättern. Die einzelnen Lappen der Blätter sind spitz, stumpf gezähnt, ihre Oberseiten kahl, die Unterseiten beflaumt. Die Blüten bilden nicht besonders dichte, endständige Dolden mit vergrößerten, (1,5–2 cm) weißen, jedoch sterilen Randblüten (vgl. Gattung *Hydrangea*). Aus den Zwitterblüten in der Blütenstandmitte reifen einsamige, zunächst harte, weißliche mit roter Oberseite, später ganz rote und weiche Steinfrüchte heran. Der Gemeine Schneeball läßt sich am besten aus Samen oder Winterstecklingen vermehren.

Eine vor langer Zeit eingetretene Blütenmutation hat dazu geführt, daß alle Einzelblüten in den Blütenständen groß und steril waren. Damit sie alle im Blütenstand Platz fanden, nahm dieser anstelle der flachen eine kugelige Form an. So entstand die alte Kultursorte 'Roseum' (manchmal auch als *V. opulus* var. *sterile* DC. bezeichnet) – der bekannte Schneeball. Diese Sorte kann nur auf vegetative Weise erhalten werden.

In Nordamerika wächst der sehr ähnliche Dreilappige Schneeball, *V. trilobum* MARSH.

Bis zu 4 m hoher Strauch bzw. kleiner strauchwüchsiger Baum; altes Ziergehölz.

Duftender Schneeball

Geißblattgewächse

Viburnum farreri STEARN

Caprifoliaceae

Die wilden und gezüchteten Schneeball-Arten der chinesischen Provinz Kan-su erwähnte zwar schon der russische Reisende und Sammler POTANIN 1835, doch erst 1910 wurde diese besonders schöne Schneeball-Art nach Europa gebracht.

Der Duftende Schneeball gehört mit der Zaubernuß und dem Winterjasmin zu den Sträuchern, die uns im Winter mit ihren Blüten erfreuen. Seine Blüten vertragen Fröste von −10° bis −12 °C; in manchen Jahren gehen sie schon Anfang November auf. Normalerweise erblüht der Duftende Schneeball im zeitigen Frühjahr (Februar, März), lange vor dem Austrieb der Blätter. In den Knospen sind die Blüten rosa, nach dem Aufgehen eher weißlich, zu 3−5 cm großen, buscheligen Blütenständen geordnet. Die sommergrünen, gegenständigen Blätter sind elliptisch, an der Basis keilförmig und bis 7 cm lang; am Rand sitzen deutlich dreieckige Zähne. Die Jahrestriebe sind grünlich glänzend.

Ursprüngliche Schneeball-Arten wie den Duftenden Schneeball vermehrt man am besten aus Samen. Sie müssen stratifiziert und erst im zweiten Jahr nach der Ernte ausgesät werden. Einige Schneeball-Arten kann man auch aus halbreifen Stecklingen im August und September unter Glas vegetativ vermehren. Der Duftende Schneeball gedeiht sowohl im Halbschatten unter den Kronen hoher Bäume als auch in der prallen Sonne gut; dort duftet er intensiver und sein Wuchs sowie die Blütenstände sind kompakter.

Unregelmäßig sparriger Strauch, 3 m hoch.

Geißblattgewächse

Caprifoliaceae

Wolliger Schneeball

Viburnum lantana L.

Der Wollige Schneeball ist ein Strauch mit nackten Winterknospen und nur größtenteils sommergrünen Blättern. Seine Jungtriebe und Zweige sind auffällig befilzt, die gegenständigen Blätter breit eiförmig, an der Basis schwach herzförmig, am Rand scharf gesägt. Die Spreitenoberseite ist drüsenbehaart, bei alten Blättern kahl; sternförmige Trichome sitzen auch an der Unterseite, die in der Jugend völlig befilzt erscheint.

Die bis 10 cm großen, doldigen Blütenstände des Wolligen Schneeballs bestehen aus Zwitterblüten und sind flach gewölbt. Auch die Blütenstiele sind befilzt. Blütezeit ist im April und Mai. Die Farbe der Früchte geht ganz allmählich von Grün über Rot in Schwarz über; sie reifen nach und nach heran. Dank seiner Behaarung verträgt dieser Schneeball hohe Temperaturen. Daher wächst er auch meist auf sonnigen, buschbestandenen Hängen und auf Felsfluren in Berberitzen-Strauchgesellschaften, Waldsteppen und Spitzeichenbeständen, sowohl in Europa als auch in Westasien.

Der Wollige Schneeball ist nicht nur ein geeignetes Gehölz für sonnige Hänge in Parks, sondern, ähnlich wie andere „haarige“ Gehölze teilweise auch industriehart. Oft dient er als Pfropfunterlage zur vegetativen Vermehrung seltener Schneeball-Arten (z. B. *V. carlesii* HEMSL.) oder -sorten.

V. carlesii hat sehr stark duftende Blüten. Er blüht im Mai gemeinsam mit dem Flieder, dessen Duft er noch übertrifft. Aus Korea stammend, wurde er 1885 nach Japan gebracht; nach Europa (Kew, England) kam er erstmal 1902. Heute gehört er zu den häufigen Schneeball-Arten in Gärten und Parks.

V. carlesii, Blütenstand

Fruchtstand

Winterzweig

Der Wollige Schneeball ist ein 2–5 m hoher, ausladender Strauch; *V. carlesii* wird nur 1–2 m hoch und ist kompakt.

Lederblatt-Schneeball

Geißblattgewächse

Viburnum rhytidophyllum HEMSL.

Caprifoliaceae

Die Gattung Schneeball ist nach den Heckenkirschen (Gattung *Lonicera*) die artenreichste Gattung der Familie der *Caprifoliaceae.* Über 120 Arten wachsen in Nord- und Mittelamerika, Europa, Nordafrika und Asien. Der Lederblatt-Schneeball ist, verglichen mit den vorigen Schneeball-Arten, von denen er sich deutlich unterscheidet, ein Musterbeispiel für die große Buntheit und Formenvielfalt innerhalb der Gattung *Viburnum.* Er hat gestreckt eiförmig bis lanzettliche, maximal 17 cm lange, oberseits deutlich gerunzelte Blätter. Auf der Unterseite haben sie ein Netzmuster und tragen normalerweise eine gelbgraue Befilzung. Wenn sie nicht erfrieren, bleiben sie mehrere Vegetationszeiten am Strauch, so daß man den Lederblatt-Schneeball als immergrünes Gehölz ansehen kann. Die glänzend dunkelgrünen, in jeder Jahreszeit auffälligen Blätter sind sein wichtigster Schmuck. Meist wird er besonders ihretwegen gehalten, wenn auch die 10–20 cm großen, aus zierlichen, etwa 6 mm großen cremeweißen Blüten bestehenden Trugdolden gleichfalls dekorativ sind. Die Blüten werden schon im Herbst als am Strauch überwinternde Knospen angelegt. Die Früchte sind einsamige, zusammengedrückte, in der Reife rote, später schwarze Steinfrüchte.

Der Lederblatt-Schneeball ist in Zentral- und Westchina beheimatet, von wo er bei WILSONS Expedition 1900 mitgebracht wurde. Er blüht im Mai und Juni, die dekorativen Früchte reifen im September und Oktober. In der Tschechoslowakei wurde die attraktive schmalblättrige Kreuzung *V.* × *pragense* herausgezüchtet, die in ihren Eigenschaften den Lederblatt-Schneeball noch übertrifft.

Bis 3 m hoher, immergrüner, aufrechter Strauch.

Geißblattgewächse

Knallerbse, Gemeine Schneebeere

Caprifoliaceae

Symphoricarpos rivularis SUKSD.

Die Gemeine Schneebeere wuchs ursprünglich nur im Osten Nordamerikas zwischen Neuschottland, Alberta, Virginia und Minnesota. Nach Europa gelangte sie 1817 als *S. albus* var. *laevigatus* (FERNALD) BLAKE, die an der amerikanischen Westküste von Alaska bis nach Kalifornien vorkommt. Die Einführung der Gemeinen Schneebeere haben nicht nur die europäischen Vögel begrüßt (die weißen Früchte werden im Herbst gerne angenommen), sondern vor allem auch die Imker. Schneebeeren blühen nämlich außerordentlich lange, von Juni bis September. Die kleinen rosafarbenen Blüten sitzen in vielzähligen Rispen. Sie sind im Gegensatz zu den verwandten Geißblättern radiärsymmetrisch und haben zweisamige, beerenförmige Steinfrüchte. Die gegenständigen Blätter sind eiförmig und ganzrandig bzw. an einem Teil der Zweige auffällig gelappt.

Schneebeeren sind außerordentlich vitale Sträucher, die zahlreiche Ableger bilden und große, dichte Polykormone hervorbringen. Sie verwildern oft und sind dann nur schwer zurückzudrängen. Am leichtesten vermehrt man sie durch Wurzelausläufer oder ausgereifte Winterstecklinge.

Ähnlich wie andere Gehölze der Familie der Geißblattgewächse hat auch die Gattung *Symphoricarpos* Vertreter sowohl in Nordamerika als auch Asien. Dort wächst jedoch lediglich die zu Beginn des 20. Jahrhunderts (1907) aus China nach Europa eingeführte Art *S. sinensis* REHD. in SARG.

Etwa 1–1,5 m hohe Sträucher mit schlanken Ruten, expansiv Ausläufer bildend; geeignet zur Hangbedeckung und Bodenbefestigung, Bienenweide.

Rosenrote Weigelie

Geißblattgewächse

Weigela florida (BUNGE)DC.

Caprifoliaceae

Weigelien wachsen in Nordamerika und Ostasien. Die nordamerikanischen gehören in die Gattung *Diervilla,* die ostasiatischen zur selbständigen Gattung *Weigelia.* Ihre Namen erhielten diese zu Ehren des deutschen Botanikprofessors C. E. VON WEIGEL aus Greifswald (1748–1831) und des französischen Chirurgs DIERVILLE, der um 1700 die ersten amerikanischen Sträucher nach Frankreich gebracht hat. Die Unterschiede zwischen den beiden Gattungen sind gering: Die etwa 12 ostasiatischen *Weigelia*-Arten haben große, röhrenförmige, fast regelmäßig radiärsymmetrische Blütenkronen, während die drei nordamerikanischen *Diervilla*-Arten gelbliche, bilateralsymmetrische Lippenblüten haben. Die Früchte sind Kapseln.

Die am häufigsten in Gärten gezogene Weigelie ist die aus Nordchina und Korea stammende *W. florida,* die seit 1845 in Europa in Kultur ist. Eine weitere dekorative Art ist *W. floribunda* (SIEB. et ZUCC.) KOCH, die in China seit Jahrhunderten kultiviert wird.

Weigelien gedeihen in jeder Lage, auch wenn sie manchmal tief zurückfrieren; vermehren lassen sie sich am besten aus Sommerstecklingen. Seit dem Anfang ihrer Zucht wurden viele Kultursorten hervorgebracht, die sich vor allem durch Größe und Färbung (rosa und rot) der Röhrenblüten auszeichnen. Die sommergrünen, 5–10 cm langen, gegenständigen Blätter sind bei allen Sorten kahl, nur an den Adern beflaumt und wirken vor allem an den Jahrestrieben sehr dekorativ. Die Rosenrote Weigelie blüht im Mai und Juni, oft erneut noch einmal im September (Refloreszenz).

Breit ausladende Sträucher, 2–3 m hoch.

Geißblattgewächse

Gemeine Heckenkirsche Rote Heckenkirsche

Caprifoliaceae *Lonicera xylosteum* L.

In den europäischen Eichenwäldern oder Spitzeichenhainen der Waldsteppenformation, aber auch zwischen den Sträuchern an Feldrainen und auf Weiden wächst ein dicht verzweigter Strauch mit gegenständigen, ganzrandigen, beidseitig anliegend behaarten Blättern, die Rote Heckenkirsche. Ihre Blüten stehen im Mai und Juni paarweise an ca. 2 cm langen Stielen in den Blattachseln. Die Beerenfrüchte sind rot und glänzen wie Johannisbeeren; ihrer Form und Farbe verdankt der Strauch seinen deutschen Namen.

Der Gattungsname wurde zu Ehren des deutschen Arztes und Botanikers ADAM LONITZER, Professor in Mainz (1528–1586) gewählt, der wissenschaftliche Artname ist nach den Eigenschaften des ziemlich harten Holzes von den griechischen Worten „xylon“ (= Holz) und „osteon“ (= Knochen) abgeleitet.

Die johannisbeerähnlichen Früchte haben schon zahlreiche Vergiftungsfälle bei Kindern verschuldet. Sie enthalten das Toxin Xylostein. Die Vergiftung macht sich durch Hautrötung, Erbrechen, Durchfall, Bauchschmerzen, Lichtempfindlichkeit, unregelmäßigen Puls und flachen Atem bemerkbar. Die Aussicht einer schnellen Gesundung nach ärztlicher Behandlung ist zwar günstig, doch sollte immer erwogen werden, ob es richtig ist, in der Nähe von Kinderspielplätzen solche heute sehr beliebte und der Luftverschmutzung gut widerstehende, fremdländische Arten der Gattung *Lonicera* zu pflanzen, obwohl deren Chemismus noch nicht vollständig erforscht ist und sich so eine potentielle Gefahr nicht ausschließen läßt.

In den europäischen Laubwäldern, besonders in Buchenwäldern, wächst die Schwarze Heckenkirsche (*L. nigra* L.) mit heidelbeerähnlichen schwarzvioletten Früchten.

1,5–3 m hohe Sträucher; geeignet für Hecken und Landschaftsgestaltung. Giftig!

L. nigra, Fruchtstand

Deutsches Geißblatt, Wald-Geißblatt

Geißblattgewächse

Lonicera periclymenum L.

Caprifoliaceae

Von den Geißblättern wird die Gruppe der Schlinggewächse als Untergattung *Periclymenum* abgetrennt. Dazu berechtigt vor allem ihre andersartige Morphologie: sie sind meist rankende Gehölze, d.h. Lianen oder kriechende Sträucher. Die meisten haben gegenständige, an der Basis verwachsene Blätter. *L. periclymenum* bildet jedoch eine Ausnahme, da seine Blätter deutlich gestielt, elliptisch und nicht verwachsen sind. Die Blüten wachsen von Juni bis August in dichten Knäueln. Sie haben eine duftende, bis 5 cm lange, gelblichweiße, orangefarben getönte zweilippige Krone. Viele der im Laufe der Kultivierung hervorgebrachten Sorten unterscheiden sich in Färbung oder in der Tönung von dieser Ausgangsfarbe. Die saftigen Beerenfrüchte sind dunkel karminrot.

L. periclymenum stammt aus Westeuropa, Nordafrika, Kleinasien und dem Kaukasus. Die Art wird, ähnlich wie das verwandte Echte Geißblatt oder Jelängerjelieber (*L. caprifolium* L.) seit Jahrhunderten gezüchtet und in manchen Ländern auch „Rose von Jericho" genannt. Es ist ein Ziergehölz, das in der Sonne besser als im Halbschatten gedeiht und niedrige Temperaturen verträgt, jedoch auf Trockenheit sehr empfindlich reagiert. Die Blätter leiden manchmal an fleckenbildenden Pilzerkrankungen. In Kultur wird *L. periclymenum* meist durch Absenker im Mai und Juni vermehrt. Ähnlich wie *L. xylosteum* L. sollte man diese Geißblattart nicht in der Nähe von Kinderspielplätzen pflanzen, da ihre giftigen Früchte mit Johannisbeeren verwechselt werden könnten.

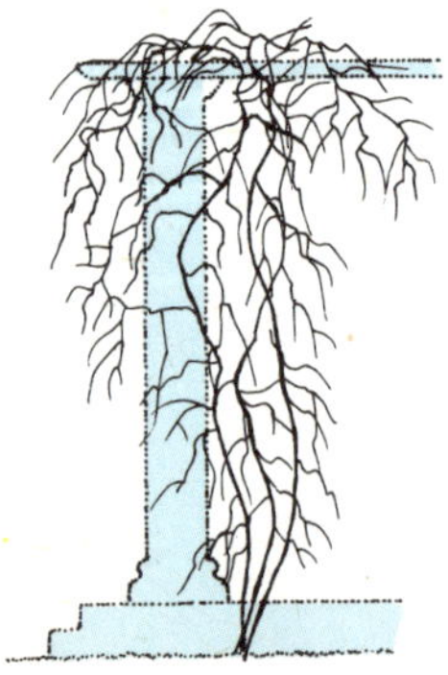

Bis 5 m lange Liane; geeignet für Pergolen und Heckenzäune. Giftig!

Braunwurzgewächse

Paulownie

Scrophulariaceae

Paulownia tomentosa (THUNB.)STEUD.

Blühende Paulownien sind majestätische Gehölze und tragen den Synonymnamen *P. imperialis* SIEB et ZUCC. zurecht. Schon der erste Anblick verrät ihre Außergewöhnlichkeit. Es sind ausladende Bäume mit beträchtlich großen (manchmal bis 50 cm) breitovalen, gegenständigen, sommergrünen Blättern. Trotz ihrer Mächtigkeit sind diese Blätter fein und weich befilzt, ähnlich wie die in braunen Filz gehüllten Blütenknospen, die noch vom Sommer des Vorjahres in großen, 20–30 cm hoch aufragenden Blütenständen bereitstehen. Normalerweise öffnen sich die Blüten im April oder Mai, noch vor dem Blattaustrieb, doch nehmen die Knospen in strengen Wintern trotz ihres „Pelzes" Schaden und gehen nicht auf. Das Gehölz ist nämlich nicht besonders winterhart.

Etwa acht *Paulownia*-Arten wachsen in Ostasien. *P. tomentosa* stammt aus China, und wird seit Jahrhunderten auch in Japan gezüchtet. Um 1884 (einer anderen Angabe nach 1894) wurde sie nach Frankreich eingeführt; in den USA ist sie im Gebiet zwischen Georgia und New York inzwischen sogar verwildert.

In diesem Buch ist *P. tomentosa* der einzige Vertreter der Braunwurzgewächse (*Scrophulariaceae*), deren 220 Gattungen hauptsächlich Krautpflanzen umfassen. Das sind Pflanzen mit zweigeschlechtlichen, ausgeprägt bilateralsymmetrischen Rachenblüten, die nach der Zahl 5 organisiert sind. Kelch-, Kron- und Staubblätter sind verwachsen. Die Früchte sind spitzovale Kapseln, von denen jede bis 1200 geflügelte Samen enthält.

Bis 15 m hoher Baum mit ausladender Krone und exotischem Blattwerk; kälteempfindlich.

Gemeiner Trompetenbaum

Trompetenbaumgewächse

Catalpa bignonioides WALT.

Bignoniaceae

Trompetenbäume sind verbreitete Alleebäume, als deren Konkurrenten von den fremdländischen Gehölzen wohl nur die Platanen, von den europäischen Linden, Bergahorn und Kastanie auftreten können. Dazu befähigen sie ihr majestätischer Wuchs, die auffallend großen Blätter, die ästhetisch ansprechende Textur der Krone, vor allem aber der hochdekorative Effekt der blühenden Bäume und der interessanten, lange heranreifenden Früchte. Diese sind schmal zylindrische, 4–8 mm dicke, aber 20–40 cm lange, wie Zigarillos aussehende Kapseln. So bekommt das Aussehen des Baums, in dessen Krone die Früchte auch nach dem herbstlichen Blätterfall zurückbleiben, im Jahresablauf einen dynamischen Wechsel, dessen einzelne Phasen einander durchdringen; Trompetenbäume sind somit in jeder Jahreszeit schön.

Etwa 10 Arten der Gattung wachsen in Nordamerika und Ostasien. *C. bignonioides* wächst wild im Gebiet zwischen den Staaten Georgia, Florida und Missouri. Erst 1726 wurde er in die Kultur eingebracht; er verwilderte inzwischen z. B. in dem Gebiet nördlich von New York.

Der chinesische, seit Jahrhunderten in Japan gezüchtete *C. ovata* G. DON wird außerhalb Asiens etwa seit der Mitte des 19. Jahrhunderts gezogen. Diese beiden wichtigsten Trompetenbäume unterscheiden sich vor allem in der Blütenfarbe: *C. ovata* hat gelbe, *C. bignonioides* reinweiße oder blaß rosafarbene Blüten. Der erste hat fast kahle Blätter, der zweite behaarte, die zerrieben unangenehm riechen. In den 70er Jahren des 19. Jahrhunderts entstand eine Kreuzung dieser Trompetenbäume, *C.* × *erubescens* CARR. mit intermediärem Charakter zwischen den elterlichen Merkmalen.

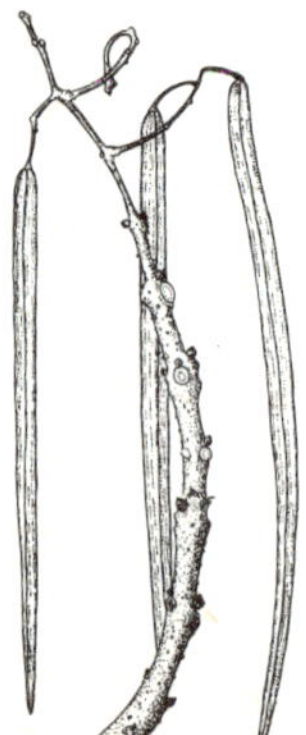

Früchte

15–20 m hohe Bäume mit breiten (*C. ovata*) oder gestreckten (*C. bignonioides*) Kronen.

Register der deutschen Namen

Register der lateinischen Namen